程序员软件开发名师讲坛·轻松学系列

轻松学

Java编程

从入门到实战

案例●视频●彩色版

贾振华 庄连英 等 / 编著

中国水利水电出版社
www.waterpub.com.cn

·北京·

内容提要

《轻松学 Java编程从入门到实战(案例·视频·彩色版)》基于编者20多年教学实践和软件项目开发经验，从初学者容易上手、轻松学会的角度，用通俗易懂的语言、丰富实用的案例，循序渐进、系统地讲解了Java程序开发基础知识与实战技术，实现手把手教你从零基础入门到快速学会Java项目开发。

《轻松学 Java编程从入门到实战(案例·视频·彩色版)》采用"案例驱动+视频讲解+代码调试"相配套方式编写，全书分Java基础知识、面向对象程序设计、高级开发技术、综合项目实战4个部分，共20章。主要内容包括Java语言概述，Eclipse 集成开发工具，Java语言基础，程序流程控制，数组，类和对象，继承、接口与多态，面向对象的高级特性，Java 基础类库，字符串，枚举类型与泛型，集合，异常处理，Java输入/输出，数据库操作，图形用户界面设计，多线程编程，网络通信，反射机制和企业人事管理系统。

《轻松学 Java编程从入门到实战(案例·视频·彩色版)》配有286集讲解视频、160 个案例分析(含5个综合案例)、1个综合项目实战、404道课后习题和19个综合实验，并提供丰富的教学资源，包括教学PPT、程序源码、习题参考答案、在线交流服务QQ群等，既适合零基础入门希望从事Java程序开发的初学者、在校学生和有一定开发经验、希望系统学习Java开发的学员自学，也适合高校老师或培训机构选作Java课程教材。

图书在版编目（CIP）数据

轻松学 Java 编程从入门到实战 : 案例·视频·彩色
版 / 贾振华等编著 . —北京 : 中国水利水电出版社，2022.1
（2022.10 重印）
（程序员软件开发名师讲坛 . 轻松学系列）

ISBN 978-7-5170-9933-8

Ⅰ. ①轻… Ⅱ. ①贾… Ⅲ. ① JAVA 语言—程序设计
Ⅳ. ① TP312.8

中国版本图书馆 CIP 数据核字 (2021) 第 180645 号

丛 书 名	程序员软件开发名师讲坛·轻松学系列
书 名	轻松学 Java 编程从入门到实战（案例·视频·彩色版） QINGSONG XUE Java BIANCHENG CONG RUMEN DAO SHIZHAN
作 者	贾振华　庄连英　等编著
出版发行	中国水利水电出版社 （北京市海淀区玉渊潭南路 1 号 D 座 100038） 网址：http://www.waterpub.com.cn E-mail：zhiboshangshu@163.com 电话：（010）62572966-2205/2266/2201（营销中心）
经 售	北京科水图书销售有限公司 电话：（010）68545874、63202643 全国各地新华书店和相关出版物销售网点
排 版	北京智博尚书文化传媒有限公司
印 刷	河北文福旺印刷有限公司
规 格	185mm×260mm　16 开本　26 印张　697 千字
版 次	2022 年 1 月第 1 版　2022 年 10 月第 2 次印刷
印 数	3001—7000 册
定 价	89.80 元

前　言

编写背景

我从1999年开始接触Java语言，当时资料很少，逐渐摸索着将Java语言变成程序设计课程教学和软件项目开发的不二选择。根据自身学习过程、教学感悟和软件开发经验，在2004年编写了第一本书《Java语言程序设计》，以面向高职高专为主的岗位需求，突出实用性，书中给出大量的实例，受到广大读者的欢迎，重印十余次，并被评为国家"十一五"规划教材。2010年在第一版的基础上进行了修订和补充，出版了《Java语言程序设计（第二版）》，重点面向应用型本科院校学生的Java语言学习，同时出版了配套教材《Java语言程序设计——习题解答、实验指导及实训》，在注重实用性的同时，将项目案例以实训形式安排到辅助教材中，读者反映良好，被全国几十所院校选为教材。

2010年之后，由于教学科研管理工作日益繁忙，对图书的编写工作进入蛰伏状态，但Java技术的发展没有间断，Java语言始终处于软件开发的首选语言地位。当前各行业的数字化变革加速了对软件的海量需求，吸引着更多的程序开发人员。时常有读者询问Java自学中出现的问题，基于编者20多年的Java教学感悟和项目研发中遇到的各种情况，萌发了引领Java初学者入门的想法。在中国水利水电出版社智博尚书分社雷顺加总编的鼓励和邀请下，接受编写这本面向广大自学读者的Java入门类书籍。

在动笔之前，我对市面的Java书籍进行了认真的研读，市面的中外Java图书很多，但仔细研读学习后会发现，即使这些书销售得不错，也存在一些不足，表现在：热销的国外经典教材具有内容全面、讲解细腻、含最新技术等优点，但技术实用性等不太适合国内零基础入门的读者；有些书限于编者的教学经验或工程项目开发设计经验，内容安排不是特别合理，案例的工程性和实践性也欠佳，有些像是案例的堆积，缺乏工程化、系统化的理论讲解，也不太适合初学者达到学以致用的目的；有些书只介绍语法和针对语法的例子，而对于开发应用中的出现场景和易出错的原因等分析不够透彻，初学者学起来有些难度。

鉴于此，编者结合20多年的一线教学与科研开发经验，吸取早期Java教材编写精华，从Java学习和工程应用角度出发，本着"让读者快速上手，轻松学习，实现手把手教你从零基础入门到快速学会Java项目开发"的总体原则，组织Java课程骨干团队编写了本书。让读者学习起来尽量做到"轻松"：

（1）对于零基础的读者，不需要具备编程经验和前导专业知识，从如何编辑、编译及运行一个Java程序开始，到构成Java语言核心的关键字、功能和结构，将Java基础的入门知识轻松学起。

（2）从基础知识到高级功能，如多线程编程、泛型、网络通信和反射机制等，功能逐步高级，但不同内容的衔接自然、流畅，从基础到高级功能轻松跨越。

（3）从掌握基础理论知识到实际项目开发之间没有鸿沟，在介绍理论知识的同时引入实际开发中用到的技术和技巧，另外包含实际开发案例，从理论到应用轻松过渡。

（4）在描述给出的定义、概念和术语时，不是刻板的概念定义、晦涩的术语解释和难读懂的长句，语言表述尽量清晰明了，语句含义轻松理解。

需要说明的是，本书只是学习Java的起点。Java不仅是一些定义语言的元素，还包括扩展的库和工具来帮助开发程序。要想成为顶尖的Java程序员，就必须掌握这些知识。读者在学习本书后，就有了足够的知识与技能来继续学习Java的其他方面技术。

内容结构

本书共20章，分为Java基础知识、面向对象程序设计、高级开发技术和综合项目实战4部分，具体结构及内容简述如下。

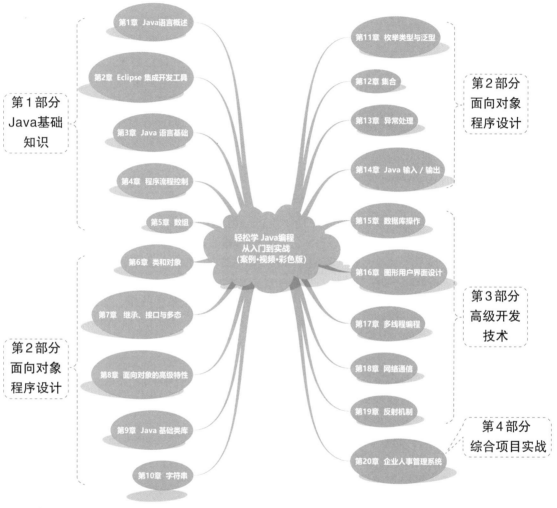

第1部分　Java基础知识

包括第1～5章，循序渐进地介绍Java语言的基础知识，包括Java语言概述、Eclipse集成开发工具、Java语言基础、程序流程控制等。知识的讲解贯穿了实例分析与应用场合，掌握这部分的基础知识，为面向对象程序开发做准备。

第2部分　面向对象程序设计

包括第6～14章，介绍面向对象程序设计方法，包括类和对象，继承、接口与多态，面向对象的高级特性，Java基础类库，字符串，枚举类型与泛型，集合，异常处理，Java输入/输出。

第3部分　高级开发技术

包括第15～19章，介绍Java的高级应用，包括数据库操作、图形用户界面设计、多线程编程、网络通信和反射机制。

第4部分　综合项目实战

在第20章中，通过企业人事管理系统实战完整案例，来进一步提升实战技能，让读者充分领略项目开发获得成就感的无限魅力，为读者从事企业项目开发工作顺利铺平道路。

本书特色

1. 体系完整，深入浅出

本书基于编者20多年的教学经验和实际项目开发实践的总结，从初学者容易上手、轻松学会的角度出发，采用Eclipse集成开发环境，按照初学者的认知规律，用通俗易懂的语言、丰富实用的案例，将入门学习与实战相结合，深入浅出、循序渐进、全面系统地讲解了Java开发实用技术，帮助读者夯实基础知识，提升实战水平。

2. 案例驱动，简单易学

全书采用案例驱动方式，通过160个案例来讲解Java开发中的相关知识点及高级开发技术。案例分为讲解知识点的简单案例、应用知识点的综合案例和项目开发实战案例。用简单案例讲解知识点的原理，结合综合案例讲清知识点的用法，通过项目实战案例讲透知识点的实际应用场合。知识点中的案例针对性较强，项目实战中的案例综合性较强，涉及Java开发项目的全过程，具有较强的借鉴价值，仔细研读这些案例，举一反三，就可以快速完成Java实际项目的开发。

3. 视频讲解，轻松学会

本书配有286集同步讲解视频，读者可以用微信扫书中的二维码，随时随地观看案例实现过程和相关知识点的讲解，实现轻松高效学习。

4. 项目实战，快速入门

第20章中的"企业人事管理系统"开发综合项目实战，使用Java Swing技术和MySQL数据库，按照MVC分层模式开发，完成了系统需求分析、系统设计、系统代码实现、系统测试和打包等主要功能模块，手把手教读者快速学会Java综合应用系统开发技术，亲身经历项目开发过程。这个项目稍加修改就能为读者自己的需求所用。

5. 强调实践，方便自测

每章最后都配有大量难易不同的练习题（选择、填空、问答、程序设计等）和综合实验（扫二维码查看），方便读者自测相关知识点的学习效果，并通过自己动手完成综合实验，提升读者运用所学知识和技术的综合实践能力。

6. 细致入微，贴心提示

在讲解过程中，每章中都使用了"注意""提示""技巧"等小栏目，使读者在学习过程中能更清楚地了解相关操作、理解相关概念，并轻松掌握各种操作技巧。

7. 资源丰富，方便学习

本书提供丰富的教学资源，包括教学大纲、PPT课件、程序源码、习题参考答案、在线交流服务QQ群和不定期网络直播，方便自学与教学。

本书资源浏览与获取方式

（1）读者可以用手机扫描下面的二维码（左边）查看全书微视频等资源。

（2）用手机扫描下面的二维码（右边），进入"人人都是程序猿"服务公众号，关注后输入"QSXJAVA9933"发送到公众号后台，可获取本书案例源码和习题答案等资源的下载链接。

全书资源总码

人人都是程序猿

本书在线交流方式

（1）为方便读者之间的交流，本书特创建"轻松学Java编程技术交流"QQ群（群号：497316988），供广大Java开发爱好者在线交流学习。

轻松学 Java 编程技术交流

（2）如果你在阅读中发现问题或对图书内容有什么意见或建议，也欢迎来信指教，来信请发邮件到jiazhenhualf@126.com，编者看到后将尽快给你回复。

本书的读者对象

- Java程序设计零基础入门的初学者
- 有一定程序设计基础，想精通Java开发的人员
- 有一定Java程序设计基础，没有项目经验的人员
- 高等院校相关专业的老师和学生
- 相关培训机构Java程序开发课程培训人员

本书阅读提示

（1）对于零基础的初学者，首先要认真阅读书籍内容，然后观看视频演示，跟随老师的步骤结合本书的代码在计算机上反复独立实践，逐步转化成能够随心所欲敲出自己想要的功能代码。对于提到的专业基础知识，查阅相关资料了解即可，不作更深入追究，循序渐进打牢基础。一定要认真完成课后习题，对所学内容起到巩固、查漏补缺作用。对初学者来说，最重要的是学会代码的调试能力，研究程序出错信息、分析造成原因、记录解决办法，逐渐培养分析问题和解决问题的能力。

（2）对于有一定经验的读者，对基础内容学习能熟能生巧，也会从中开拓思路；对于具有一些程序设计的经验，但没有Java基础的读者来说，注意区分不同语言的特点和规范，体会Java语言的强大功能；对于具有一定Java程序设计基础的读者，可重点关注本书的面向对象程序设计部分和高级开发技术部分；对于没有项目开发经验的读者，可以一步一步跟随实战内容从项目需求、分析、设计、编码、测试到项目部署完成整个开发过程学习，如果能详加阅读、

细心揣摩、灵活实践，一定会让你受益匪浅、爱不释手。

（3）对于高校教师和相关培训机构，可以选择本书作为教材，因为每个知识点都有详细的视频讲解，学生或学员通过扫码观看书中的讲解视频，在线上学习相关知识点，教师或培训结构有充裕时间在线下进行解惑、答疑和讨论，通过讨论式、启发式教学实现教学目标，提高课堂效率。

本书编者团队

本书由北华航天工业学院计算机学院贾振华教授负责通稿及定稿工作，其中，贾振华主要编写第 1 ～ 5 章，李杰老师主要编写第 6 ～ 8 章；中国民航大学何志学老师主要编写第 9 章、第 14 章，王静老师主要编写第 10 ～ 13 章，庄连英老师主要编写第 15 ～ 20 章；参与本书案例制作、视频讲解及大量复杂视频编辑工作的老师还有王健、王振夺、赵丽艳、张春娥、杨丽娟、侯晓芳、车冬娟、刘洁、刘刚、尹国才、申通强、胡湛涵、刘喜梅等。全书的文字资料输入、校对及排版工作得到了满淑颖女士的大力帮助，中国水利水电出版社智博尚书分社雷顺加编审为本书的顺利出版提供了大力支持与细心指导，责任编辑满淑颖为提高本书的版式设计及编校质量等付出了辛勤劳动，在此表示衷心的感谢。在本书的编写过程中，采用了Java技术方面的网络资源、书籍中的观点，在此向这些编者一并表示感谢。

在编写过程中，我们力图将最好的讲解、最精彩的案例、最实用的技术呈现给读者，但限于编者的时间和水平，尤其是Java新技术的发展十分迅速，书中难免存在一些疏漏及不妥之处，恳请各位同行和读者不吝批评指正。编者的电子邮件地址为jiazhenhualf@126.com。

编　者

2021 年 8 月于华航

目　　录

第 1 部分　Java基础知识

第2部分　面向对象程序设计

第3部分　高级开发技术

第4部分 综合项目实战

1

Java 基础知识

第 1 章

Java 语言概述

学习目标

Java 语言是程序开发人员的首选语言，除传统的商务领域之外，特别是在移动开发、大数据分析、云计算、分布式等应用领域备受青睐。本章是对 Java 语言的概述，首先简单介绍 Java 语言的发展历史及特性，了解 Java 语言适合做什么、有什么特点；其次介绍 Java 开发环境及常用命令工具；最后介绍 Java 语言程序的组成和结构，引导读者尝试编写自己的第一个 Java 程序。通过本章的学习，读者应该掌握以下主要内容：

- Java 语言的发展历史。
- Java 语言的特性及平台版本。
- Java 开发环境的安装、设置。
- Java 语言程序的组成和结构。

内容浏览

Java语言的发展和特性

Java是一门面向对象的编程语言，吸收了C++语言的各种优点，摒弃了难以理解的多继承、指针等概念，极好地实现了面向对象理论，允许程序员以简洁的方式进行复杂的编程。Java编写的应用系统可以实现跨平台应用，具有良好的健壮性和安全性。使用Java语言可以实现桌面应用程序、开发游戏应用程序、移动设备应用程序、Web应用程序、分布式系统应用程序、嵌入式系统应用程序等。

扫一扫，看视频

1.1.1 Java 语言的发展

Java语言来自Sun Microsystems公司的Green项目。该项目是1991年由James Gosling（詹姆斯·高斯林）负责的，最初的目的是为家用消费电子产品开发一个分布式系统，对电冰箱、电视机等家用电器进行编程控制，并和它们进行信息交流。最初，项目小组准备采用C++语言编写软件，但C++语言太复杂、太庞大、安全性差，不适合这类任务。最后，James Gosling等人在C++语言的基础上开发出一种新的语言——Oak（Java的前身），Oak是一种用于网络的精巧而安全的语言。它保留了大部分与C++语言相似的语法，但把那些较具危险性的功能加以改进。Oak是一种可移植性语言，也就是一种平台独立的语言，能够在各种芯片上运行。这样各家厂商就可以降低研发成本，直接把应用程序应用在自家的产品上。

到1994年，Oak的技术已日趋成熟，这时刚好网络也开始蓬勃发展。Oak研发小组发现Oak很适合作为一种网络程序语言，因此开发了一个能与Oak相配合的浏览器——HotJava，这得到了Sun公司首席执行官Scott McNealy的支持，拉开了Java进军Internet的序幕。由于Oak这个商标已经被注册了，后来有人以Java（爪哇）咖啡来命名。于是，Java这个名字就这样传开了，James Gosling被称为"Java之父"。

Java在Sun World 95被正式发布，引起业界极大的轰动。Java语言随着网络的快速发展成为程序语言中的明星。"网络即计算机"是Sun公司的格言。一时间，"连接Internet，用Java编程"成为技术人员的一种时尚。Java作为软件开发的一种革命性的语言，被广泛接受并推动了Web的迅速发展。当前，在全球云计算和移动互联网的产业环境下，Java更具备了显著优势和广阔前景。

Java语言有着广泛的应用领域，具体体现在以下几个方面。

1. 桌面应用程序开发

Java提供了功能强大的用于开发桌面应用程序的API，可以编写各类桌面应用程序。

2. 移动设备应用软件开发

许多的Android应用都是由Java语言开发的。虽然 Android运用了不同的JVM及不同的封装方式，但是代码还是用Java语言编写的。

3. 交互式系统开发

使用Java语言可以实现计算过程的可视化、可操作化开发。

4. 游戏和动画设计

游戏、动态画面的设计，包括图形、图像的调用及动画的实现。

5. Web应用系统开发

使用Java语言能够实现Web应用系统管理功能模块的设计，包括Web页面的动态设计、管理和交互等。

6. 嵌入式领域开发

Java在嵌入式领域中的发展空间很大，最初的设计就是为了实现嵌入式系统。在这个平台上，只需130KB就能够使用Java技术。

7. 大数据技术

Hadoop及其他大数据处理技术很多都使用Java。例如，Apache的基于Java的HBase、Accumulo及ElasticSearch。

8. 科学应用

Java在科学应用中是很好的选择，如自然语言处理。最主要的原因是Java语言比C++语言或其他语言的安全性、便携性、可维护性及其他高级语言的并发性更好。

9. 分布式系统开发

Java具有网络通信、基于消息方式的系统间通信和基于远程调用的系统间通信技术，能够通过计算机网络将后端工作分布到多台主机上，多台主机一起协同完成工作，实现分布式系统功能。

1.1.2　Java 语言的特性

Java语言是一种高级的（High Level）、通用的（General Purpose）、面向对象的（Object Oriented）程序设计语言，它具有简单的、面向对象的、分布式的、健壮的、结构中立的、安全的、可移植的、解释的、多线程的、动态的特性。下面分别介绍这些特性。

1. 简单的特性

Java语言系统简洁精练、功能齐备，具有C/C++语言风格，对面向对象、多线程和多媒体等都提供了全面的支持。Java语言克服了C++语言中的很少使用、难以理解、令人迷惑的缺点，如操作符重载、多继承、自动的强制类型转换。特别地，Java语言摒弃了C++语言中容易引发程序错误的应用，如不使用指针，而是引用，提供了自动的垃圾收集，使程序员不必为内存管理而担忧。

2. 面向对象的特性

面向对象其实是现实世界模型的自然延伸。现实世界中的任何实体都可以看作对象。对象之间通过消息相互作用。另外，现实世界中的任何实体都可以归属于某类事物，任何对象都是某一类事物的实例。如果说传统的过程式编程语言是以过程为中心、以算法为驱动的，那么面向对象的编程语言则是以对象为中心、以消息为驱动。

面向对象是Java重要的特性。Java语言的设计完全是面向对象的，它不支持类似C语言那样的面向过程的程序设计技术。

3. 分布式的特性

分布式包括数据分布和操作分布。数据分布是指数据可以分布在网络的不同主机上，操作分布是指把一个计算分布在不同主机上处理。

Java提供了一整套网络类库，开发人员可以利用类库进行网络程序设计，方便地实现了Java分布式的特性。

4. 健壮的特性

Java在编译和运行程序时，要对可能出现的问题进行检查。例如，类型检查可以检查出许多开发早期出现的错误。Java提供自动垃圾收集机制进行内存管理，减少了内存出错的可能。Java还实现了真数组，避免了覆盖数据的可能。这项功能大大缩短了开发Java应用程序的周期。Java提供面向对象的异常处理机制，在编译时能进行null指针检测、数组边界检测、异常出口字节代码校验等。这些都为Java的健壮性提供了保证。

5. 结构中立的特性

Java源程序被编译成一种高层次的与机器无关的字节代码，只要安装了Java系统，Java程序就可以在任意平台的计算机上运行。

6. 安全的特性

Java的安全性可从以下四个方面得到保证：

（1）Java语言提供的安全。在Java语言中，指针和释放内存等C++语言的功能被删除，避免了非法的内存操作。

（2）编译器提供的安全。Java语言在执行前，编译器要对其进行测试。例如，对代码进行校验、检查代码段的格式、检测对象操作是否过分，以及试图改变一个对象的类型等。

（3）字节码校验。当Java字节码进入解释器时，首先必须经过字节码校验器的检查，如果字节码通过代码校验，没有返回错误，则由此可知，代码没有堆栈上溢出和下溢出，所有操作代码参数类型都是正确的，没有发生非法数据转换，如将整数转换成指针，访问对象操作是合法的。

（4）类装载。类装载器负责把来自网络的类装载到单独的内存区域，通过将本机类与网络资源类的名称分开保持安全性。因为调入类时总要经过检查，这样避免了特洛伊木马现象的出现。

7. 可移植的特性

结构中立的特性使Java应用程序可以在配有Java解释器和运行环境的任何计算机系统上运行，这为Java应用软件的移植提供了良好基础。通过定义独立于平台的基本数据类型及其运算规则，Java程序得以在任何硬件平台上保持一致。另外，Java编译器由Java语言实现，运行器由标准C语言实现，因此Java本身也具有可移植性。

8. 解释的特性

Java编译器将Java源文件生成类文件（.class文件），类文件可以通过java命令加载解释执行，将Java字节码转换为机器可执行代码。Java解释器（运行系统）能直接运行目标代码指令。

9. 多线程的特性

Java语言内置支持多线程的功能，多线程机制使应用程序能够并行执行，而且同步机制保证了对共享数据的正确操作。通过使用多线程，编程人员可以分别用不同的线程完成特定的行为，而不需要采用全局的事件循环机制，这样就很容易实现网络上的实时交互行为。

10. 动态的特性

Java的动态特性是其面向对象设计方法的发展。它允许程序动态地装入运行过程中需要的类，这是C++语言在进行面向对象程序设计时无法实现的。

Java自身的设计使它适合于一个不断发展的环境。在Java类库中可以自由地加入新的方法和实例变量而不会影响用户程序的执行。

1.1.3 Java 语言平台的版本

扫一扫，看视频

Java语言在其发展历程中有以下三种版本。

1. Java标准版（Java SE）

Java SE（Java Platform Standard Edition，Java标准版）是Java技术的核心和基础，基于JDK和JRE，包含构成Java语言的核心类、支持 Java Web 服务开发的类。Java SE用于开发和部署桌面、服务器以及嵌入设备和实时环境中的Java应用程序。Java SE是Java ME和Java EE编程的基础。Java SE体系结构如图1-1所示。

2. Java 微型版（Java ME）

Java ME（Java Platform Micro Edition，Java 微型版）是为电子消费产品、嵌入式设备、高级移动设备等配置的基于Java环境的开发与应用平台。Java ME分为两类配置：一类是面向小型移动设备的CLDC（Connected Limited Device Configuration）；另一类是面向功能更强大的移动设备，如智能手机和机顶盒，称为CDC（Connected Device Configuration）。

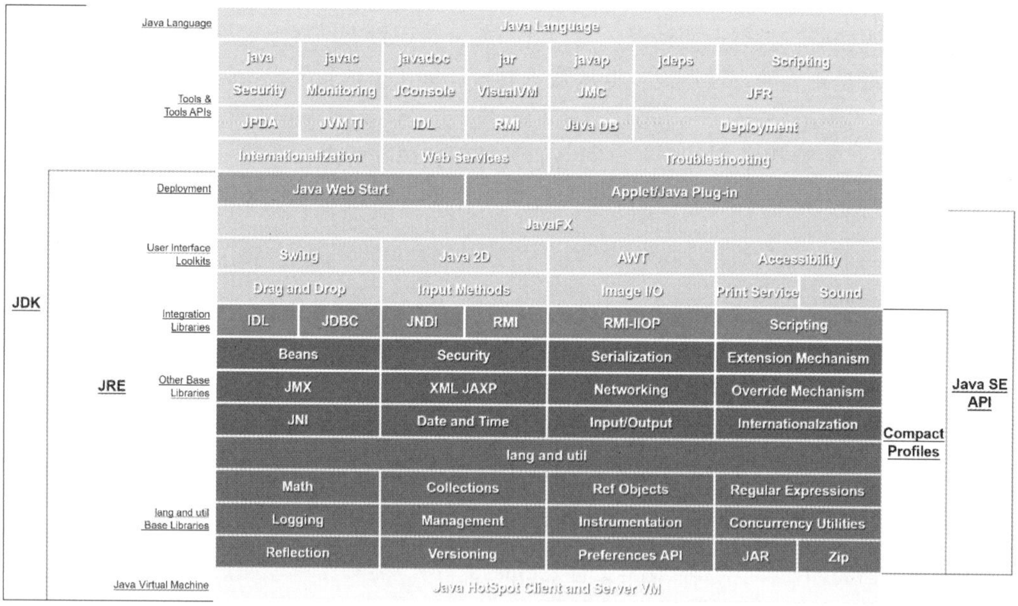

图 1-1　Java SE体系结构

3. Java企业版（Java EE）

Java EE（Java Platform Enterprise Edition，Java企业版）是利用Java平台简化企业解决方案的开发、部署和管理相关复杂问题的体系结构。Java EE技术的基础就是核心Java标准版，Java EE不仅巩固了Java标准版中的许多优点，如"编写一次、随处运行"的特性、方便存取数据库的JDBC API、CORBA技术，以及能够在Internet应用中保护数据的安全模式等，同时还提供了对 EJB（Enterprise JavaBeans）、Java Servlets API、JSP（Java Server Pages）和XML技术的全面支持。Java EE体系结构如图1-2所示。

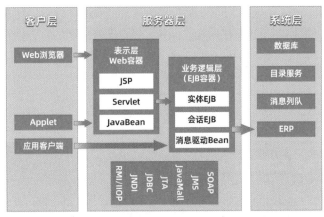

图 1-2　Java EE 体系结构

1.2　创建Java开发环境

在学习Java语言时，首先要了解并创建好开发环境，Java程序的编辑、编译和运行离不开JDK（Java Development Kit）。本节对JDK的下载、安装和环境配置进行详细介绍。

扫一扫，看视频

1.2.1　JDK 是什么

Java不仅提供了丰富的语言和运行环境，还提供了免费的Java开发工具集，即JDK。JDK是整个Java开发的核心，它包含了Java的运行环境（JVM+Java系统类库）和Java工具，如Java编译器、Java运行工具、Java文档生成工具、Java打包工具等。开发人员和最终用户可以利用这些工具开发Java程序或调用Java内容。JDK的版本不断升级，1996年1月，Sun公司发布了Java的第一个开发工具包JDK1.0，随后陆续推出JDK1.1、JDK1.2、JDK1.3、JDK1.4.0、JDK5.0/1.5、JDK6.0/1.6、JDK7.0/1.7、JDK8.0/1.8、JDK9.0、JDK10.0、JDK11.0和JDK14.0。目前最新版本为JDK14.0.1，本书采用JDK14.0.1。

JDK是学习Java开发最初使用的环境，它在命令行环境下完成代码的编译、运行，本章重点学习使用JDK工具。除此之外，还可以使用Java集成开发环境，即为Java开发人员提供的集成工具集合，包括图形化的编辑器、图形化的调试器和可视化的类的浏览器等。集成开发工具有Eclipse、MyEclipse、Notepad++和Netbeans 等，在第2章将重点介绍Eclipse集成开发工具的使用方法。

Sun公司除了提供JDK，还提供了JRE（Java Runtime Environment）工具，它是Java程序的运行环境。如果没有JDK，则无法编译Java程序（是指.java源码文件），如果想只运行Java程序（是指.class、.jar或其他归档文件），则需要确保已安装了相应的JRE。需要说明的是，为了方便使用，Sun公司在JDK工具中自带了一个JRE工具，开发人员安装JDK就可以运行程序，而不需要专门安装JRE。

1.2.2　JDK 下载

　　Java的JDK是Sun公司的产品，由于Sun公司已经被Oracle公司收购，因此要到Oracle公司的官方网站下载JDK。Oracle公司提供了多种操作系统的JDK，每种操作系统的JDK在使用上基本相同。读者可以根据自己计算机的操作系统，从Oracle公司的官方网站下载相应的JDK安装文件，JDK目前的最新版本是JDK14.0.1。下面介绍下载方法，具体操作步骤如下。

　　（1）在浏览器中输入网址：https://www.oracle.com/java/technologies/javase-downloads.html。运行界面如图1-3所示。

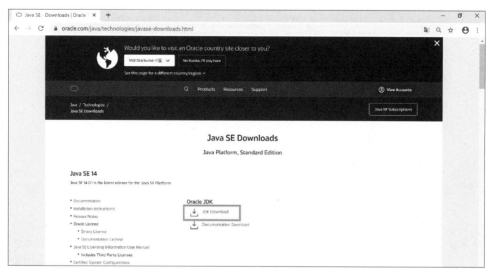

图 1-3　JDK14.0.1 的下载界面

　　（2）单击JDK Download按钮，运行界面如图1-4所示。

图 1-4　JDK14.0.1 的下载列表界面

　　（3）根据操作系统选择下载的JDK，确定"接收许可协议"，运行界面如图1-5所示。

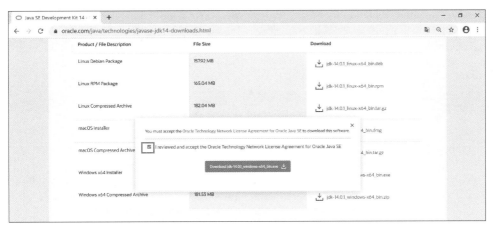

图 1-5　"接收许可协议"界面

1.2.3　Windows 操作系统中的 JDK 安装与环境配置

1. JDK开发工具的安装

下载了Windows操作系统的JDK安装文件jdk-14.0.1_windows-x64_bin.exe后，可以安装JDK14.0.1。在Windows 10中安装JDK14.0.1的具体操作步骤如下。

（1）双击运行已下载的JDK安装文件：jdk-14.0.1_windows-x64_bin.exe，打开如图1-6所示的界面，单击"下一步"按钮。

（2）打开选择"目标文件夹"界面，如图1-7所示，单击"更改"按钮，可以更改JDK的安装存放目录，建议初学者使用默认设置，不必更改目标文件夹。单击"下一步"按钮。

图 1-6　JDK 安装欢迎界面

图 1-7　选择"目标文件夹"界面

（3）打开JDK安装过程界面，如图1-8所示。

（4）成功安装JDK后，打开如图1-9所示的界面，单击"后续步骤"按钮，显示教程，此处可以略过，单击"关闭"按钮，完成JDK的安装。

使用默认值安装后，在C盘根目录下建立一个名为C:\Program Files\Java\jdk-14.0.1的文件夹，该文件夹中包括以下目录。

（1）bin目录：包含Java开发工具，这些开发工具能够帮助开发、执行、调试以及文档化一些Java程序。

（2）conf目录：包含开发和部署的配置文件，一般不需要修改。

图 1-8　JDK 安装过程界面　　　　　　　　图 1-9　JDK 安装结束界面

（3）include目录：包含一些C语言头文件，并支持本地代码程序设计。

（4）jmods目录：JDK14.0.1采用了模块化设计，以便缩小最终软件的体积，方便定制，简化管理。这个目录中保存了核心模块，也就是官方提供的各种类库程序。该目录中一共有73个模块文件，具体内容可以参考官方文档。在JDK8.0中，这些资源以jar包的形式存放，如lib目录中的rt.jar等。

（5）legal目录：所使用的协议等法律文件。

（6）lib目录：包含Java运行环境的私有实现信息，不供外部使用，不能修改。src.zip文件也在该目录中。

（7）src.zip文件：包括组成Java核心 API的一些Java语言的源文件。这些源代码只是用来提供一些信息支持，以帮助开发人员学习和使用Java语言。

2. 在Windows 10操作系统中配置环境变量

JDK安装完成后，要想在任何位置都能编译和运行Java程序，必须配置环境变量。一般来说，需要配置环境变量Path。

环境变量Path用于保存系统应用程序的路径集合，每个路径之间用英文分号（;）分隔。当在命令窗口中执行一个文件时，操作系统首先在当前目录下查找可以执行的文件，如果文件不存在，则在环境变量Path中定义的路径下查找这个文件。如果找到该文件，则执行这个文件；如果找不到该文件，操作系统则显示不是内部命令或外部命令，也不是可运行程序或批处理文件的错误提示。因此，要编译和运行Java程序，需要将Java的编译和运行程序工具路径添加到环境变量Path中，这样就可以在任何位置编译和运行Java程序。

在Windows 10操作系统中配置环境变量Path的具体操作步骤如下：

（1）安装完成后，选择"此电脑"，右击，在弹出的快捷菜单中选择"属性"命令（或选择"控制面板"|"系统和安全"|"系统"命令），打开"系统"窗口，选择"高级系统设置"命令，如图1-10所示。

图 1-10　计算机基本信息界面

（2）进入"系统属性"设置界面，选择"高级"选项卡，单击"环境变量"按钮，如图1-11所示。

（3）进入"环境变量"设置界面，上半部分是用户设置，仅对当前用户起作用，"环境变量"设置界面的下半部分是整个系统的环境变量，改变系统环境变量会影响到所有用户。在"系统变量"列表中选择Path变量，单击"编辑"按钮，如图1-12所示。

图 1-11　"系统属性"设置界面　　　　　　　图 1-12　"环境变量"设置界面

（4）在"编辑环境变量"窗口中，单击"新建"按钮，在出现的编辑栏中输入C:\Program Files\Java\jdk-14.0.1\bin，即JDK安装的路径，单击"确定"按钮，如图1-13所示。

环境变量配置完成后，验证是否成功，可以依次选择系统"开始"|"Windows系统"|"命令提示符"命令，启动Windows命令行，也可以直接打开"运行"对话框（或者使用"Windows+R键"打开"运行"对话框），输入命令cmd，单击"确定"按钮，如图1-14所示。在命令行提示符下输入java -version，如果出现如图1-15所示的界面，则表示JDK安装成功。

图 1-13　编辑系统环境变量　　　　　　　　　图 1-14　启动系统命令行（1）

Java 语言概述

图 1-15 启动系统命令行（2）

1.2.4 JDK 常见开发工具及其使用

Java不仅提供了丰富的语言和运行环境，还提供了免费的Java开发工具集JDK。JDK包括以下常用开发工具。

● javac：Java语言编译器。
● java：Java字节码解释器，运行Java程序。
● javadoc：Java API文档生成器。
● javap：类文件反汇编器。

1. Java语言编译器

Java语言的编译程序是javac.exe。javac命令将Java程序编译成字节码，然后用Java字节码解释器解释执行这些Java字节码。Java程序源码必须存放在后缀为.java的文件里。使用javac命令将Java程序里的每一个类生成与类名称相同但后缀为.class的文件。

javac命令的一般用法格式如下：

```
javac 文件名.java
```

2. Java字节码解释器

java是Java语言的解释器。java命令的一般用法格式如下：

```
java 类名 [<参数>]
```

java命令执行的是由Java语言编译器输出的字节码，可执行的类中应含有main()方法。注意任意在类名称后的参数都将传递给要执行类的main()方法。使用Java语言执行完main()方法后退出，除非main()方法创建了一个或多个线程。如果main()方法创建了其他线程，Java语言总是等到最后一个线程退出才终止。

3. Java API文档生成器

javadoc是Java API文档生成器。javadoc命令将Java源程序生成HTML格式的API文档。javadoc命令的一般用法格式如下：

```
javadoc 包|Java源程序名列表
```

javadoc命令用于分析Java源程序中的声明和注释，规格化其公共的和保护的API，形成HTML页面。此外，还要生成类列表、类层次结构和所有API的索引。用户可以用包或一系列的Java源程序名作为参数，默认输出HTML格式页面。

由于javadoc命令可以自动对类、界面、方法和变量声明进行分析，形成文档，所以用户可以在Java源程序中插入一些带HTML标记的特殊格式注释。

Doc注释标记为：

```
/**
```

```
        Doc注释内容
*/
```

用户可以在注释中插入HTML标记，也可以插入javadoc标记（由@开头的注释）。
javadoc标记分为类文档标记、变量标记和方法文档标记三类。

4. 类文件反汇编器

javap命令可以对类文件进行反汇编，用于分解类的组成单元，包括方法、构造方法和变量等，也称为Java类分解器。javap命令的一般用法格式如下：

```
javap 类名
```

1.3　Java程序结构

安装配置了Java的开发环境和开发工具，下面可以开启Java程序编写之旅了。在本节中，编写你的第一个Java应用程序，详细说明程序中每行的作用。为了方便说明，给每个程序增加了行号，但行号不是Java应用程序的实际组成部分，在编写程序时不加行号。

1.3.1　Java 应用程序

第一个Java应用程序在屏幕上显示一行文本信息，使用Windows操作系统记事本编辑代码。

【例1-1】编程显示一行文本信息

```
1     //  例1-1：HelloJavaWorld.java
2     //  第一个Java应用程序
3
4     class HelloJavaWorld{   // 定义类
5
6        // main()方法，Java应用程序开始执行的方法
7        public static void main(String args[])
8        {
9            System.out.println("欢迎来到Java世界！");
10       } // main()方法结束
11
12    } // HelloJavaWorld类结束
```

扫一扫，看视频

这个程序实现输出一行信息：

欢迎来到Java世界！

通过这个简单的例子可以了解Java应用程序的基本结构。下面对代码进行解释。

第1行，以"//"开始，说明此行后面的内容为注释。在程序中插入注释有利于程序的可读性，便于他人对程序的阅读和理解。在程序运行时，注释不起任何作用，也就是说，Java语言编译器忽略所有注释内容。

以"//"开始的注释，称作单行注释，因为注释从"//"开始在当前行结束时终止。单行注释也可以从一行的中间开始一直延续到本行的结束。

多行注释采用另外一种形式。例如：

```
/* 这是一个多行注释,
   可以分隔在多行中。
```

　　注释连续多行时，
　　通常采用这种注释方法*/

　　这种注释能够连续跨越多行文本，以分隔符"/*"开始，以分隔符"*/"结束，中间的所有行都为注释内容，运行时都被编译器忽略。

　　还有一种注释与多行注释类似，称作文档注释，以分隔符"/**"开始，以分隔符"*/"结束，中间的部分为文档注释内容。文档注释是Java语言中特有的一种注释方式，它可以使编程人员把程序文档嵌入程序代码，通过使用JDK中的工具javadoc从程序代码中提取并生成程序文档。

　　第2行，单行注释，说明程序完成的功能。在每一个程序的开始都应该有说明程序功能的注释。

　　第3行，空白行，编程人员通常在程序中加入空白行或空格，使程序更加容易阅读。空白行、跳格符、空格统称为空白符。这些符号被编译器忽略，在Java中起到分隔符作用，是程序中不可缺少的部分。

　　第4行，HelloJavaWorld类定义的开始，用关键字class声明类，其后跟类名。所有的Java应用程序都是由类组成的，至少包含一个类，本例中为HelloJavaWorld类。关键字、标识符的具体定义详见第3章。

　　public指明这是一个公共类，Java程序中可以定义多个类，但最多只能有一个公共类，Java程序文件名必须与这个公共类名相同。public公有访问权限在后面的章节中会详细介绍。

　　从类定义的左大括号开始，到第12行对应的右大括号结束，中间的所有程序行为类体定义。并且类体中的所有行都进行了缩进，这也是一个良好的编程风格。

　　第7行，main()方法。每一个Java应用程序中必须有且仅有一个main()方法，应用程序从main()方法开始执行，main()方法后面的一对大括号指明它是程序的一个构成块，称作方法体。一个Java类中包含一个或多个方法。main()方法必须用public、static、void限定。public指明所有的类都可以使用这个方法；static 指明该方法是一个类方法，可以通过类名直接调用；void指明该方法没有返回值。在main()方法定义中，括号中的String args[]是传递给main()方法的参数，名称为args，它是String类的实例，实际参数可以是一个或多个，多个参数值之间用空格分隔。

　　第8行，左大括号指明方法的开始，对应的第10行右大括号表明方法的结束。

　　第9行，用来实现字符串的输出。字符串是指用双引号括起来的字符序列。字符串中的空格不被编译器忽略。System.out.println()方法用于程序执行时，当程序执行时，在命令窗口中输出字符串或其他类型信息。

　　下面编译和运行第一个程序。

　　在记事本中编辑此源程序，保存在名为HelloJavaWorld.java的文件中。

　　注意：在存储Java源程序时，"编码"选择ANSI，如图1-16所示。另外，把Java源程序文件放入自己的文件夹，便于查找和管理。

图 1-16　Java 源文件存储

在命令行窗口中，通过javac工具对文件进行编译。

在命令行窗口中输入：

```
javac HelloJavaWorld.java
```

完成编译任务，生成字节码文件HelloJavaWorld.class。

在命令行窗口中，使用Java字节码解释器运行程序，通过在命令行窗口中输入：

```
java HelloJavaWorld
```

执行程序，在屏幕上输出：

欢迎来到Java世界！

程序运行结果如图1-17所示。

图 1-17 在命令行窗口中编译运行 Java 程序

🔔 小技巧

在命令行窗口中使用CD（Change Directory）命令改变当前目录。

（1）CD .. ：指定要改成当前目录的上一级目录。例如，在命令行窗口中，从当前目录改变到上一级目录的执行过程如下：

```
D:\Example>CD..
D:\>
```

（2）CD [drive:][path]：设置当前目录。例如，在D盘根目录下设置和改变当前目录的过程如下：

```
D:\>
D:\>cd Example
D:\Example>
```

在例1-1中，在命令行窗口中显示输出结果。除此之外，很多Java应用程序还可以使用窗口或对话框显示输出内容。通常，对话框是程序中用于为用户显示重要信息的窗口。Java类JOptionPane提供了封装好的对话框用来在窗口中显示信息。

Java语言提供了大量预先定义的类供程序员使用。Java语言把预先定义的相关类按包的形式进行组织管理，一个包就是一个Java类的集合，所有包构成了Java类库，即Java API（Java Application Programming Interface）。Java API包被分为核心包和扩展包，大多数Java API包都以java（核心包）或javax（扩展包）开头。很多的核心包和扩展包都包含在Java软件开发工具中。随着Java的不断发展，大多数新开发的包都作为扩展包出现。

在例1-2中将输入两个整数，计算它们的积并输出结果。程序中将使用一个预定义的对话框JOptionPane完成输入/输出的功能。类JOptionPane定义在javax.swing包中。

【例1-2】编程实现在对话框中输入和显示信息

```
1    // 例1-2：Multiply.java
2    // 用于计算两个整数的积的应用程序，使用对话框进行输入/输出
```

扫一扫，看视频

```
3
4       // 引入Java 扩展包
5       import javax.swing.JOptionPane; // import类JOptionPane
6
7       public class Multiply {
8           // main() 方法
9           public static void main( String args[] )
10          {
11              String firstNumber;         // 用户输入的第一个数字字符串
12              String secondNumber;        // 用户输入的第二个数字字符串
13              int number1;                // 存放被乘数
14              int number2;                // 存放乘数
15              int product;                // 存放积
16              // 读取第一个数字字符串
17              firstNumber =JOptionPane.showInputDialog( "Enter first integer" );
18
19              // 读取第二个数字字符串
20              secondNumber =JOptionPane.showInputDialog( "Enter second integer" );
21
22              // 将String型转换为int型
23              number1 = Integer.parseInt( firstNumber );
24              number2 = Integer.parseInt( secondNumber );
25
26              // 求积
27              product = number1 * number2;
28
29              // 显示结果
30              JOptionPane.showMessageDialog(null, "The product is " +
31                  product, "Results",JOptionPane.PLAIN_MESSAGE );
32
33               System.exit( 0 );              // 终止程序
34
35          } // main()方法结束
36
37      }       // 类Multiply结束
```

第5行，引入包声明语句，Java程序中通过import引入包中预定义的类。当在程序中使用Java API中的类时，要在程序中引入相应包，以便编译器能够找到这个类。第5行告诉编译器类 JOptionPane在javax.swing包中可以找到。javax.swing包中包含很多创建图形用户界面（GUIs）应用程序必需的类。

第11 ~ 15行，变量声明语句，指明程序中使用的变量名及类型。变量是内存空间的标识符，程序中用于存放数据值。所有的变量在使用前必须指明名称和类型，名称必须是Java中有效的标识符。字符串类型String表示字符序列，String类在java.lang包中定义，int型表示整数。

第17行，使用JOptionPane类的showInputDialog()方法显示输入对话框。showInput-Dialog()方法的参数为提示信息，以提示用户输入的内容。用户在窗口的文本框中输入字符，当单击OK按钮时把文本框中的字符串返回给程序。

第23、24行，把字符串转换为整数，用于加法运算。类Integer的静态方法parseInt()把参数字符串转换为整数，并将结果返回。类Integer在java.lang包中定义。

第27行，对两个数求积，结果放在变量product中。

第30、31行，调用类 JOptionPane的showMessageDialog()方法，在一个对话框中显示信息。这个方法包含两个参数，参数之间用逗号分隔。第一个参数为显示对话框要显示的位置，可以为关键字null，表示在计算机屏幕中心显示对话框；第二个参数为对话框中显示的信息，本例中是表达式"The product is " + product，用运算符"+"完成一个字符串与一个整数的连接操作，首先把整数转换为字符串，然后实现两个字符串的连接，"+"运算符在这里被重新定义了。

另外，showMessageDialog()方法用于在对话框中显示结果字符串。

JOptionPane中的信息对话框的类型如表1-1所示。除了PLANE_MESSAGE，其他所有对话框都显示一个图标，用于提示信息的种类。

注意：QUESTION_MESSAGE图标也在输入框中使用。

表1-1 JOptionPane中的信息对话框的类型

信息对话框的类型	描 述
JOptionPane.ERROR_MESSAGE	用于显示出错信息
JOptionPane.INFORMATION_MESSAGE	用于显示容易忘记的信息
JOptionPane.WARNING_MESSAGE	提示用户容易出错
JOptionPane.QUESTION_MESSAGE	显示问题的对话框，通常用户需要回答，可以单击 Yes 或 No 等按钮
JOptionPane.PLANE_MESSAGE	显示一个信息提示对话框，没有图标

第33行，使用System类的静态方法exit()终止应用程序。System类是java.lang包的一部分。java.lang包在每个应用程序中默认引入，它是Java API中唯一不需要引入的包。因此使用java.lang包中的内容时，不需要用import引入声明。

编译运行过程同例1-1。程序运行结果如图1-18所示。

（a）输入第一个数据

（b）输入第二个数据

（c）显示结果

图1-18 程序运行结果

1.3.2 Java 程序结构

从上面的Java应用程序举例可知Java程序结构如下：

（1）Java程序至多有一个public类，Java源文件的存储必须按照该类名命名。

（2）Java程序可以有0个或多个其他类。

（3）当需要继承某个类或使用某个类时，使用import引入该类的定义。

扫一扫，看视频

Java程序的组成结构如下：

```
package                  //包，0个或1个，必须放在文件开始
import                   //引入，0个或多个，必须放在所有类定义前
public classDefinition   //主类，0个或1个，文件名必须与该类名相同
class Definition         //类，0个或多个类定义
interface Definition     //接口，0个或多个接口定义
```

1.3.3 Java 工作机制

在本小节中，将介绍Java工作机制，也就是Java的核心技术：Java虚拟机技术、结构、安全措施等内容。

Java设计的理念就是以整个Internet为运作平台，使程序代码能在各种操作系统及各种机器上运行，为此发展出Java虚拟机、Java字节码及Java API。

1. Java虚拟机

在前面提到的结构中立的特性是Java最重要的特性之一，而实现这一特性的基础就是Java虚拟机。从底层看，Java虚拟机就是以Java字节码为指令组的软CPU。Java程序编译运行流程图如图1-19所示。

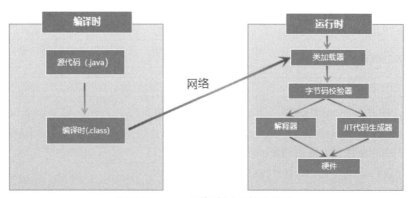

图 1-19　Java 程序编译运行流程图

从图1-19中可以看出，开发人员编写服务器端Java源程序并存储为.java文件。Java编译器将.java文件编译成由字节码组成的.class文件，将.class文件存放在Web服务器上。至此，Java程序已作为Internet或Intranet资源存放在Web服务器上，随时可以让客户使用。

在客户端，用户使用WWW浏览器，通过Internet或Intranet下载Web服务器上含有Java程序的主页，再依赖本地Java虚拟机对.class文件进行解释执行。这样，Java应用资源便由服务器端传到客户端，并在用户浏览器显示出来。

Java虚拟机包含类加载器、字节码校验器及JIT代码生成器。类加载器用来取得从网络获取或存于本地机器上的类文件。然后用字节码校验器确认这些类文件格式是否正确，以确定在运行时不会有破坏内存的行为。而JIT代码生成器可以将字节码转换成本地机器码，使原本是解释执行式的虚拟机能够提高到编译式的运行效率。

2. Java 字节码

所谓Java字节码（.class文件），是一种具有可移植性的程序代码，由Java源文件通过Java编译器编译而成。与一般程序通过编译器编译而成的机器码不同，它不是真正的CPU可运行的指令代码，又称伪代码。

在客户端接收到由网络传输过来的Java字节码后，便可以通过一种与各平台有关的运行环境中的JVM及JRE提供的运行时所需的类库，将其转换成本地代码。如此便可以达到一次编写、到处运行（Write Once，Run Anywhere）的效果。

3. Java API

Java API（应用程序编程接口）是Java提供的一些类库，通过这个文档可以查看那些类继承结构、属性、成员方法、构造方法、静态成员等，还有相关参数的说明，以及一些例子。 Java API就是常说的Java API说明文档，也就是JDK documentation（开发说明文档）。从Oracle公司主页https://www.oracle.com/java/technologies/ javase-downloads.html下载，如图1-20所示。

图 1-20　Java API 文档下载

解压下载的Java API文档，进入文档界面，如图1-21所示，可以查找需要的类、方法和属性等信息。

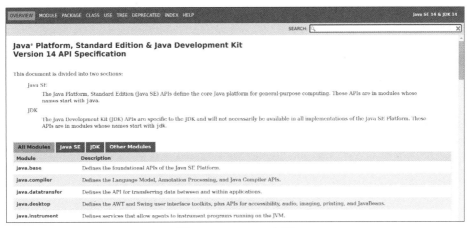

图 1-21　Java API 文档

1.4 本章小结

本章主要对Java语言进行了概述。重点讲解了以下几个方面的内容。

1．Java是一种面向对象的编程语言，可以编写桌面应用程序、游戏应用程序、移动设备应用程序、Web应用程序、分布式系统应用程序、嵌入式系统应用程序等。

2．Java语言具有简单、面向对象、分布式、解释性、健壮、安全、结构中立、可移植、多线程、动态等特性。

3．Java语言平台有三种:Java标准版(Java SE)、Java 微型版(Java ME)和Java企业版

（Java EE）。

4．JDK是Java开发工具集，包含了Java的运行环境和 Java工具，常用工具有Java编译器、Java运行工具、Java文档生成工具、Java打包工具等。

5．Java程序中至多有一个public类，Java源文件的存储必须按照该类名命名；Java程序可以有0个或多个其他类，当需要继承或使用某个类时，Java中通过import引入现有类。

6．Java程序的上机实现过程：Java程序编辑、编译、运行。

1.5 习题一

扫描二维码，查看习题。

扫二维码
查看习题

1.6 实验一　使用JDK环境进行Java程序开发

扫描二维码，查看实验内容。

扫二维码
查看实验内容

第 2 章

Eclipse 集成开发工具

学习目标

本章主要讲解 Java 开发通常使用的 Eclipse 集成开发工具，包括工具的下载、配置和启动，熟悉 Eclipse 开发环境，使用 Eclipse 创建项目、创建 Java 包、创建 Java 类、编辑代码、运行程序，并能够使用 Eclipse 调试工具对程序进行调试。通过本章的学习，读者应该掌握以下主要内容：

- Eclipse 的安装与启动。
- Eclipse 工作台环境。
- Eclipse 透视图。
- Eclipse 程序开发。
- 程序调试方法。

内容浏览

2.1 Eclipse概述

在实际开发Java项目过程中，使用记事本编写代码速度慢、效率低，且容易出错，所以很少有程序员使用这种方式编写代码。正所谓"工欲善其事，必先利其器"。为提高效率，程序员大多数采用集成开发环境（Integrated Development Environment，IDE）进行Java代码编写和项目开发。下面讲解当前最流行的、功能强大的Java集成开发工具Eclipse。

扫一扫，看视频

2.1.1 Eclipse 简介

Eclipse是一个流行的主要针对Java编程的集成开发环境（IDE），具有开放源代码、可扩展性。Eclipse最初是由IBM公司开发的替代商业软件Visual Age for Java的下一代IDE开发环境，2001年11月贡献给开源社区，现在它由非营利软件供应商联盟Eclipse基金会（Eclipse Foundation）管理。2003年，Eclipse 3.0选择OSGi服务平台规范为运行时架构。2007年6月稳定版3.3发布；2012年发布代号为Juno的4.2版；2016年6月发布4.6版；2018年9月发布4.9版；2020年6月发布4.15版。

Eclipse以"一切皆插件"为设计思想。Eclipse核心很小，其他所有功能都以插件的形式附加于Eclipse核心之上。Eclipse基本内核包括：① 图形API（SWT/Jface）；② Java开发环境插件（Java Development Tools，JDT），大多数用户以此将 Eclipse 当作 Java IDE 使用；③ 插件开发环境（Plug-in Development Environment，PDE），主要针对希望扩展 Eclipse 的软件开发人员，因为它允许他们构建与 Eclipse 环境无缝集成的工具。

2.1.2 下载 Eclipse

在Eclipse官方网站下载Eclipse集成开发环境，具体操作步骤如下：

（1）在浏览器地址栏中输入https://www.eclipse.org/downloads/，弹出如图2-1所示的界面。

图 2-1　Eclipse 网站首页

（2）选择Eclipse下载的版本，默认为最新版本。如果需要选择其他版本，单击超链接 Download Packages，在新页面的MORE DOWNLOADS列表中选择即可，如图2-2所示。

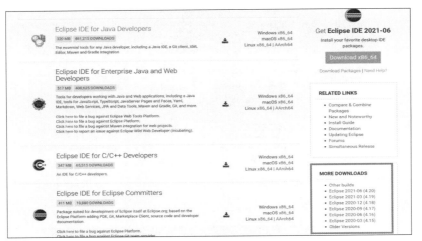

图 2-2　Eclipse 版本选择

（3）确定下载的版本后，选择合适的开发工具包进行Java项目开发，推荐Eclipse IDE for Java Developers文件包，如图2-3所示。

图 2-3　选择开发工具包

（4）在打开的界面中，根据计算机操作系统选择合适的操作系统工具包，在Windows 10下安装，选择Windows 64-bit选项，如图2-4所示。

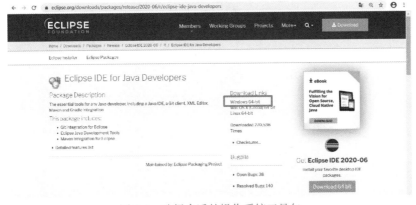

图 2-4　选择合适的操作系统工具包

（5）Eclipse服务器根据用户所在的地理位置分配合理的下载镜像站点，建议使用默认的镜像地址，如图2-5所示，单击Download按钮进行下载。也可以展开 Select Another Mirror 选择另外的镜像地址。

图 2-5　Eclipse 下载镜像页面

（6）单击Download按钮，若5秒钟后还没有开始下载任务，单击click here 超链接，重新开始任务下载，如图2-6所示。

图 2-6　重新开始任务下载

2.1.3　Eclipse 的中文语言化

从官网主页上下载的Eclipse安装文件是一个zip压缩包，将其解压到指定的目录下，如D:\Eclipse，即可启动Eclipse开发工具，为解决初学者学习的不便，在使用Eclipse前安装中文语言包，进行环境汉化。

Eclipse国际语言包的下载地址为https://www.eclipse.org/babel/downloads.php。具体下载和安装步骤如下：

（1）在浏览器中输入网址https://www.eclipse.org/babel/downloads.php，在下载界面Babel Language Pack Zips中选择需要的版本，本书使用最新版本"2019-12"。单击超链接2019-12进行国际语言包下载，如图2-7所示。

图 2-7　国际语言包下载页面

注意：下载的国际语言包和Eclipse版本要匹配。

（2）在界面的下拉列表中找到Language: Chinese (Simplified)中文简写列表项，在它下面选择BabelLanguagePack-eclipse-zh_4.14.0.v20200113020001.zip (85.25%)超链接，下载中文简写语言包，如图2-8所示。

图 2-8　选择中文简写语言包页面

（3）单击超链接后，Eclipse服务器根据用户所在的地理位置分配合理的下载镜像站点，读者使用默认的镜像地址，如图2-9所示。单击Download按钮进行下载。也可以展开 Select Another Mirror 选择其他的镜像地址。

图 2-9　中文简写语言包下载镜像页面

（4）将下载后的汉化包解压到eclipse（Eclipse安装目录）文件夹下，更新两个文件夹：features文件夹和plugins文件夹，如图2-10所示。重新启动Eclipse开发环境后，可以看到汉化的Eclipse。

图 2-10　Eclipse 文件结构

2.1.4 Eclipse 的启动和配置

（1）启动Eclipse开发工具。Eclipse的语言包配置好后，就可以启动Eclipse了。进入Eclipse安装目录下，单击eclipse.exe文件，启动Eclipse，打开如图2-11所示的Eclipse启动界面。

（2）配置工作空间。Eclipse启动完成后，打开"Eclipse IDE 启动程序"对话框，该对话框用于设置Eclipse的工作空间（用于保存项目文件及其相关设置的文件目录）。本书设置的工作空间为Eclipse安装目录下的D:\JavaLearning文件夹，在该对话框的工作空间输入框中输入或单击浏览选择D:\JavaLearning，单击"启动"按钮，启动Eclipse，如图2-12所示。

图 2-11　Eclipse 启动界面

图 2-12 启动设置工作空间

注意：Eclipse启动时都会打开"Eclipse IDE启动程序"对话框。如果不想每次都设置工作空间，可以将"将此值用作缺省值并且不再询问"复选框选中，把设置的工作空间作为默认工作空间，再次启动时将不再打开"Eclipse IDE启动程序"对话框。

（3）"欢迎"界面。工作空间设置完成后，Eclipse首次启动，显示"欢迎"界面，如图2-13所示。单击界面中"欢迎"选项页旁的"×"，可以关闭"欢迎"页面。

图 2-13　启动 Eclipse 的"欢迎"界面

2.1.5 Eclipse 工作台

在Eclipse启动后的"欢迎"界面中关闭"欢迎"页面，进入Eclipse工作台界面，这是编写Java程序，完成项目的场所。Eclipse工作台由标题栏、菜单栏、工具栏、各视图区域部分和透视图构成，如图2-14所示。

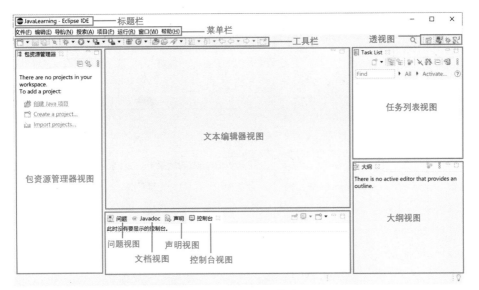

图 2-14　Eclipse 工作台

工作台界面中有包资源管理器视图、文本编辑器视图、大纲视图等多个区域，这些视图主要用于显示信息及信息的层次结构和代码编辑等。下面说明Eclipse工作台中几种主要视图的作用。

(1)包资源管理器视图（Package Explorer）：用于显示项目文件的组成结构。

(2)文本编辑器视图（Editor）：用于代码编写和编辑的区域。具有代码提示、自动补全、撤销等功能。

(3)控制台视图（Console）：用于显示程序运行时的结果信息、异常信息和错误信息。

(4)问题视图（Problems）：用于显示项目编译时出现的警告和错误。

(5)大纲视图（Outline）：用于显示代码中类的结构。

(6)任务列表视图（Task List）：用于显示当前任务列表。

视图可以有独立的菜单栏和工具栏，它们可以单独出现，也可以与其他视图以选项页的方式叠加在一起，并且可以通过拖动随意改变布局的位置和关闭视图。

2.1.6　Eclipse 透视图

透视图（Perspective）是工作台界面中视图的初始设置、布局和操作的集合，用于完成特定类型的任务或使用特定类型的资源。在Eclipse的Java开发环境中提供了几种常用的透视图，如Java透视图、资源透视图、调试透视图、小组同步透视图等。用户可以在不同的透视图之间切换，但是同一时刻只有一个透视图是活动的，通过定制视图可以控制哪些视图显示在工作台界面上，还可以控制这些视图的大小和位置。在透视图中更改设置不会影响编辑器的设置。

用户可以通过透视图中的按钮在不同的透视图之间切换，如图2-14所示。打开透视图有两种方法：一是可以在透视图中单击"打开透视图"按钮 ，如图2-15所示；二是通过菜单栏，选择"窗口"|"透视图"|"打开透视图"|"其他"命令，如图2-16所示，显示"打开透视图"窗口。

注意：若在操作透视图过程中关闭了某个视图，可以通过菜单项打开/关闭视图，如图2-17所示。

图 2-15 "打开透视图"窗口 . 图 2-16 通过菜单栏打开透视图

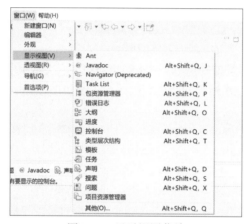

图 2-17 显示视图菜单

2.2 使用Eclipse工具进行程序开发

通过前面的学习，读者已经对Eclipse开发工具有了一个基本的认识。古语道"耳闻之不如目见之，目见之不如足践之"，本节将详细介绍如何使用Eclipse完成程序的编写、调试和运行，并完成第1章中例题程序的编写和运行。要想熟练地进行开发工具的使用、代码的开发，需要"学思践悟、躬身笃行"。

2.2.1 创建 Java 项目

扫一扫，看视频

在Eclipse中编写程序，首先要创建项目（Project），在项目中完成代码的编写，Eclipse有多种项目，其中Java项目用于管理和编写Java应用程序。创建项目的具体操作步骤如下：

（1）运行Eclipse集成开发工具。

（2）在菜单栏中选择"文件"|"新建|"Java项目"命令，如图2-18所示；或者采用"包资源管理器"视图中的"创建Java项目"快捷方式创建Java项目，如图2-19所示。

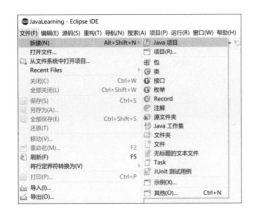

图 2-18　通过菜单栏创建 Java 项目　　　图 2-19　使用"包资源管理器"视图创建 Java 项目

（3）打开"新建Java项目"对话框，如图2-20所示。在对话框的"项目名"文本框中输入项目名称MyFirstProject。项目存储位置可以使用默认工作区路径，也可以重新选择项目存放的位置，这里使用默认位置，默认"使用缺省位置"复选框被选中。在"项目布局"选项组中选中"为源文件和类文件创建单独的文件夹"单选按钮，然后单击"完成"按钮，完成项目创建。

（4）单击"完成"按钮后，弹出"新建module-info.java"对话框，由于模块化开发对于初学者来说有些复杂，因此选择不创建模块化开发，单击Don't Create按钮，如图2-21所示。

图 2-20　"新建 Java 项目"对话框

图 2-21　"新建 module-info.java"对话框

（5）此时，返回到Eclipse界面，在"包资源管理器"视图中创建一个名为MyFirstProject的Java项目，如图2-22所示。同时，在指定路径下生成了Java项目MyFirstProject的文件夹结构，如图2-23所示。

图 2-22 "包资源管理器"视图中的 Java 项目　　图 2-23　Java 项目的文件夹结构

2.2.2 为项目创建包

扫一扫，看视频

　　为了更好地组织类，Java 提供了包机制，用于区别类名的命名空间，把功能相似或相关的类或接口组织在同一个包中，方便类的查找和使用。如同文件夹一样，包也采用了树形目录的存储方式。同一个包中的类名字是不能相同的，不同包中的类名字可以相同，当同时调用两个不同包中的相同类名字时，在类前加包名予以区别，以"."作为分隔符号。因此，包可以避免名字冲突，同时包也限定了访问权限，拥有包访问权限的类才能访问某个包中的类。在本书的8.1节将详细介绍包。

　　为项目创建包的具体操作步骤如下：

　　（1）在菜单栏中的选择"文件"|"新建"|"包"命令，如图2-24所示；或者单击工具栏 □▼ 右侧的下拉菜单，在弹出的菜单项中选择"包"命令，为项目创建包，如图2-25所示。

图 2-24　使用菜单栏为项目创建包　　　　图 2-25　使用工具栏为项目创建包

　　（2）在弹出的"新建Java包"对话框中，"源文件夹"表示项目所在的文件目录及包存放的位置。"名称"表示要创建的包名，在这里输入com.software.first，如图2-26所示，然后单击"完成"按钮。此时在"包资源管理器"视图中出现新建的包，如图2-27所示。

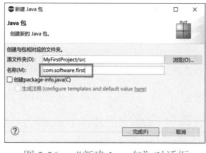

图 2-26　"新建 Java 包"对话框　　　图 2-27　"包资源管理器"视图中新建的包

2.2.3 为项目创建类

　　选择创建类与2.2.2小节中创建包的步骤（1）相同，打开"新建 Java 类"对话框，如图2-28

所示。在"源文件夹"文本框中输入项目源程序文件夹的位置，通常工具自动填写该文本框，一般使用默认文件夹，需要改动。在"包"文本框中输入类文件的包名，或者单击其后的"浏览"按钮进行选择。默认为项目创建的包。在"名称"文本框中输入类的名称，如本例为HelloJavaWorld。选中public static void main(String[] args)复选框，工具在创建类时，自动为该类添加main()方法，使该类成为可以运行的主类。界面中的"修饰符""超类""接口"在学习完后面相应章节内容后，根据需要可以在此处进行选择和设置。

创建完类后，在com.software.first包下生成了一个HelloJavaWorld.java文件，如图2-29所示。

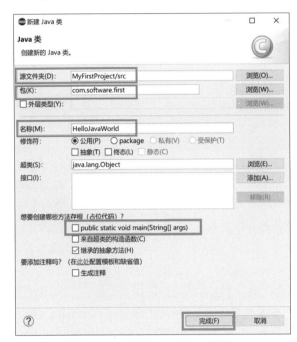

图 2-28　"新建 Java 类"对话框

图 2-29　在包下生成 Java 类文件

2.2.4　编写程序代码

创建好的HelloJavaWorld.java文件会在编辑区域自动打开，如图2-30所示。如果没有打开，可以再双击图2-29中的HelloJavaWorld.java文件，在编辑区域中显示Java文件内容。

在代码编辑区域完成类代码的编写，此例为在main()方法中仅添加一条输出语句，如图2-31所示。如果在前面生成类过程中没有选中public static void main(String[] args)复选框，则在此处需要把main()方法的代码全部输入。

在代码中使用System.out.println()方法，用于在控制台窗口中输出信息。在Eclipse的Java编辑器中可以输入关键字的部分字母，然后使用Ctrl+Alt+/快捷键补全Java的关键字，提高输入效率，减少出错。当输入"."操作符时，编辑器自动激活智能提示，弹出代码帮助菜单，也可以在输入syso后，使用Alt+/快捷键调出代码帮助菜单，完成关键语法的输入。如果代码出错，可以将光标移动到Java编辑器中错误代码的位置，使用Ctrl+1快捷键激活"代码更正"菜单，从中选择正确的关键字。

图 2-30　在编辑区域显示 Java 文件内容

图 2-31　编写 Java 代码

从图2-30和图2-31中可以看到，Java编辑器以不同的样式和颜色显示Java语法，常见的监视包括以下内容。

（1）Java关键字：加粗紫色英文，如public、class等。

（2）代码注释：绿色英文，如"自动生成的方法存根"。

（3）javadoc注释：加粗的蓝色英文。

（4）常量：用紫色表示。

🔔 小技巧

在Java编辑器的左边框中右击，在弹出的快捷菜单中选择"显示行号"命令，可以开启/关闭编辑器显示代码行号的功能。

📀 2.2.5　运行 Java 程序

扫一扫，看视频

　　　　HelloJavaWorld类中包含了main()方法，它是一个可以运行的主类。运行Java应用程序可以采用以下几种方法：①在"包资源管理器"视图的HelloJavaWorld.java文件上右击，在弹出的快捷菜单中选择"运行方式"|"Java应用程序"命令，如图2-32所示；②在菜单栏中选择"运行"|"运行"命令；③单击工具栏中的运行按钮 ▶▾。在弹出的"保存并启动"窗口中选择保存的类，单击"确定"按钮，保存并执行程序，如图2-33所示。

图 2-32　运行 Java 应用程序

图 2-33　"保存并启动"窗口

HelloJavaWord运行结果如图2-34所示。

> 🗐 问题 @ Javadoc 🗐 声明 🖳 控制台 ☒
> <已终止> HelloJavaWorld [Java 应用程序] C:\Program Files\Java\jdk-14.0.1\bin\javaw.exe
> 欢迎来到Java世界！

图 2-34　HelloJavaWorld 运行结果

2.3　程序调试

程序调试是项目开发过程中不可缺少的组成部分。为了验证某一功能的正确性，通常在方法调用的开始位置和结束位置分别调用System.out.println()方法输出关键信息，以此判断程序的执行状态。使用这种方法需要加入大量的System.out.
println()方法，会导致程序代码的混乱。

本节介绍Eclipse中Java调试工具的使用，可以设置断点，实现程序单步执行，跟踪每一步的关键状态信息，查看每一步的变量和表达式的值，避免在程序中插入大量的System.out. println()方法输出调试信息。

2.3.1　设置断点

在Eclipse中设置程序断点，当程序运行到断点时，可以使用单步跟踪调试方法执行程序的每一行代码。

在Java编辑器中双击代码行号位置，实现当前行设置/取消断点，或者在显示代码行号的位置右击，在弹出的快捷菜单中选择"切换断点（Toggle Breakpoint）"命令以实现断点的添加与删除，在Eclipse中实现例1-2（Multiply.java），以对话框方式输入/输出数据，输入两个整数，输出它们的积。生成Java应用程序的过程同2.2节，最后代码如图2-35所示。在代码第20行添加断点，在第20行的代码行号位置右击，在弹出的快捷菜单中选择"切换断点"命令，如图2-35和图2-36所示。

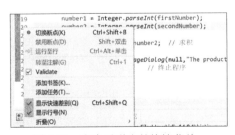

图 2-35　在 Java 编辑器中的行号前右击　　　　图 2-36　右击后弹出的快捷菜单

Eclipse集成开发工具

🎯 2.3.2　以调试方式运行程序

在Eclipse中调试Multiply程序，按照前面介绍的添加断点的方法，在第20行添加断点，在"包资源管理器"中选择Multiply.java，右击，在弹出的快捷菜单中选择"调试方法"|"Java应用程序"命令，或者选择工具栏中的调试命令 🐞 ▾ 启动调试。程序执行到第20行代码的断点处挂起当前线程，使程序暂停，如图2-37所示。在"项目资源管理器"视图中显示已经挂起的程序，在代码编辑窗口中显示执行到断点行，在调试窗口中显示当前变量的值。

图 2-37　Java 程序执行到断点处暂停

🎯 2.3.3　程序调试

程序执行到断点后暂停，可以通过调试（Debug）视图工具栏 ▶️ ⏸ ⏹ ↘️ ⤵️ ⤴️ 中的工具按钮执行相应的调试操作，如继续、停止、单步跳入和单步跳过等。从第20行断点暂停后，连续单击"单步跳过 ⤴️ "按钮，执行到第24行，如图2-38所示。调试命令具体说明如下。

（1）继续（Resume）▶️：表示继续运行直到遇到下一个断点，快捷键为F8。

（2）暂停（Suspend）⏸：即挂起选择的线程。一般在多程线代码调试时启用，用来查看某一个线程的堆栈帧或变量值。

（3）停止（Terminate）⏹：即中断操作，停止调试。

（4）断开连接（Disconnect）↘️：当进行远程调试时，中断与远程JVM的Socket连接。

（5）单步跳入（Step Into）⤵️：单步调试，如果遇到方法调用语句，则进入方法代码处执行，快捷键为F5。

（6）单步跳过（Step Over）⤴️：单步调试，在遇到方法调用语句时，如果方法内无断点，则不会进行到方法单步执行，直接进入下一条语句，快捷键为F6。

（7）单步返回（Step Return）⤴️：在单步调试中退出当前调试方法，返回到被调用的方法，快捷键为F7。

```
JavaLearning - JavaExample2/src/com/software/debug/Multiply.java - Eclipse IDE
文件(F) 编辑(E) 源码(S) 重构(T) 导帧(D) 搜索(A) 项目(P) 运行(R) 窗口(W) 帮助(H)

调试  项目资源管理器                                Multiply.java
 Multiply [Java 应用程序]                      1  package com.software.debug;
   本地主机 55489 处的 com.software.debug.Multiply   2  import javax.swing.JOptionPane;
     线程 [main] (已暂挂)                          3
       Multiply.main(String[]) 行: 24             4  public class Multiply {
   C:\Program Files\Java\jdk-14.0.1\bin\javaw.exe (2020  5    public static void main(String[] args) {
                                               6      // TODO 自动生成的方法存根
                                               7      String firstNumber;        // 用户输入的第一个数字字符串
                                               8      String secondNumber;       // 用户输入的第二数字字符串
                                               9      int number1;               // 存放被乘数
                                              10      int number2;               // 存放乘数
                                              11      int product;               // 用于存放积
                                              12
                                              13      // 读取第一个数字字符串
                                              14      firstNumber =JOptionPane.showInputDialog( "Enter first integer" );
                                              15      //读取第二个数字符串
                                              16      secondNumber =JOptionPane.showInputDialog( "Enter second integer" );
                                              17
                                              18      // String类型转换为int类型
                                              19      number1 = Integer.parseInt(firstNumber);
                                              20      number2 = Integer.parseInt(secondNumber);
                                              21
                                              22      product = number1 * number2; // 求积
                                              23      // 显示结果
                                              24      JOptionPane.showMessageDialog(null,"The product is " +
                                              25          product, "Results",JOptionPane.PLAIN_MESSAGE );
                                              26      System.exit( 0 );          // 终止程序
                                              27    }
                                              28  }
```

图 2-38　Java 程序调试界面

2.4　本章小结

本章主要介绍了Java基础开发环境Eclipse。重点讲解了以下几个方面的内容。

1．Eclipse是一个流行的主要针对Java编程的集成开发环境（IDE），具有开放源代码、可扩展性。可以从Eclipse官方网站下载Eclipse集成开发环境。

2．Eclipse启动后，需要设置Eclipse的工作空间（用于保存项目文件及其相关设置的文件目录）。

3．Eclipse工作台由标题栏、菜单栏、工具栏、各视图区域部分和透视图构成。

4．在Eclipse中编写程序时，首先要创建项目（Project），然后根据项目完成代码编写。

5．在Eclipse中进行单步跟踪调试程序时，首先设置程序断点，程序运行到断点后，可以使用单步跟踪调试方法执行程序的每一行代码。

6．Eclipse中的程序调试功能包括继续、停止、单步跳入和单步跳过等。

2.5　习题二

扫描二维码，查看习题。

扫二维码
查看习题

2.6　实验二　熟悉Eclipse集成开发工具

扫描二维码，查看实验内容。

扫二维码
查看实验内容

第 3 章

Java 语言基础

学习目标

本章主要讲解 Java 语言的基础知识，对 Java 的基本语法、Java 中的常量和变量、Java 中的基本数据类型、运算符、表达式等进行详细讲解。通过本章的学习，读者应该掌握以下主要内容：

- Java 的基本语法格式。
- Java 中的常量和变量。
- Java 中的基本数据类型。
- Java 中的运算符和表达式。

内容浏览

3.1 Java的基本语法

每一种编程语言都有严格的语法规范要求，Java语言也是如此。编写Java程序时要严格遵循Java语言的语法规范，如程序的结构、语句的格式、标识符的定义、关键字的规定等。因此学习语法规范是学习程序开发的基础，本节将针对Java的基本语法规范进行讲解。

3.1.1 Java 的基本语法格式

第1章介绍的Java程序的组成结构如下：

```
package                  //包，0个或1个，必须放在文件开始
import                   //引入，0个或多个，必须放在所有类定义前
public classDefinition   //主类，0个或1个，文件名必须与该类名相同
class Definition         //类，0个或多个类定义
interface Definition     //接口，0个或多个接口定义
```

扫一扫，看视频

Java语言是面向对象程序设计语言，Java程序由类构成，类是Java程序的基本组成单位。每一个Java应用程序都必须包含一个main()方法，它是程序执行的入口，程序执行从这个方法开始。把含有main()方法的类称为主类。初学者在学习本书第1章时，学习内容仅局限在一个类中实现其功能，因此在第1章中遇到的Java程序的结构组成仅包括import和class Definition（主类）两部分，这里对类先作简单的语法规范说明，详细内容将在第6章介绍。

1. 类的定义

对于类的定义，需要使用class关键字，在class前面加一些修饰符，如public等，类的定义语法格式如下：

```
[修饰符] class 类名{
    程序代码
}
```

类体中的程序代码部分包含属性与方法。Java程序代码语句可以分为结构说明语句和功能说明语句，类和方法属于结构说明语句。每条功能说明语句以英文分号（;）结束。如前面章节中出现的语句：

```
number1 = Integer.parseInt(firstNumber);
number2 = Integer.parseInt(secondNumber);
product = number1 * number2;
```

2. 导入API类库

在Java语言中可以通过import关键字引入相关的类。在JDK的API中包含了130多个包，如java.io等。通过JDK的API文档查看这些类，其中包括类的继承结构、类的定义、成员变量表、方法表、方法参数等。对每个成员的使用给出了详细的描述，同时给出了应用实例，API文档是程序员开发Java程序的必备宝典。

3. 在main()方法中编码

main()方法是类的主方法，程序从这个方法开始执行。该方法从其后的"{"开始到"}"结束，中间部分为方法体。public、static、void分别是权限修饰符、静态修饰符和类型修饰符。由于mian()方法要被系统调用，因此必须声明为public static void。main后英文圆括号中的

String[] args是参数，程序执行时，可以传递数据，在后面章节中将作详细介绍。第1章中学习的内容比较简单，编写的代码都在main()方法体中进行。

注意：Java程序中一个连续的字符串不能分开在两个行中书写。下面的写法是错误的：

```
Sysem.out.println("Hello
                Java wodld!");
```

可以将一个长字符串分成用"+"连接的多个字符串，把上面错误的写法改成以下正确的形式：

```
Sysem.out.println("Hello "
        + "Java wodld!");
```

3.1.2　标识符和关键字

扫一扫，看视频

1. 标识符

标识符（Identifier）是对程序中的变量、类、方法等元素进行命名，是符合语法规范的字符序列。

在Java语言中，标识符的定义规则如下：

（1）以字母、下划线（_）、美元符号（$）开始，其后面可以是任意多个字母、数字（0～9）、下划线、美元符号的字符序列。

（2）Java标识符区分大小写。

（3）对长度没有限制。

（4）用户定义标识符不能是Java关键字，但用户定义标识符包含关键字。例如，myclass是一个合法的用户标识符，其中关键字class作为它的一部分。

Java程序是由统一字符编码标准字符集（Unicode Character Set）写成的，Unicode共有65536个编码，其中字母包括大小写英文字母、拉丁文和汉字、其他国家的文字。在这种字符集中存储的字母和汉字以及其他语言文字的长度是一样的，采用16位的字符编码标准，而标准ASCII则是7位编码，只适用于英文。由于只有较少数的文本编辑器支持Unicode，因此，大多数的Java程序是用ASCII码编写的。

例如，合法的标识符：

```
Class   program   _system   $value   a8   my_int
```

非法的标识符：

```
class   5x   hello!   Building#2   mailbox-2
```

其中，class是保留字，不可以作为用户自定义标识符。5x以数字开头，hello!、Building#2、mailbox-2包含非法字符，所以都不是合法的标识符。

Java代码中的默认命名规范如下。

（1）类名：通常使用名词，第一个单词首字母要大写，后续单词首字母大写。

（2）方法名：通常使用动词，第一个单词首字母要小写，后续单词首字母大写。

（3）参数名、成员变量、局部变量：统一使用驼峰式命名法，由一个或多个有意义的单词连缀而成，第一个单词首字母要小写，后续单词首字母大写，单词之间不加任何分隔符，如lowerCamelCase风格。

（4）包名：统一使用小写，点分隔符之间有且仅有一个自然语义的英语单词。包名统一使用单数形式，如果类名有复数含义，则类名可以使用复数形式。

（5）常量：常量命名所有字母全部大写，单词之间用下划线隔开，力求语义表达完整清楚。

（6）变量：使用1~3个字符前缀表示数据类型，3个字符的前缀必须小写，前缀后面是由表意性强的一个单词或多个单词组成的名字，而且每个单词的首写字母大写，其他字母小写，这样保证了能够对变量名进行正确的断句。例如，定义一个整型变量用来记录文档数量：int DocumentCount。其中，int表明数据类型，后面为表意的英文名，每个单词首字母大写。这样，从一个变量名中就可以反映出变量类型和变量存储值的意义两方面内容，使程序代码可读性强、更加容易理解。

（7）单词拼接方式：单词连续书写，单词之间不使用符号分割，如strCustomerFirst。

2. 关键字

关键字又称为保留字，是Java语言中具有特殊意义和用途的标识符，这些标识符由系统使用，不能作为一般用户定义的标识符使用。因此，这些标识符称为保留字（Reserved Word）。Java语言中的保留字如表3-1所示。

表 3-1　Java 语言中的保留字

abstract	assert	boolean	break	byte
case	catch	char	class	const
continue	default	do	double	else
enum	extends	false	final	finally
float	for	goto	if	implements
import	instanceof	int	interface	long
native	new	null	package	private
protected	public	return	short	static
synchronized	super	strictfp	switch	this
throw	throws	transient	true	try
void	volatile	var	while	

说明：

（1）所有Java关键字都是小写英文字母。

（2）goto和const虽然从未使用，但是也作为Java关键字被保留。

（3）true、false、null不是严格意义上的关键字。

3.2 数据类型概述

3.2.1 数据类型的划分

Java语言中的数据类型分为基本数据类型和引用数据类型。Java中的数据类型划分如图3-1所示。基本数据类型是Java中固有的数据类型，是不可再分的原始类型。Java的基本数据类型都有长度固定的数据位，不随平台的变化而变化。引用数据类型是用户根据自己的需要定义并实现其运算的类型。

扫一扫，看视频

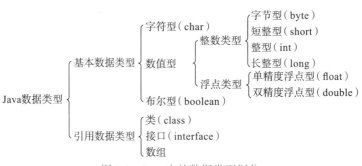

图 3-1　Java 中的数据类型划分

Java基本数据类型在内存中占的位数及范围如表3-2所示。

表 3-2　Java 基本数据类型在内存中占的位数及范围

数据类型	关键字	占用空间	取值范围
布尔型	boolean	8 位（1 个字节）	true，false
字节型	byte	8 位（1 个字节）	–128 ～ 127
字符型	char	16 位（2 个字节）	0（'\u0000'）～ 65535（'\uffff'）
短整型	short	16 位（2 个字节）	–32768 ～ 32767
整型	int	32 位（4 个字节）	$-2^{31} \sim 2^{31}-1$
长整型	long	64 位（8 个字节）	$-2^{63} \sim 2^{63}-1$
单精度浮点型	float	32 位（4 个字节）	近似为 –3.4E+38 ～ –1.4 E–45，1.4 E–45 ～ 3.4E+38
双精度浮点型	double	64 位（8 个字节）	近似为 –1.7E+308 ～ –2.2 E–208，2.2 E–208 ～ 1.7E+308

3.2.2　常量和变量

扫一扫，看视频

在程序中使用各种类型的数据时，其表现形式有两种：常量和变量。

1. 常量

在程序运行过程中其值始终不会改变的量称为常量。常量有字面常量和符号常量两种形式。字面常量是指其数值意义如同字面表示的一样，如18，就表示值和含义均为18。常量区分不同的数据类型，如整型常量527，实型常量25.34，字符型常量'H'，布尔型常量true和false，字符串常量"I like Java program."。

符号常量是用Java标识符表示的一个常量，可以使用保留字final定义符号常量，符号常量声明的一般格式如下：

`<final> <数据类型> <符号常量标识符> = <常量值>;`

例如，声明符号常量PI代表圆周率，COUNT代表1000。

```
final double PI=3.141593;
final int COUNT=1000;
```

常量在整个程序中只能被赋值一次。在为所有的对象共享时，常量是非常有用的。

2. 变量

变量是程序运行时申请的内存空间，用于存储数据，不同时刻可以存储不同的数据，用变量值表示存储的数据。也就是说，当创建变量时，需要在内存中申请空间，变量标识申请的内存空间，变量值表示存储的数据。内存管理系统根据变量的类型为变量分配存储空间的大小，分配的空间只能用来存储该类型数据。变量声明包括变量类型、变量标识符及作用域。变量声明的一般格式如下：

<数据类型>　<变量标识符>［=<值>］,<变量标识符>［=<值>］,…;

例如：

```
double x=15.827;
int j=20;
char ch1,ch2;
String str1,str2;
```

变量的作用域是指能够访问该变量的一段程序代码。在声明一个变量的同时也就指明了变量的作用域。变量按作用域划分，可以有以下几种类型：局部变量、成员变量、方法参数和异常处理参数。

（1）局部变量在方法体或方法的一个块内声明，它的作用域为它所在的代码块，在其他任何地方都不能被访问。局部变量的生命周期取决于包含它的代码块。当代码块被执行时，Java虚拟机为代码块中的局部变量分配内存空间；当该代码块执行结束后，释放局部变量占用的内存空间，局部变量被销毁。

（2）成员变量在类中声明，而不是在类的某个方法中声明，它的作用域是整个类。类的成员变量又可以分为静态变量（类变量）和实例变量。局部变量可以和成员变量名称相同，此时成员变量将被隐藏，即这个成员变量在代码块中暂时不可见。详细内容见第6章。

（3）方法参数传递给方法，它的作用域就是这个方法。

（4）异常处理参数传递给异常处理程序，它的作用域就是异常处理代码部分。

在一个确定的代码块中，变量名是唯一的。在通常情况下，一个代码块用大括号{}划定范围。有关类变量、方法参数传递及异常处理参数将在后续章节中详细讲述。

3. 变量默认值

Java中的成员变量声明以后，无论是否对其进行初始化，Java都会将其初始化为默认值，不同类型成员变量声明有不同的默认值，如表3-3所示。

表3-3　不同类型成员变量默认值

数据类型	默认值（初始值）
boolean	false
char	'\000'（空字符）
byte	（byte）0
short	（short）0
int	0
long	0L
float	0.0F
double	0.0D

局部变量声明以后，Java不会将其初始化为默认值，需要编程人员对其进行显式地初始化。

3.3　基本数据类型

3.3.1　整型数据

扫一扫，看视频

整型数据用于存储现实生活中一定范围内的整数，有常量和变量形式。

1. 整型常量

（1）整型常量分为二进制、八进制、十进制和十六进制形式。

- 二进制：由数字0和1组成的数字序列，以0b或0B开头。
- 八进制：由0～7共8个基数组成的数字序列，以数字0开头。
- 十进制：由0～9共10个基数组成的数字序列，无前缀。
- 十六进制：由16个基数0～9，a～f（或A～F）组成的数字序列，以0x或0X开头。

例如：

二进制数：0b11010011, 0B10101010;
八进制数：0234表示十进制数156，-0123表示十进制数-27;
十进制数：1234, -5678;
十六进制数：0x64表示十进制数100，-0xff表示十进制数-255。

（2）Java整型数都为带符号数。

（3）整型默认为int型，若为长整型赋值时，超过int型数据范围，则需在数据后加字母l或L表示长整型。强烈推荐使用L，以免与数字1混淆。

2. 整型变量

整型变量的类型包括byte、short、int和long。

byte型数据存储用1个字节，表示的数据范围很小，容易造成溢出，使用时要注意。

short型数据存储用2个字节，现实开发中很少使用，它限制数据的存储为先高字节，后低字节，在某些机器中会出错。

int型是最常用的整数类型，它表示的数据范围较大，基本满足现实生活的需要。而且无论是32位还是64位的处理器，int型在内存中的存储长度都是4个字节。如果遇到更大的整数，int型不能表示，则要使用long型。

long型数据存储用8个字节，表示的范围很广，基本能满足对现实生活的整数表示。

整型变量的定义，例如：

```
byte   bval;              // 定义变量bval为byte型
short  sval;              // 定义变量sval为short型
int   ival;               // 定义变量ival为int型
long   lval ;             // 定义变量lval为long型
```

3.3.2　实型数据

扫一扫，看视频

1. 实型常量

实型常量常用的表示方法有三种。

（1）十进制数形式表示法，由数字和小数点组成，必须包含小数点，如0.1234、

12.345、12345.0。

（2）科学记数法形式表示法：

尾数E（或e）指数

E（或e）前必须有数字，指数必须为整数，如1.2345E+3、12345E-3。

（3）小数后加f或F表示为float型数，加d或D表示为double型数，没有后缀修饰的小数默认为double型。

2. 实型变量

实型变量，即浮点型变量，Java语言中浮点类型分为单精度浮点型（float）和双精度浮点型（double）。

单精度浮点型float用4个字节表示，双精度浮点型double用8个字节表示，因此double型数据精度比float型数据精度更高，表示数据的范围更大。

在Java中，为一个float型的变量赋值时，在赋值的后面一定要加字符f（或F），而为double型的变量赋值时，可以在所赋值的后面加上字符d（或D），也可以不加。

实型变量的声明如下：

```
float     fval=15.827f;          //声明变量fval为float型，在所赋值的后面加字符f或F
double    dval1=158.27d;         //声明变量dval1为double型，在所赋值的后面加字符d或D
double    dval2=1582.7;          //声明变量dval2为double型，在所赋值的后面可以省略字符d或D
```

在程序中可以为一个float型变量赋予一个int型值。例如，下面的写法是正确的：

```
float     fval2=15;              //声明变量fval2为float型，赋值整数
double    dval3=827;             //声明变量dval3为double型，赋值整数
```

3.3.3 字符型数据

1. 字符型常量

字符型常量是用单引号括起来的一个字符，如'J'、'*'。另外，Java中有以反斜杠（\）开头，后面跟一个或多个字符而构成的字符型常量。反斜杠将其后面的字符转换为另外的含义，称为转义字符。转义字符具有特定的含义，不同于原有字符意义。Java中的常用转义字符如表3-4所示。

扫一扫，看视频

表3-4　Java 中的常用转义字符

转义字符	Unicode	含　义
\b	\u0008	退格（backspace）
\f	\u000C	换页（form feed）
\n	\u000A	换行（line feed）
\r	\u000D	回车（carriage return）
\t	\u0009	水平跳格（tab）
\'	\u0027	单引号（single quote）
\"	\u0022	双引号（double quote）
\\	\u005c	反斜杠（backslash）
\ddd		八进制转义序列（d 介于 0 ~ 7）
\uxxxx		十六进制转义序列

2. 字符型变量

Java中的字符型（char）用于存储1个字符，在内存中占2个字节（16位）的Unicode编码，汉字与英文字母占的内存空间相同。

由于Unicode编码采用无符号整数编号，范围0~65535（0x0000~0xffff），可以存储65536个字符，因此Java可以把字符作为整数对待，也可以处理大多数国家的语言文字。

字符型变量的声明如下：

```
char    ch1='A';                //声明ch1为字符型变量，且赋初值为'A'
char    ch2=97;                 //声明ch2为字符型变量，且赋初值为'a'
```

由于字符'a'的Unicode编号为97，因此char ch2=97;与变量声明char ch2='a';的效果相同。

3.3.4　布尔型数据

布尔型（boolean）又称逻辑类型，是一种表示逻辑值的简单数据类型。

1. 布尔型常量

布尔型的常量值只有两个：true和false，分别代表布尔逻辑的"真"和"假"。

2. 布尔型变量

布尔型变量为boolean型。布尔型变量只有两个取值true和false，在存储器中占1个字节（8 bit）。与C++语言不同的是，它们不对应任何数值，布尔型不能与整数进行转换。布尔型常用于流程控制中的条件判断。布尔型变量的声明如下：

```
boolean    bval=false;          //声明bval为布尔型变量，且赋初值为false
```

注意：在Java虚拟机中，布尔型值只占1位（bit）的内存空间，但由于Java最小分配单元是1个字节，所以一个布尔型变量在内存中会占1个字节。

3.4　类型转换

在程序中，把一种数据类型的值赋给另一种数据类型的变量时，或者不同类型数据进行混合运算时，需要进行数据类型的转换。根据转换的方式不同，数据类型转换可以分为两种：自动类型转换和强制类型转换。

3.4.1　自动类型转换

在将一种数据类型的值赋给另一种数据类型的变量时，如果两种数据类型彼此兼容，并且目标数据类型的取值范围大于源数据类型（低优先级类型的数据转换成高优先级类型的数据）时，将执行自动类型转换。例如，byte型向int型转换时，由于int型的取值范围较大，会自动将byte型转换成int型。

Java允许不同类型的数据进行混合运算，在运算过程中，由于不同的数据类型会转换成同一种数据类型，所以int型、float型及char型都可以参与混合运算。如果在Java表达式中出现了数据类型不一致的情形，那么Java运行时系统先自动将低优先级类型的数据转换成高优先级类型的数据，然后才进行表达式值的计算。Java数据类型的优先级关系如图3-2所示。

$$低 \longrightarrow 高$$

byte，short→int→long→float→double

char ┘

图 3-2　Java 数据类型的优先级关系

以上数据类型的转换遵循从左到右的转换顺序，最终转换成表达式中表示范围最大的变量的数据类型。

【例3-1】编程计算购买图书的总价格

要求：读者到书店购买图书，购买两本Java图书，每本价格是59.8元；购买3本Python图书，每本价格是55.6元，求购买图书的总价格。实现代码如下：

```
public class Example0301 {
    public static void main(String[] args)
    {
        float price1 = 59.8f;        // 定义Java图书的价格
        double price2 = 55.6;        // 定义Python图书的价格
        int num1 = 2;                // 定义Java图书的数量
        int num2 = 3;                // 定义Python图书的数量
        double res = price1*num1 + price2*num2;          // 计算总价
        System.out.println("一共付给收银员" + res + "元"); // 输出总价
    }
}
```

在上述代码中，首先声明了一个float型的变量存储Java图书的价格；其次声明了一个double型的变量存储Python图书的价格；再次声明两个int型的变量存储每种图书的数量，最后进行乘运算及和运算后，将结果存储在一个double型的变量中进行输出。

程序执行结果如下：

```
一共付给收银员286.3999984741211元
```

从执行结果可以看出，float、int和double三种数据类型参与运算，最后输出的结果为double型的数据。这种转换一般称为"表达式中类型的自动提升"。

注意：char型比较特殊，char型自动转换成int、long、float和double型，但byte型和short型不能自动转换成char型，而且char型也不能自动转换成byte型或short型。

思考：下面的代码为什么会出现"类型不匹配：不能从int型转换成byte型（type mismatch: cannot convert from int to byte）"错误？

```
byte b = 10;
b = b * 2;
```

3.4.2　强制类型转换

当两种数据类型不兼容，或者目标数据类型的取值范围小于源数据类型时，自动转换将无法进行，这时就需要进行强制类型转换。强制类型转换，即把优先级高的数据类型转换成优先级低的数据类型，使用方法如下：

（数据类型）表达式

例如：

```
float x=5.5F;        // x为float型
int y;               // y为int型
```

```
y=(int)x+100;        /*先把x转换成int型，放到临时变量中，然后与100相加
                       结果赋给y，x无变化，仍为float型，值为5.5F           */
```

在类型转换中，如果是将float型的值转换成int型时，直接去掉小数点后面的所有数字，通过舍弃小数得到，而不是四舍五入得到整数，转换过程中可能导致溢出或损失精度。如果是将int型强制转换成float型时，将在小数点后面补0。

注意：不能对boolean型进行类型转换。

3.5 运算符

扫一扫，看视频

Java语言中对数据的处理过程称为运算，用于表示运算的符号称为运算符，它由1~3个字符结合而成。虽然运算符是由数个字符组合而成，但Java将其视为一个符号。参加运算的数据称为操作数。按操作数的数目划分运算符的类型：一元运算符（如++）、二元运算符（如*）和三元运算符（如?:）；按功能划分运算符的类型：算术运算符、关系运算符、逻辑运算符、位运算符、赋值运算符、条件运算符和其他。

3.5.1 算术运算符

算术运算符主要完成算术运算。Java中常见的算术运算符如表3-5所示。

表3-5 Java中常见的算术运算符

运算符	运 算	例 子	结 果
+	正号	+8	8
−	负号	a=8,b=−a	−8
+	加	a=6+6	12
−	减	a=16−9	7
*	乘	a=16*2	32
/	除	a=16/3	5
%	模除（求余）	a=16%7	2
++	前缀增	a=10;b=++a;	a=11,b=11
++	后缀增	a=10;b=a++;	a=11,b=10
−−	前缀减	a=10;b=−−a;	a=9,b=9
−−	后缀减	a=10;b=a−−;	a=9,b=10

Java对加运算符进行了扩展，使它能够进行字符串的连接，如"Java"+" Thinking" 得到字符串"Java Thinking"。

另外，Java模除运算符%对浮点型操作数也可以进行计算，这点与C/C++语言不同。

【例3-2】编程演示算术运算符

```java
public class operate {
    public static void main(String[] args)
    {
        int a = 20;
        int b = 15;
        int c = 8;
        int d = 27;
```

```
        int e,f;
        System.out.println("a + b = " + (a + b) );
        System.out.println("a - b = " + (a - b) );
        System.out.println("a * b = " + (a * b) );
        System.out.println("b / a = " + (b / a) );
        System.out.println("b % a = " + (b % a) );
        System.out.println("c % a = " + (c % a) );
        System.out.println("a++   = " +  (a++) );
        System.out.println("a--   = " +  (a--) );
        // 查看b++与++b的不同
        System.out.println("b++   = " +  (b++) );
        System.out.println("++b   = " +  (++b) );
        e=d++;
        System.out.println("e=d++ e= " +  e );;
        f=++d;
        System.out.println("f=++d f= " +  f );
    }
}
```

程序输出结果：

```
a + b = 35
a - b = 5
a * b = 300
b / a = 0
b % a = 15
c % a = 8
a++   = 20
a--   = 21
b++   = 15
++b   = 17
e=d++ e= 27
f=++d f= 29
```

在算术运算符中，优先级最高的是一元运算符"+"（正号）、"-"（负号）、"++"、"--"；其次是二元运算符"*""/""%"；最低的是二元运算符"+"（加）、"-"（减）。算术运算符的执行顺序自左至右。

3.5.2 关系运算符

关系运算符属于二元运算符，完成操作数的比较运算，结果为布尔值，当关系运算符对应的关系成立时，运算结果为true，否则为false。关系运算符通常用于流程控制语句的条件判断。Java中常见的关系运算符如表3-6所示。

表3-6　Java中常见的关系运算符

运算符	运算	例子	结果
==	等于	7==5	false
!=	不等于	3!=2	true
<	小于	18<18	false
<=	小于等于	18<=18	true
>	大于	3>2	true
>=	大于等于	2>=1	true
instanceof	检查是否为类实例	"Java" instanceof String	true

关系运算符的优先级低于算术运算符，关系运算符的执行顺序自左至右。

【例3-3】用简单示例程序演示关系运算符

```java
public class ExampleRel {
    public static void main(String[] args)
    {
        int a = 15;
        int b = 27;
        System.out.println("a == b = " + (a == b) );
        System.out.println("a != b = " + (a != b) );
        System.out.println("a > b = " + (a > b) );
        System.out.println("a < b = " + (a < b) );
        System.out.println("b >= a = " + (b >= a) );
        System.out.println("b <= a = " + (b <= a) );
    }
}
```

程序输出结果：

```
a == b = false
a != b = true
a > b = false
a < b = true
b >= a = true
b <= a = false
```

3.5.3 逻辑运算符

逻辑运算符是对布尔型值或表达式进行操作，运算结果为true或false。逻辑运算符用于把多个关系表达式连接起来构成一个复杂的逻辑表达式，以表达复杂条件。通常用于在流程控制语句中判断复杂条件是否成立。Java中常见的逻辑运算符如表3-7所示。

表 3-7 Java 中常见的逻辑运算符

运算符	运 算	例 子	结 果
&	与	5>2&2>3	false
|	或	5>2|2>3	true
!	非	! true	false
^	异或	5>2^8>3	false
&&	简洁与（短路与）	5>12&&22>3	false
||	简洁或（短路或）	5>2|2>3	true

逻辑运算符&&与&都表示与运算，当且仅当逻辑运算符两边的操作数都为true时，其结果才是true，否则结果为false。逻辑运算符||与|都表示或运算，当且仅当逻辑运算符两边的操作数都为false时，其结果才是false，否则结果为true。简洁与、简洁或和非简洁与、非简洁或对整个表达式的计算结果是相同的，但在做简洁与运算时，若逻辑运算符左边操作数的值为false，此时能够确定整个表达式的值为false，则逻辑运算符右边表达式将不会被计算。同理，在做简洁或运算时，若逻辑运算符左边操作数的值为true，此时能够确定整个表达式的值为true，则运算符右边表达式将不会被计算。而做非简洁与、非简洁或运算时，逻辑运算符两边的表达式都要计算，最后计算整个表达式的值。

注意：简洁与（&&）和简洁或（||）能够采用最优化的计算方式，从而提高效率。在实际

编程时，应该优先考虑使用简洁与和简洁或运算。

例如，简洁与和非简洁与对操作变量的不同影响。

```
int a=16,b=57,c=22,d=33;
boolean  x=++a>b++&c++>d--;
```

则结果为：

```
a=17,b=58,c=23,d=32,x=false;
```

而

```
int a=16,b=57,c=22,d=33;
boolean  x=++a>b++&&c++>d--;
```

结果为：

```
a=17,b=58,c=22,d=33,x=false;
```

运算符^表示异或运算，当运算符两边的布尔值相同时（都为true或都为false）时，其结果为false；当运算符两边的操作数不同时（一边为true，另一边为false），其结果为true。

在逻辑运算符中，一元运算符"！"的优先级最高，高于算术运算符和关系运算符，运算符"&&""||"等低于关系运算符。逻辑运算符按自左至右的顺序执行。

3.5.4 位运算符

位运算符是对二进制位进行操作，按位运算表示按每个二进制位（bit）进行计算，其操作数和运算结果都是整型值。Java中常见的位运算符如表3-8所示。

扫一扫，看视频

表 3-8　Java 中常见的位运算符

运算符	运 　算	例 　子	结 　果
~	按位取反	~00011001	11100110
&	按位与	00110011&10101010	00100010
|	按位或	00110011|10101010	10111011
^	按位异或	10100001^00010001	101100000
<<	左移位	a=00010101, a<<2	01010100
>>	右移位	a= 10101000, a>>2	11101010
>>>	无符号右移	a= 10101000, a>>>2	00101010

在计算机中，Java使用补码表示二进制数，最高位为符号位，正数的符号位为0，负数的符号位为1。对正数而言，补码就是正数的二进制形式；对负数而言，首先把该数绝对值的补码取反，然后再加1，即得该数的补码。例如，123的补码为01111011，–123的补码为10000101。

Java语言中的位运算符可分为位逻辑运算符和移位运算符两类。下面详细介绍每类包含的运算符。

1. 位逻辑运算符

（1）按位取反运算符~。

按位取反运算符~是一元运算符，对数据的每个二进制位进行取反，即把0变为1，把1变为0。

例如：

```
~00011001=11100110
```

（2）按位与运算符&。

按位与运算符为&，其运算规则是参与运算的操作数按二进制存储形式，低位对齐，高位不足的补0。如果对应的二进制位同时为1，那么对应位计算结果才为1，否则为0。因此，任何位与0进行按位与运算，其位运算结果都为0。即

$$0\&0=0 \qquad 0\&1=0 \qquad 1\&0=0 \qquad 1\&1=1$$

例如：10110011&10101010=10100010

（3）按位或运算符|。

按位或运算符为|，其运算规则是操作数按二进制存储形式，低位对齐，高位不足的补0。如果对应的二进制位同时为0，那么对应位计算结果才为0，否则为1。因此，任何位与1进行按位或运算，其位运算结果都为1。即

$$0|0=0 \qquad 0|1=1 \qquad 1|0=1 \qquad 1|1=1$$

例如：10110011|10101010=10111011

（4）按位异或运算符^。

按位异或运算符为^，其运算规则是操作数按二进制存储形式，低位对齐，高位不足的补0。如果对应的二进制位相同（都为0或都为1），那么对应位计算结果才为0，否则为1。即

$$0\wedge0=0 \qquad 0\wedge1=1 \qquad 1\wedge0=1 \qquad 1\wedge1=0$$

例如：10100001^00010001=10110000

2. 移位运算符

（1）左移位运算符<<。

左移位运算符<<用来将一个数的各二进制位全部左移若干位，右端补0。在不溢出的情况下，每左移一位相当于乘2。

例如：a=00010101 a<<2=01010100

（2）右移位运算符>>。

右移位运算符>>用来将一个数的各二进制位全部右移若干位，前补符号值。每右移一位相当于除以2。

例如：a= 10101000 a>>2= 11101010

（3）无符号右移运算符>>>。

无符号右移运算符>>>用来将一个数的各二进制位全部右移若干位，移出的位被舍弃，前面空出的位补0。每右移一位，相当于除以2。

例如：a= 10101000 a>>>2= 00101010

【例3-4】有关位运算符的示例

```java
public class ExampleBit {
    public static void main(String[] args)
    {
    int i=158,j=27;
    OutBitInt("i   ",i);
    OutBitInt("~i  ",~i);        OutBitInt("-i  ",-i);
    OutBitInt("j   ",j);         OutBitInt("i&j ", i&j);
    OutBitInt("i|j ",i|j);       OutBitInt("i^j ", i^j);
    OutBitInt("i<<2", i<<2);     OutBitInt("i>>2", i>>2);
    }
    static void OutBitInt(String str,int i){     //转为二进制显示
        System.out.print(str+",int: "+i+" ,binary:");
```

```
            System.out.print("      ");
            for(int j=31;j>=0;j--)
                if(((1<<j)&i)!=0) System.out.print("1");
                else System.out.print("0");
            System.out.println();
    }
}
```

程序输出结果：

```
i  ,int: 158 ,binary:   00000000000000000000000010011110
~i ,int: -159 ,binary:  11111111111111111111111101100001
-i ,int: -158 ,binary:  11111111111111111111111101100010
j  ,int: 27 ,binary:    00000000000000000000000000011011
i&j,int: 26 ,binary:    00000000000000000000000000011010
i|j,int: 159 ,binary:   00000000000000000000000010011111
i^j,int: 133 ,binary:   00000000000000000000000010000101
i<<2,int: 632 ,binary:  00000000000000000000001001111000
i>>2,int: 39 ,binary:   00000000000000000000000000100111
```

3.5.5 赋值运算符

1. 基本赋值运算符

基本赋值运算符 "=" 用来将一个表达式的值赋给一个变量。如果基本赋值运算符两边的类型不一致，当基本赋值运算符右边表达式的数据类型比左边表达式的数据类型级别低时，则右边的数据自动被换成为与左边的数据相同的高级数据类型，然后将值赋给左边的变量。当右边数据类型比左边表达式的数据类型级别高时，则需进行强制类型转换，否则将出错。

例如：

```
int a=100;
long x=a;                 //自动类型转换
int a=100;
byte x=(byte)a;           //强制类型转换
```

Java中可以通过一条赋值语句对多个变量进行赋值，例如：

```
int x,y,z;
x=y=z=100;
```

2. 复合赋值运算符

除了基本赋值运算符 "="，还有一类特殊形式的赋值运算符。在基本赋值运算符 "=" 的前面加上其他运算符，构成复合赋值运算符。复合赋值运算符的规则是 "变量 OP= 表达式"，等价于 "变量= 变量 OP 表达式"，如i+=8等价于i= i+8。Java 中常见的赋值运算符如表3-9所示。

表 3-9 Java 中常见的赋值运算符

运算符	运 算	例 子	结 果
=	赋值	a=8;b=3;	a=8;b=3;
+=	加复合赋值	a=8;b=3;a+=b;	a=11;b=3;
–=	减复合赋值	a=8;b=3;a– =b;	a=5;b=3;
*=	乘复合赋值	a=8;b=3;a*=b;	a=24;b=3;
/=	除复合赋值	a=8;b=3;a/=b;	a=2;b=3;

运算符	运　算	例　子	结　果
%=	模除复合赋值	a=8;b=3;a%=b;	a=2;b=3;
<< =	左移位复合赋值	a=8;b=3;a<< = b 等价于 a = a << b	a=64;b=3;
>> =	右移位复合赋值	a=8;b=3;a >> = b 等价于 a = a >> b	a=1;b=3;
& =	按位与复合赋值	a=8;b=3;a & = b 等价于 a = a & b	a=0;b=3;
| =	按位或复合赋值	a=8;b=3;a | = b 等价于 a = a | b	a=11;b=3;
^ =	按位异或复合赋值	a=8;b=3;a ^ = b 等价于 a = a ^ b	a=11;b=3;

3.5.6　条件运算符

扫一扫,看视频

条件运算符为（?:），也称作三目运算符（三元运算符），它的一般形式如下：

表达式1?表达式2：表达式3

其中，表达式1的值为布尔值，如果为true，则执行表达式2，表达式2的结果作为整个表达式的值；否则执行表达式3，表达式3的结果作为整个表达式的值。

例如：

```
int max,a=15,b=27;
max=a>b?a:b;
```

执行结果为max=27。

条件运算符的优先级要高于赋值运算符。

3.5.7　instanceof 运算符

扫一扫,看视频

instanceof运算符用于操作对象实例，检查该对象是否是一个特定类型（类类型或接口类型），instanceof运算符使用语法格式如下：

```
( Object reference variable ) instanceof  (class/interface type)
```

如果运算符左边变量所指的对象是运算符右边类或接口（class/interface）的一个对象，那么结果为真（true），否则为假（false）。详细内容见后面章节。

例如：

```
String name = "James Gosling";
boolean result = name instanceof String; //由于name是String型，所以返回真
```

3.5.8　运算符优先级

扫一扫,看视频

对表达式进行运算时，要按照运算符的优先顺序从高到低进行，同级的运算符则按从左到右的顺序进行。表3-10列出了Java中运算符的优先顺序。

表 3-10 Java 中运算符的优先顺序

优先顺序	运算符	结合性
1	、[ ]、( )	从左到右
2	+（正号）、-（负号）、++、--、!、~、instanceof	从右到左
3	new、(type)	从右到左

优先顺序	运算符	结合性
4	*、/、%	从左到右
5	+（加）、-（减）	从左到右
6	>>、>>>、<<	从左到右
7	>、<、>=、<=	从左到右
8	==、!=	从左到右
9	&	从左到右
10	^	从左到右
11	|	从左到右
12	&&	从左到右
13	||	从左到右
14	?:	从右到左
15	=、+=、-=、*=、/=、%=、^=、&=、|=、<<=、>>=、>>>=	从右到左

3.6 表达式

表达式是由操作数、运算符和括号等按一定语法形式组成的用来表达某种运算或含义的符号序列。例如，以下是合法的表达式。

```
a+b      (a+b)*(a-b)      "name="+" ,we always keep our word."      (a>b)&&(c!=d)
```

每个表达式经过运算后都会产生一个确定的值，称为表达式的值。表达式的值的数据类型称为表达式的类型。一个常量或一个变量是最简单的表达式。表达式既可以作为一个整体，也可以看成一个操作数参与到其他运算中，以形成复杂的表达式。根据表达式中使用的运算符和运算结果的不同，可以将表达式分为算术表达式、关系表达式、逻辑表达式、赋值表达式和条件表达式等。

扫一扫，看视频

例如：

```
a++*b、12+c、a%b-23*d                                    //算术表达式
x>y、c!=d                                               //关系表达式
m&&n、(m>=60)&&(n<=100)、(a+b>c)&&(b+c>a)&&(a+c>b)      //逻辑表达式
i=12*a/5、x=78.98                                       //赋值表达式
x>y? x:(z>100:60:100)                                   //条件表达式
```

3.7 简单的输入/输出

输入和输出是程序的重要组成部分，是实现人机交互的手段。输入是指把需要加工处理的数据存放到计算机内存中，而输出则是把处理的结果呈现给用户。在Java中，通过使用System.in对象和System.out对象分别与键盘和显示器发生联系而完成程序的输入和输出。

Java语言基础

3.7.1 输出

扫一扫，看视频

System.out对象包含多个向显示器输出数据的方法。System.out对象中包含的最常用的方法如下。

- println()方法：用于向标准输出设备（显示器）输出一行文本并换行。
- print()方法：用于向标准输出设备（显示器）输出一行文本但不换行。

print()方法与println()方法非常相似，两者的唯一区别是println()方法在完成下一个输出后开始一个新行，而print()方法在完成一个输出后，下一个输出不换行。

【例3-5】输出数据示例

扫一扫，看视频

```
public class ExampleDataOut {
    public static void main(String[] args)
    {
        char  ch='a';
        int i=1;
        double  d=1234.56789;
String  str="China";
System.out.print("ch="+ch);
System.out.print(" i="+i);
System.out.println(" d="+d);
System.out.println("str="+str);
    }
}
```

程序输出结果：

```
ch=a i=1 d=1234.56789
str=China
```

3.7.2 输入

扫一扫，看视频

1. 使用System.in对象

System.in对象用于程序运行时从键盘输入数据。在输入数据时，为了处理输入数据过程中可能出现的错误，需要使用异常处理机制使程序具有"健壮性"，异常处理机制在后面的异常处理章节中详细介绍。

使用异常处理命令行输入数据有以下两种格式：

- 使用try-catch 语句与read()方法或readLine()方法相结合。
- 使用throws IOException语句与read()方法或readLine()方法相结合。

下面是从键盘读入一个字符、一个字符串或一个整数的程序示例。当程序中需要实现键盘输入功能时，可以参考以下例子。

【例3-6】从键盘读入一个字符并输出

扫一扫，看视频

```
import java.io.IOException;
public class ExampleDataIn {
    public static void main(String[] args)
    {
        try {                               //异常处理中的try 语句
System.out.print("Enter a Char:");          //输入提示
char ch=(char)System.in.read();             //调用read()方法读入一个字符存入ch中
```

```
            System.out.print(ch);
        } catch (IOException e){ }        /* catch语句，捕获IOException异常*/
    }
}
```

程序输出结果：

```
Enter a Char:Java
J
```

使用System.in对象能获取从键盘输入的字符，但只能进行针对一个字符的获取。通过使用InputStreamReader类和BufferedReader类的方法，可以获取从键盘输入的字符串。如果需要获取的是int、float、double等类型数据时，需要进行从字符串到数值类型的转换。

【例3-7】从键盘读入个人信息并输出

```
import java.io.BufferedReader;
import java.io.IOException;
import java.io.InputStreamReader;
public class ExamplePersonal {
    public static void main(String[] args)
    {
        //new构造InputStreamReader对象
        InputStreamReader is = new InputStreamReader(System.in);
        //用构造的方法将对象传到BufferedReader中
        BufferedReader br = new BufferedReader(is);
        System.out.println("请按要求输入个人信息: :");
        try{      //该方法中有个IOException需要捕获
            System.out.println("输入你的姓名:");
            String name = br.readLine();
            System.out.println("输入你的年龄:");
            int age =Integer.parseInt(br.readLine());
            System.out.println("输入去年的纳税金额 :");
            double tax =Double.parseDouble(br.readLine());
            System.out.println("核实你的个人信息:");
            System.out.println("   姓名:" + name);
            System.out.println("   年龄:" + age);
            System.out.println("   去年纳税:" + tax+"元");
        }
        catch(IOException e){
            e.printStackTrace();
        }
    }
}
```

程序输出结果：

请按要求输入个人信息: :
输入你的姓名:
王静
输入你的年龄:
36
输入去年的纳税金额 :
8527.96
核实你的个人信息:
    姓名:王静
    年龄:36
    去年纳税:8527.96元

Java程序中将数字字符串转换成数值类型的常用方法如表3-11所示。

表 3-11　Java 程序中将数字字符串转换成数值类型的常用方法

数据类型	转换方法
long	Long.parseLong(数字字符串)
int	Integer.parseInt(数字字符串)
short	Short.parseShort(数字字符串)
byte	Byte.parseByte(数字字符串)
double	Double.parseDouble(数字字符串)
float	Float.parseFloat(数字字符串)

2. 利用Scanner类获取键盘输入

java.util.Scanner是Java 1.5提出的新特征，可以通过Scanner类获取用户的输入。Scanner类是一个基于正则表达式的文本扫描器，可以从文件、输入流、字符串中解析出基本类型和字符串类型的值。Scanner类提供了多个构造方法，不同的构造方法可以接收文件、输入流、字符串作为数据源，用于从文件、输入流字符串中解析数据。通过Scanner类的next()方法或nextLine()方法获取输入的字符串，在读取前一般需要使用hasNext()方法或hasNextLine()方法判断是否还有输入的数据。

【例3-8】通过next()方法获取输入字符串

扫一扫，看视频

```
import java.util.Scanner;
public class ExampleDataInNext {
    public static void main(String[] args)
    {
        Scanner scan = new Scanner(System.in);      // 从键盘接收数据
        System.out.println("使用next()方法接收: ");   // 使用next()方法接收字符串
        if (scan.hasNext()) {                        // 判断是否还有输入
            String str1 = scan.next();
            System.out.println("输入的数据为: " + str1);
        }
        scan.close();
    }
}
```

程序输出结果：

使用next()方法接收：
run my dog
输入的数据为：run

next()方法与nextLine()方法的区别如下。

● next()方法：输入时一定要读取到有效字符后才可以结束输入；对输入有效字符前遇到的空白，next()方法会自动将其跳过；只有输入有效字符后才将其后面输入的空白作为分隔符或结束符。next()方法不能得到带有空格的字符串。

● nextLine()方法：输入时以Enter为结束符，也就是说nextLine()方法返回的是输入Enter前的所有字符。使用nextLine()方法可以获得单词之间的空白字符。

如果要输入int型或float型的数据，在Scanner类中也有支持，但是在输入前最好先使用hasNextXxx() 方法进行验证，再使用nextXxx()方法进行读取。

```
import java.util.Scanner;
public class ExampleDatasIn {
    public static void main(String[] args)
    {
        Scanner scan = new Scanner(System.in);
        System.out.println("请输入你的姓名：");
        String name = scan.nextLine();
        System.out.println("请输入你的年龄：");
        int age = scan.nextInt();
        System.out.println("请输入你的成绩：");
        float score=scan.nextFloat();
        System.out.println("你的信息如下：");
        System.out.println("姓名："+name+"\n"+"年龄："+age+"\n"+"成绩："+score);
        scan.close();
    }
}
```

程序输出结果：

请输入你的姓名：
Jia zhen hua
请输入你的年龄：
35
请输入你的成绩：
99
你的信息如下：
姓名：Jia zhen hua
年龄：35
成绩：99.0

在使用Scanner类进行数据输入时，不但可以获取键盘输入的字符串，而且可以获取int、float、double等类型数据，使用方便。在编写程序需要进行命令行输入时，推荐使用Scanner类。

3. 使用命令行参数

在程序执行时，通过在命令行中输入参数获取数据，可以通过main()方法的参数args实现。main()方法的参数是一个字符串类型的数组，程序从main()方法开始执行，Java虚拟机会自动创建一个字符串数组，并将程序执行时输入的命令行参数放在数组中。最后将数组的地址赋给main()方法的参数。

【例3-10】使用命令行参数从键盘读入一个字符串和一个整数并输出

```
public class ExampleCmdLine {
    public static void main(String[] args)
    {
        System.out.println(args[0]);
        int anInt=Integer.parseInt(args[1].trim());
        //将数字串转换成整数
        System.out.println(anInt);
    }
}
```

扫一扫，看视频

在命令行中进行编译、运行时输入下面一行代码：

```
Java Example0308   Tianjin  15827
```

程序执行时将输入的参数Tianjin和15827放入字符串数组的第一个和第二个元素中，而main()方法中的参数args将指向该数组。在程序中将15827数字串转换成数值类型进行输出，程序输出结果：

```
Tianjin
15827
```

在Eclipse中运行时，在菜单栏中选择"运行"|"运行配置"下的"自变量"选项卡，在"程序自变量"编辑窗口中输入命令行参数，如图3-3所示。然后单击"运行"按钮，在Eclipse控制台窗口中显示输出结果：

```
Tianjin
15827
```

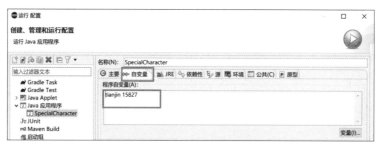

图3-3　设置命令行参数值界面

3.8　本章小结

本章主要介绍了Java语言的基础知识。重点讲解了以下几个方面的内容。

1．Java程序是由类构成，类是Java程序的基本组成单位。每个Java应用程序都必须包含一个main()方法，它是程序执行的入口，程序执行从这个方法开始。含有main()方法的类称为主类。Java语言使用class关键字进行类定义，类包含属性与方法。

2．Java语言中标识符的定义规则：以字母、下划线（ _ ）、美元符号（ $ ）开始，其后面可以是任意多个字母、数字（0～9）、下划线、美元符号的字符序列；Java标识符区分大小写；对长度没有限制；用户定义标识符不能是Java关键字，但用户定义标识符包含关键字。

3．Java语言的基本数据类型包括char、byte、short、int、long、float、double和boolean。

4．Java常量：在程序运行中值始终不会改变的量称为常量。常量有字面常量和符号常量两种形式。

5．Java变量：变量是程序运行时申请的用于存储数据的内存空间，不同时刻可以存储不同类型数据，用变量值表示存储的数据。

6．变量的作用域：指能够访问该变量的一段Java程序代码。在声明一个变量的同时也就指明了变量的作用域。变量按作用域划分，可以分为以下几种类型：局部变量、成员变量、方法参数和异常处理参数。

7．Java基本运算符包括：

● 算术运算符（ +、-、*、/、%、++、-- ）。

- 关系运算符（ >、>=、<、<=、==、！=、instanceof ）。
- 逻辑运算符（ &&、||、！ ）。
- 条件运算符（ ？ ：）。
- 位运算符（ &、|、~、^、>>、>>>、<< ）。
- 赋值运算符（ = ）。
- 复合赋值运算符（ +=、-=、*=、/=、%=、^=、&=、|=、<<=、>>=、>>>= ）。

8. 在Java中，使用System.in对象和System.out对象分别与键盘和显示器发生联系，以完成程序从控制台进行简单的输入和输出。

System.out对象中包含的最常用的输出方法如下。

- println()方法：向标准输出设备（显示器）输出一行文本并换行。
- print()方法：向标准输出设备（显示器）输出一行文本但不换行。

System.in对象用于在程序运行时从键盘输入数据。在输入数据时，为了处理在输入数据的过程中可能出现的错误，需要使用异常处理机制，使程序具有"健壮性"。

9. Scanner是一个基于正则表达式的文本扫描器，可以从文件、输入流、字符串中解析出基本类型和字符串类型的值。可以通过Scanner类获取用户的输入信息。通过Scanner类的next()方法或nextLine()方法获取输入的字符串，在读取前一般需要使用hasNext()方法或hasNextLine()方法判断是否还有输入的数据。

10. 程序执行时，通过在命令行中输入参数获取数据，可以通过main()方法的args参数实现。main()方法的参数是一个字符串类型的数组，程序从main()方法开始执行，Java虚拟机会自动创建一个字符串数组，并将程序执行时输入的命令行参数放在数组中。最后将数组的地址赋给main()方法的参数。

3.9 习题三

扫描二维码，查看习题。

扫二维码
查看习题

3.10 实验三　Java语言基础

扫描二维码，查看实验内容。

扫二维码
查看实验内容

第 4 章

程序流程控制

学习目标

本章主要讲解结构化程序设计的基本结构，这对任何程序设计语言都至关重要，不可或缺。结构化程序设计有三种基本结构：顺序结构、选择结构和循环结构。使用 if 语句和 switch 语句实现选择结构；使用 while 语句、do-while 语句和 for 语句实现循环结构；区分 while 语句和 do-while 语句的不同；说明 for 语句最为灵活的使用方法和应用场合；简介 foreach 语句的使用方法；详细说明在选择语句和循环语句的方法中进行流程跳转的 break、continue 和 return 语句的使用方法。通过本章的学习，读者应该掌握以下主要内容：

- 结构化程序设计的基本思想和方法。
- 顺序结构。
- if 语句和 switch 语句。
- while 语句、do-while 语句和 for 语句。
- foreach 语句。
- 流程跳转语句（break、continue 和 return）。

内容浏览

结构化程序设计

在编写程序解决问题前，需要对问题充分理解并详细规划解决问题的方法，即构造解决问题的算法（Algorithm）。在编写代码实现算法时，熟练掌握程序语句的组成块和语句构成的语法规范是编写程序代码的最基本要求。在前面的章节中，学习了Java的基本数据类型、运算符和表达式等语句的构成块。在此基础上，本章将学习结构化程序设计（Structured Programming）的理论和方法，以及构成程序的基本语法。这些理论和方法也是其他高级程序设计语言共有的，同样这些方法和技术对构建类（面向对象程序设计内容，详见本书后面章节）和处理类的对象也同样不可缺少。

扫一扫，看视频

结构化程序设计是一种经典的编程模式和方法，是20世纪60年代由荷兰著名计算机科学家、图灵奖得主艾兹格·W.迪杰斯特拉（Edsger Wybe Dijkstra）最早提出的。结构化程序设计是进行以"模块功能"和"处理过程设计"为主的详细设计的基本原则。

1. 结构化程序设计的主要方法

● 自顶向下

程序设计时，应先考虑总体，后考虑细节；先考虑全局目标，后考虑局部目标。不在开始时就过多追求详细细节，先从最上层总目标开始设计，逐步使问题具体化。

● 逐步细化

对复杂问题，应设计一些子目标作为过渡，逐步细化。

● 模块化

一个复杂问题肯定是由若干较简单的问题构成的。模块化是把程序要解决的总目标分解为子目标，再进一步分解为具体的小目标，把每一个小目标称为一个模块。

"自顶向下、逐步细化"的结构化程序设计方法，通过"顺序、选择、循环"的控制结构把各个模块进行连接，并且只有一个入口和一个出口。

2. 结构化程序设计的基本结构

● 顺序（Sequence）结构

顺序结构表示程序中的各操作是按照它们出现的先后顺序执行的。

● 选择（Selection）或条件（Condition）结构

选择结构表示程序的处理步骤出现了分支，它需要根据某一特定的条件选择其中的一个分支执行。选择结构有单选择、双选择和多选择三种形式。

● 循环（Loop）或重复（Repetition）结构

循环结构表示程序反复执行某个或某些操作，直到某条件为假（或为真）时才可终止循环。在循环结构中最主要的是循环的条件和循环执行的操作。循环结构的基本形式有两种：当型循环结构和直到型循环结构。

（1）当型循环结构。当型循环表示先判断条件，当满足给定的条件时执行循环体，并且在循环终端处流程自动返回到循环入口；如果条件不满足，则退出循环体直接到达流程出口处。因为是"当条件满足时执行循环"，即先判断后执行，所以称为当型循环。

（2）直到型循环结构。直到型循环表示从结构入口处直接执行循环体，在循环终端处判断条件，如果条件不满足，返回入口处继续执行循环体，直到条件为真时再退出循环到达流程出口处，是先执行后判断。因为是"直到条件为真时为止"，所以称为直到型循环。

理论证明，任何程序都可由顺序、选择和循环三种基本控制结构实现。结构化程序设计是以模块化设计为中心，将待开发的软件系统划分为若干个相互独立的模块，这样使完成每一个模块的工作变得单一而明确，为设计一些较大的软件打下了良好的基础。

下面分别介绍这三种结构。

4.2 顺序结构

顺序结构是结构化程序设计中最简单的结构，它是按照书写顺序一行一行地执行程序中的语句。其流程图如图4-1所示。

图 4-1　顺序结构流程图

【例4-1】顺序结构语句的执行

```java
public class ExampleSeq {
    public static void main(String[] args){
        System.out.println("开始");
        System.out.println("语句1");
        System.out.println("语句2");
        System.out.println("语句3");
        System.out.println("结束");
    }
}
```

程序运行结果：

```
开始
语句1
语句2
语句3
结束
```

4.3 选择结构

Java语言提供了两种实现选择结构的基本语句：if选择语句和switch多分支选择语句。

4.3.1　if 选择语句

扫一扫，看视频

if选择语句是选择结构中最基本的语句，根据条件成立的不同情况，有选择地执行不同的语句序列。if选择语句有两种形式：if及if…else，if选择语句还可以嵌套使用。

1. if单分支选择语句

if单分支选择语句有选择地执行语句，只有当表达式条件为真（true）时执行语句序列，条件不成立时执行if语句的下一条语句，如图4-2所示。

if单分支选择语句的一般语法格式如下：

```
if(布尔表达式)                        //如果布尔表达式的值为真，则执行语句序列
{
    语句序列 (statements)
}
```

布尔表达式一般为条件表达式或逻辑表达式，结果为布尔值，当布尔表达式的值为true时，执行语句序列，否则执行if语句下面的语句。语句序列可以为单一的语句，也可以是由语句序列构成的语句块，语句块要用大括号{}括起来，{}外面不加分号。

例如，debug为布尔型变量，当debug为true时，输出调试信息；否则，不执行if中的语句。

```
if (debug) {
        System.out.println("DEBUG: x = " + x);
}
```

说明：紧跟if后的语句序列，如果只有一条语句，可以省略{}，但是为了增强程序的可读性及减少程序出错的可能性，一般都不省略{}。

2. if…else双分支选择语句

if…else双分支选择语句是选择语句中最常用的一种形式，也是最基本的形式。在表达式条件为真（true）与假（false）时各执行不同的语句序列，即"如果条件满足时，执行某种处理方式；否则进行另外一种处理方式"。if…else双分支选择语句的流程图如图4-3所示。

if…else双分支选择语句的一般语法格式如下：

```
if(布尔表达式)                        //根据布尔表达式的真假决定执行不同的语句
{
    语句序列1 (statements1)          //条件为真
}
else
{
    语句序列2 (statements2)          //条件为假
}
```

布尔表达式一般为条件表达式或逻辑表达式，结果为布尔值，当布尔表达式的值为true时，执行语句序列1，否则执行语句序列2。语句序列1和语句序列2可以为单一的语句，也可以是由语句序列构成的语句块，语句块要用大括号{}括起来，{}外面不加分号。

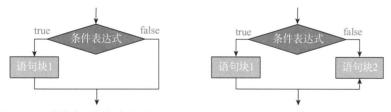

图 4-2　if单分支选择语句的流程图　　图 4-3　if…else 双分支选择语句的流程图

例如，假设response是用户单击界面上OK或Cancel按钮的返回值。

```
if (response == OK) {
    语句序列1                         // 单击OK按钮执行的操作
}
else {
    语句序列2                         // 单击Cancel按钮执行的操作
}
```

【例4-2】显示Java中的最大数值、最小数值及判断字符的大小写

扫一扫，看视频

```java
public class ExampleSel {
    public static void main(String[] args){
        char aChar = 'A';
        boolean aBoolean = true;
        System.out.println("The largest byte value is " + Byte.MAX_VALUE);
        System.out.println("The least byte value is " + Byte.MIN_VALUE);
        System.out.println("The largest short value is " + Short.MAX_VALUE);
        System.out.println("The least short value is " + Short.MIN_VALUE);
        System.out.println("The largest integer value is " + Integer.MAX_VALUE);
        System.out.println("The least integer value is " + Integer.MIN_VALUE);
        System.out.println("The largest long value is " + Long.MAX_VALUE);
        System.out.println("The least long value is " + Long.MIN_VALUE);
        System.out.println("The largest float value is " + Float.MAX_VALUE);
        System.out.println("The least float value is " + Float.MIN_VALUE);
        System.out.println("The largest double value is " + Double.MAX_VALUE);
        System.out.println("The least double value is " + Double.MIN_VALUE);
        if (Character.isUpperCase(aChar)) {
            System.out.println("The character " + aChar + " is upper case.");
        }
        else {
            System.out.println("The character " + aChar + " is lower case.");
        }
        System.out.println("The value of aBoolean is " + aBoolean);
    }
}
```

程序运行结果：

```
The largest byte value is 127
The least byte value is -128
The largest short value is 32767
The least short value is -32768
The largest integer value is 2147483647
The least integer value is -2147483648
The largest long value is 9223372036854775807
The least long value is -9223372036854775808
The largest float value is 3.4028235E38
The least float value is 1.4E-45
The largest double value is 1.7976931348623157E308
The least double value is 4.9E-324
The character A is upper case.
The value of aBoolean is true
```

3. 嵌套if语句

在实际处理中，常会有许多条件需要判断。因此要用到多个if，甚至在一个if中还有多个if，称作嵌套if。

嵌套if语句的一般语法格式如下：

```
if(布尔表达式 A){
    语句序列A
    if(布尔表达式 B){
        语句序列B1 ;
    }
    else{
```

```
            语句序列B2;
        }
        ...
    }
    else{
        if(布尔表达式C){
            语句序列C1;
        }
        else{
            语句序列C2;
        }
    }
```

【例4-3】判断给出数据的符号（正数输出"+"号，负数输出"-"号，0输出0）

```
public class ExampleSign {
    public static void main(String[] args){
        int intx =0;
        if(intx>0){
            System.out.println("The sign of "+intx+" is  + ;");
        }
        else{
            if(intx<0)
                System.out.println("The sign of "+intx+" is  - ;");
            else
                System.out.println("The sign of "+intx+" is  0 ;");
        }
    }
}
```

扫一扫，看视频

程序运行结果：

```
The sign of 0 is  0 ;
```

else子句不能单独使用，它必须和if配对使用。else总是与离它最近的if配对。可以使用大括号改变if…else的配对关系。

4. if…else if…else多分支选择语句

若出现的情况有两种以上，则可以使用if…else if…else多分支选择语句。其流程图如图4-4所示。

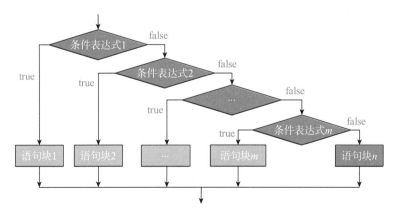

图 4-4 if…else if…else 多分支选择语句的流程图

if…else if…else多分支选择语句的一般语法格式如下：

```
if(布尔表达式 1) {
    语句序列1;
}
else if(布尔表达式 2){
    语句序列2;
}
…
else if(布尔表达式 m){
    语句序列m;
}
else{
    语句序列n;
}
```

程序执行时，首先判断布尔表达式1的值，若为true，则顺序执行语句序列1，if语句结束；若为false，则判断布尔表达式2的值，若布尔表达式 2为true，则顺序执行语句序列2，if语句结束；若为false，则判断布尔表达式3的值……，若所有布尔表达式的值都为false，则执行语句序列n，if语句结束。

【例4-4】根据给出的学生成绩判断其等级

扫一扫，看视频

90 ～ 100分	A
80 ～ 89分	B
70 ～ 79分	C
60 ～ 69分	D
60分以下	E

参考程序如下：

```java
public class ScoreGrade {
    public static void main(String[] args) {
        int score =88;
        char grade;
        if (score >= 90) {
            grade = 'A';
        } else if (score >= 80) {
            grade = 'B';
        else if (score >= 70) {
            grade = 'C';
        } else if (score >= 60) {
            grade = 'D';
        } else {
            grade = 'E';
        }
        System.out.println("Grade = " + grade);
    }
}
```

程序运行结果：

```
Grade = B
```

4.3.2 switch 多分支选择语句

在if语句中，布尔表达式的值只能有两种：true或false。若情况更多时，就需要另一种可提供更多选择的语句——switch多分支选择语句，也称为开关语句。

switch多分支选择语句的一般语法格式如下：

```
switch(表达式){
case 常量1:
      语句序列1;
      break;
case 常量2:
      语句序列2;
      break;
...
case 常量N:
      语句序列N;
      break;
[default:
      语句序列M;
      break;
]
}
```

说明：

（1）表达式的类型可为byte、short、int、char和String。switch多分支选择语句把表达式的值与每个case子句中的常量相比。如果匹配成功，则执行该case子句后面的语句序列。

（2）所有case子句后面的常量都不相同。

（3）default子句是可选的。当表达式的值与任何case子句中的常量都不匹配时，程序执行default子句后面的语句序列。当表达式的值与任何case子句中的常量都不匹配且不存在default子句时，则退出switch语句。

（4）break语句用来在执行完一个case分支后，使程序退出switch语句，继续执行其他语句。case子句只起到一个标号的作用，用来查找匹配的入口，并从此开始执行其后面的语句序列，对后面的case子句不再进行匹配。因此在每个case分支后，用break语句终止后面语句的执行。有一些特殊情况，多个不同的case值要执行一组相同的语句序列，在这种情况下，可以不用break语句。

【例4-5】根据给出的数字月份输出相应的英语月份

```java
public class ExampleMonth {
    public static void main(String[] args){
        int month = 9;
        switch (month) {
        case 1:  System.out.println("January"); break;
        case 2:  System.out.println("February"); break;
        case 3:  System.out.println("March"); break;
        case 4:  System.out.println("April"); break;
        case 5:  System.out.println("May"); break;
        case 6:  System.out.println("June"); break;
        case 7:  System.out.println("July"); break;
        case 8:  System.out.println("August"); break;
        case 9:  System.out.println("September"); break;
```

```
        case 10: System.out.println("October"); break;
        case 11: System.out.println("November"); break;
        case 12: System.out.println("December"); break;
        }
    }
}
```

程序运行结果：

```
September
```

【例4-6】根据给出的年、月输出该月的天数

扫一扫，看视频

```
public class MonthDays {
    public static void main(String[] args){
        int month = 7,year = 2020,numDays = 0;
        switch (month) {
        case 1:
case 3:
case 5:
case 7:
case 8:
case 10:
case 12:
    numDays = 31;  break;
case 4: case 6: case 9:    //多个case可以放到一行上
case 11:
    numDays = 30;       break;
case 2:                    //判断是否为闰年
    if(((year % 4 == 0) && !(year % 100 == 0))||(year % 400 == 0))
        numDays = 29;
    else  numDays = 28;
    break;
    }
    System.out.println("Year : "+ year + " ,  month :   "+month);
    System.out.println("Number of Days = " + numDays);
    }
}
```

程序运行结果：

```
Year : 2020 ,  month :   7
Number of Days = 31
```

【例4-7】从键盘输入年、月、日，计算并输出该日是当年的第多少天

扫一扫，看视频

```
import java.util.Scanner;
public class ExampleDays {
    public static void main(String[] args){
        int year,month,day,days=0;
        Scanner scan = new Scanner(System.in);
System.out.println("输入年、月、日: ");
year= scan.nextInt();
month= scan.nextInt();
day= scan.nextInt();
switch (month) {
case 12:days+=30;
case 11:days+=31;
```

```
        case 10:days+=30;
        case 9:days+=31;
        case 8:days+=31;
        case 7:days+=30;
        case 6:days+=31;
        case 5:days+=30;
        case 4:days+=31;
        case 3:
            if((((year % 4==0)&&!(year%100 == 0))||(year%400==0)) days+ = 29;
            else   days +=28;
        case 2:
            days+=31;
        case 1:
            days+=day;
            break;
        default:
            System.out.println("月份输入出错! ");
        }
        System.out.println(year+"年"+month+"月"+day+"日是当年的第"+days+"天");
    }
}
```

程序运行结果：

输入年、月、日：
2020 7 21
2020年7月21日是当年的第203天

4.4 循环结构

在生活中，经常会重复做一件有规律的事情，在程序中用循环结构实现。循环结构的特点是反复执行一段语句序列，直到满足终止循环的条件为止。通常，一个循环一般包含以下部分内容。

（1）初始化部分：用来设置循环前的初始条件，一般只执行一次。

（2）条件部分：用一个布尔表达式表示，通常为条件表达式或逻辑表达式，每一次循环都要对该布尔表达式求值，以判断是否达到终止条件。

（3）循环体部分：被反复执行的语句序列，可以是一条单一语句，也可以是一条复合语句块，主要用于循环实现的功能。

（4）迭代部分：在当前循环结束，下一次循环开始执行前执行的语句，通常用来更新影响终止条件的变量，使循环最终结束。

Java语言中提供的循环语句有while循环语句、do-while循环语句和for循环语句。下面分别进行介绍。

4.4.1 while 循环语句

while循环语句的一般语法格式如下：

```
［初始化部分］
while (布尔表达式) {      //终止条件部分
    循环体部分
    ［迭代部分］
}
```

扫一扫，看视频

while循环语句用于实现当型循环。程序运行时，首先执行初始化部分；其次判断布尔表达式的值。当布尔表达式的值为true时，执行循环体部分和迭代部分，然后再判断布尔表达式的值。如果布尔表达式的值为false，则退出循环；否则，重复上面的过程，其中初始化部分和迭代部分是可选的。while循环语句的执行过程如图4-5所示。

若第一次执行while循环语句，循环中的布尔表达式的值为false，则循环体一次也不执行，即while循环语句至少执行的次数为0。若执行循环过程中，布尔表达式的值总为true，不能变为false，则循环不能终止，出现死循环的情况，这种死循环在程序设计中一般都应该避免。

【例4-8】使用while循环语句计算数学表达式 1-1/2+1/3-…-1/10 的值

扫一扫，看视频

```java
public class ExampleSeries1 {
    public static void main(String[] args){
        int i,t;
        double sum;
        i=1; t=1; sum=0;        //初始化
while (i<=10) {            //循环条件
    sum+=1.0*t/i;         //数学表达式求和
    t=-t;                 //正负符号的转变
    i++;                  //循环变量的迭代
}
System.out.println("1-1/2+1/3-…-1/10= "+sum);
    }
}
```

程序运行结果：

```
1-1/2+1/3-…-1/10= 0.6456349206349207
```

注意：初学者容易在循环条件布尔表达式右括号后多加";"。例如：

```java
x=1;
while(x<=10);
{
    System.out.println("x= "+x);
    x++;
}
```

此时，把一条空语句";"当作循环体语句，程序无法结束而进入死循环，Java编译器不会报错。在编程时应多加注意，避免出现此类错误。

4.4.2 do-while 循环语句

do-while循环语句的一般语法格式如下：

扫一扫，看视频

```
［初始化部分］
do {
    循环体部分
    ［迭代部分］
} while(布尔表达式);            //终止条件部分
```

do-while循环语句用于实现直到型循环。程序运行时，首先执行初始化部分；其次执行循环体部分和迭代部分；最后判断布尔表达式的值。当布尔表达式的值为true时，重复执行循环体部分和迭代部分；当布尔表达式的值为false时，则退出循环。其中，初始化部分和迭代部分是可选的。do-while循环语句的执行过程如图4-6所示。

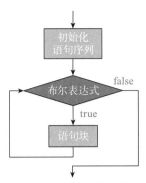
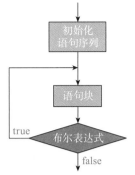

图 4-5 while 循环语句的执行过程　　　图 4-6 do-while 循环语句的执行过程

若第一次执行do-while循环语句，循环中的布尔表达式的值为false，则循环体只执行一次，即do-while循环语句至少执行的次数为1。在do-while循环语句中也应该避免出现死循环。

【例4-9】使用do-while循环语句计算数学表达式1-1/2+1/3-…-1/10的值

```java
public class ExampleSeries2 {
    public static void main(String[] args){
        int i,t;
        double sum;
        i=1; t=1; sum=0;           //初始化
        do {
            sum+=1.0*t/i;          //数学表达式求和
            t=-t;                  //正负符号的转变
            i++;                   //循环变量的迭代
        }while (i<=10);            //循环条件
        System.out.println("1-1/2+1/3-…-1/10= "+sum);
    }
}
```

扫一扫，看视频

程序运行结果：

```
1-1/2+1/3-…-1/10= 0.6456349206349207
```

【例4-10】实现用户登录验证

只有三次机会，提示用户输入6位数字密码，使用do-while循环语句进行验证。如果用户在三次内输入的密码是150827，则显示密码输入正确；如果三次输的密码不正确，则自动退出系统。

```java
import java.util.Scanner;
public class ExamplePwd {
    public static void main(String[] args)
    {
        int i;
        Scanner sc=new Scanner(System.in);
        String password;
        i=1;
        do {
            System.out.println("第"+i+"次,尝试输入你的6位数字密码: ");
            password=sc.nextLine();
            i++;                                       //循环变量的迭代
        } while (i<=3 && !"150827".equals(password));   //循环条件
        sc.close();
        if(i<=3) {
```

```
            System.out.println("密码正确,登录成功 ");
        }
        else {
            System.out.println("密码三次输入错误! ");
        }
    }
}
```

三次输入的密码都不正确的程序运行结果：

第1次,尝试输入你的6位数字密码：
123456
第2次,尝试输入你的6位数字密码：
234561
第3次,尝试输入你的6位数字密码：
345678
密码三次输入错误!

三次内输入的密码正确的程序运行结果：

第1次,尝试输入你的6位数字密码：
987512
第2次,尝试输入你的6位数字密码：
150827
密码正确,登录成功

4.4.3　for 循环语句

扫一扫,看视频

for循环语句是几种循环语句中使用最为灵活、最为广泛的一个。

for循环语句的一般语法格式为：

```
for ([表达式1]; [表达式2]; [表达式3]) {
    语句序列;          //循环体
}
```

表达式1主要用于变量的初始化,对应于while、do-while
语句中的初始化部分,只在进入循环时执行一次。表达式2是
一个布尔表达式,可以是关系表达式或逻辑表达式,是循环的
条件。表达式3更新循环变量,实现循环迭代,使循环最终达
到终止条件。各个表达式之间用“;”隔开。

for循环语句的执行过程如下：

(1)循环开始,执行表达式1。

(2)计算表达式2,如果返回值为true,则执行循环体中的
语句序列;如果为false,则退出循环。

(3)计算表达式3,转(2)。

for循环语句的执行过程如图4-7所示。

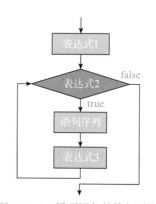

图4-7　for 循环语句的执行过程

【例4-11】使用for循环语句计算1000 ~ 2000 的所有偶数的和

扫一扫,看视频

```
public class ExampleEvens {
    public static void main(String[] args){
        int sum,i;
        for(sum=0,i= 1000;i<=2000;i+=2)
            sum+=i;
```

```
        System.out.println("The sum from 1000 to 2000 evens is : "+sum);
    }
}
```

程序运行结果：

```
The sum from 1000 to 2000 evens is : 751500
```

for循环语句的所有组成部分都可以省略。但for语句中的";"不可以省略。例如：

（1）省略表达式1，例4-11的循环语句可写为：

```
sum=0; i = 1000;
for(;i<=2000;i+=2)
    sum+=i;
```

（2）省略表达式2，例4-11的循环语句可写为：

```
sum=0; i = 1000;
for(;;i+=2){
    if(i>2000)break;
    sum+=i;
}
```

（3）省略表达式3，例4-11的循环语句可写为：

```
sum=0; i = 1000;
for(;;){
    if(i>2000)break;
    sum+=i;
    i+=2;
}
```

（4）省略循环体，例的循环语句可写为：

```
    sum=0; i = 1000;
    for(;i<=2000; sum+=i,i+=2);
```

可以在for语句表达式1中定义局部变量，使得该局部变量仅在for语句中使用。如果循环变量不在循环外部使用，最好在初始化部分定义成局部变量。

【例4-12】计算10！（10！=10×9×8×…×1）

```
public class Example0412 {
    public static void main(String[] args){
        int result=1;     //变量result在for循环结束后使用，因此在循环前定义
        for (int i = 1 ; i <=10; i++)
            result*=i;
        System.out.println ("10! = "+ result);
    }
}
```

扫一扫，看视频

程序运行结果：

```
    10! = 3628800
```

注意：while循环通常用于循环次数不确定，循环条件确定的情况；for循环通常用于循环次数确定的情况，for语句中虽然各表达式都可以省略，但不推荐使用省略形式。

4.4.4 foreach 语句

自JDK 1.5开始引进了一种新的for循环，是for语句的特殊简化形式，它不用下标就可以

遍历整个数组结构，这种新的循环称为foreach语句。foreach并不是一个关键字。使用foreach语句对于遍历数组元素等集合结构为程序员带来很大方便，详细使用见本书第5章数组部分。

foreach语句只需要提供三个要素：元素类型、迭代变量和用于从检索元素的数组。foreach语句的一般语法格式如下：

```
for（元素类型 迭代变量：数组对象）{
    迭代变量的使用
}
```

其功能是每次从数组中取出一个元素，自动赋值给迭代变量，用户不用判断是否超出了数组的长度，需要注意的是，迭代变量的类型必须与数组中元素的类型相同。

【例4-13】使用foreach语句遍历数组

```java
public class ExampleForeach {
    public static void main(String[] args)
    {
        int[] arr={1,5,8,2,7};
        for(int element:arr)
    System.out.print(element+"  ");//输出数组arr中的各个元素
    }
}
```

运行结果：

```
1  5  8  2  7
```

4.4.5 循环嵌套

循环语句中还包含循环语句，即构成循环嵌套。while、do-while和for三种循环结构语句之间可以相互嵌套。

【例4-14】输出九九乘法表

```java
public class ExampleLoop {
    public static void main(String[] args)
    {
        System.out.println("*************九九乘法表****************");
        for (int i = 1; i < 10; i++) {
    for (int j = 1; j <=i; j++)
        if(i*j>=10)  System.out.print(j+"*"+i+ "="+ j*i+ "  ");
        else  System.out.print(j+"*"+i+ "= "+ j*i+ "  ");
    System.out.println();
        }
    }
}
```

程序输出结果：

```
***********************九九乘法表***********************************
1*1= 1
1*2= 2  2*2= 4
1*3= 3  2*3= 6  3*3= 9
1*4= 4  2*4= 8  3*4=12  4*4=16
1*5= 5  2*5=10  3*5=15  4*5=20  5*5=25
1*6= 6  2*6=12  3*6=18  4*6=24  5*6=30  6*6=36
```

```
1*7= 7   2*7=14   3*7=21   4*7=28   5*7=35   6*7=42   7*7=49
1*8= 8   2*8=16   3*8=24   4*8=32   5*8=40   6*8=48   7*8=56   8*8=64
1*9= 9   2*9=18   3*9=27   4*9=36   5*9=45   6*9=54   7*9=63   8*9=72   9*9=81
```

【例4-15】从键盘输入三角形行数并输出 "*" 三角形

扫一扫，看视频

```java
import java.util.Scanner;
public class ExamplePrintStarts {
    public static void main(String[] args){
        int lines,i,j;
        Scanner sc=new Scanner(System.in);
        System.out.println("输入行数：");
        lines=sc.nextInt();
        i=1; j=1;
        while(i<=lines)
        {
            for(j=1;j<=lines-i;j++)          //处理每行前的空格
                System.out.print(" ");
            for(j=1;j<=2*i-1;j++)            //打印每行的*
                System.out.print("*");
            System.out.println();            //换下一行
            i++;
        }
        sc.close();
    }
}
```

程序输出结果：

输入行数：
5
```
        *
      ***
     *****
    *******
   *********
```

4.5 跳转控制语句

4.5.1 标号

扫一扫，看视频

标号是一个标识符，用于给程序块起一个名字，标号能被continue语句和break语句引用改变程序控制流程。加标号的一般语法格式如下：

```
label:{语句块}
```

label是标号名，用标识符表示。标号名用冒号与其后面的语句块分开。例如：

```
A:{            //标记代码块A
    ...
    B:{            //标记代码块B
    ...
    }
}
```

4.5.2 break 语句

在switch语句中，可以使用break语句终止switch语句的执行，使程序从switch语句的下一条语句开始执行。

break语句的另一种使用情况就是跳出指定的块，并从紧跟该块的第一条语句处执行。break语句的一般语法格式如下：

```
break [标号];
```

break语句有两种形式：不带标号和带标号。标号必须位于break语句所在的封闭语句块的开始处。

【例4-16】用不带标号的break语句终止循环

```java
public class ExampleBreak {
    public static void main(String[] args){
        int i,sum=0;
        for(i=1;i<100;i++){
            sum+=i;
            if(sum>158) {
                System.out.println("1+2+…+"+i+"和首次大于158");
                break;
            }
        }
        System.out.println("循环终止");
    }
}
```

程序运行结果：

```
1+2+…+18和首次大于158
循环终止
```

在这个程序中，当sum从1开始累加的和首次大于158时，循环变量i的值为18，输出了对应信息，执行break语句后程序跳出循环，继续执行循环语句后面的语句。

不带标号的break语句只能终止包含它的最小程序块。有时希望终止更外层的块，可以使用带标号的break语句将程序流程转到标号指定语句块的后面执行。

【例4-17】带标号的break语句的使用

```java
public class ExampleBreak2 {
    public static void main(String[] args){
        outer:for(int i=1;i<10;i++){
            inner:for(int j=1;j<10;j++)
                if(i*j>30) break outer;
                    System.out.println("i = "+i);
        }
        System.out.println("循环终止");
    }
}
```

程序运行结果：

```
i = 1
i = 2
i = 3
循环终止
```

4.5.3 continue 语句

continue语句只用于循环结构中。它的一般语法格式如下：

continue[标号];

不带标号的continue语句的作用是终止当前循环结构的本轮循环，直接开始下一轮循环；带标号的continue语句的作用是把程序直接转到标号指定的代码段的下一轮循环。

【例4-18】不带标号的continue语句的使用

```java
public class ExampleContinue {
    public static void main(String[] args){
        for(int i=1;i<=10;i+=2){
            if(i==3) continue;
            System.out.println("i = "+i);
        }
        System.out.println("循环终止");
    }
}
```

程序运行结果：

```
i = 1
i = 5
i = 7
i = 9
循环终止
```

【例4-19】求100 ~ 200的所有素数

```java
public class ExamplePrimes {
    public static void main(String[] args){
        System.out.println(" *******Prime numbers between 100 and 200*******");
        int n=0;
        outer:for(int i=101;i<200;i+=2){
            int k=(int)Math.sqrt(i);
            for(int j=2;j<=k;j++){
                if(i%j==0)  continue outer;
            }
            System.out.print(i+"   ");
            n++;
            if(n<10) continue;
            System.out.println();
            n=0;
        }
        System.out.println();
    }
}
```

程序运行结果：

```
*******Prime numbers between 100 and 200*******
101   103   107   109   113   127   131   137   139   149
151   157   163   167   173   179   181   191   193   197
199
```

🔅 4.5.4　return 语句

return语句用于方法体中，它的作用是退出该方法，返回指定数值，并使程序的流程转到调用该方法的下一条语句。return语句的一般语法格式如下：

```
return  表达式或变量或数值；
```

方法有返回值，即方法的类型为非void类型：

```
return；
```

方法没有返回值，即方法的类型为void类型。

第6章将详细介绍，此处仅说明return语句可以使程序流程发生跳转。

4.6　本章小结

本章主要介绍了程序设计基本组成结构。重点讲解了以下几个方面的内容。

1．结构化程序设计是一种经典的编程模式和编程方法。结构化程序设计方法如下。

● 自顶向下：程序设计时应先考虑总体，后考虑细节；先考虑全局目标，后考虑局部目标。

● 逐步细化：对于复杂问题，设计一些子目标作为过渡，逐步细化。

● 模块化：把程序要解决的总目标分解为子目标，再将子目标进一步分解为具体的小目标，把每一个小目标称为一个模块。

2．类与对象。

● 结构化程序设计的三种基本结构：顺序（Sequence）结构，选择（Selection）或条件（Condition）结构、循环（Loop）或重复（Repetition）结构。

● 顺序结构：程序中的各操作是按照它们出现的先后顺序执行的。

● 选择结构：程序的处理步骤出现了分支，它需要根据某一特定的条件选择其中的一个分支执行。选择结构有单选择、双选择和多选择三种形式。

● 循环结构：程序反复执行某个或某些操作，直到某条件为假（或为真）时才终止循环。

3．if选择语句是选择结构最基本的语句，根据条件成立的不同情况，有选择地执行不同的语句序列。if选择语句有两种形式：if及if…else，if选择语句还可以嵌套使用。

4．开关语句switch可以实现多分支选择。switch语句把表达式的值与每条case子句中的常量相比。如果匹配成功，则执行该case子句后面的语句序列。break语句用来在执行完一个case分支后，使程序退出switch语句，继续执行其他语句。default子句是可选的。当表达式的值与任何case子句中的常量都不匹配时，程序执行default子句后面的语句序列。

5．while循环语句用于实现当型循环。程序运行时，首先执行初始化部分；其次判断布尔表达式的值。当布尔表达式的值为true时，执行循环体部分和迭代部分，然后再判断布尔表达式的值。如果布尔表达式的值为false，则退出循环。

6．do-while循环语句用于实现直到型循环。程序运行时，首先执行初始化部分；其次执行循环体部分和迭代部分；最后判断布尔表达式的值。当布尔表达式的值为true时，重复执行循环体部分和迭代部分；如果布尔表达式的值为false时，则退出循环。

7．for循环语句是几种循环语句中使用最为灵活、最为广泛的一个。表达式1主要用于变量的初始化，只在进入循环时执行一次。表达式2是一个布尔表达式，可以是关系表达式或逻辑表达式，是循环的条件。表达式3用于更新循环变量，实现循环迭代，使循环最终达到终止条件。

8．foreach语句用于遍历数组元素等集合结构。每次从集合中取出一个元素，自动赋值给迭代变量，用户不用判断是否超出了集合的长度，需要注意的是，迭代变量的类型必须与集合中元素的类型相同。

9．标号是一个标识符，用于给程序块起一个名字，标号能被continue语句和break语句引用改变程序控制流程。

10．不带标号的break语句只能终止包含它的最小程序块。有时希望终止更外层的块，可以使用带标号的break语句，它使程序流程转到标号指定语句块的后面执行。

11．不带标号的continue语句的作用是终止当前循环结构的本轮循环，直接开始下一轮循环；带标号的continue语句的作用是把程序直接转到标号指定的代码段的下一轮循环。

12．在方法体中使用return语句，它的作用是退出该方法，返回指定数值，并使程序的流程转到调用该方法的下一条语句。

4.7 习题四

扫描二维码，查看习题。

扫二维码
查看习题

4.8 实验四　程序流程控制实验

扫描二维码，查看实验内容。

扫二维码
查看实验内容

第 5 章

数　组

学习目标

　　本章主要讲解 Java 语言数组的基本概念和使用方法。数组是具有相同数据类型的一系列数据元素的集合，按顺序组成线性表，Java 语言使用数组进行批量数据处理。数组元素通过数组名和元素在数组中的相对位置即下标来引用。数组按照维数可以分为一维数组和多维数组。通过本章的学习，读者应该掌握以下主要内容：

- 一维数组的定义和使用。
- 二维数组的定义和使用。
- 数组常用方法的使用。

内容浏览

5.1 数组概述

数组是用来存储具有相同数据类型变量值的集合结构，把存储每一个数据值的变量称为一个数组元素。数组长度固定，数组元素按顺序构成一个线性集合结构，数组元素在内存中连续存储。数组元素内存分配示意图如图5-1所示。在Java中数组是引用数据类型，数组标识的名称存放在内存的栈区，数组对象是存储数据的具体空间，存放在内存的堆区。通过数组名变量引用数组对象，数组对象包含的元素个数称作数组的长度，使用length属性表示。当数组对象被创建以后，数组的长度就固定不再发生变化。数组元素可以是任何数据类型，当数组元素类型仍然为数组类型时，构成多维数组。下面分别介绍一维数组和多维数组的声明、初始化和引用。

图 5-1　数组元素内存分配示意图

5.2 一维数组

一维数组是一组具有相同数据类型变量的线性集合，所有元素呈线性排列，除第一个元素没有前驱元素，最后一个元素没有后继元素外，其他每个元素都有唯一的直接前驱元素和唯一的直接后继元素。如教师的花名册中学生名单就可以用数组表示。当程序中需要处理一批具有相同类型的数据时，可以考虑使用数组结构。下面介绍一维数组的创建和引用。

5.2.1　一维数组的创建

1.　一维数组的声明

在Java程序中，声明基本类型变量有两点作用：第一点是根据数据类型分配空间；第二点是用名称标识空间，代表存放的数据值。在声明基本类型变量时这两方面同时完成。数组用于存储批量数据的类型也不例外，使用数组前也要完成这两项任务，根据类型和长度分配空间、用名称标识空间。只不过Java数组使用前要先命名数组，即声明数组，然后再分配空间。

一维数组的声明格式如下：

数组类型[] 数组名

或

数组类型　数组名[]

其中，数组类型为数组元素的数据类型，可以为Java中的任何数据类型，包括简单类型和复合类型。数组名必须为Java的合法标识符。"[]"指明该变量是一个数组类型的变量，而不是简单类型的变量。例如：

```
int[] a;
```

或

```
int a[];
```

以上两种声明方式效果完全一样，即声明了一个数组a，数组中的每个元素都为int型。

2. 一维数组的空间分配

从上面的声明可以看出，声明数组时没有指定数组的长度，系统没有为数组元素分配内存空间，因此数组元素不能立即被访问。如果此时调用数组中的任意一个元素。例如：

```
a[0]=5;
```

编译器将提示以下错误信息：

```
variable a might not have been initialized
```

所以，在声明数组后要为数组分配空间，数组分配空间格式如下：

数组名=new　数组类型[数组长度];

其中，数组长度为数组元素的个数。

数组分配空间，将创建的数组对象用数组名标识，同时为每一个元素申请空间，通过数组名和数组元素在线性结构中的索引（序号，称为下标）确定数组元素，下标从0开始。例如：

```
a=new int[10];
```

此时，为int型数组a分配10个int整型数据所占的内存空间，10个数组元素为a[0]~a[9]。

也可以将数组声明和分配数组空间的语句合并在一起。例如：

```
int[] a=new int[10] ;
```

 5.2.2　一维数组的初始化

数组使用new分配空间时，数组中的每个元素会自动赋一个默认值，如int型为0，实数型为0.0，boolean型为false，char型为'\0'等。

但实际操作中，并不使用这些默认值，需要对数组重新进行初始化。初始化方法有以下三种方式。

扫一扫，看视频

（1）声明数组，数组空间分配后，分别为每个元素赋值。例如：

```
int[] a;
a=new int[3];
a[0]=15;
a[1]=8;
a[2]=27;
```

（2）在数组声明的同时给出初始化数据。例如：

```
int[] a={15,8,27};
```

这里声明数组a，根据初始数据个数确定数组长度并分配空间，初始数据有三个，数组长度为3，分配三个int型空间，将三个初始数据依次放入分配的空间中，实现对数组的初始化。例如：

```
int[] a=new int[3];
a[0]=15;
```

```
a[1]=8;
a[2]=27;
```

（3）数组声明、分配数组空间和初始化同时进行。

例如：

```
int []a=new int[]{15,8,27};
```

与前两种方式结果相同。

5.2.3 一维数组元素的引用

扫一扫，看视频

为数组分配空间后，就可以访问数组中的每一个数组元素了，数组元素的引用格式如下：

数组名[下标]

其中，数组下标可以为int型常量或表达式，如a[2]、a[i]、a[i+1]（i为int型）。注意：数组下标从0开始。例如：

```
int[] a=new int[10];
```

数组下标为0~9。如果调用了a[10]，程序运行时将提示错误：

```
java.lang.ArrayIndexOutOfBoundsException
```

创建数组后不能改变数组长度。使用数组的length属性可以获取数组长度，它的使用方法如下：

数组名.length

例如，上面声明的数组：

```
int[] a=new int[10];
```

可以使用

```
a.length
```

表示数组a的长度为10。

【例5-1】将Fibonacci数列的前20个数字存入数组中并以每行5个的形式输出

Fibonacci数列是前两项为1，从第3项起每一项都是前两项之和，即1，1，2，3，5，8,…

```
/**一维数组应用程序举例——输出Fibonacci数列*/
class ExampleFib{
    public static void main(String args[]){
        int[] fib=new int[20];          //声明数组
        int i;
        fib[0]=1;    fib[1]=1;          //将Fibonacci数列前两项初始为1
        for(i=2;i<20;i++)
            fib[i]=fib[i-1]+fib[i-2];
        System.out.print("Fibonacci数列的前20个数为：");
        for(i=0;i<20;i++){
            if(i%5==0) System.out.println();
            System.out.print(fib[i]+"\t");
        }
    }
}
```

扫一扫，看视频

程序运行结果：

Fibonacci数列的前20个数为：

1	1	2	3	5
8	13	21	34	55
89	144	233	377	610
987	1597	2584	4181	6765

【例5-2】一维数组应用程序举例——求最值和平均值

输入某班（假设10名同学）"Java程序设计"课程成绩，统计出全班最高分、最低分和平均分并输出。

扫一扫，看视频

```java
/**一维数组应用程序举例——求最值和平均值*/
import java.util.Scanner;
public class ExampleScores {
    public static void main(String[] args){
        int i,max,min,avg;
        int[] a;                            //声明数组，存放班级课程成绩
        Scanner scan = new Scanner(System.in);
        a=new int[10];
        System.out.println("输入10名同学的成绩：");
        for(i=0;i<a.length;i++) {
            if(scan.hasNextInt())
                a[i]=scan.nextInt();
        }
        System.out.println("10名同学的成绩：");
        for(i=0;i<a.length;i++) {
            System.out.print(a[i]+" ");
        }
        System.out.println();
        max=a[0];    min=a[0];    avg=a[0];
        for(i=1;i<a.length;i++) {
            if(a[i]>max)  max=a[i];        //查找最高成绩
            if(a[i]<min)  min=a[i];        //查找最低成绩
            avg+=a[i];                     //计算总成绩
        }
        System.out.println("最高成绩为："+max);
        System.out.println("最低成绩为："+min);
        System.out.println("平均成绩为："+avg/10.0);
    }
}
```

程序运行结果：

输入10名同学的成绩：
89 93 95 46 98 97 85 83 96 90
10名同学的成绩：
89 93 95 46 98 97 85 83 96 90
最高成绩为：98
最低成绩为：46
平均成绩为：78.3

【例5-3】一维数组应用程序举例——排序

输入某班（假设10名同学）同学的身高（cm），按从高到低排序输出。

```java
/**一维数组应用程序举例——排序*/
import java.util.Scanner;
public class ExampleOrder {
```

```java
public static void main(String[] args){
    int i,j,t,temp;
    int[] a;                //声明数组
    Scanner scan = new Scanner(System.in);
    a=new int[10];
    System.out.println("输入10名同学的身高：");
    for(i=0;i<a.length;i++) {
        if(scan.hasNextInt())
            a[i]=scan.nextInt();
    }
    System.out.println("10名同学的身高：");
    for(i=0;i<a.length;i++) {
        System.out.print(a[i]+" ");
    }
    System.out.println();
    //使用选择法对数组降序排序
    for(i=0;i<a.length-1;i++) {
        t=i;
        for(j=i+1;j<a.length;j++) {
            if(a[t]<a[j]) t=j;
        }
        if(t!=i) {
            temp=a[i];a[i]=a[t];a[t]=temp;
        }
    }
    //使用foreach语句输出排序后的数组
    System.out.println("10名同学的身高从高到低排序后：");
    for(int item:a){
        System.out.print(item+" ");
    }
    System.out.println();
}
}
```

程序运行结果：

输入10名同学的身高：
173 175 163 161 185 177 172 188 178 173
10名同学的身高：
173 175 163 161 185 177 172 188 178 173
10名同学的身高从高到低排序后：
188 185 178 177 175 173 173 172 163 161

注意：使用foreach语句遍历一维数组的方法为"for(int item:a)"，依次获取一维数组a中的每个元素存放在item中，然后进行输出。

5.3 多维数组

前面介绍了一维数组，在实际问题中有些数据信息是二维或多维的。和其他很多语言一样，Java也支持多维数组。在Java语言中，多维数组被看作数组的数组，多维数组元素有多个下标，以标识它在数组中的位置。例如，二维数组为一个特殊的一维数组，其每个元素又是一个一维数组，三维数组可以看作每个数组元素为二维数组的一个特殊的一维数组，以此类推。以下主要以二维数组为例进行介绍，其他更高维的数组的情况都是类似的。

🔷 5.3.1　二维数组的声明

二维数组的声明格式如下：

数组类型[][]　数组名

或

数组类型　数组名[][]

或

数组类型[]　数组名[]

其中，数组类型为数组元素的数据类型，数组名为Java标识符。

例如：

```
int[][] a;
```

或

```
int a[][];
```

或

```
int[] a[];
```

与一维数组的声明一样，声明二维数组时并没有为数组元素分配内存空间，还不能调用数组元素存取数组，需要使用new关键字为数组分配空间。

对于二维数组，分配内存空间有下面三种方法：

（1）在声明二维数组时，直接为每一维分配空间。例如：

```
int[][] a=new int[3][2];
```

这条语句创建了一个3行2列的二维数组a，数组存储如图5-2所示，二维数组有3行2列。

a[0][0]	a[0][1]
a[1][0]	a[1][1]
a[2][0]	a[2][0]

图 5-2　直接为每一维分配空间的示意图

（2）从高维开始，分别为每一维分配空间。例如：

```
int[][] a=new int[3][];
a[0]=new int[2];
a[1]=new int[3];
a[2]=new int[4];
```

上面的语句先为二维数组指定最高维的长度为3，然后分别为每一维分配空间。该数组存储如图5-3所示。

a[0][0]	a[0][1]		
a[1][0]	a[1][1]	a[1][2]	
a[2][0]	a[2][1]	a[2][2]	a[2][3]

图 5-3　分别为每一维分配空间的示意图

（3）声明二维数组，然后分别从高到低为每一维分配空间。例如：

```
int[][] a;
a=new int[3][];
a[0]=new int[3];
a[1]=new int[3];
a[2]=new int[4];
```

上面的语句在声明二维数组时，没有确定行和列。首先为二维数组指定行数，即确定最高维的长度为3，然后分别为每一维分配空间。该数组存储如图5-4所示。

a[0][0]	a[0][1]	a[0][2]	
a[1][0]	a[1][1]	a[1][2]	
a[2][0]	a[2][1]	a[2][2]	a[2][3]

图 5-4　首先确定行数，然后为每一行分配具体空间

5.3.2　二维数组的初始化

（1）为数组分配完空间后，需要对数组进行初始化，可以直接为数组元素赋值。例如：

```
int[][] a=new int[2][2];
a[0][0]=1;
a[0][1]=2;
a[1][0]=3;
a[1][1]=4;
```

（2）可以在数组声明时为数组初始化。例如，上面的语句也可以写成：

```
int[][] a={{1,2},{3,4}};
```

又例如：

```
int[][] a={{1},{2,3},{4,5,6}};
```

二维数组初始化的结果如图5-5所示。

a[0][0]=1		
a[1][0]=2	a[1][1]=3	
a[2][0]=4	a[2][1]=5	a[2][2]=6

图 5-5　二维数组初始化的结果（1）

（3）为数组第二维声明时进行初始化。例如：

```
int[][] a;
a=new int[3][];
a[0]=new int[] {20,15};
a[1]=new int[] {8};
a[2]=new int[] {5,2,7};
```

二维数组初始化的结果如图5-6所示。

a[0][0]=20	a[1][1]=15	
a[1][0]=8		
a[2][0]=5	a[2][1]=2	a[2][2]=7

图 5-6　二维数组初始化的结果（2）

5.3.3　二维数组的引用

对于二维数组中的元素，其引用格式如下：

数组名[下标1][下标2]

其中，下标1、下标2分别表示二维数组的第一、二维下标，同一维数组下标一样，可以为整型常量和表达式，并且数组下标都从0开始。

【例5-4】输出二维数组的长度和每个元素的值

初始化二维数组，并输出数组长度和每个元素的值。代码如下：

```
/**输出二维数组的长度和每个元素的值*/
public class ExampleArr{
    public static void main(String args[]){
        int[][] a={{20,15},{8},{5,2,7}};
        int i,j;
        System.out.println("二维数组a的长度为: "+a.length);
        for(i=0;i<a.length;i++){
            System.out.println("a["+i+"]的长度为: "+a[i].length);
            for(j=0;j<a[i].length;j++)
                System.out.print("a["+i+"]["+j+"]="+a[i][j]+"\t");
            System.out.println();
        }
    }
}
```

程序运行结果：

```
二维数组a的长度为: 3
a[0]的长度为: 2
a[0][0]=20  a[0][1]=15
a[1]的长度为: 1
a[1][0]=8
a[2]的长度为: 3
a[2][0]=5 a[2][1]=2 a[2][2]=7
```

【例5-5】二维数组的转置

```
/**对二维数组进行转置*/
public class ExampleTranspose {
    public static void main(String[] args){
        int[][] a={{1,2,3},{4,5,6},{7,8,9},{10,11,12}};
        int[][] b=new int[3][4];
        int i,j;
        //输出数组a的值
        System.out.println("数组a中各元素的值为: ");
        for(i=0;i<a.length;i++){
            for(j=0;j<a[i].length;j++)
                System.out.print(a[i][j]+"  ");
            System.out.println();
        }
        //将数组a转置放入数组b中
        for(i=0;i<a.length;i++)
            for(j=0;j<a[i].length;j++)
                b[j][i]=a[i][j];
        System.out.println("数组b中各元素的值为: ");
        //使用foreach语句输出数组b的值
        for(int []row:b) {
            for(int item:row)
                System.out.print(item+"  ");
            System.out.println();
```

```
                }
            }
        }
```

程序运行结果:

数组a中各元素的值为:

1	2	3
4	5	6
7	8	9
10	11	12

数组b中各元素的值为:

1	4	7	10
2	5	8	11
3	6	9	12

注意: 在使用foreach语句输出二维数组时, 外层循环用于获取二维数组每一行作为一个一维数组 "for(int []row:b)", 内层循环实现针对每行的一维数组元素进行获取和输出 "for(int item:row)"。

5.4 数组的常用方法

Java是面向对象的程序设计语言, 提供了一些对数组进行操作的类和方法。使用这些系统声明的方法可以很方便地对数组进行操作。

5.4.1 填充替换数组元素

数组中的元素定义完成后, 可以通过Arrays类中的静态方法fill()对数组中的元素进行替换。方法是类提供的功能或行为, 对于初学者来说, 静态方法是可以通过类名和成员运算符 "." 直接访问的方法。fill()方法提供了多种重载形式, 用于满足各种类型数组元素的替换。仅以int型为主介绍两种参数形式, 其他数据类型雷同。

扫一扫,看视频

1. 为数组的每一个元素填充

fill()方法将指定的int型值分配给int型数组的每一个元素, fill()方法的语法格式如下:

```
public static void fill(int[ ]a,int value)
```

其中, 参数a是要填充的数组; value是要存储在该数组中的所有元素的值。

【例5-6】使用赋值语句填充数组

```
import java.util.Arrays;
public class ExampleArrCopy {
    public static void main(String[] args){
        int[] a={1,5,8,2,7};
        for(int item:a)
            System.out.print(item+"  ");
        System.out.println();
        Arrays.fill(a,9);
        System.out.println("使用fill()方法填充后的值为:");
        for(int item:a)
            System.out.print(item+"  ");
```

数组

```
            System.out.println();
        }
    }
```

程序运行结果：

```
1  5  8  2  7
```
使用fill()方法填充后的值为：
```
9  9  9  9  9
```

2. 为数组的指定范围元素填充

fill()方法将指定的int型值分配给int型数组指定范围中的每个元素，fill()方法的语法格式如下：

```
public static void fill(int []a,int fromIndex, int toIndex, int val);
```

该方法填充的范围从下标索引fromIndex（包括）开始一直到下标索引toIndex（不包括）。如果fromIndex==toIndex，则填充范围为空。

例如，把例5-6中的Arrays.fill(a,9);改为Arrays.fill(a,1,4,9);，程序运行结果：

```
1  5  8  2  7
```
使用fill()方法填充后的值为：
```
1  9  9  9  7
```

5.4.2 数组复制

对于数组的复制，不能简单地直接使用赋值语句。例如：

【例5-7】使用赋值语句复制数组

扫一扫，看视频

```
import java.util.Arrays;
public class ExampleArrCopy2 {
    public static void main(String[] args){
        int[] a={1,5,8,2,7};
        int[] b=new int[5];
b=a;
for(int item:b)
    System.out.print(item+"  ");
System.out.println();
b[1]=9;
for(int item:a)
    System.out.print(item+"  ");
System.out.println();
    }
}
```

程序运行结果：

```
1  5  8  2  7
1  9  8  2  7
```

通过赋值语句b=a;，数组b引用了数组a的空间，使数组a和数组b引用相同的数组空间，对数组b的修改，就是对数组a的修改。而数组b原引用的空间成为孤岛空间，不能再被引用而成为垃圾空间。因此使用赋值语句不能实现数组的赋值，应把源数组空间的数据一一复制到目标数组对应下标的数组空间中。可以使用循环完成，如例5-7中把b=a;语句改为：

```
for(int i=0;i<a.length;i++)
    b[i]=a[i];
```

则程序运行结果：

```
1 5 8 2 7
1 5 8 2 7
```

在实现数组的复制功能时，可以使用循环对数据依次复制，每次都需要写循环语句。在系统类System中提供的静态方法arraycopy()可以用来复制数组，该方法的功能更为灵活。数组复制方法arraycopy()的语法格式如下：

```
public static void arraycopy(Object src,int src_pos,Object dst,int dst_
pos,int length)
```

其中，src为源数组名；src_pos为源数组的起始位置；dst为目标数组名；dst_pos为目标数组的起始位置；length为复制的长度。

【例5-8】使用arraycopy()方法复制数组

```
// 使用arraycopy()方法复制数组
import java.util.Arrays;
public class ExampleArraycopy {
    public static void main(String[] args){
        int[] a={2,0,1,5,8,2,7};
        int[] b=new int[6];
        System.arraycopy(a,2,b,0,5);        //数组复制，从数组a下标2开始复制到数组b
                                            //从数组b下标0开始，复制5个数据
        for(int item:b)
            System.out.print(item+"  ");
        System.out.println();
        for(int item:a)
            System.out.print(item+"  ");
        System.out.println();
    }
}
```

程序运行结果：

```
1 5 8 2 7 0
2 0 1 5 8 2 7
```

5.4.3 数组排序

在例5-3中，使用选择法对一维数组进行排序，选择法需要二重循环嵌套才能实现数组元素的排序。在java.util.Arrays类中提供了数组排序操作的静态方法sort()实现对数组的递增排序，其语法格式如下：

扫一扫，看视频

```
public static void sort(Object[] arrayname)
```

其中，arrayname为要排序的数组名。

【例5-9】使用java.util.Array类中的sort()方法对数组元素进行排序

```
//使用java.ytil.Array类中的sort()方法对数组元素进行排序
import java.util.Arrays;
public class ExampleArrSort {
    public static void main(String[] args){
        int[] arr={1,5,8,2,7};
        Arrays.sort(arr);
```

```
        for(int item:arr)
            System.out.print(item+"  ");
        System.out.println();
    }
}
```

程序运行结果：

```
1  2  5  7  8
```

sort()方法还存在重载方法，其语法格式如下：

```
public static void sort(Object[] arrayname,int fromindex,int toindex)
```

其中，fromindex和toindex为进行排序的起始位置与结束位置。

注意：排序范围为从fromindex到toindex−1。

例如，把例5-9中的 Arrays.sort(arr);改为Arrays.sort(arr,1,4);，则程序运行结果：

```
1  2  5  8  7
```

🕹 5.4.4 数组元素的查找

扫一扫，看视频

Arrays类的binarySearch()方法可以使用二分法搜索指定数组，以获得指定对象。该方法返回要搜索元素的索引值。binarySearch()方法提供了多种重载形式用于满足各种类型数组的查找需要。仅以int型为主介绍binarySearch()方法的两种参数类型，其他类型的处理方法相同。

1. 在排序数组中进行二分法查找

binarySearch()方法的作用是对已排序的数组进行二分法查找，其语法格式如下：

```
public static int binarySearch(Object[] a,Object key)
```

其中，a为已排好序的数组;key为要查找的数据。如果找到，则返回值为该元素在数组中的下标位置；如果没有找到，则返回一个负数。

【例5-10】使用binarySearch()方法在数组中查找元素

```
/**使用binarySearch()方法在数组中查找元素，前提是数组元素是有序的*/
import java.util.Arrays;
public class ExampleArraySearch {
    public static void main(String[] args){
        int[] arr={1,5,8,2,7};
        int key,pos;
        key=7;
        Arrays.sort(arr);
        System.out.println("排序后的序列: ");
        for(int item:arr)
            System.out.print(item+"  ");
        System.out.println();
        pos=Arrays.binarySearch(arr,key);
        if(pos>0)
            System.out.println("元素"+key+"在数组中的下标位置为: "+pos);
        else
            System.out.println("元素"+key+"在数组中不存在。");
    }
}
```

程序运行结果：

排序后的序列：
1 2 5 7 8
元素7在数组中的下标位置为：3

如果把例5-10中的key=7;改为key=6;，则程序运行结果：

排序后的序列：
1 2 5 7 8
元素6在数组中不存在。

2. 在排序数组指定范围内进行二分法查找

binarySearch()重载方法的作用是对已排序的数组在指定范围内进行二分法查找，其语法格式如下：

```
public static int binarySearch(Object[],int fromIndex,int toIndex,Object key)
```

其中，Object[]参数为要查找的数组；fromIndex参数为开始索引（包括）；toIndex参数为结束索引（不包括），两个参数之间为查找的范围；key参数为要查找的key元素。如果找到，则返回值为该元素在数组中的下标位置；如果没有找到，则返回一个负数。

在Java中还声明了其他操作数组的类和方法，参考Java API文档，这里不再赘述。

5.5 本章小结

本章主要介绍了Java处理批量数据的方法：数组。重点讲解了以下几个方面的内容。

1．数组是用来存储具有相同数据类型变量值的集合结构，把存储每一个数据值的变量称为一个数组元素。数组长度固定，使用length属性表示。数组元素按顺序构成一个线性集合结构，数组元素在内存中连续存储。在Java中数组是引用数据类型，数组元素可以通过数组名和元素在数组中的相对位置即下标引用。

2．在使用Java数组前要先声明，然后再分配空间。

一维数组的声明格式有两种：数组类型[] 数组名 或 数组类型 数组名[]，这两种声明格式的效果完全相同。

二维数组的声明格式：数组类型[][] 数组名 或 数组类型 数组名[][] 或 数组类型[] 数组名[]。

3．数组声明时没有指定数组的长度，系统没有为数组元素分配内存空间，在数组声明后要为数组分配空间，使用new关键字实现空间分配。数组分配空间格式为数组名=new 数组类型[数组长度];。

4．数组使用new关键字分配空间时，数组中的每个元素会自动赋一个默认值，如整型为0、实数型为0.0、布尔型为false、字符型为'\0'等。但实际操作中，并不使用这些默认值，需要对数组重新进行初始化。

5．创建数组后不能改变数组长度。使用数组的length属性可以获取数组长度。

为数组分配空间后，就可以访问数组中的每个元素了，一维数组元素的引用格式：数组名[下标]。其中，数组下标可以为整型常量或表达式，数组下标从0开始。

二维数组元素的引用格式：数组名[下标2][下标1]。其中，下标1、下标2分别表示二维数组的第一、二维下标，同一维数组一样，可以为整型常量和表达式，并且数组下标都从0开始。

6．数组的常用方法。

Arrays类中的静态方法fill()用于对数组元素进行填充。

System类中的静态方法arraycopy()用于数组的复制。

Arrays类中的静态方法sort()用于实现对数组的递增排序。

Arrays类中的binarySearch()方法用于对已排序的数组进行二分法查找，返回要搜索元素的索引值。

5.6 习题五

扫描二维码，查看习题。

扫二维码
查看习题

5.7 实验五　数组的应用

扫描二维码，查看实验内容。

扫二维码
查看实验内容

2

面向对象
程序设计

第 6 章

类和对象

学习目标

　　本章主要讲解面向对象的基本概念、类与对象的创建和使用、类的成员的使用。通过本章的学习，读者应该掌握以下主要内容：

- 面向对象的基本概念。
- 类的创建及类成员的使用。
- 构造方法及对象的生成与使用。
- this 和 static 关键字。

内容浏览

面向对象是一种编程思想，它符合自然规律和人类的思维习惯。现实生活中存在各种各样具体与抽象的事物，事物之间又存在着各种各样的联系，要想解决现实生活中的问题或完成一个任务，就要利用这些事物及其联系寻找解决问题的途径和方法。在计算机的世界里，也要解决问题或完成任务，按照人们在现实生活中的思维方式，先用程序构建由一系列事物及其联系组成的问题域，这些用程序描述的事物称为对象，然后应用这些对象和它们的联系编程解决问题或完成任务，这种编程思想称为面向对象。面向对象编程思想涉及一些概念：对象（Object）、消息（Message）、类（Class）、封装（Encapsulation）、继承（Inheritance）和多态（Polymorphism）。下面分别介绍这些概念。

扫一扫，看视频

6.1.1 对象

对象用来描述现实世界中的事物。描述的事物可以是有生命的个体，如一个人或一只鸟；也可以是无生命的个体，如一本书或一台计算机；又或是一个抽象的概念或动作，如一个储蓄账户或单击一下鼠标产生的事件。

对象都具有两个特征：属性（Property）和行为（Behavior）。例如，一个人的属性有姓名、性别、年龄、身高、体重等，行为有唱歌、打球、骑车、学习等；一个储蓄账户的属性有户名、开户行等，行为有存款、取款等。

在面向对象程序设计中，对象用程序实现，对象的属性和行为分别用变量和方法表示，那么对象可以看做一组成员变量和相关方法的集合。对象占据存储空间，一旦给对象分配了存储空间、相应的属性赋了值，就确定了对象的状态，而与每个对象相关的方法定义了该对象的操作。

对象的表示模型如图6-1所示。

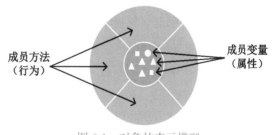

图 6-1 对象的表示模型

6.1.2 消息

现实世界中的事物不是孤立存在的，事物之间存在着各种各样的联系，解决问题也要利用这些事物之间的联系。同样，在程序中孤立存在的对象是没有用的，要让对象之间建立联系才能解决问题或实现某些功能。对象之间建立联系就是要进行交互，交互就是对象之间互相发送消息，消息用来请求对方执行某一处理。例如，A对象向B对象发送一条消息，请求B对象执行它的某个方法，并同时提供了执行该方法需要的数据。

可见，一条消息由三方面内容组成。

（1）消息的接收者，即目标对象。

（2）目标对象采用的方法。

（3）执行方法需要的参数。

发送消息的对象称为发送者，接收消息的对象称为接收者。消息中只包含发送者的要求，它告诉接收者需要完成的处理，并不指示接收者如何去完成这些处理。接收者接收消息后决定采用什么方式完成处理。对于传来的消息，接收者可以返回相应的应答信息，但并不是必须的。

当一个面向对象的程序运行时，一般要做三件事情：首先，根据需要创建对象；其次，当程序处理信息或响应来自用户的输入时，要从一个对象传递消息到另一个对象；最后，若不再需要该对象时，应删除该对象并回收它占用的存储空间。

6.1.3　类

现实世界中的个体事物数不胜数，为了研究和管理的需要，人们将其进行了不同层次的分类。例如，一只鹦鹉属于鹦鹉这种类型的鸟，鹦鹉这种类型的鸟属于鸟类，鸟类又属于动物类。一个类别下可以有许许多多的个体，同属于一个类别的个体具有该类别的共性，即共同的属性和行为。例如，鹦鹉羽毛艳丽，是爱叫的鸟。所以，类别是对个体的概括和抽象。

在面向对象程序设计中，引入了"类"的概念，类的定义实质上是对象的类型，它是对具有相同属性（变量）和相似行为（方法）对象的一种抽象。类是对象的抽象，对象是类的实例。

一个类可以生成许多不同的对象，这些对象都拥有类定义的变量和方法，但是取值可以不同，所以它们是不同的对象，就如同两只鹦鹉都是鹦鹉，它们都具有鹦鹉这种鸟的特性，但仍然是不同的，可能大小不同、羽毛颜色不同等。对于程序来说，通常认识一个对象是通过它的类，只要将类构建好，对象根据需要动态生成，需要多少生成多少，然后这些对象之间发送消息，产生交互，实现具体的功能。

6.1.4　面向对象程序设计的特点

扫一扫，看视频

面向对象程序设计具有三大特点：封装、继承和多态。

1. 封装

封装是面向对象程序设计的核心思想。从对象的表示模型里可以看到对象的核心是由成员变量构成，用于表示对象的状态。方法包围在核心之外，通过方法对成员变量进行改变。对象将成员变量和方法封装起来，作为对象的抽象"类"。封装使类和对象将自身的实现细节隐藏起来，对外只能通过消息传递进行联系和沟通。例如，遥控器和电视都是封装好的对象，转换电视频道时，只需让遥控器给电视发出一个信号，通知将频道调换到哪里即可，它们互相并不需要知道信号是如何发出的以及信号是如何被接收和处理的。同样在程序中，类和对象封装好自己的细节后，在相互调用运行时，不需要知道内部的完整结构如何实现，只要知道调用谁的哪一个方法、给什么参数即可。

封装为软件开发者提供了以下两个主要的好处。

（1）模块化：一个对象的原始文件可以独立地被编写及维护而不影响其他对象。而且对象可以轻易地在系统中反复传递使用。就好像借车给朋友，而车仍能正常使用一样。

（2）信息隐藏：一个对象有一个公开的接口可供其他对象与之沟通（消息传递），但该对象仍然可以维持自己私有的信息及方法，不被外界访问。

2. 继承

事物有不同层次的分类，轿车、跑车、越野车都是汽车，故属汽车类。而轿车、跑车、越野车也都可以自成一种类，在汽车类的基础上增加乘坐的舒适性为轿车、在汽车类的基础上增加速度要素为跑车、在汽车类的基础上提高越野性元素为越野车，轿车、跑车、越野车称为继承汽车类。这样汽车类就称为父类、超类或基类，而轿车、跑车、越野车就称为子类、继承类或次类。

在继承层次中，层次越高的类越抽象，层次越低的类越具体。汽车类是比较通用、概念性的类，故在汽车类中可以定义一些通用的属性(商标、排气量、颜色等)与行为(启动、转向、停车等)，但这些属性与行为在汽车类中可以不实现，而在子类(轿车、跑车、越野车)或更下级的子类中实现。这样在父类中只定义一些通用的属性和行为，到子类中才实现细节，称此父类为抽象类(Abstract Class)。

使用继承的优势如下：

(1)实现代码复用。利用已经存在的父类代码，在编写子类时，只要针对其所需的特别属性与行为进行编写即可，提高程序编写的效率。

(2)简化设计过程。先定义好父类，复用这些类进行子类的设计，可以简化设计过程，缩短开发周期，同时提高系统性能。

若一个类只继承一个父类，则称为单继承；若一个类继承多个父类，则称为多重继承。Java在定义类时，只允许单继承。

3. 多态

"多态"这个词是从希腊文而来的，意思是"多种状态"。面向对象的程序会出现重名的方法，这些方法虽然名字相同，但接收不同的参数，有不同的实现细节，从而执行的效果也会不同。例如，在游戏中有三个名为"攻击"的方法，一个用剑，一个用刀，一个用鞭，工具不同，攻击效果也不同。有时，多个子类继承同一个父类的方法后，都具有该方法的功能，但执行效果也不同，这些都是多态性的体现。

面向对象的编程思想只靠理解这些概念是不够的，还需要大量的实践去学习和体会，在后续的章节中，会从细节入手开启Java面向对象编程的学习之旅。

6.2 类

类是Java程序中最小的组成单位，Java编译器无法处理比类更小的程序代码，当开始编写Java程序时，首先就要定义类。这些类有可能是顶层的抽象类，也可能是继承某一个类的子类。要使用Java编写程序解决一个较大的项目时，需要先规划好类的层次关系，以及各个类的组成结构等。下面介绍类的定义及类的组成部分。

6.2.1 类的定义

Java中定义类的关键字是class，一般语法格式如下：

```
[类修饰符] class 类名 [extends父类] [implements 接口1,接口2…]
{
       //成员变量，0个或多个
       //成员方法，0个或多个
}
```

扫一扫，看视频

类修饰符用来限定类的使用方式，是可选的，根据具体需要选择。

(1)权限修饰符。用于控制类的访问权限，类的权限修饰符只能二选一。

● 默认：没有权限修饰符，表明该类只能被同一包中的类访问。有关包和权限控制的内容将在第8章讲述。

- public（公有的）：表示该类为公有类，其他任何类都可以使用这个类。用此修饰符修饰类时有以下几个规则：一个源文件中只能有一个类被修饰为public，否则编译出错；源文件的文件名必须与public修饰的类名相同；若程序中没有任何public类，文件名是程序中的一个类名，则该类被视作public类。

（2）两种互斥的修饰符。

- abstract（抽象的）：表示该类为抽象类。有关抽象类的内容将在第7章讲述。
- final（终极的）：表示该类为终极类。有关final的内容将在第7章讲述。

class是用来定义类的关键字。类名应该是Java的合法标识符，但通常业内命名规范要求类名采用驼峰式命名法，由一个或多个有意义的单词连缀而成，每个单词的首字母大写，其他字母小写，单词之间不加任何分隔符。

extends是关键字，指明该类继承的父类。implements是关键字，指明该类所要实现的接口。

用大括号括起来的部分为类体，在类体中声明了该类的所有变量和方法，称为成员变量和成员方法。

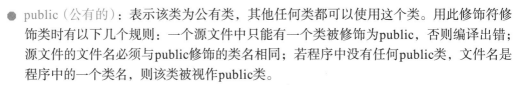
【例6-1】定义汽车类（包括座位数、颜色属性，启动、停车方法）

```java
class Car {
    int seatNum;
    String color;
    void start() {
        System.out.println("汽车启动了");
    }
    void stop() {
        System.out.println("汽车停车了");
    }
}
```

汽车类Car有两个成员变量和两个成员方法。其中，两个成员方法里的输出只是功能的模拟，在实际的程序中，这种实体类中的方法一般不进行输入与输出操作。

在UML中，类的结构可以用类图表示。汽车类的类图如图6-2所示。

图6-2　汽车类的类图

6.2.2　成员变量

扫一扫，看视频

对象中的属性在类中被声明为成员变量，声明的一般语法格式如下：

[修饰符] 数据类型 成员变量名称 [=<初始值>];

成员变量的修饰符是可选的，根据具体需要进行选择。

（1）权限修饰符用来控制成员变量的访问权限，成员变量的权限修饰符只能四选一。

- private（私有的）：private修饰的成员变量只能被同一个类中定义的方法使用，不能直接被其他类使用，这种方式最为安全。
- 默认：没有修饰符的成员变量可以被定义在同一个包（package）中的任何类访问。
- protected（保护的）：protected修饰的成员变量可以被子类和同一个包中的类访问。
- public（公有的）：public修饰的成员变量可以被任何类的方法访问，由于public成员变量在使用时不受限制，因此容易引起不希望的修改，建议尽量不要使用public修饰成员变量。

（2）非权限修饰符有以下几种。

- static（静态的）：static修饰的成员变量又称为类静态成员变量，也称为类变量。类变量被该类所有对象共有。如果一个对象修改了类变量值，就会影响到该类的所有对象中此类变量的值。在6.6节中会详细讲述static修饰符。
- final（终极的）：final可用来声明一个常量，在程序中不能改变它的值。通常用大写字母表示常量名。
- volatile（共享的）：volatile可用来声明一个共享变量，在并发多线程共享变量时，可以使用volatile修饰，使各线程对此变量的访问能保持一致。多线程的知识将在第17章讲述。

成员变量的类型可以是Java中任意的数据类型，可以是简单类型，也可以是类、接口、数组等引用类型。简单类型的成员变量如果不设置初始值，则默认为其类型的默认值；引用类型的成员变量如果不设置初始值，则默认为null。例6-1中定义的Car类中的成员seatNum默认值为0，成员color默认值为null。

成员变量名应该是Java的合法标识符，按照驼峰式命名法命名，由一个或多个有意义的单词连缀而成，第一个单词的首字母小写，后面单词的首字母大写，其他字母小写，单词之间不加任何分隔符。成员变量用来描述属性和状态，通常以名词开头。

6.2.3 成员方法

对象的行为在类中被定义为成员方法，用来描述对象具有的行为或功能，成员方法是具有某种独立功能的程序模块。一个类可以有多个成员方法，用类生成对象后，对象通过执行它的成员方法对传来的消息作出响应，完成特定的功能。成员方法一旦定义，便可以根据需要多次调用，提高编程效率。

扫一扫，看视频

1. 成员方法的定义

在一个类中，成员方法定义的格式如下：

```
[修饰符] 返回值类型 成员方法名称([形参列表])[throws 异常列表]
{
    方法体
}
```

成员方法的修饰符是可选的，根据具体需要进行选择。

（1）权限修饰符用来控制成员方法的访问权限，成员方法的权限修饰符只能四选一。

- private（私有的）：private修饰的成员方法只能被同一个类中定义的方法使用。
- 默认：没有修饰符的成员方法可以被定义在同一个包（package）中的任何类访问。
- protected（保护的）：protected修饰的成员方法可以被子类和同一个包中的类访问。
- public（公有的）：public修饰的成员方法可以被所有类访问。

（2）非权限修饰符有以下几种，其中static和abstract是互斥的。

- abstract（抽象的）：abstract修饰的成员方法称为抽象方法，没有方法体。abstract不能与static、final、private三个修饰符中的任何一个同时修饰方法。
- static（静态的）：static修饰的成员方法又称为类静态成员方法，也称为类方法。没有static修饰的成员方法称为对象方法。
- final（终极的）：用final修饰的方法为最终方法，不能被子类改变。

● synchronized（同步的）：synchronized修饰的方法执行前给方法设置同步机制，实现线程同步。

● native（本地的）：用native修饰的方法为本地方法，即方法实现与本机系统有关。

返回值类型可以是Java中任意的数据类型。如果方法没有返回值，则用void表示。

成员方法名应该是Java的合法标识符，按照驼峰式命名法命名。成员方法用来描述行为，通常以动词开头。

形参列表是可选的，小括号()必须有。形参列表用于声明该方法可以接收的参数，包含0到多组参数，用逗号隔开，形式如下：

（类型 形参名, 类型 形参名, …）

throws异常列表规定了在方法执行中可能导致的异常。具体内容在第13章详细介绍。

方法体是实现这个方法功能的程序段，由{}括起来的语句序列，在方法体中可以定义局部变量和各种语句。成员方法也可以使用成员变量。

例6-1的类中定义的两个方法都没有返回值和参数。下面是一个比较两个数大小的方法，该方法需要两个int型参数作为待比较的数，比较完后返回较大的那个数，因此返回类型也是int型。

```
int max2(int x, int y){
    if(x>y) return x;
    else return y;
}
```

2. 成员方法的调用与传参

在程序中想要调用某个方法时，直接写该方法的名字，如果方法需要传参，就要传递参数；如果方法有返回值，则可以用变量存储返回值。例如：

```
int x=max2(10,20);
```

如果不需要变量存储返回值，则可以直接使用方法的调用。例如：

```
System.out.println(max2(10,20));
```

如果方法没有返回值，或者不需要使用返回值，则可以直接调用方法。例如，调用例6-1汽车类中的方法：

```
start();
stop();
```

调用方法时在"()"中传给方法的值叫作实参，定义方法时参数列表中用来接收实参的变量叫作形参，实参和形参的类型与顺序要完全对应。形参只在方法内部有效。

参数可以分为值参数、引用参数和不定长参数。

（1）值参数。若方法的参数类型为基本数据类型，称为值参数。值参数传递到方法中的是实参的副本，所以在方法中对值类型的形参做修改不会影响实参。

【例6-2】值参数的传递示例

使用价格计算器类PriceCalculator的打折方法discount()可以计算一个商品打折后的价格。在main()方法中调用方法discount()，将一个商品打八折。

扫一扫，看视频

```
public class PriceCalculator {
    static void discount(double price, double n){
        price=price/10*n;
    }
    public static void main(String[] args) {
```

```
        double price = 98;
        System.out.println("商品原价price的值为: "+price);
        discount(price,8);
        System.out.println("调用打折方法后, 实参price的值为: "+price);
    }
}
```

程序运行结果如图6-3所示。

图 6-3 传值参数时形参改变不影响实参

本例中的discount()方法对参数price进行了打折计算, 计算后的结果也赋值给了price, 但是并没有影响实参, 实参仍然是98。

（2）引用参数。如果参数是数组、类等引用类型, 形参和实参都是存储的对象的引用, 实际上是同一个数据, 对形参的改变都会影响到对应的实参。

【例6-3】引用参数的传递示例

使用价格计算器类PriceCalculator 中的打折方法discount()可以对一组商品计算打折后的价格。在main()方法中调用方法discount(), 为三个商品价格打八折。

```
public class PriceCalculator {
    static void discount(double[] allPrice, double n){
        for(int i=0;i<allPrice.length;i++) {
            allPrice[i]=allPrice[i]/10*n;
        }
    }
    public static void main(String[] args) {
        double[] allPrice = {36, 58.8, 116};
        System.out.println("商品原价分别为: ");
        for(int i=0;i<allPrice.length;i++) {
            System.out.print(allPrice[i]+"\t");
        }
        discount(allPrice,8);
        System.out.println("\n打八折后, 商品价格变为: ");
        for(int i=0;i<allPrice.length;i++) {
            System.out.print(allPrice[i]+"\t");
        }
    }
}
```

程序运行结果如图6-4所示。

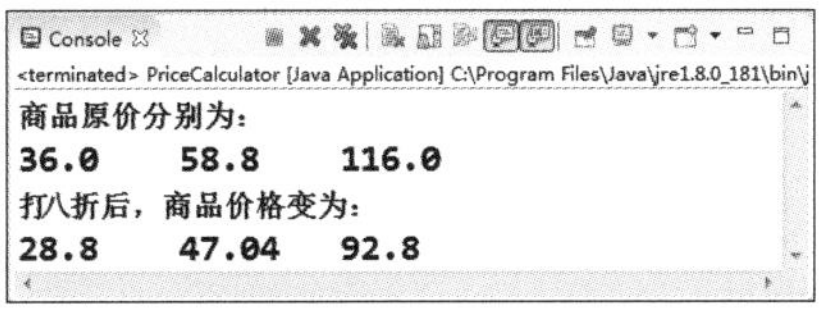

图 6-4 传引用参数时形参改变影响实参

本例中, discount()方法接收的价格参数是一个数组, 数组是引用类型, 变量存储的是地址, 方法中将价格数据做了修改, 就是将地址指向的数组的数据做了修改, 因此实参也发生了变化。

（3）不定长参数。当方法的参数列表是若干个相同类型的参数时，可以定义成不定长参数，格式如下：

(参数类型...形参名)

参数类型和参数名之间是三个点。

【例6-4】不定长参数的传递示例

使用价格计算器类PriceCalculator的averagPrice()方法计算一组商品的平均价格，将一组价格定义为不定长参数，其用法与数组相同。

```java
public class PriceCalculator {
    static double averagPrice(double...price) {
        double sum = 0;
        for (int i = 0; i < price.length; i++) {
            sum += price[i];
        }
        return sum / price.length;
    }
    public static void main(String[] args) {
        double[] allPrice = { 36, 58.9, 116 };
        System.out.println("商品原价分别为：");
        for (int i = 0; i < allPrice.length; i++) {
            System.out.print(allPrice[i] + "\t");
        }
        System.out.println("\n平均价格为：" + averagPrice(allPrice[0], allPrice[1],
allPrice[2]));
    }
}
```

程序运行结果如图6-5所示。

图 6-5　不定长参数

注意：一个方法只能有一个不定长参数，并且这个不定长参数必须是该方法的最后一个参数。

3. 方法重载

Java语言允许在一个类中定义多个同名的方法，这种情况称为方法重载。方法重载用于解决在同一个类中几个不同方法完成同一任务的问题。例如，输出方法println()就有多个：

● public void println(int i)
● public void println(long l)
● public void println(String s)
● public void println()

同样是输出，这些同名方法对于不同类型的参数有不同的处理方法，具体调用时，println(10L)、println("10")、println(10)根据匹配的参数确定调用的是哪一个方法。

需要注意的是,对于重载的方法,返回值的类型可以不同,但返回值不能区分开不同方法,**必须用参数区分**:参数的类型不同、参数的个数不同或参数的排列顺序不同。

可以将例6-2和例6-3中的两个打折方法合并放在同一个类中,调用时根据实参选择调用哪一个。

```
public class PriceCalculator {
    static void discount(double price, double n) {
        price = price / 10 * n;
    }
    static void discount(double[] allPrice, double n){
        for(int i=0;i<allPrice.length;i++) {
            allPrice[i]=allPrice[i]/10*n;
        }
    }
}
```

【例6-5】用方法重载计算不同图形的面积

```
public class Area{
    static double area(double r){return Math.PI*r*r;}
    static double area(double l,double w){return l*w;}
    public static void main(String args[]){
        double circle;
        circle=area(10);
        System.out.println("半径为10的圆面积是: "+circle);
        double rectangle;
        rectangle=area(10,20);
        System.out.println("长为10宽为20的矩形面积是: "+rectangle);
    }
}
```

从例6-5中可以看出,重载的方法只能通过参数区分。但需要注意的是,在调用方法时,如果既能够与固定参数的方法匹配,也能够与可变长参数的方法匹配,则会选择固定参数的方法。

例如,两个方法:

```
public static void calculate(double price){}
public static void calculate(double...allPrice){}
```

如果调用语句是:

```
calculate(98);
```

则会调用第一个方法。

🎓 6.2.4 局部变量

局部变量是指在方法内或语句块内声明的变量。局部变量与类的成员变量的作用域不同。局部变量仅在声明该变量的方法内或语句块内起作用,而类的成员变量的作用域为整个类,类中定义的所有方法都可以使用成员变量。例如:

扫一扫,看视频

```
class A{
    int   x=1;
    void a(){
        int y=2;
        System.out.println("x="+x);            //x的值为1
```

```
        System.out.println("y="+y);          //y的值为2
    }
    void b() {
        System.out.println("x="+x);          //x的值为1
    }
}
```

若某局部变量与类的成员变量名相同时，则该成员变量在方法中不起作用，暂时被"屏蔽"起来，只有同名的局部变量起作用，退出这个方法后，实例变量或类变量才起作用，此时局部变量不可见。例如：

```
class A{
    int  x=1;
    void a(){
        int x=2;                             //局部变量与实例变量同名，局部变量起作用
        System.out.println("x="+x);          //x的值为2
    }
}
```

方法a()中的局部变量x将成员变量x屏蔽了。

局部变量必须由程序显式地赋初值，否则编译出错。局部变量要先定义、赋值，然后再使用，不允许超前使用。类的成员变量定义时可以写在类中方法外的任意位置，其作用域始终是整个类。例如：

```
class A{
    void a(){}
    int  x=1;
    void b(){}
}
```

和

```
class A{
    void a(){}
    void b(){}
    int  x=1;
}
```

上面两种定义x变量的位置都是允许的，但通常类的成员变量会集中定义在类的最前面。

6.3 对象

扫一扫，看视频

在Java语言中，类通常需要实例化即生成对象才能被使用，对一个对象的使用可分为三个阶段：对象的创建、使用和销毁。

1. 对象的声明和创建

创建对象的语法格式：

```
类名 对象名;                //声明对象
对象名 = new 类名();        //创建对象
```

或者将声明和创建写在一起：

```
类名 对象名 = new 类名(参数);
```

例如，对例6-1的汽车类Car创建对象如下：

```
Car car = new Car();
```

关键字new用来创建对象，"new Car();"创建了一个Car类的对象，并将该对象赋值给了"Car car"定义的变量car，此时变量car存储的是对象在内存中的地址，是该对象的一个引用。用new可以为一个类实例化多个不同的对象。这些对象占据不同的存储空间，改变其中的一个对象的属性值，不会影响其他对象的属性值。

2. 对象的使用

对象创建成功后，通过运算符 "." 可以访问对象的成员变量和成员方法，具体格式如下：

```
对象名.成员变量名;
对象名.成员方法名(参数列表);
```

对象名必须是一个已经存在的对象。例如：

```
car.seatNum = 5;
car.start();
```

也可以直接使用能够生成对象的表达式：

```
new Car().start();
```

再通过一个例子学习对象的创建和使用。

【例6-6】对象的创建和使用示例

定义一个员工类（包括属性：员工编号、姓名），包括对员工的属性进行设置值的方法。另一个类生成并使用员工类的对象。

```
class Employee{
    int id;
    String name;
    void setId(int id) {
        this.id = id;
    }
    void setName(String name) {
        this.name = name;
    }
}
public class EmployeeExample{
    public static void main(String args[]){
        Employee ee1=new Employee();
        ee1.setId(1);
        ee1.setName("关羽");
        System.out.println("员工1的编号: "+ee1.id+",姓名: "+ee1.name);
        Employee ee2=new Employee();
        ee2.setId(2);
        ee2.setName("张飞");
        System.out.println("员工2的编号: "+ee2.id+",姓名: "+ee2.name);
    }
}
```

扫一扫，看视频

程序运行结果如图6-6所示。

本例中用员工类Employee生成了两个不同的对象，这两个对象拥有相同的组成结构，都是两个成员变量、两个成员方法，但数据不同。这是两个独立的对象，拥有不同的存储空间，互不影响。

图 6-6　对象的创建和使用

3. 对象的销毁

程序执行到对象的作用域之外或把对象的引用赋值为null时，该对象成为一个无用的对象。Java运行时系统通过自动垃圾回收机制周期性地释放这些无用对象使用的内存，完成对象的清除工作。当系统的内存空间用完或程序中调用System.gc()方法要求垃圾处理时，垃圾回收线程就会在系统空闲时异步执行。在对象作为垃圾被回收前，Java运行时系统会自动调用对象的finalize()方法，使它可以清除自己使用的资源。

Java采用自动垃圾回收进行内存管理，使程序员不需要跟踪每个生成的对象，避免了使用C/C++语言错误释放内存带来系统崩溃的问题。

6.4　构造方法

在例6-6中，使用员工类生成对象后，需要再调用成员方法设置属性的值。构造方法是一种特殊的方法，通过构造方法可以在生成对象（实例化）的同时就为属性赋值，起到初始化的作用。

6.4.1　构造方法的定义

扫一扫，看视频

构造方法的定义与普通的成员方法不同，有以下规则。

（1）构造方法的方法名与类名相同。

（2）构造方法没有返回类型。

（3）构造方法一般声明为public访问权限。

构造方法没有返回类型，连void也不能写，因此构造方法中也不用return语句返回值。构造方法一般声明为public，因为其不由编程人员显示直接调用，而是在创建类的对象时被默认调用，如果声明为private，就不能创建该类对象的实例了。

【例6-7】定义一个汽车类并在生成汽车对象时用构造方法对属性进行初始化

定义一个汽车类（包括属性：座位数、颜色），生成汽车对象并用构造方法对属性进行初始化。实现代码如下：

```
class Car{
    int seatNum;
    String color;
    public Car() {
        seatNum=5;
        color="白色";
    }
}
public class CarExample{
    public static void main(String[] args) {
        Car car1 = new Car();
        System.out.println("car1的座位数: "+car1.seatNum+",颜色: "+car1.color);
        Car car2 = new Car();
        System.out.println("car2的座位数: "+car2.seatNum+",颜色: "+car2.color);
    }
}
```

程序运行结果如图6-7所示。

图6-7 无参的构造方法

从例6-7可以看出，创建两个汽车对象时都自动调用了构造方法。由于构造方法中给了属性固定的值，所以无论生成几个对象，其属性的初始值都是一样的，这不太符合实际情况。要解决这一问题，可以让构造方法带参数，在使用new生成不同的对象时传递不同的参数。

【例6-8】定义一个汽车类并在生成汽车对象时用带参数的构造方法对属性进行初始化

定义一个汽车类（包括属性：座位数、颜色），生成汽车对象时用带参数的构造方法并用带参数的构造方法对属性进行初始化。实现代码如下：

```java
class Car{
     int seatNum;
     String color;
     public Car(int seatNum, String color) {
        this.seatNum = seatNum;
        this.color = color;
     }
}
public class CarExample{
     public static void main(String[] args) {
        Car car1 = new Car(5,"白色");
        System.out.println("car1的座位数: "+car1.seatNum+",颜色: "+car1.color);
        Car car2 = new Car(7,"红色");
        System.out.println("car2的座位数: "+car2.seatNum+",颜色: "+car2.color);
     }
}
```

程序运行结果如图6-8所示。

图6-8 有参的构造方法

从例6-8可以看出，带参数的构造方法可以灵活地生成很多拥有不同属性值的对象。当然这些值只是初始值，后面还可以再改。

构造方法通常用于为成员变量设置初始值，为对象确定一个期望的属性值。如果在一个类里没有定义构造方法，系统会提供一个默认的构造方法，这个默认的构造方法没有形参，也没有任何具体语句，不能完成任何操作。在创建一个新对象时，如果没有任何自定义的构造方法，则使用默认的无参的空构造方法进行初始化。

6.4.2 构造方法的重载

与普通的成员方法一样，构造方法也可以重载，只要参数的个数和类型不同即可。创建对象时通过参数选择调用哪个构造方法。通常不同的构造方法用来为不同的参数赋值。

扫一扫，看视频

【例6-9】定义一个拥有不同的构造方法的汽车类来创建汽车对象

要求：定义一个汽车类（包括属性：座位数、颜色），在类中定义多个不同的构造方法并用它们创建汽车对象。实现代码如下：

```java
class Car{
    int seatNum;
    String color;
    public Car() { }
```

```
        public Car(int n) {
            seatNum=n;
        }
        public Car(String c) {
            color = c;
        }
        public Car(int n, String c) {
            seatNum = n;
            color = c;
        }
    }
    public class CarExample{
        public static void main(String[] args) {
            Car car1 = new Car();
            System.out.println("car1的座位数: "+car1.seatNum+",颜色: "+car1.color);
            Car car2 = new Car(7);
            System.out.println("car2的座位数: "+car2.seatNum+",颜色: "+car2.color);
            Car car3 = new Car("红色");
            System.out.println("car3的座位数: "+car3.seatNum+",颜色: "+car3.color);
            Car car4 = new Car(7,"红色");
            System.out.println("car4的座位数: "+car4.seatNum+",颜色: "+car4.color);
        }
    }
```

程序运行结果如图6-9所示。

在例6-9的程序代码中，定义了4个重载的构造方法。如果一个类中定义了构造方法，系统就不再提供默认的构造方法了，此时如果类中没有无参的构造方法，那么生成对象时不给参数就会出错。因此通常类中都要定义一个无参的构造方法。

图 6-9　构造方法重载

扫一扫，看视频

6.5　this关键字

在6.4节的例子中，构造方法的形参名字如果能与成员变量名相同，程序的可读性就更强，但是前面在讲局部变量时说过，这样在方法内同名的成员变量会被局部变量隐藏而不能访问，此时，可以使用关键字this，this代表当前对象的一个引用，可将其理解为对象的另一个名字，通过这个名字可以顺利地访问对象的成员。this的使用场合有以下几种。

1. 通过this访问当前对象的成员变量

可以解决局部变量与成员变量同名问题，使用格式如下：

`this.成员变量`

例如：

```
class Car{
    int seatNum;
    String color;
    public Car(int seatNum, String color) {
        this.seatNum = seatNum;
        this.color = color;
    }
```

```
public void setSeatNum(int seatNum){
    this.seatNum = seatNum;
}
}
```

其中，this.seatNum访问的是成员变量；seatNum访问的是局部变量。如果在方法内不存在同名的局部变量，此时访问当前对象的成员变量可以省略this。

2. 通过this访问当前对象的成员方法

通过this访问当前对象的成员方法，使用格式如下：

```
this.成员方法
```

例如：

```
class Car {
    void start() {}
    void stop() {}
    void run() {
        this.start();
        this.stop();
    }
}
```

这种情况下this是可以省略的，只是在一些开发环境中输入"this."后可以有代码提示，提高编码效率。

3. 通过this访问构造方法

当有重载的构造方法时，可以在一个构造方法中使用this引用其他构造方法，使用格式如下：

```
this(参数)
```

例如：

```
class Car{
    int seatNum;
    String color;
    public Car() { }
    public Car(int seatNum) {
      this.seatNum = seatNum;
    }
    public Car(String color) {
      this.color = color;
    }
    public Car(int seatNum, String color) {
      this(seatNum);
      this.color = color;
    }
}
```

this调用构造方法能够使代码复用，提高效率。

this调用其他构造方法时要注意：该语句必须是构造方法中的第一条语句，且只能使用一次；该语句不能在成员方法中使用。

6.6 static关键字

关键字static作为修饰符可以修饰成员变量、成员方法、代码块。修饰成员变量时该变量又称为静态变量，也称为类变量；修饰成员方法时该方法又称为静态方法，也称为类方法；修饰代码块时又称为静态代码块。

6.6.1 静态变量

扫一扫，看视频

有static修饰的变量是静态变量（类变量），没有static修饰的变量是实例变量。静态变量的数据只在类的内存区的公共存储空间中存储一份，而不是保存在某个对象的内存区中，不会因对象的创建而另外产生副本。因此，静态变量被该类所有对象共有，一个类的任何对象访问它时，都可以存取到相同的数值；如果一个对象修改了静态变量值，就会影响到该类的所有对象。

静态变量除了使用对象访问，还可以直接用该类的名称访问，格式如下：

类名.静态变量

例如，Color.blue，blue是Java类库中Color类的静态变量。

通常所有对象取值相同的属性用static修饰定义成静态变量，每个对象取值都不同的属性不要用static修饰。

【例6-10】定义并使用汽车类的对象示例

假设汽车销售系统只销售一种品牌的汽车，那么定义汽车类，包括一个静态属性：品牌，普通属性：座位数、颜色。创建并使用汽车类的对象。

```java
class Car{
    static String brand;
    int seatNum;
    String color;
}
public class CarExample{
    public static void main(String[] args) {
        Car.brand = "长城";
        Car car1 = new Car();
        Car car2 = new Car();
        System.out.println("car1的品牌："+car1.brand);
        System.out.println("car2的品牌："+car2.brand);
        car1.brand = "红旗";
        System.out.println("car2的品牌："+car2.brand);
    }
}
```

程序运行结果如图6-10所示。

本例中两个汽车对象car1和car2拥有相同的静态变量brand，car1修改了其值也影响了car2。编程时，要根据实际情况决定变量是否用static修饰。

注意：static不能修饰局部变量。

图6-10 静态变量

6.6.2 静态方法

用static修饰的方法是静态方法(类方法),没有用static修饰的方法是实例方法。静态方法被该类所有对象共有,在不生成对象的情况下可以直接用类名调用,格式如下:

类名称.静态方法

扫一扫,看视频

例如,Math.max(1, 2),max是Java类库中Math类的静态方法。

通常一些工具类中的方法都会定义成静态方法。所谓工具类,就是其中会存储一些常用的功能方法,这些方法大多跟对象无关,只是使用参数完成某种功能,像是随取随用的工具一样,所以定义成静态的,直接用类名调用比较方便。

【例6-11】定义一个工具类"价格计算器"用来计算商品打折后的价格

要求:定义一个工具类"价格计算器"用来计算商品打折后的价格,类中的方法都定义成静态方法。实现代码如下:

```
class PriceCalculator{
    static double discount(double price, double n) {
        return price/10*n;
    }
    static void calculate(double[] allPrice, double discount){
        for(int i=0;i<allPrice.length;i++) {
            allPrice[i]=allPrice[i]/10*n;
        }
    }
}
public class Example{
    public static void main(String[] args) {
        double price=38.8;
        System.out.println("商品原价分别为: "+price);
        System.out.println("打八折后,商品价格变为: "+PriceCalculator.discount(price,8));
    }
}
```

静态方法不用生成对象就可以调用,因此程序的入口main()方法必须用static修饰。
static方法在使用上需要注意:

● 静态方法中只能直接使用静态变量,否则编译会出错。在main()方法中只能直接使用该类的静态变量。实例方法中可以直接使用静态变量和实例变量。

● 静态方法中只能直接使用静态方法,否则编译会出错。在main()方法中只能直接使用该类的静态方法。实例方法中可以直接使用静态方法和实例方法。

● 如果一定要在静态方法中使用实例成员,那么要先生成类的对象,再使用实例成员。

6.6.3 静态代码块

static修饰的代码块称为静态代码块。格式如下:

```
static{
    //代码块
}
```

扫一扫,看视频

静态代码块不是类的方法,没有方法名、返回值和参数表,它是在类加载时执行的,类只加载一次,静态代码块也只执行一次。所以静态代码块用来在类加载时做一些初始化动作,此时类还没有生成任何对象。构造方法也有初始化的作用，但需要在生成对象时才会被调用，且每生成一个对象就调用一次。

在同一个类中，静态代码块可以有多个。与静态方法一样，静态代码块不能使用实例变量及方法，也不能使用this或super关键字。

```
class Car{
    static String brand;
    static {
      brand="长城";
      System.out.println("静态代码块: "+brand);
    }
}
public class CarExample{
    public static void main(String[] args) {
        System.out.println("测试类: "+Car.brand);
        Car car1 = new Car();
        Car car2 = new Car();
        System.out.println("car1的品牌: "+car1.brand);
        System.out.println("car2的品牌: "+car2.brand);
    }
}
```

程序运行结果如图6-11所示。

图 6-11　静态代码块

可以看出静态代码块的代码先被执行，并且无论生成几个对象，只执行一次。

6.7　类的设计与封装

扫一扫，看视频

面向对象编程的重点就是要设计类，设计类内部的结构及类之间的组织关系。应用本章的知识可以编写较简单的面向对象程序，一般由几种具有不同作用的类构成，如一些封装好的实体类、若干工具类、一个主类（包含main()方法的类）等。

实体类是有明显实体概念的类，可对应功能需求中的人、物、概念等。在设计时要根据功能需求先设计属性，再设计需要的方法。可以有若干个初始化属性的构造方法。为了保证某些属性的安全性，不让外界随意访问这些属性值，就要进行严密的封装。通常采取的方案是将属性的权限设计成私有的，即用private修饰符修饰，然后可以提供一对public修饰的getXxx()/setXxx()方法获取和设置属性的值，Xxx是属性的名字（首字母变成大写）。getXxx()方法没有参数，返回值是属性值；setXxx()方法没有返回值，参数是传递进来的属性值。

例如：

```
public class A{
    private int num;
    public A() {  }
```

轻松学　Java编程从入门到实战（案例·视频·彩色版）

```
        public A(int num) { this.num = num; }
        public int getNum() {  return num; }
        public void setNum(int num) {
            this.num = num;
        }
    }
```

在getXxx()/setXxx()方法中还可以根据具体情况加一些计算、条件判断等代码，这样既保证了数据的安全，又增加了程序的灵活性。

实体类中还可以再加入一些功能性的方法。实体类中通常不做数据的输入和输出，通过参数获取数据，通过返回值将数据交给调用者处理。数据的输入和输出一般交给主类。

程序根据需要可以定义工具类，通常设计成public的，并提供一些public的静态的（static）工具方法，可以直接用类名调用。系统类库中也定义好了一些工具类，如Math类等，可以直接使用。

主类（包含main()方法的类）是程序的执行入口，它能够将其他类串联起来，实现特定的功能。

下面将用一个综合的例子说明类的设计与封装。

【例6-13】类与对象的应用——模拟汽车超市卖车

任务：用面向对象编程模拟汽车超市卖车。汽车超市销售许多的汽车，如果指定购买哪种品牌型号的汽车，汽车超市就会展示这款汽车并根据当时的折扣报价。

分析：题目中出现的实体有汽车超市、汽车，两个实体应该创建两个实体类，折扣计算可以用前面例子中的工具类，还需要一个主类。每个类都是单独的一个文件。

扫一扫，看视频

类的设计及其关系如下。

（1）汽车类：应该包含品牌、原价、现价等属性，以及属性的getXxx()/setXxx()方法。

（2）汽车超市类：可以包含名称、折扣等属性。汽车超市里销售许多汽车，因此汽车超市类应该包含许多汽车对象，我们可以定义汽车类类型的数组属性存储汽车对象，并提供该数组的getXxx()/setXxx()方法。此外，汽车超市应该有销售方法，该方法接收参数（品牌型号）查找到汽车对象，并用工具类计算折扣价保存到汽车对象，然后返回汽车对象。

（3）工具类：使用例6-11中的工具类。

（4）主类：提供初始数据，生成两个实体类的对象。模拟卖车过程：给汽车超市设置折扣，指定要买的汽车品牌型号，调用汽车超市对象的方法，得到汽车对象进行输出。

汽车超市类图如图6-12所示。

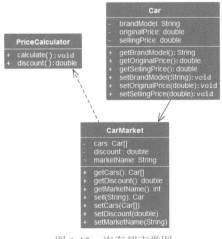

图6-12　汽车超市类图

汽车类Car.java：

```java
public class Car{
    private String brandModel;            //品牌型号
    private double originalPrice;          //原价
    private double sellingPrice;           //卖价
    public Car() { }
    public Car(String brandModel, double originalPrice, double sellingPrice) {
        this.brandModel = brandModel;
        this.originalPrice = originalPrice;
        this.sellingPrice = sellingPrice;
    }
    public String getBrandModel() {
        return brandModel;
    }
    public void setBrandModel(String brandModel) {
        this.brandModel = brandModel;
    }
    public double getOriginalPrice() {
        return originalPrice;
    }
    public void setOriginalPrice(double originalPrice) {
        this.originalPrice = originalPrice;
    }
    public double getSellingPrice() {
        return sellingPrice;
    }
    public void setSellingPrice(double sellingPrice) {
        this.sellingPrice = sellingPrice;
    }
}
```

汽车超市类CarMarket.java：

```java
public class CarMarket{
    static String marketName;              //汽车超市名称
    private Car[] cars;                     //销售的汽车
    private double discount;                //折扣
    public CarMarket() {   }
    public CarMarket(Car[] cars, int discount) {
        this.cars = cars;
        this.discount = discount;
    }
    public static String getMarketName() {
        return marketName;
    }
    public static void setMarketName(String marketName) {
        CarMarket.marketName = marketName;
    }
    public Car[] getCars() {
        return cars;
    }
    public void setCars(Car[] cars) {
        this.cars = cars;
    }
    public double getDiscount() {
        return discount;
    }
```

```
        public void setDiscount(double discount) {
            this.discount = discount;
        }
        public Car sell(String brandModel) {              //销售汽车的方法
            for(int i=0;i<cars.length;i++) {             //寻找指定品牌型号的汽车
                if(cars[i].getBrandModel().equals(brandModel)) {     //找到了
                    Car car = cars[i];
                    double sellingPrice = PriceCalculator.discount(car.getOriginalPrice(),
discount);                                        //计算折扣后的卖价
                    car.setSellingPrice(sellingPrice);   //设置汽车卖价
                    return car;
                }
            }
            return null;
        }
}
```

工具类PriceCalculator.java：

```
public class PriceCalculator{
    public static double discount(double price, double n) {
        return price/10*n;
    }
    public static void calculate(double[] allPrice, double discount){
        for(int i=0;i<allPrice.length;i++) {
            allPrice[i]=allPrice[i]/10*n;
        }
    }
}
```

主类Example.java：

```
public class Example{
    public static void main(String[] args) {
        //创建汽车对象
        Car car1 = new Car("长城哈弗H6",104000,104000);
        Car car2 = new Car("别克昂科拉",125900,125900);
        Car car3 = new Car("大众Polo",65900,65900);
        Car[] cars = new Car[] {car1,car2,car3};
        //创建汽车超市对象
        CarMarket.marketName = "万里汽车超市";
        CarMarket carMarket = new CarMarket();
        carMarket.setCars(cars);
        //卖车
        carMarket.setDiscount(9.9);
        Car c1 = carMarket.sell("长城哈弗H6");
        //输出汽车信息
        System.out.println(c1.getBrandModel()+"原价"+c1.getOriginalPrice()+", 现价
"+c1.getSellingPrice());
        //卖车
        carMarket.setDiscount(9.5);
        Car c2 = carMarket.sell("大众Polo");
        //输出汽车信息
        System.out.println(c2.getBrandModel()+"原价"+c2.getOriginalPrice()+", 现价
```

```
"+c2.getSellingPrice());
    }
}
```

程序运行结果如图6-13所示。

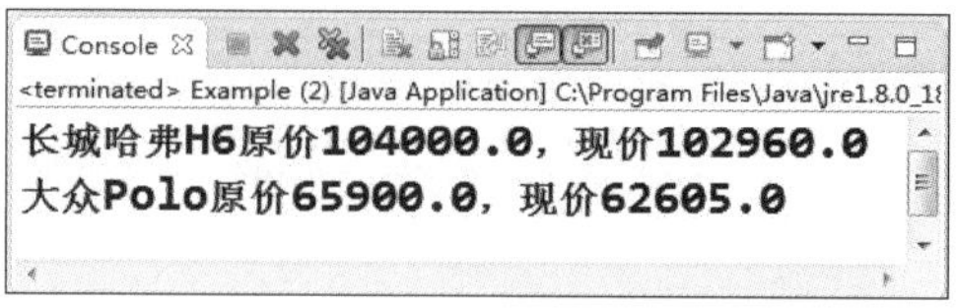

图 6-13　模拟汽车超市卖车运行结果

6.8　本章小结

本章主要介绍了面向对象的基础知识：类与对象。重点讲解了以下几个方面的内容。

1. 面向对象的思想

● 面向对象的基本概念：类、对象、消息。

● 面向对象的三大特点：封装、继承、多态。

2. 类

● 类的定义：使用class关键字定义类。

● 类中有两个成员：成员变量和成员方法。注意区分成员变量和局部变量，成员方法可以
重载。

3. 对象

● 对象的声明与创建：使用new关键字创建对象。

● 对象的使用：使用"."调用对象的成员。

4. 构造方法

● 构造方法的定义：构造方法与类名相同，没有返回值类型，通常声明为public。

● 构造方法可以重载。

5. this关键字

● 通过this可以访问当前对象的成员变量和成员方法，可以区分同名的成员变量和局部
变量。

● 可以在一个构造方法中使用this引用其他构造方法，该语句必须是构造方法中的第一条
语句。

6. static关键字

● static修饰变量：该变量称为静态变量或类变量。

● static修饰方法：该方法称为静态方法或类方法。

在学习本章知识的过程中，要注意贯穿始终地体会面向对象的编程思想，最后要充分利
用类和对象的知识编写一些与实际相结合的程序，从而进一步掌握面向对象的编程思路和
技巧。

6.9 习题六

扫描二维码，查看习题。

扫二维码
查看习题

6.10 实验六　类和对象的应用

扫描二维码，查看实验内容。

扫二维码
查看实验内容

第 7 章

继承、接口与多态

学习目标

　　本章主要讲解面向对象的核心知识，包括继承的实现、抽象类与接口、多态性的体现。通过本章的学习，读者应该掌握以下主要内容：

- 类的继承。
- Object 类与 final 修饰符。
- 抽象类和接口。
- 多态的应用。

内容浏览

7.1 类的继承

继承性是面向对象程序设计的一个重要特征，通过继承可以实现代码的复用。在Java语言中，所有的类都是直接或间接地继承java.lang.Object类。子类继承父类的属性和方法，同时也可以增加新的属性和方法，Java语言中不支持多继承，但可以通过接口实现多继承功能。

7.1.1 继承的实现

继承描述的是类之间的层次关系，被继承的类称为父类，实现继承的类称为子类。父类和子类之间是一般与特殊的关系，父类是更高层次的大类，子类是更低层次的小类，如汽车和轿车、学生和大学生。

扫一扫，看视频

Java中的继承是通过extends关键字实现的，在定义新类时使用extends关键字指明新类的父类，就在两个类之间建立了继承关系。创建子类的一般格式如下：

```
[修饰符] class 子类名 extends 父类名 {
    //类体
}
```

【例7-1】定义父类Bird，定义Parrot类继承父类Bird

```java
class Bird{
    String name;
    void fly() {
        System.out.println("鸟在飞");
    }
}
class Parrot extends Bird{
}
public class BirdExample {
    public static void main(String[] args) {
        Parrot parrot = new Parrot();
        parrot.fly();
    }
}
```

注意：该类的成员方法fly()中的输出只是功能的模拟，在实际的程序中，这种实体类中的方法，一般不进行输入/输出操作。

程序运行结果如图7-1所示。

在本例的子类Parrot中没有写任何代码，但生成对象后就能直接调用fly()方法了，说明子类通过继承可以自动拥有父类的成员，但只能继承父类中访问控制为public、protected、默认的成员变量和方法，不能继承访问控制为private的成员变量和方法。

图 7-1 Bird 类的继承运行结果

Java中的继承是单继承，即一个类只能继承自一个父类，但可以出现以下两种情况。

（1）多个子类可以继承同一个父类。

例如，鹦鹉和麻雀都是鸟的子类：

```
class Bird{}
class Parrot extends Bird{ /*鹦鹉*/ }
class Sparrow extends Bird{ /*麻雀*/ }
```

（2）类的继承可以分许多层次。

如果一个类的父类在创建时也继承了某个类，则该类存在间接父类。

例如，鹦鹉是鸟的子类，金刚鹦鹉是鹦鹉的子类：

```
class Bird{ }
class Parrot extends Bird{ /*鹦鹉*/ }
class Macaw extends Parrot{ /*金刚鹦鹉*/ }
```

以上两种情况使Java类通过继承关系能够构建一种树形结构，如图7-2所示。

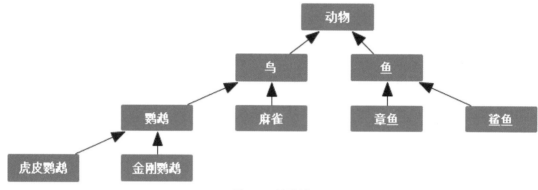

图 7-2　继承树

7.1.2　成员变量的隐藏和方法的重写

扫一扫，看视频

子类通过成员变量的隐藏和方法的重写可以把父类的属性与行为改变为自身的属性和行为。

1. 成员变量的隐藏

在类的继承中，若子类再次声明与父类相同名字的成员变量，则子类拥有两个同名的变量，一个继承自父类，另一个是自己声明的，继承自父类的成员变量被隐藏。这里所谓的隐藏是指：

（1）使用子类的对象直接访问变量，访问的是子类自己声明的变量。

（2）子类继承自父类的方法处理的是继承自父类的变量；子类自己声明的新方法处理的是自己声明的变量。

【例7-2】成员变量的隐藏

```
class Bird{
    String name="鸟";
    String getName() {
      return name;
    }
}
class Parrot extends Bird{
    String name="鹦鹉";
    String getInfo() {
```

```
        return name;
    }
}
public class BirdExample {
    public static void main(String[] args) {
        Parrot parrot = new Parrot();
        System.out.println(parrot.name);
        System.out.println(parrot.getInfo());
        System.out.println(parrot.getName());
    }
}
```

程序运行结果如图7-3所示。

子类Parrot的成员变量name覆盖了父类的成员变量name，所以输出子类对象的name的值是子类设置的值。此时，子类Parrot 中实际上有两个name变量，子类新定义的方法getInfo()访问的是新声明的name变量，子类继承下来的方法getName()访问的是继承下来的name变量。

图 7-3　成员变量的隐藏

2. 成员方法的重写

子类继承父类后，又定义了与父类相同名字的成员方法，叫作方法重写或方法覆盖。方法重写的使用情形有：①子类中同名的方法的实现内容、实现过程与步骤、采用的算法等与父类不同；②在子类中需要取消从父类继承的方法。

【例7-3】成员方法的重写

```
class Bird{
    void fly() {
        System.out.println("鸟在飞");
    }
}
class Parrot extends Bird{
    void fly() {
        System.out.println("鹦鹉在飞");
    }
}
public class BirdExample {
    public static void main(String[] args) {
        Parrot parrot = new Parrot ();
        parrot.fly();
    }
}
```

程序运行结果如图7-4所示。

方法重写后，子类的对象无法访问被重写的方法，子类中无论是继承的方法还是新方法都无法访问到父类被重写的方法。

方法重写有以下一些约束。

图 7-4　成员方法的重写

（1）重写后的方法名和形参列表要与父类的相同。

（2）重写后的方法返回值类型要比父类的方法返回值类型更小（子类型）或相同。

（3）重写后的方法抛出的异常类型要比父类的方法抛出的异常类型更小（子类型）或相同。

（4）重写后的方法访问权限要比父类的方法访问权限更大或相同。访问权限大小：public>protected>默认>private。

7.1.3　super 关键字

7.1.2小节中讲到，方法重写后，子类中无法访问到被重写的方法。如果需要在子类方法中调用父类被重写的方法，就要用到super关键字。

1. 使用super调用父类的同名变量或方法

super表示父类的对象，当要调用父类的同名变量或方法时。其使用格式如下：

```
super.成员变量
super.成员方法
```

【例7-4】使用super调用父类的同名变量或方法

```java
class Bird{
    String name="鸟";
    void fly() {
      System.out.println("鸟在飞");
    }
}
class Parrot extends Bird{
    String name="鹦鹉";
    void fly() {
      System.out.println("鹦鹉在飞");
    }
    void print() {
      System.out.println("父类的名字："+super.name);
      super.fly();
      System.out.println("我的名字："+name);
      fly();
    }
}
public class BirdExample {
    public static void main(String[] args) {
      Parrot parrot = new Parrot();
      parrot.print();
    }
}
```

程序运行结果如图7-5所示。

图 7-5　调用父类的同名变量或方法

2. 使用super调用父类的构造方法

在子类的构造方法中可以用super调用父类的构造方法，这样可以复用部分初始化代码。其使用格式如下：

```
super(参数)
```

【例7-5】使用super调用父类的构造方法

```java
class Bird{
    String name;
    public Bird(String name) {
        this.name = name;
    }
}
class Parrot extends Bird{
    String color;
    public Parrot(String name,String color) {
        super(name);
        this.color = color;
    }
}
```

如果在子类的构造方法中使用关键字super调用父类的构造方法，则该语句必须是子类构造方法的第一条语句。如果子类构造方法中没有用super调用父类的构造方法的语句，则系统会自动使用super()调用父类的无参构造方法，此时如果父类只定义了有参构造方法，则会报错，如图7-6所示。

```
1 class Bird{
2     String name;
3     public Bird(String name) {
4         this.name = name;
5     }
6 }
7 class Parrot extends Bird{
8     String color;
9     public Parrot(String name,String color) {
10        this.color = color;    ⊗ Implicit super constructor Bird() is undefined. Must explicitly invoke another constructor
11    }                                                                    Press 'F2' for focus
12 }
```

图 7-6　因子类没有用 super 调用父类的构造方法而语句出错

7.2　Object类

由7.1节可知，创建任何对象都会在其构造方法中先调用父类的构造方法，以此类推，创建任何对象，都是从继承树的最顶层类的构造方法开始执行，而这个最顶层类就是所有类的父类（java.lang.Object类）。

在Java中，所有的类都直接或间接继承了Object类，创建一个类时，如果没有指定父类，那么它的父类默认就是Object类（省略extends Object）。Object类的常用方法如表7-1所示，所有类都继承了这些方法。

表 7-1　Object 类的常用方法

方　　法	功 能 说 明
boolean equals(Object o)	比较两个对象的地址是否相同
java.lang.Class getClass()	返回对象执行时的 Class 实例
string toString()	返回对象的字符串表示形式

1．equals()方法

equals()方法的作用是比较两个对象是否相等，比较的是地址，即是否是同一个对象，如果是同一个对象则返回true；否则返回false。Java类库里的一些类对equals()方法进行了重写，如Integer、String等，重写后的equals()方法比较的是值是否相等。

【例7-6】equals()方法的使用

```
class Bird{
}
public class BirdExample {
    public static void main(String[] args) {
        Bird b1 = new Bird();
        Bird b2 = new Bird();
        String s1 = new String("abc");
        String s2 = new String("abc");
        System.out.println(b1.equals(b2));
        System.out.println(s1.equals(s2));
    }
}
```

程序运行结果如图7-7所示。

Bird类没有重写equals()方法，生成两个对象比较结果为false，String类的两个对象比较结果为true。

图7-7　equals()方法的应用

2．getClass()方法

getClass()方法返回一个对象对应的Class类的对象，这个Class类的对象保存着原对象的类信息，如原对象的类名，类里有什么变量、方法等。

例如：

```
b1.getClass().getName()
```

这条语句能够得到b1的类名Bird。

3．toString()方法

toString()方法返回对象的字符串表示形式，默认是该对象的"类名+@+hashcode"值，如果希望返回关于对象的一些有意义的描述，则需要重写Object类的toString()方法实现，Java类库里的一些类已经对toString()方法进行了重写。

【例7-7】使用自定义Bird类重写toString()方法

```
class Bird{
    public String toString() {
        return "这是鸟";
    }
}
public class BirdExample {
    public static void main(String[] args) {
        Bird b1 = new Bird();
        System.out.println(b1.toString());
    }
}
```

程序运行结果如图7-8所示。

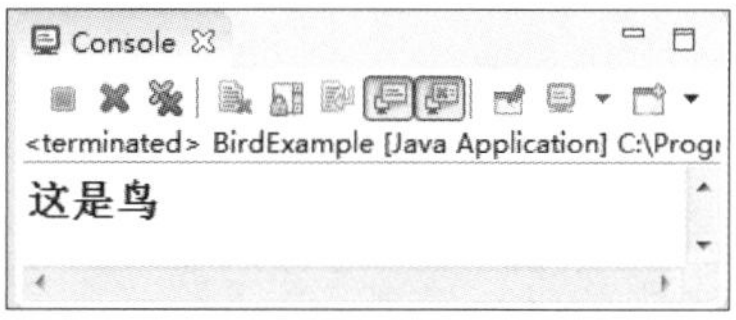

图 7-8　重写 toString() 方法

7.3　final修饰符

关键字final作为修饰符可以修饰变量、方法和类，它的意思是"终极的、终结的、最终的"，被final修饰的变量、方法和类都不能被改变。

扫一扫，看视频

7.3.1　final 变量

final可以修饰成员变量或局部变量，其修饰的变量一旦获得了初值，就不能再改变，如果改变，编译器就会报错。

可以用来声明一个常量，通常用大写字母表示常量名。例如：

```
final double PI=3.141593;
final int COUNT=1000;
```

final修饰成员变量时，由于赋初值后不能改变，所以系统不再给没有意义的默认初值了，要求final修饰的成员变量必须由程序显式地赋初值。有以下两种情况：

（1）如果静态成员变量被final修饰，则必须在声明时或静态代码块中赋初值。

（2）如果实例成员变量被final修饰，则必须在声明时或构造方法中赋初值。

例如：

```
class A1 {
    static final int a=1;
    final int b=2;
}
class A2 {
    static final int c;
    final int d;
    static{
      c=1;
    }
    public A2() {
      d=2;
    }
}
```

上面的代码中被final修饰的变量赋初值的方法都是正确的。

局部变量无论是否有final修饰都要求先赋值再使用，只不过final修饰的局部变量只能赋值一次。

final修饰的变量如果是基本数据类型，则值不能变；如果是引用类型，则变量保存的只是一个地址，只需保持地址不变，即始终是同一个对象，对象中的内容可以改变。例如：

```
class A1{
    int i=0;
```

```
    }
class A2{
    final A1 a1= new A1();
    public void method() {
        a1=new  A1();       //错误
        a1.i = 1;           //正确
    }
}
```

其中，a1是final修饰的变量，其引用的对象不能改变，但对象中的内容可以改变，因此，"a1=new A1();"是错误的，"a1.i = 1;"是正确的。

7.3.2　final 方法

final修饰的方法不能被重写。在有些情况下，父类希望子类继承但不希望子类重写自己的某个方法，就使用final修饰该方法。例如，前面讲过的Object类中的getClass()方法就用final修饰了，它可以被所有子类继承，但不能被任何子类重写。

父类的private方法不管是否用final修饰，都不能被子类继承，所以此时子类可以定义一个同名的方法，这个方法是子类自己的方法，不是方法重写。

例如：

```
class A1 {
    final void method1() {
        System.out.println("父类的method1()方法");
    }
    private final void method2() {
        System.out.println("父类的method2()方法");
    }
}
class A2 extends A1{
    void method2() {
        System.out.println("子类的method2()方法");
    }
}
```

在上面的代码中，类A2继承了method1()方法，但不能重写，即类A2不能再定义method1()方法，否则会出现编译错误，如图7-9所示。类A2不能继承method2()方法，即类A2中不存在method2()方法，所以类A2可以定义一个method2()方法。

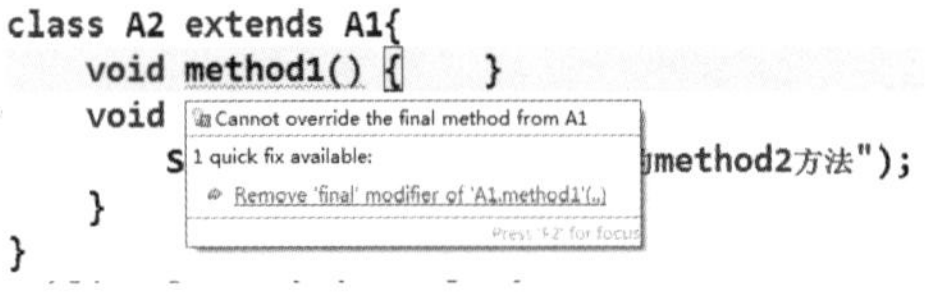

图 7-9　定义 method1() 方法时出现的编译错误提示

7.3.3　final 类

final修饰类，则这个类是"终极类"，不能有子类，即别的类不能继承此类，其方法也不能被重写。

子类继承父类时，就可以访问父类的数据、重写父类的方法，但这样可能会带来风险，因此某些时候如果希望一个类不能被继承、不能做任何改动，则可以用final修饰这个类。

Java类库中有一些类就是final类。例如，java.lang.System类即为final类：

```
public final class System extends Object
```

System类关系到系统级控制，为了安全起见，使用final修饰，以避免被重写。

程序中如果继承了final修饰的类，就会出现编译错误，如图7-10所示。

图7-10　继承 final 修饰的类的编译错误提示

7.4　抽象类

前面定义的类中都有具体的方法实现，但实际上，有时有些类是比较抽象的概念，在定义时只能知道里面包含什么方法，不知道其具体如何实现，需要到子类中才能决定如何实现。例如，汽车类中需要定义驾驶方法，我们知道不同的汽车驾驶方式是有区别的，如手动挡和自动挡的汽车驾驶方式就不一样，那么汽车是个大类，比较抽象，如果不具体到什么汽车，就不能将驾驶方式具体化。再比如在鸟类中应该定义飞的方法，但不同的鸟类飞的方式和形态是不一样的，只有具体到鸟的子类（麻雀、老鹰等）中才能具体化飞的方式。在这些情况下，就应该将这些父类定义成抽象类，不能具体化的方法定义成抽象方法。

扫一扫，看视频

在Java中用abstract关键字修饰的类称为抽象类。用abstract关键字修饰的方法，称为抽象方法。定义一个抽象类的格式如下：

```
abstract class 类名{
    //类体
}
```

抽象类首先是一个类，因此具有类的一般属性。抽象类中可以包含抽象方法，在类的方法中除构造方法、静态方法和私有方法不能声明为抽象方法外，其他任何方法都可以声明为抽象方法。抽象方法只有方法名、参数列表及返回值类型，没有方法体。定义一个抽象方法的格式如下：

```
abstract 数据类型 方法名(形参列表);
```

对于抽象方法的定义格式，abstract关键字不能缺少，还需要注意以下内容。

（1）定义格式中没有"{}"。

（2）最后的";"不能省略。

（3）abstract可与public、protected复合使用，但不能与final、private和static复合使用。

例如：

```
abstract class Bird{
    abstract void fly();
}
```

抽象类和抽象方法具有以下规则。

（1）抽象类中可以没有抽象方法，但有抽象方法的类必须定义为抽象类。

（2）抽象类不能被实例化，即不能用new生成一个对象，即使这个抽象类中没有抽象方法也不能被实例化。

（3）若一个子类继承一个抽象类，则子类需用方法重写的方式具体实现抽象方法。若没有完全实现所有的抽象方法，则子类仍应该定义为抽象类。

因此，在以下三种情况中，某个类应该被定义为抽象类。

（1）当类中含有抽象方法时。

（2）当类继承了抽象类，但并没有全部实现抽象类的抽象方法时。

（3）当类实现了接口，但并没有全部实现接口中的抽象方法时。有关接口的内容，7.5节中会讲述。

当一个抽象类的定义是表示抽象概念时，类中只预先确定了总体结构，缺少实际内容或实现过程，它不应该也不能被实例化为一个对象，所以要发挥它的作用，只能被继承，把它作为父类，子类继承它并实现抽象方法，然后生成子类的对象加以应用。因此abstract类必须被继承，abstract方法必须被重写。

抽象类体现数据抽象的思想，是实现程序多态性的一种手段。定义抽象类的目的是子类共享。子类可以根据自身需要继承并扩展抽象类。

【例7-8】抽象类的继承

定义抽象类Bird，里面包含一个抽象的飞行方法fly()，定义Eagle（鹰）、Sparrow（麻雀）两个子类继承抽象类Bird，并实现fly()方法。

扫一扫，看视频

```java
abstract class Bird{
        abstract void fly();
}
class Eagle extends Bird{
        void fly() {
            System.out.println("鹰在上升气流中滑翔。");
        }
}
class Sparrow extends Bird{
        void fly() {
            System.out.println("麻雀振翅飞行。");
        }
}
public class BirdExample {
        public static void main(String[] args) {
            Eagle eagle = new Eagle();
            eagle.fly();
            Sparrow sparrow = new Sparrow();
            sparrow.fly();
        }
}
```

程序运行结果如图7-11所示。

从上面的程序中可以看出，抽象类可以有很多子类，这些子类对同一个抽象方法可以有不同实现，这就能更好地发挥面向对象的多态性，使程序更加灵活。

下面再看一个抽象类继承的例子。

图 7-11　抽象类的继承

【例7-9】定义汽车类的两层继承结构，最后生成一个myCar对象

```java
abstract class Car {                              //汽车类
```

```
      // 公用数据成员声明
      public String brand;              //品牌
      public String model;             //型号
      public String power;             //动力
      public int gearNum;              //挡位数
      // 公共抽象方法声明
      public abstract void startUp();   //启动
      public abstract void shiftGear(); //换挡
      public abstract void brake();     //刹车
}
abstract class GreatWall extends Car {     //汽车的子类:长城汽车
      public static String brand = "长城";
}
class HavalH6 extends GreatWall {          //长城汽车的子类:哈弗H6
      public static String model="哈弗H6";
      public String style;                 //款型
      public HavalH6(String style,String power,int gearNum) {
         this.style = style;
         this.power = power;
         this.gearNum = gearNum;
      }
      public void startUp() {
         System.out.println(brand+model+style+"启动了...");
      }
      public void shiftGear() {
         System.out.println(brand+model+style+"换挡了...");
      }
      public void brake() {
         System.out.println(brand+model+style+"刹车了...");
      }
}
public class CarExample{
      public static void main(String[] args) {
         HavalH6 myCar = new HavalH6("2018款运动版","1.5T 110kW L4",6);
         myCar.startUp();
         myCar.shiftGear();
         myCar.brake();
      }
}
```

程序运行结果如图7-12所示。

上面的程序中Car类是一个抽象类,其中定义了汽车的一些属性和抽象方法。GreatWall类继承了抽象类Car,因为GreatWall类的品牌已经确定是"长城",所以定义了静态变量brand覆盖父类的变量,但GreatWall类没有实现父类的抽象方法,而是直接继承了抽象方法,所以GreatWall仍然是个抽象类。HavalH6类继承了GreatWall类,因为HavalH6类的型号已

图7-12 抽象类的继承实例

经确定是"哈弗H6",所以定义了静态变量model覆盖父类的变量,HavalH6类实现了父类所有的抽象方法,所以HavalH6类是一个能够实例化的普通类。最后在主类中创建了HavalH6类的对象,并调用其方法。

继承、接口与多态

7.5 接口

在生活中常常说到"接口"这个词，如USB接口，它不仅仅是指我们看到的许多设备上一样的插孔，更是指一种输入/输出接口规范，都遵循这种规范的设备才能连接在一起通信。计算机上有USB接口，某些终端设备要想能够插到USB接口上进行数据传输，就必须遵循USB接口规范。因此，接口代表着一种规范。

7.5.1 接口的定义

扫一扫，看视频

在Java中，接口是比抽象类更加抽象的程序单元，它定义了一些类共同遵守的规范。接口中全都是常量与抽象方法，没有任何具体实现，由类去具体地实现这些接口。因此，接口的好处是使规范与实现相分离。

接口要用专门的关键字interface定义，一般定义格式如下：

```
[public] interface 接口名 [extends 接口1,接口2…]
{
    [public] [static] [final] 类型 常量名 = 常量值;       //0个到多个常量
    [public] [abstract] 返回值类型 方法名([参数列表]);     //0个到多个抽象方法
}
```

接口的访问权限修饰符可以是public或默认。接口名与类名遵循相同的规范，必须是合法的Java标识符，应采用驼峰式命名法。与类不同的是，一个接口可以有多个父接口，能够弥补Java单继承的不足。接口的数据成员默认都是常量，接口的方法默认都是抽象方法，所以常量和抽象方法可以省略修饰符。

例如，定义一个接口Flying，包含飞行的方法：

```
public interface Flying{
    void fly();
}
```

例如，定义一个USB接口，包含常量和连接、传输数据的方法：

```
public interface USB{
    double line= 4;
    void connect();
    void transmit();
}
```

7.5.2 接口的继承

扫一扫，看视频

Java中的类必须是单继承的，因为Java的设计是以简单、实用为导向，而如果类允许多继承将使问题复杂化，与Java设计意愿相悖。但是，某些时候为了操作方便、增加Java的灵活性，可以利用接口达到多继承的效果。

接口是支持多继承的，extends后的多个父接口用逗号隔开。子接口可以继承父接口的所有常量和抽象方法。例如：

```
interface A{
    int i=0;
    void method1();
```

```
}
interface B{
    int j=1;
    void method2();
}
interface C extends A,B{
    int k=2;
    void method3();
}
```

接口C继承了两个父接口A和B，则接口C中拥有了i、j、k三个常量和method1()、method2()、method3()三个抽象方法。

接口的继承和类一样也具有传递性，即可以层层继承，构建继承树。例如：

```
interface A{
    int i=0;
    void method1();
}
interface B extends A{
    int j=1;
    void method2();
}
interface C extends B{
    int k=2;
    void method3();
}
```

接口C直接继承父接口B，接口B直接继承父接口A，则接口C中也拥有i、j、k三个常量和method1()、method2()、method3()三个抽象方法。

7.5.3 接口的实现

接口中只包含抽象方法，因此不能像一般类一样使用new关键字直接产生对象。必须让类实现接口，然后实现所有的抽象方法，该类才能生成对象，就像继承抽象类一样。因此，接口的实现可以看作一种特殊的继承，实现接口的类就拥有了接口的所有成员，成为接口的子类型（下层类型）。

扫一扫，看视频

类实现接口要使用关键字implements，语法格式在6.2.1小节中提到过。

```
[类修饰符] class 类名 [extends父类] [implements 接口1,接口2...]
{
    //成员变量，0个或多个
}       //成员方法，0个或多个
```

实现接口的类必须实现接口中定义的所有抽象方法。例如，Bird类实现了前面的飞行接口Flying：

```
class Bird implements Flying{
    public void fly() {
        System.out.println("鸟在飞");
    }
}
```

要注意类实现抽象方法时，修饰符public不能省略。

由于接口的继承可以是多继承，并且也具有传递性，所以实现某接口的类就要实现该接口及其所有父接口的抽象方法，只要有一个抽象方法没实现，该类就要定义成抽象类。

虽然类是单继承的，只能继承一个父类，但类可以实现多个接口。例如，Bird类既能飞也能走，可以实现两个接口：

```java
interface Flying{
    void fly();
}
interface Running{
    void run();
}
class Bird implements Flying,Flying{
    public void fly(){  }
    public void run(){   }
}
```

一个类在继承父类的同时还可以实现多个接口，但要注意顺序，extends应该出现在implements的前面。例如，Bird类继承了Animal类的同时实现两个接口：

```java
Class Animal{ }
class Bird extends Animal implements Flying{
    public void fly(){  }
    public void run(){   }
}
```

在实际应用中，经常会出现多个类实现同一个接口的情况。正如不同的外部设备为了能够插到计算机传输数据都要遵循USB接口规范一样，不同的类为了获得某些规范或功能可以去实现相同的接口，那么这些类就通过接口产生了松耦合，从而降低一些紧耦合，因此，面向接口编程是软件开发倡导的。

【例7-10】定义包含飞行功能的接口，定义Bird类和Plane类实现接口

```java
interface Flying{
    void fly();
}
class Bird implements Flying{
    public void fly() {
        System.out.println("鸟在飞");
    }
}
class Plane implements Flying{
    public void fly() {
        System.out.println("飞机在飞");
    }
}
public class FlyExample {
    public static void main(String[] args) {
            Bird bird = new Bird();
            bird.fly();
            Plane plane = new Plane();
            plane.fly();
    }
}
```

程序运行结果如图7-13所示。

上面程序中的Bird类和Plane类是两个不同的类，由于都具有飞行特性，所以都实现了相同的接口，这也是多态性的体现。

图 7-13　接口的实现

接口的使用使方法的描述和方法的功能实现分开处理，有助于降低程序的复杂性，使程序设计灵活，便于扩充和修改。

7.6 多态

多态性是面向对象的三大特点之一。多态的意思是多种状态，前面讲过了多种体现多态性的情况，如方法重载、同一个抽象方法的不同实现等。此外，类对象的上下转型是多态性的又一种体现。

7.6.1 向上转型

向上转型是指将子类的对象当作父类型的对象使用，此时对象叫作上转型对象。好比鹦鹉类是鸟的子类，那么我们可以说一只鹦鹉也是一只鸟，那就可以把一个子类的对象赋值给一个父类型的引用变量。这里的父类型可以是普通类、抽象类和接口。

扫一扫，看视频

【例7-11】将Parrot类对象向上转型为父类Bird的对象使用

```java
class Bird{
    String name="鸟";
    void fly() {
        System.out.println("鸟在飞");
    }
}
class Parrot extends Bird{
    String name="鹦鹉";
    void fly() {
        System.out.println("鹦鹉在飞");
    }
    void speak() {
        System.out.println("鹦鹉学舌");
    }
}
public class BirdExample {
    public static void main(String[] args) {
        Bird bird = new Parrot();
        System.out.println(bird.name);
        bird.fly();
    }
}
```

程序运行结果如图7-14所示。

可以看到变量bird的类型是父类Bird的类型，但赋值的对象是用子类Parrot创建的对象，那么该对象就被向上转型了。向上转型后这个对象就被认为是父类型，那么就不能调用子类特有的成员了，只能调用子类继承下来的或重写的成员，所以bird对象可以调用name变量和fly()方法。name变量虽然被覆盖，但仍然存在，所以上转型对象输出父类变量的值"鸟"。由于子类中已经将fly()方法重写，所以执行的是重写后的方法，输出的是"鹦鹉在飞"。

上转型对象不能调用子类特有的成员，如果调用Parrot类的speak()方法，则会出编译错误，如图7-15所示。

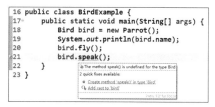

图 7-14　上转型对象　　　　　图 7-15　上转型对象调用子类特有的方法会出错

设计一个方法时，通常希望该方法具备一定的通用性。形参可以定义为父类型或接口类型，实参可以是任意的子类型。那么在同一个方法中，由于实参不同而导致执行效果各异的现象就是多态。继承是多态得以实现的基础。

【例7-12】将Bird类对象和Plane类对象作为实参传递给它们实现的父接口类型的变量

```java
interface Flying{
    void fly();
}
class Bird implements Flying{
    public void fly() {
        System.out.println("鸟在飞");
    }
}
class Plane implements Flying{
    public void fly() {
        System.out.println("飞机在飞");
    }
}
public class FlyExample {
    public static void main(String[] args) {
        flyMethod(new Bird());
        flyMethod(new Plane());
    }
    public static void flyMethod(Flying flying) {
        flying.fly();
    }
}
```

程序运行结果如图7-16所示。

图 7-16　上转型对象做参数

总之，向上转型可以将子类的对象转换成它直接或间接继承的父类型、直接或间接实现的接口类型。

7.6.2　向下转型

向下转型是将上转型对象再转回成子类型，这是将大类型转换成小类型，必须使用强制类型转换。

在例7-11中将Parrot类的对象进行了上转型：

```
Bird bird = new Parrot();
bird.fly();
```

上转型对象不能调用子类的特有方法，因此不能调用bird.speak()方法，要想调用speak()方法，需要对bird再进行向下转型，转回成Parrot类型，代码如下：

```
Parrot parrot = (Parrot)bird;
parrot.speak();
```

向下转型时，被转换的对象实际上就是目标类型的对象，如果试图把一个原本就是父类的对象强制转换成子类型，运行时会出现java.lang.ClassCastException异常，如图7-17所示。

```
16 public class BirdExample {
17      public static void main(String[] args) {
18          Bird bird = new Bird();
19          Parrot parrot = (Parrot)bird;
20          parrot.speak();
21      }
22 }
```

```
Console ⊠
<terminated> BirdExample [Java Application] C:\Program Files\Java\jre1.8.0_181\bin\javaw.exe (2020年8月7日 上午10:26:15)
Exception in thread "main" java.lang.ClassCastException: Bird cannot be cast to Parrot
        at BirdExample.main(BirdExample.java:19)
```

图 7-17　向下转型的错误

还有一种情况，例7-12中父类型的参数Flying flying可以接收任意一个子类型的对象，此时如果接收的参数是子类型Bird的对象（即上转型对象实际类型是Bird），再向下转型成另一个子类型Plane，那么向下转型时类型不符，也出现java.lang.ClassCastException异常。

为了避免出现异常，可以使用instanceof运算符判断某对象是否为某个类型的对象。其语法格式如下：

对象 instanceof 类型

例如：

```
parrot instanceof Parrot
```

如果该表达式返回true，则说明parrot是Parrot类型的实例；否则返回false。

instanceof运算符右边的类型只要是左边对象的直接或间接上层类型（类、抽象类和接口）即可。

【例7-13】上下转型与instanceof实例

```
interface Flying{
    void fly();
}
class Bird implements Flying{
    public void fly() {
        System.out.println("鸟在飞");
    }
    public void call() {
        System.out.println("鸟在叫");
    }
}
class Plane implements Flying{
    public void fly() {
        System.out.println("飞机在飞");
    }
```

```
        public void carry() {
            System.out.println("飞机载客");
        }
    }
    public class FlyExample {
        public static void main(String[] args) {
            method(new Bird());
            method(new Plane());
        }
        public static void method(Flying flying) {
            flying.fly();
            if(flying instanceof Bird)
                ((Bird) flying).call();
            if(flying instanceof Plane)
                ((Plane) flying).carry();
        }
    }
```

程序运行结果如图7-18所示。

图 7-18　上下转型与 instanceof 实例

7.7 本章小结

本章主要介绍了面向对象的核心知识：继承与多态。重点讲解了以下几个方面的内容。

1．类的继承

● 继承的实现：Java采用单继承，用extends关键字实现。

● 成员变量的隐藏：子类中如果定义了与父类同名的成员变量，则继承自父类的成员变量被隐藏。

● 成员方法的重写：子类继承父类后，又定义了与父类相同名字的成员方法，叫作方法重写或方法覆盖。

● super关键字：通过super关键字可以访问父类的成员变量和成员方法；子类的构造方法可以用super调用父类的构造方法。

2．Object类

在Java中，所有的类都直接或间接地继承Object类。Object类中的常用方法有equals()、getClass()、toString()。

3．final修饰符

● final修饰变量：用final修饰的变量一旦获得了初值，就不能再改变。

● final修饰方法：用final修饰的方法不能被重写。

● final修饰类：用final修饰的类不能被继承。

4．抽象类

- 抽象类的定义：使用abstract关键字定义抽象类。抽象类中可以没有抽象方法，但含有抽象方法的类必须是抽象类。
- 抽象类的使用：抽象类不能被实例化，必须被普通的子类继承后重写其中的抽象方法，该子类才能实例化。

5. 接口
- 接口的定义：使用interface关键字定义一个接口。
- 接口的继承：接口可以多继承，接口的继承具有传递性。
- 接口的实现：类使用implements实现接口，必须实现接口中所有的抽象方法，该类才能实例化。一个类可以实现多个接口。

6. 多态
- 向上转型：将子类的对象当作父类型的对象使用，此时对象称为上转型对象。
- 向下转型：将上转型对象再转回成子类型。
- instanceof运算符：用来判断某对象是否是某个类型的对象。

在学习本章知识的过程中，仍然要注意贯穿始终地体会面向对象的编程思想，充分利用面向对象的封装、继承、多态的特点，编写一些与实际相结合的程序，从而进一步掌握面向对象的编程思想和技巧。

7.8 习题七

扫描二维码，查看习题。

扫二维码
查看习题

7.9 实验七 继承与接口的应用

扫描二维码，查看实验内容。

扫二维码
查看实验内容

第 8 章

面向对象的高级特性

学习目标

本章主要讲解面向对象的高级特性，包括包、内部类和面向对象设计原则。
通过本章的学习，读者应该掌握以下主要内容：

- 包和访问权限控制。
- 内部类的应用。
- 面向对象设计原则。

内容浏览

Java程序是由类构成的，Java类库中有大量的类，还有众多的第三方机构提供的成千上万的类，这些类难免有同名的情况，如果在一起使用，则会发生冲突。包的引入不仅可以解决类的命名冲突问题，还能更有序、规范地管理类。

包是一种将相关的类、接口或其他包组织起来的集合体，可以将包含类代码的文件组织起来，易于查找和使用。包不仅能包含类和接口，还能包含其他包，形成有层次的包空间，类似文件夹一样，类的完整路径带有这些包的层次结构，就能有助于避免命名冲突。

8.1.1　包的创建

创建包要使用关键字package，后面跟一个指定的包名称，这个关键字要放在一个Java源文件的开头，即package语句必须是Java源文件的第一条非注释语句，并且只能有一条。这样后面定义的所有的类和接口就成了此包的成员。Java中的包对应着文件夹，如果package语句创建了包，那么就会把包中的类和接口放在同名的文件夹中。

扫一扫，看视频

创建包的一般语法格式如下：

```
package    包名1[.包名2[.包名3…]];
```

包名应该是合法的标识符，但规范的包名应该不包含特殊字符，由一个或多个有意义的单词组成，全都是小写字母。包名可以是多层次的，个数没有限制，每个包名之间用"."隔开。例如：

```
package com.software.example;
class A{}
```

第一条语句创建了三个层次的包，紧接着定义的类A属于第三层example这个包，就会创建一个名为com的文件夹，在com下创建名为software的文件夹，在software下创建名为example的文件夹，类A编译后生成的A.class字节码文件就会被保存在example文件夹下。如果这个.java的源文件中不止定义了一个类A，那么其他的类或接口的.class文件也会存放到example文件夹下。编译后的文件夹结构如图8-1所示。

图 8-1　编译后的文件夹结构

三个层次的包com.software.example实际上是三个包，只是有层次关系，还可以在任何一个层次下创建类或新的包。例如：

```
package com.software;
class B{}
```

这两条语句定义的类B放了com.software包中，那么B.class会保存在software文件夹中。再例如：

```
package com.software.temp;
```

```
class C{}
```

这两条语句定义的类C放在了com.software.temp包中，那么C.class会保存在software文件夹下的temp文件夹中。

只要希望某类或某接口放在某个包中，就在源文件中使用package语句。若源文件中未使用package，则该源文件中的接口和类位于Java的默认包中。在默认包中，类之间可以相互使用非私有的成员，但默认包中的类不能被其他包中的类引用。

包名会成为完整类名的一部分。例如，使用上面的类A，应该使用全名com.software.example.A，但同一个包中的类相互访问不需要带包名，直接使用类名即可。

8.1.2　包的引用

扫一扫，看视频

将类组织成包的目的是更好地管理包中的类。一个类在使用其他包中的类时，要使用类的全名，十分麻烦，为了简化编程，可以使用import关键字。import用于导入某个包下面的一个类或一次性导入所有类。该语句应该放在package语句后，类和接口定义前，可以有多条。

导入包中的一个类的语法格式如下：

```
import 包名1[.包名2[.包名3…]].类名;
```

例如：

```
import com.software.example.A;
```

这条语句导入了com.software.example包中的类A。

导入包中所有类的语法格式如下：

```
import 包名1[.包名2[.包名3…]].*;
```

将最后的类名换成"*"。例如：

```
import com.software.*;
```

这条语句导入了com.software包中的所有类，但不会导入import com.software.example包中的类，如果要导入import com.software.example包中的类，则代码如下：

```
import com.software.example.*;
```

源文件导入了类后，如果再使用，就不需要写全名了，只写类名即可。

Java类库中有很多包和类，其中java.lang（语言包）中的类是默认自动导入的，不需要写import语句，其他的包java.io（输入/输出）、java.applet（小程序）、java.awt（图形用户界面）、java.net（网络）、java.util（工具）都要使用import语句导入。

【例8-1】使用java.util包中的日期类

```
package com.software;
import java.util.Date;
public class Example{
    public static void main(String args[]){
        Date date=new Date();
        System.out.println("本机的时间是:"+date);
    }
}
```

Example类被放在了com.software包中。源文件结构如图8-2所示。

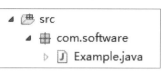

图 8-2　源文件结构

程序运行结果如图 8-3 所示。

图 8-3　使用 java.util 包中的日期类

8.2 访问权限控制

Java对类、成员变量、成员方法、接口的访问权限控制是通过修饰符实现的。其中类和接口只能使用public修饰符或默认，表8-1说明了访问权限修饰符的修饰范围。

扫一扫，看视频

表 8-1　访问权限修饰符的修饰范围

修饰符	类	成员变量	成员方法	接口
默认	√	√	√	√
public	√	√	√	√
private		√	√	
protected		√	√	

三个访问权限修饰符和默认代表了Java的四个访问权限控制级别。Java的访问权限控制级别由小到大如图8-4所示。

图 8-4　Java 的访问权限控制级别由小到大

这四个访问权限控制级别的具体介绍如下。

- private（类访问级别）：是最严格的访问权限控制级别。如果类的成员用private修饰，则代表这是类的私有成员，该成员只能在类的内部被访问，其他类无法访问。通常为了保证成员变量的安全性，会将它们设置为private，然后根据需要提供get()/set()方法访问这些变量，这就实现了类的良好封装。
- 默认（包访问级别）：如果类、变量、方法、接口没有访问权限修饰符，就是包访问级别，它们可以被自己或同一个包中的其他类访问。
- protected（子类访问级别）：如果一个类的成员用protected修饰，那么它们可以被本类或同一个包中的其他类访问，也可以被不同包中该类的子类访问。因此，父类的成员方法用protected修饰，可以保证位于不同包中的子类能够重写这个方法。
- public（公共访问级别）：是最宽松的访问权限控制级别。如果类、变量、方法、接口用public修饰，那么它们可以被任何的类访问，不受包的限制，也不受继承关系的限制。

表8-2总结了访问权限修饰符四个访问权限控制级别控制的访问范围。

表 8-2　访问权限修饰符控制级别控制的访问范围

修饰符	本类	同一包中	子类	所有类
private	√			
默认	√	√		
protected	√	√	√	
public	√	√	√	√

下面使用合适的访问权限修饰符定义员工类。

【例8-2】定义员工类，封装私有属性和操作属性的公共方法

扫一扫，看视频

```java
public class Employee {
    private int id;
    private String name;
    public int getId() {
        return id;
    }
}
public void setId(int id) {
  this.id = id;
}
public String getName() {
  return name;
}
public void setName(String name) {
  this.name = name;
}
}
```

8.3　内部类

　　Java中允许在一个类中再定义类，定义在内部的类称为内部类，也称为嵌套类，而包含内部类的类称为外部类。内部类仍然是一个独立的类，在编译后内部类会被编译成独立的.class文件，但是前面冠以外部类的类名和$符号。类被定义成内部类通常是因为它不需要被其他类访问，只在外部类中才有意义，它成为外部类的一个成员，能够自由地访问外部类的成员，从而实现类的更好封装。

　　内部类有几种形式：成员内部类（包括非静态内部类和静态内部类）、局部内部类和匿名内部类。

8.3.1　非静态内部类

扫一扫，看视频

　　定义在外部类中，与外部类的方法并列不用static修饰的内部类是非静态内部类，其地位相当于一个实例方法。非静态内部类中不能有静态的成员（静态代码块、静态变量、静态方法）。下面在类OuterClass中定义了一个非静态内部类InnerClass。

```java
public class OuterClass {
    class InnerClass {
    }
}
```

同外部类的实例方法一样，非静态内部类可以正常使用外部类的所有变量与方法。当非静态内部类使用一个变量时，先看变量是否是当前内部类的局部变量；如果不是，则再看是否是内部类的成员变量；如果不是，则再看是否是外部类的成员变量。那么这三种成员变量如果出现同名，也可以用this关键字区分。

如果在非静态内部类中直接使用this，与普通类一样，可以用来区分内部类自己的局部变量和成员变量。如果非静态内部类使用"外部类名.this"，则可以引用外部类的成员。

【例8-3】在非静态内部类中使用this

```
public class OuterClass {
    private String var = "外部类的成员变量";
    class InnerClass {
        private String var = "内部类的成员变量";
        public void seeOuter(){
            String var = "内部类的局部变量";
            System.out.println(var);
            System.out.println(this.var);
            System.out.println(OuterClass.this.var);
        }
    }
}
```

非静态内部类InnerClass 的seeOuter()方法中使用了三个名为var的变量。直接使用var访问的是内部类的局部变量，使用this.var访问的是内部类的成员变量，使用OuterClass.this.var访问的是外部类的成员变量。

在定义内部类后，就要使用它，有以下几种情况：

（1）在外部类的实例方法中使用非静态内部类。在外部类的实例方法中使用非静态内部类，与使用普通类没有太大区别，直接用非静态内部类的名字生成对象即可。

【例8-4】在外部类的实例方法中使用非静态内部类

```
public class OuterClass {
    class InnerClass {
        public void seeOuter(){System.out.println("非静态内部类的方法");}
    }
    public void useInner(){
        InnerClass innerClass = new InnerClass();
        innerClass.seeOuter();
    }
}
```

（2）在外部类的静态方法中使用非静态内部类。静态成员不能直接使用非静态成员，因此外部类的静态方法不能直接使用非静态内部类。如果一定要使用，则必须先生成外部类对象，再生成内部类对象。

【例8-5】在外部类的静态方法中使用非静态内部类

```
public class OuterClass {
    class InnerClass {
        public void seeOuter(){System.out.println("非静态内部类的方法");}
    }
    public static void main(String args[]) {
        OuterClass outerClass = new OuterClass();
```

```
        InnerClass innerClass = outerClass.new InnerClass();
        //上面两句也可以合并成下面一句
        //InnerClass innerClass = new OuterClass().new InnerClass();
        innerClass.seeOuter();
    }
}
```

被注释掉的那行是它上面两行的合并形式，即一条简化语句。

（3）在外部类以外（其他类）使用外部类的非静态内部类。首先要保证非静态内部类是非private的，外部类以外才能访问它。外部类以外要使用内部类的完整类名"外部类名.内部类名"，同样必须先生成外部类对象。

【例8-6】在外部类以外（其他类）使用外部类的非静态内部类

```
class OuterClass {
    class InnerClass {
        public void seeOuter(){System.out.println("非静态内部类的方法");}
    }
}
public class Example {
    public static void main(String args[]) {
        OuterClass outerClass = new OuterClass();
        OuterClass.InnerClass innerClass = outerClass.new InnerClass();
        //OuterClass.InnerClass innerClass = new OuterClass().new InnerClass();
        innerClass.seeOuter();
    }
}
```

对于普通的类，可用的修饰符有final、abstract、public和默认的包访问。但是成员内部类更像一个成员变量和方法。可用的修饰符有final、abstract、public、private、protected和static。一旦有static修饰内部类，它就变成静态内部类了。

8.3.2 静态内部类

扫一扫，看视频

在内部类前添加修饰符static，这个内部类就变为静态内部类。在一个静态内部类中可以定义任何静态和非静态的成员。

静态内部类不可以使用外部类的非静态成员（实例成员），即使是静态内部类的实例方法也不行。

【例8-7】静态内部类只能使用外部类的静态成员

```
public class OuterClass {
    private static String var1 = "外部类的静态变量";
    private String var2 = "外部类的实例变量";
    static class InnerClass {
        public void seeOuter(){
            System.out.println(var1);
        }
    }
}
```

在上面代码中，静态内部类的seeOuter()方法只能使用外部类的静态变量var1，而不能使用外部类的实例变量var2。

使用静态内部类有以下两种情况：

（1）在外部类中使用静态内部类。静态内部类是外部类的一个静态成员，外部类的所有方法（包括静态代码块）都可以使用静态内部类。用法与在外部类的实例方法中使用非静态内部类相同，直接用静态内部类名生成对象。

【例8-8】在外部类中使用静态内部类

```java
public class OuterClass {
    static class InnerClass {
      public void seeOuter(){System.out.println("静态内部类的方法");}
    }
    public void useInner(){
      InnerClass innerClass = new InnerClass();
      innerClass.seeOuter();
    }
    public static void main(String args[]) {
      InnerClass innerClass = new InnerClass ();
      innerClass.seeOuter();
    }
}
```

（2）在外部类以外（其他类）使用外部类的静态内部类。在外部类以外只能访问非private的静态内部类。静态内部类是外部类的静态成员，因此创建静态内部类的对象无须先创建外部类对象，只要使用静态内部类的完整类名"外部类名.内部类名"创建对象即可。

【例8-9】在外部类以外（其他类）使用外部类的静态内部类

```java
class OuterClass {
    static class InnerClass {
      public void seeOuter(){System.out.println("静态内部类的方法");}
    }
}
public class Example {
    public static void main(String args[]) {
      OuterClass.InnerClass innerClass = new OuterClass.InnerClass();
      innerClass.seeOuter();
    }
}
```

8.3.3 局部内部类

局部内部类是指在外部类的方法中定义的内部类。局部内部类的地位就像局部变量一样，只在该方法里有效，而且不能使用访问权限修饰符和static修饰符修饰。

扫一扫，看视频

静态方法只能直接使用静态成员，且不能使用this，因此在静态方法内的内部类也同样只能访问外部类的静态成员。

局部内部类只能在定义该内部类的方法内使用，包括实例化和派生子类。

【例8-10】局部内部类的使用

```java
public class OuterClass {
    public void method() {
      int x = 10;
      class InnerClass {
```

```
        public void seeOuter() {
            System.out.println(x);
        }
    }
    InnerClass innerClass = new InnerClass();
    innerClass.seeOuter();
}
public static void main(String args[]) {
    OuterClass objout = new OuterClass();
    objout.method();
    }
}
```

局部内部类使用了完整的类的定义，但只能在方法内部使用，无法重复使用，因此在实际开发中很少用到。

8.3.4 匿名内部类

扫一扫，看视频

匿名内部类是在方法内定义的没有名称的类，在创建匿名内部类时会立即创建一个该类的对象供使用，然后该类消失，不能重复使用。匿名内部类常用于图形用户界面事件处理时简化事件监听器的声明，有关图形用户界面的内容将在第16章讲述。

匿名内部类必须继承一个父类或实现一个接口（只能一个），它的定义格式如下：

```
new 父类(构造方法参数列表) 或 父接口(){
    //匿名内部类的类体
}
```

通常采用实现接口的方式定义匿名内部类。

【例8-11】用接口方式定义匿名内部类

```
interface Vehicle {
    public void drive();
}
public class Test{
    public static void main(String[] args) {
        Vehicle v = new Vehicle(){
            public void drive(){System.out.println("Driving a car!");}
        };
        v.drive();
    }
}
```

上面的代码定义了一个车辆接口Vehicle，在Test类的main()方法中直接用"new Vehicle(){}"的方式定义了一个实现接口的匿名内部类，这里的new不是创建的接口的对象，接口是不能创建对象的，而是定义了一个没有名字的类实现了接口，然后立即使用new生成了这个匿名内部类的对象。

匿名内部类可以用参数的方式创建。例如：

【例8-12】用匿名内部类做参数

```
interface Vehicle {
    public void drive();
}
```

```
public class Test {
    public static void main(String[] args) {
        go(new Vehicle() {
            public void drive() {
                System.out.println("Driving a car!");
            }
        });
    }
    public static void go(Vehicle v) {
        v.drive();
    }
}
```

上面的代码在Test类的go()方法中接收一个Vehicle接口类型的对象做参数，在main()方法中调用go()方法时直接用"new Vehicle(){}"方式定义的匿名内部类作为参数。这种方式在事件处理时非常常见。例如，为一个按钮jButton1注册一个事件监听器：

```
jButton1.addActionListener(new ActionListener() {
    public void actionPerformed(ActionEvent e) {...}
});
```

定义的匿名内部类不能是抽象类，因为定义时会立刻创建对象。匿名内部类也不能定义构造方法，因为它没有类名。

8.4 面向对象设计原则

在软件开发中，为了提高软件系统的可维护性和可复用性，增加软件的可扩展性和灵活性，程序员要尽量根据设计原则开发程序，从而提高软件开发效率、节约软件开发成本和维护成本。面向对象有七大设计原则：单一职责原则、开闭原则、里氏替换原则、依赖倒置原则、接口隔离原则、合成复用原则和迪米特法则。学习这些设计原则也有助于更深入地理解面向对象。

8.4.1 单一职责原则

单一职责原则（Single Responsibility Principle，SRP）又称单一功能原则，规定一个类应该有且仅有一个引起它变化的原因，否则类应该被拆分。也就是说，一个类应该只有一个职责。不仅是类，接口和方法也要遵循单一职责原则。

扫一扫，看视频

如果一个类具有一个以上的职责，就会有多个不同的原因引起该类变化，而这种变化将影响到该类不同职责的使用者。例如，学院办公室的工作包括文件管理、会议管理、教学管理、教师服务等工作，如果定义到一个类中，则学院办公室类的类图如图8-5所示。

这样进行设计看似没什么问题，但是仔细分析后发现，学院办公室的工作可以分为行政工作和教学工作两大块，类中就包含了两个职责，两个职责的变化都可以引起类的变化，从而影响到不用的使用者，这就违反了SRP原则。可以将学院办公室类分成行政秘书和教学秘书两个类，分别承担两个职责，如图8-6所示。

图 8-5 学院办公室类的类图　　图 8-6 应用单一职责原则拆分后的类图

单一职责原则是最简单但又最难运用的原则，难点在于职责的划分和粒度的把握，依赖于设计人员的分析设计能力和相关实践经验。

单一职责原则是一个能够实现代码高内聚低耦合的原则。遵循单一职责原则可以降低类的复杂度，提高类的可读性，同时提高代码的可维护性，降低变更引起的风险。

8.4.2 开闭原则

扫一扫，看视频

开闭原则（Open Closed Principle，OCP），简要来说是软件实体应当对扩展开放，对修改关闭。这里的软件实体包括项目中划分出的模块、类与接口、方法。开闭原则是指软件实体应尽量在不修改原有代码的情况下进行扩展。即当扩展系统时，只需添加新的代码，而不需要修改原有的代码。

开闭原则通过"抽象约束、封装变化"实现，即通过接口或抽象类为软件抽象出一个稳定的抽象层，将可变因素封装到具体的实现类中。只要抽象得合理，就可以基本保持软件架构的稳定。而软件中易变的细节可以通过抽象派生实现类进行扩展，当软件需要增加新功能时，只需根据需求派生新的实现类。

例如，一个绘制图形的程序，要绘制多种图形，可以抽象出一个稳定的图形接口，包括一个绘制方法。代码如下：

```
interface Shape{
    void draw();
}
```

每一种图形都需要实现Shape接口，再具体地实现draw()方法，那么，可变因素也就是绘制方式的不同就被封装到了实现类中，如图8-7所示。

如果未来需要增加绘制三角形的功能，则无须修改现有的代码，只需创建新的三角形类实现Shape接口即可。

开闭原则是面向对象设计最基本也是最核心的原则，遵循该原则的重要性与优点如下。

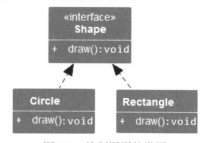
图 8-7　绘制图形的类图

- 对软件测试的影响：如果软件遵守开闭原则，则软件测试时只需对扩展的代码进行测试即可，因为原有的测试代码仍然能够正常运行。
- 提高代码的可复用性：粒度越小，被复用的可能性就越大。开闭原则通过抽象实现，抽象编程可以提高代码的可复用性。
- 提高代码的可扩展性：符合开闭原则的系统，可以很容易地扩展，且扩展时无须修改现有代码，使系统在拥有一定的适应性和灵活性的同时，其可扩展性和稳定性都有很大提高。
- 提高代码的可维护性：遵守开闭原则的软件，其稳定性和延续性强，从而易于扩展和维护。随着时间的推移，软件规模越来越大，维护成本越来越高，设计满足开闭原则的软件系统也变得越来越重要。

8.4.3 里氏替换原则

里氏替换原则（Liskov Substitution Principle，LSP）是指继承必须确保父类拥有的性质在子类中仍然成立。这是一条有关继承的原则，要求在软件中只要是父类对象能够出现的地方子类对象就可以出现，而且将父类对象替换成子类对象后，程序将不会产生任何错误和异常，反过来则不成立。

在应用里氏替换原则时，子类必须完全实现父类的方法；子类可以扩展父类的功能，可以有自己的个性，但尽量不改变父类的功能，不重写父类的方法，如果子类重写父类的方法会使可复用性变差，特别是运用多态比较频繁时，程序运行出错的概率会非常大。

扫一扫，看视频

如果程序违背了里氏替换原则，则继承类的对象在基类出现的地方会出现运行错误。这时其修正方法是：取消原来的继承关系，重新设计它们之间的关系。

关于违背里氏替换原则的例子有很多，以"鸵鸟不是鸟"为例，鸵鸟从生物学的角度划分是属于鸟类的，但鸵鸟是不会飞的，按照这样的关系设计类，如图8-8所示。

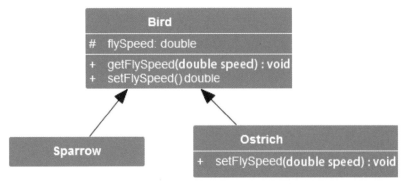

图 8-8　鸵鸟和鸟有继承关系违背了里氏替换原则

鸟类Bird有飞行的速度属性flySpeed、设置速度的方法setFlySpeed()和获取速度的方法getFlySpeed()。麻雀类Sparrow和鸵鸟类Ostrich继承Bird类，由于鸵鸟不会飞，所以要重写setFlySpeed()方法，如设置为0。现在要给定距离计算出不同鸟的飞行时间，显然，如果是麻雀，则能够得到正确的结果；如果是鸵鸟，就会有问题。这种情况就违背了里氏替换原则。

解决的办法可以取消鸟和鸵鸟的继承关系，可以定义更上层的父类，如动物类Animal，让Bird类和Ostrich类都继承Animal类，Animal类提供鸟和鸵鸟都具有的属性（跑的速度）与方法，如图8-9所示。

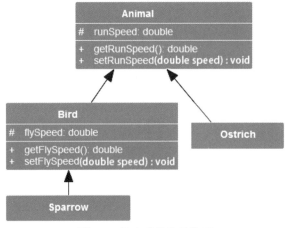

图 8-9　修改后的继承关系

里氏替换原则是继承复用的基础，是对实现抽象化的具体步骤的规范，也是对开闭原则的补充。

面向对象的高级特性

8.4.4 依赖倒置原则

依赖倒置原则（Dependence Inversion Principle，DIP）的原始定义为高层模块不应该依赖低层模块，两者都应该依赖抽象；抽象不应该依赖细节，细节应该依赖抽象。其理念是说，相对于细节的多变，抽象的东西要稳定得多，应该以抽象为基础搭建程序结构，这里的抽象是指接口或抽象类，而细节是指具体的实现类。

依赖倒置原则的核心思想就是面向接口编程，不要针对实现编程。在实际编程中使用依赖倒置原则，需要尽量为每个类提供接口或抽象类，那么高层模块将不用依赖低层模块，而是依赖抽象的接口层，低层模块也依赖（实现或继承）抽象的接口层。层与层、类与类之间都通过抽象接口建立关系。

以在图书馆阅览书籍为例，一个读者阅读小说，定义读者类和小说类，可以用以下代码表示：

```java
class StoryBook{}
class Reader{
    public void read(StoryBook story){}
}
public class ReadExample {
    public static void main(String[] args) {
        StoryBook story = new StoryBook();
        Reader reader = new Reader();
        reader.read(story);
    }
}
```

可以看到读者Reader类中的read()方法接收故事书StoryBook类的参数，即Reader类依赖StoryBook类。这样的设计存在很大的问题，如果现在读者想换一种书读，如历史类书籍，就要增加历史书HistoryBook类，并修改Reader类：

```java
class HistoryBook{}
class Reader{
    public void read(HistoryBook story){}
}
public class ReadExample {
    public static void main(String[] args) {
        HistoryBook history = new HistoryBook();
        Reader reader = new Reader();
        reader.read(history);
    }
}
```

但是，这样改后读者又不能读小说了，每换一种书读都要修改程序。按照依赖倒置原则改进程序，可以定义书籍的接口Book，各种书籍实现Book接口，Reader类面向该接口编程。代码如下：

```java
interface Book{}
class StoryBook implements Book{}
class HistoryBook implements Book{}
class Reader{
    public void read(Book book){}
}
public class ReadExample{
    public static void main(String[] args){
```

```
        StoryBook story = new StoryBook();
        HistoryBook history = new HistoryBook();
        Reader reader = new Reader();
        reader.read(story);
        reader.read(history);
    }
}
```

如此修改后，不管读者读什么书，都不需要修改原有代码了，只需增加新的类实现接口即可。

依赖倒置原则是实现开闭原则的重要途径之一，使用该原则的好处有：降低类之间的耦合度，提高代码的可读性和可维护性，提高系统的稳定性，同时降低修改程序引发的风险。

8.4.5　接口隔离原则

接口隔离原则（Interface Segregation Principle，ISP）的定义是一个类对另一个类的依赖应该建立在最小的接口上。它的含义是要为各个类定义它们需要的专用接口，不要定义一个臃肿庞大的接口供所有依赖它的类去调用，应尽量将臃肿庞大的接口拆分成更小、更具体的接口，让接口中只包含客户感兴趣的方法。

扫一扫，看视频

举例说明接口隔离原则的应用。例如，学校的办公软件系统要对教师进行工作管理，专职教师要做教学工作还要做科研工作，外聘教师只需做教学工作。如果定义一个工作接口，包含教学和科研，则由专职教师Teacher类和外聘教师ExternalTeacher类去实现一个接口的类图如图8-10所示。如此设计，外聘教师ExternalTeacher类也不得不实现对它无用的科研方法research()，这违反了接口隔离原则。改进的方式是将TeacherWorking接口拆分成两个小的接口，Teacher类实现这两个接口，ExternalTeacher类只实现一个接口，如图8-11所示。

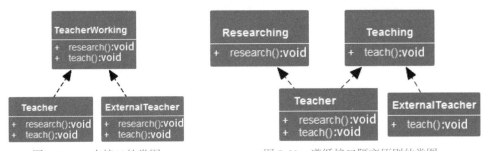

图 8-10　一个接口的类图　　　　图 8-11　遵循接口隔离原则的类图

接口隔离原则在具体实现时要掌握接口的粒度，接口尽量小，但是要有限度。通常一个接口只服务于一个子模块或业务逻辑。

接口的粒度小，能够提高系统的灵活性和可维护性，同时减少代码冗余。接口功能的隔离提高了内聚性，降低了系统的耦合性。

接口隔离原则和单一职责原则都是为了提高内聚性、降低耦合性，体现了封装的思想，两者的不同之处在于：接口隔离原则主要是约束接口，针对抽象和程序整体框架的构建，注重的是对依赖的隔离；单一职责原则主要是约束类，注重的是职责。

8.4.6　合成复用原则

合成复用原则（Composite Reuse Principle，CRP）又称为组合/聚合复用原则（Composition/ Aggregate Reuse Principle，CARP），它要求在软件复用时，要尽量

扫一扫，看视频

面向对象的高级特性

先使用组合/聚合关联关系实现，其次才考虑使用继承关系实现。如果要使用继承关系，则必须遵循里氏替换原则。合成复用原则与里氏替换原则都是开闭原则的具体实现规范。

软件复用可以通过继承和合成两种形式实现。继承复用虽然实现起来较为容易，但同时也有很多缺点：继承复用将父类的实现细节暴露给子类，又称为"白箱"复用，它破坏了类的封装性；如果父类发生变化，会导致子类不得不变化；从父类继承来的实现是静态的，在编译时已经定义，不能在运行时发生改变，不够灵活。

合成复用包括聚合和组合两种关联关系，聚合表示整体与部分的关系，是"拥有"关系；组合是一种更强的"拥有"，组合中的部分和整体的生命周期一样。使用组合复用有很多优点：将已有类的对象纳入新的对象中，成为新对象的一部分，新对象看不到成分对象的实现细节，这称为"黑箱"复用，它维护了类的封装性；新对象调用成分对象的唯一方法是通过成分对象的接口，依赖少，耦合度低；这种复用可以在运行时动态进行，新对象可以灵活地引用匹配成分对象类型的对象。

举例说明尽量使用合成复用原则。某会所实行会员制，会员分为普通会员和VIP会员，两种会员享受不同的会员服务，如果使用继承复用，应该定义会员类，再定义它的两个子类：普通会员和VIP会员，如图8-12所示。

这样的设计缺乏灵活性。例如，普通会员如果升级了，成了VIP会员怎么办？任何会员对象不能改变它所属的会员类型。因此，会员的级别并不是会员的本质属性，是可以变的，这种需要动态变化的情况就不适合用继承。修改成合成复用的设计，如图8-13所示。

图 8-12　继承复用　　　　图 8-13　合成复用

将会员级别的特性抽象成一个接口类型"会员卡MemberCard"，对MemberCard接口进行两个不同的实现：普通会员卡类GeneralMemberCard、VIP会员卡类VIPMemberCard，让会员卡MemberCard接口成为会员Member类的一个成员，这样就通过合成达到了目的。

8.4.7　迪米特法则

扫一扫，看视频

迪米特法则（Law of Demeter，LoD）又称为最少知识原则（Least Knowledge Principle，LKP）：只与你的直系朋友交谈，不和陌生人说话。其含义是：一个软件实体应当尽可能少地与其他实体发生相互作用。每一个软件单位对其他的单位都只有最少的知识，而且局限于那些与本单位密切相关的软件单位。

迪米特法则的初衷在于降低类之间的耦合。如果一个系统遵循迪米特法则，那么当某一个模块发生变化时，会尽可能少地影响其他模块，即降低耦合度。

迪米特法则不希望类之间建立直接的联系。如果真的有需要建立联系，那么也希望能够通过中介类转达。因此，过度使用迪米特法则会使系统产生大量的中介类，从而增加了系统的复杂度。

应用迪米特法则进行系统设计时，应该尽量降低类之间的耦合；优先考虑将一个类设置成不变类，同时尽量降低类的访问权限，谨慎使用序列化（Serializable）；尽量降低成员的访问权限，如将属性成员设置为私有，同时提供访问器（get()/set()方法）。

举例说明如何应用迪米特法则。公司的经理让销售员问候一下所有的客户，那么可以设计三个类：Customer类（客户）、Salesman类（销售员）、Manager类（经理）。Manager类中有命令方法command()，Salesman类中有问候方法greet()。代码如下：

```java
class Customer {
    private String name;                              //客户名称
    public Customer(String name) {
        this.name = name;
    }
    public String getName() {                         //设置客户名称
        return name;
    }
}
class Salesman {
    public void greet(List<Customer> customers) {     //问候方法
        for (Customer c : customers) {                //遍历每一位客户
            System.out.println("hello" + c.getName()); //问候客户
        }
    }
}
class Manager {
    public void command(Salesman salesman) {          //命令方法
        List<Customer> customers = new ArrayList<Customer>();  //定义客户列表
        for (int i = 0; i < 100; i++) {
            customers.add(new Customer("客户"+i));      //初始化客户
        }
        salesman.greet(customers);                    //给销售员下命令
    }
}
public class Example {
    public static void main(String[] args) {
        Manager manager = new Manager();
        manager.command(new Salesman());
    }
}
```

上面的代码可以正确运行，但是经理本来只需让销售员去问候客户，经理无须直接与客户接触，而Manager类的command()方法却同时依赖了Customer类和Salesman类，这就违背了迪米特法则。因此对此程序进行改进，去掉Manager类对Customer类的依赖，需要修改Salesman类和Manager类的代码如下：

```java
class Salesman {
    public void greet() {                             //问候方法
        for (int i = 0; i < 100; i++) {
            Customer c = new Customer("客户"+i);        //初始化客户
            System.out.println("hello" + c.getName()); //问候客户
        }
    }
}
class Manager {
    public void command(Salesman salesman) {          //命令方法
        salesman.greet();                             //给销售员下命令
    }
}
```

改进后的代码中类之间的耦合度降低，内聚性增强。

8.5 本章小结

本章主要介绍了面向对象的一些高级特性。重点讲解了以下几个方面的内容。

1. 包

- 包的创建：使用package关键字创建包。package语句必须是Java源文件的第一条非注释语句，后面创建的类都属于这个包，包中的类和接口会放在与包同名的文件夹中。
- 包的引用：使用import关键字引用包。import可以导入某个包下面的一个类或一次性导入所有类。

2. 访问权限控制

- private（类访问级别）：private修饰的成员是类的私有成员，只能在类的内部被访问，其他类无法访问。
- 默认（包访问级别）：即没有访问权限修饰符，可以被自己或同一个包中的其他类访问。
- protected（子类访问级别）：protected修饰的成员可以被本类或同一个包中的其他类访问，也可以被不同包中该类的子类访问。
- public（公共访问级别）：public修饰的成员可以被任何类访问。

3. 内部类

- 非静态内部类：定义在外部类中，与外部类的方法并列且不用static修饰的内部类，是非静态内部类，其地位相当于一个实例方法。
- 静态内部类：添加修饰符static的内部类是静态内部类。
- 局部内部类：在外部类的方法中定义的内部类。
- 匿名内部类：在方法局部定义的没有名称的内部类。

4. 面向对象设计原则

- 单一职责原则：规定一个类应该有且仅有一个引起它变化的原因，否则类应该被拆分。
- 开闭原则：软件实体应当对扩展开放，对修改关闭。
- 里氏替换原则：继承必须确保父类拥有的性质在子类中仍然成立。
- 依赖倒置原则：高层模块不应该依赖低层模块，两者都应该依赖抽象。
- 接口隔离原则：一个类对另一个类的依赖应该建立在最小的接口上。
- 合成复用原则：在软件复用时，要尽量先使用组合/聚合关联关系实现，其次才考虑使用继承关系实现。
- 迪米特法则：一个软件实体应当尽可能少地与其他实体发生相互作用。

在学习本章知识后，应结合第6～8章的知识，多进行综合应用，体会面向对象的编程思想与设计原则。

8.6 习题八

扫描二维码，查看习题。

扫二维码
查看习题

实验八　面向对象的高级特性

扫描二维码，查看实验内容。

扫二维码
查看实验内容

第 9 章

Java 基础类库

学习目标

本章主要讲解 Java 中的基础类库，主要包括基本数据类型对应的包装类、System 类、数学运算 Math 类、日期时间处理 Date 类和 Calendar 类、随机数 Random 类。通过本章的学习，读者应该掌握以下主要内容：

- 包装类的应用。
- System 类的主要成员。
- Math 类中的主要数学处理函数。
- Date 类与 Calendar 类中的处理日期时间操作。
- Random 类中的生成随机数方法。

内容浏览

基本数据类型的包装类

在Java语言的设计中，一切皆为对象。但在第3章中介绍的基本数据类型不属于对象的范围，在使用过程中经常需要将基本数据类型转换成对象类型，于是Java为每种基本数据类型都设计了对应的类，称为包装类。基本数据类型与对应的包装类如表9-1所示。

扫一扫，看视频

表 9-1　基本数据类型与对应的包装类

基本数据类型	包装类
byte	Byte
short	Short
int	Integer
long	Long
float	Float
double	Double
char	Character
boolean	Boolean

从表9-1中可以看出，除了int对应Integer、char对应Character，其他基本数据类型与包装类名称相同，首字母大写。这几个包装类都位于java.lang包中，该包由编译器自动导入，系统自动加载，所以编程时不需要像其他包一样通过import关键字导入，而是直接取用其中的类即可。

基本数据类型与包装类的转换在Java中被称为装箱和拆箱。将基本数据类型转换成包装类的过程称为装箱。例如，把int型转换成Integer类对象；将包装类转换成基本数据类型的过程称为拆箱。例如，把Integer类对象重新简化为int型。在Java 1.5之前必须通过程序显式地进行装箱和拆箱的操作，之后则实现了自动装箱和拆箱，也就是说，基本数据类型和对应的包装类进行转换时，系统将自动进行装箱和拆箱的操作，不用再手动操作，为程序开发提供了更多的便利。具体转换参见以下代码：

```
public class Demo {
    public static void main(String[] args) {
        int m = 500;
        Integer obj = m;      // 自动装箱
        int n = obj;          // 自动拆箱
        System.out.println("n = " + n);
        Integer obj1 = 500;
        System.out.println("obj等价于obj1，返回结果为" + obj.equals(obj1));
    }
}
```

程序运行结果：

```
n = 500
obj等价于obj1，返回结果为true。
```

在该例中，直接将int型变量m赋值给Integer类对象obj，实现了基本数据类型int到包装类Integer的装箱操作；将obj赋值给变量n，则实现了包装类Integer到基本数据类型int的拆箱操作。

以下针对实际开发中常用的包装类进行介绍。

Java基础类库

9.1.1 Integer 类

Integer类与基本数据类型int相对应，提供了在int型和String型之间相互转换的方法及处理int型时比较常用的常量和方法。

1. 构造方法

Integer类中的构造方法有以下两种。

● Integer(int value)：构造一个新分配的 Integer 对象，表示指定的 int 型值。

● Integer(String s)：构造一个新分配的 Integer 对象，表示 String 型的参数指定的 int 型值。

例如，以下代码分别使用以上两种构造方法获取 Integer 对象：

```
Integer integer1 = new Integer(100);    //以int型变量作为参数创建Integer对象
Integer integer2 = new Integer("100");  //以String型变量作为参数创建Integer对象
```

需要注意的是，在使用String型的参数创建Integer对象时，字符串的值必须是数值型的，如123，否则会抛出NumberFormatException异常。

2. 常用方法

在Integer类中包含了一些与int型数据操作有关的方法，具体如表9-2所示。

表 9–2 Integer 类中的常用方法

方　法	返回值	功　能　说　明
byteValue()	byte	以 byte 型返回该 Integer 的值
shortValue()	short	以 short 型返回该 Integer 的值
intValue()	int	以 int 型返回该 Integer 的值
toString()	String	返回一个表示该 Integer 值的 String 对象
toBinaryString(int i)	String	以二进制无符号整数形式返回一个整数参数的字符串表示形式
toHexString(int i)	String	以十六进制无符号整数形式返回一个整数参数的字符串表示形式
toOctalString(int i)	String	以八进制无符号整数形式返回一个整数参数的字符串表示形式
valueOf(String s)	Integer	返回保存指定的 String 值的 Integer 对象
parseInt(String s)	int	将数字字符串转换成 int 型的数值
equals(Object obj)	boolean	比较此对象与指定对象是否相等
compareTo(Integer anotherInteger)	int	在数字上比较两个 Integer 对象，如果相等，则返回 0； 如果调用对象的数值小于 anotherInteger 的数值，则返回负值； 如果调用对象的数值大于 anotherInteger 的数值，则返回正值

在实际的编程开发过程中，经常需要将字符串转换成int型的数据或将int型的数据转换成对应的字符串。结合以上函数，这两个操作的具体实现代码如下：

```
String str = "248";
int num = Integer.parseInt(str);      // 将数字字符串转换成int型的数值
int i = 369;
String s = Integer.toString(i);       // 将int型的数值转换成数字字符串
```

注意：在实现将字符串转换成int型数值的过程中，如果字符串中包含非数值类型的字符，则程序执行时将出现异常。

下面通过一个案例进一步说明其他函数的使用方法。

定义InteFunc类，在main()方法中调用Integer类的相关方法将值为100的int型变量i转换成字符串表示形式，并输出i对应的二进制、十六进制和八进制的表示形式，输出运算结果。

```java
public class InteFunc {
    public static void main(String[] args) {
        int num = 100;
        String str = Integer.toString(num);           // 将数字转换成字符串
        String str1 = Integer.toBinaryString(num);    // 将数字转换成二进制
        String str2 = Integer.toHexString(num);       // 将数字转换成十六进制
        String str3 = Integer.toOctalString(num);     // 将数字转换成八进制
        System.out.println(str + "的二进制数是: " + str1);
        System.out.println(str + "的八进制数是: " + str3);
        System.out.println(str + "的十六进制数是: " + str2);
    }
}
```

执行上述代码，运行结果如下：

```
100的二进制数是: 1100100
100的八进制数是: 144
100的十六进制数是: 64
```

3. 类中的常量

Integer 类中包含以下四个常量。

- MAX_VALUE：值为 $2^{31}-1$ 的常量，表示 int 型变量可取的最大值。
- MIN_VALUE：值为 -2^{31} 的常量，表示 int 型变量可取的最小值。
- SIZE：用来以二进制补码形式表示 int 型变量的位数。
- TYPE：表示 int 型的 Class 实例。

下面通过案例说明这几个常量的用法。

定义ConstFunc类，在main()方法中调用Integer类的常量，显示出int型变量能够表示的最大值、最小值及以二进制形式表示的位数，输出运算结果。

```java
public class ConstFunc {
    public static void main(String[] args) {
        int maxInt = Integer.MAX_VALUE;
        int minInt = Integer.MIN_VALUE;
        int size = Integer.SIZE;
        System.out.println("int型变量能表示的最大值: " + maxInt);
        System.out.println("int型变量能表示的最小值: " + minInt);
        System.out.println("int型变量二进制形式表示的位数: " + size);
    }
}
```

执行上述代码，运行结果如下：

```
int型变量能表示的最大值: 2147483647
int型变量能表示的最小值: -2147483648
int型变量二进制形式表示的位数: 32
```

9.1.2 Float 类

扫一扫，看视频

Float类在对象中包装了一个基本类型float的值。Float类对象包含一个float型的字段。此外，该类提供了多个方法，能在float型与String型之间相互转换，同时还提供了处理float型时比较常用的常量和方法。

1. 构造方法

Float 类中的构造方法有以下三种。

● Float(double value)：创建一个新分配的 Float 对象，表示转换成 float 型的参数。
● Float(float value)：创建一个新分配的 Float 对象，表示基本的 float 型的参数。
● Float(String s)：创建一个新分配的 Float 对象，表示 String 型的参数指定的 float 值。

应用以上构造方法创建Float对象的代码如下。

```
Float float1 = new Float(3.14);     // 以 double型的变量作为参数创建Float对象
Float float2 = new Float(3.14f);    // 以 float型的变量作为参数创建Float对象
Float float3 = new Float("3.14");   // 以 String型的变量作为参数创建Float对象
```

2. 常用方法

在Float类中包含了一些与float型数据操作有关的方法，具体如表9-3所示。

表 9-3　Float 类中的常用方法

方　法	返回值	功　能　说　明
byteValue()	byte	以 byte 型返回该 Float 的值
doubleValue()	double	以 double 型返回该 Float 的值
floatValue()	float	以 float 型返回该 Float 的值
intValue()	int	以 int 型返回该 Float 的值（强制转换成 int 型）
longValue()	long	以 long 型返回该 Float 的值（强制转换成 long 型）
shortValue()	short	以 short 型返回该 Float 的值（强制转换成 short 型）
isNaN()	boolean	如果此 Float 值是一个非数字值，则返回 true；否则返回 false
isNaN(float v)	boolean	如果指定的参数是一个非数字值，则返回 true；否则返回 false
toString()	String	返回一个表示该 Float 值的 String 对象
valueOf(String s)	float	返回保存指定的 String 值的 Float 对象
parseFloat(String s)	float	将数字字符串转换成 float 型的数值

例如，将浮点数3.14转换成对应的字符串，或者将字符串类型数据3.14转换成float型的数值都可以直接应用以上方法。具体代码示例如下：

```
String str = "3.14";
float num = Float.parseFloat(str);      // 将数字字符串转换成float型的数值
float f = 3.14f;
String s = Float.toString(f);           // 将 float型的数值转换成数字字符串
```

注意：在实现将字符串转换成float型数值的过程中，如果字符串中包含非数值类型的字符，则程序执行将出现异常。

3. 类中的常量

在 Float 类中包含了很多常量，其中较为常用的常量如下。

● MAX_VALUE：值为 1.4E38 的常量，表示 float 型变量能够表示的最大值。

- MIN_VALUE：值为 3.4E–45 的常量，表示 float 型变量可取的最小值。
- MAX_EXPONENT：表示有限 float 型变量可取的最大指数。
- MIN_EXPONENT：表示标准化 float 型变量可取的最小指数。
- MIN_NORMAL：表示 float 型的最小标准值的常量，即 2^{-126}。
- NaN：表示 float 型的非数字值的常量。
- SIZE：用来以二进制补码形式表示 float 型值的位数。
- TYPE：表示 float 型的 Class 实例。

下面的代码演示了 Float 类中常量的使用。

```
float max_value = Float.MAX_VALUE;       // 获取 float 型变量可取的最大值
float min_value = Float.MIN_VALUE;       // 获取 float 型变量可取的最小值
float min_normal = Float.MIN_NORMAL;     // 获取 float 型变量可取的最小标准值
float size = Float.SIZE;                 // 获取 float 型变量的二进制位数
```

9.1.3 Double 类

Double 类在对象中包装了一个基本数据类型 double 的值。Double 类对象包含一个 double 型的字段。此外，该类还提供了多个方法，可以将 double 型与 String 型相互转换，同时还提供了处理 double 型时比较常用的常量和方法。

扫一扫，看视频

1. 构造方法

Double 类中的构造方法有以下两种。
- Double(double value)：创建一个新分配的 Double 对象，表示 double 型的参数。
- Double(String s)：创建一个新分配的 Double 对象，表示 String 型的参数指定的 double 型值。

采用以上两种构造方法创建 Double 类对象，具体代码示例如下：

```
Double double1 = new Double(3.14);     //以double型变量作为参数创建Double对象
Double double2 = new Double("3.14");   //以String型变量作为参数创建Double对象
```

2. 常用方法

在 Double 类中包含了一些与 double 型数据操作有关的方法，具体如表 9-4 所示。

表 9–4　Double 类中的常用方法

方　　法	返回值	功　能　说　明
byteValue()	byte	以 byte 型返回该 Double 的值
doubleValue()	double	以 double 型返回该 Double 的值
floatValue()	float	以 float 型返回该 Double 的值
intValue()	int	以 int 型返回该 Double 的值（强制转换成 int 型）
longValue()	long	以 long 型返回该 Double 的值（强制转换成 long 型）
shortValue()	short	以 short 型返回该 Double 的值（强制转换成 short 型）
isNaN()	boolean	如果此 Double 值是一个非数字值，则返回 true；否则返回 false
isNaN(double v)	boolean	如果指定的参数是一个非数字值，则返回 true；否则返回 false
toString()	String	返回一个表示该 Double 值的 String 对象
valueOf(String s)	double	返回保存指定的 String 值的 Double 对象
parseFloat(String s)	double	将数字字符串转换成 Double 型的数值

例如，将数字字符串3.14转换成 double 型的数值，或者将 double 型的数值 3.14 转换成对应的字符串，可以直接应用以上方法。具体代码示例如下：

```
String str = "3.14";
double num = Double.parseDouble(str);        // 将数字字符串转换成double型的数值
double d = 3.14;
String s = Double.toString(d);               // 将double型的数值转换成数字字符串
```

3. 类中的常量

在 Double 类中包含了很多常量，其中较为常用的常量如下。

● MAX_VALUE：值为 1.8E308 的常量，表示 double 型变量可取的最大正有限值。
● MIN_VALUE：值为 4.9E-324 的常量，表示 double 型变量可取的最小正非零值。
● NaN：表示 double 型变量可取的非数字值。
● NEGATIVE_INFINITY：表示 double 型变量可取的负无穷大值。
● POSITIVE_INFINITY：表示 double 型变量可取的正无穷大值。
● SIZE：用来以二进制补码形式表示 double 型变量的位数。
● TYPE：表示 double 型的 Class 实例。

这些常量的用法与Integer类、Float类类似，不再赘述。

9.1.4 Byte 类

扫一扫，看视频

Byte 类将基本数据类型为 byte 的值包装在一个对象中。一个 Byte 类的对象只包含一个类型为 byte 的字段。此外，该类还为 byte 型和 String 型之间的相互转换提供了方法，并提供了一些处理 byte 型时非常有用的常量和方法。

1. 构造方法

Byte 类提供了两种构造方法创建 Byte 对象。

（1）Byte(byte value)：通过这种方法创建的 Byte 对象可以表示指定的 byte 值。例如，下面的示例将 2 作为 byte 型变量，然后再创建 Byte 对象。

```
byte my_byte = 2;
Byte b = new Byte(my_byte);
```

（2）Byte(String s)：通过这种方法创建的 Byte 对象，可以表示 String 型的参数指定的 byte 值。例如，下面的示例将 12 作为 String 型变量，然后再创建 Byte 对象。

```
String my_byte = "12";
Byte b = new Byte(my_byte);
```

注意：必须使用数值型的String变量作为参数才能创建成功，否则会抛出 NumberFormat Exception 异常。

2. 常用方法

在Byte类中包含了一些与byte型数据操作有关的方法，具体如表9-5所示。

表 9-5 Byte 类中的常用方法

方　　法	返回值	功　能　说　明
byteValue()	byte	以 byte 型返回该 Byte 的值
doubleValue()	double	以 double 型返回该 Byte 的值
intValue()	int	以 int 型返回该 Byte 的值
parseByte(String s)	byte	将 String 型参数解析成等价的 byte 形式
compareTo(Bytebytel)	int	在数字上比较两个 Byte 对象
toString()	String	返回表示该 byte 值的 String 对象
valueOf(String s)	Byte	返回保存指定的 String 值的 Byte 对象
equals(Object obj)	boolean	将此对象与指定对象比较，如果调用该方法的对象与 obj 相等则返回 true；否则返回 false

3. 类中的常量

在 Byte 类中包含了很多的常量，其中较为常用的常量如下。

● MIN_VALUE：表示 byte 型变量可取的最小值。

● MAX_VALUE：表示 byte 型变量可取的最大值。

● SIZE：用来以二进制补码形式表示 byte 型变量的位数。

● TYPE：表示 byte 型的 Class 实例。

9.1.5 Boolean 类

Boolean 类将基本数据类型为 boolean 的值包装在一个对象中。一个 Boolean 类的对象只包含一个类型为 boolean 的字段。此外，此类还为 boolean 型和 String 型之间的相互转换提供了很多方法，并提供了处理 boolean 型时非常有用的一些常用的常量和方法。

扫一扫，看视频

1. 构造方法

Boolean 类中的构造方法有以下两种。

● Boolean(boolean boolValue)。

● Boolean(String boolString)。

其中，boolValue 必须是 true 或 false。如果 boolString 包含字符串 true（不区分大小写），那么新的 Boolean 对象将包含 true，否则将包含 false。

用以上两种方法构造 Boolean 类的对象，具体代码示例如下：

```
Boolean b1 = new Boolean(true);
Boolean b2 = new Boolean("ok");
Boolean b3 = new Boolean("true");
System.out.println("b1 转换成 boolean 值是: " + b1);
System.out.println("b2 转换成 boolean 值是: " + b2);
System.out.println("b3 转换成 boolean 值是: " + b3);
```

执行上述代码，运行结果如下：

```
b1 转换成 boolean 值是: true
b2 转换成 boolean 值是: false
b3 转换成 boolean 值是: true
```

Java 基础类库

2. 常用方法

在Boolean类中包含了一些与boolean型数据操作有关的方法，具体如表9-6所示。

表 9-6　Boolean 类中的常用方法

方　　法	返回值	功　能　说　明
booleanValue()	boolean	将 Boolean 对象的值以对应的 boolean 值返回
equals(Object obj)	boolean	判断调用该方法的对象与 obj 是否相等。当且仅当参数不是 null，且是与调用该方法的对象一样都表示同一个 boolean 值的 Boolean 对象时，才返回 true
parseBoolean(String s)	boolean	将字符串参数解析为 boolean 值
toString()	String	返回表示该 boolean 值的 String 对象
valueOf(String s)	boolean	返回一个用指定的字符串表示的 boolean 值

3. 类中的常量

在 Boolean 类中包含了很多常量，其中较为常用的常量如下。

- TRUE：对应基值 true 的 Boolean 对象。
- FALSE：对应基值 false 的 Boolean 对象。
- TYPE：表示 boolean 型的 Class 实例。

9.1.6　Character 类

扫一扫，看视频

Character类将基本数据类型char的值包装在一个对象中。一个Character类的对象只包含一个类型为char的字段。此外，该类还提供了几种方法确定字符的类别（小写字母、数字等），并能对字母的大小写进行转换。

1. 构造方法

Character类的构造方法如下：

```
Character(char value);
```

该方法将一个char型的数据转换成Character类的对象。一旦Character类被创建，它包含的数值就不能再改变了。

具体代码示例如下：

```
Character ch = new Character('a');
```

2. 常用方法

在Character类中包含了一些与char类型数据操作有关的方法，具体如表9-7所示。

表 9-7　Character 类中的常用方法

方　　法	返回值	功　能　说　明
charValue()	char	返回此 Character 对象的值，此对象表示基本 char 值
isDigit(char ch)	boolean	确定指定字符是否为数字，如果通过 Character. getType(ch) 提供的字符的常规类别类型为 DECIMAL_DIGIT_NUMBER，则字符为数字
isLetter(int codePoint)	boolean	确定指定字符（Unicode 代码点）是否为字母
isLetterOrDigit(int codePoint)	boolean	确定指定字符（Unicode 代码点）是否为字母或数字

方 法	返回值	功 能 说 明
isLowerCase(char ch)	boolean	确定指定字符是否为小写字母
isUpperCase(char ch)	boolean	确定指定字符是否为大写字母
toLowerCase(char ch)	char	将字符参数转换成小写
toUpperCase(char ch)	char	将字符参数转换成大写

【例9-3】在main()方法中调用Character类的方法

定义CharFunc类，在main()方法中调用Character类的方法，将大写字符A转换成小写，小写字符b转换成大写，判断转换后字符的大小写类型并输出结果。

```java
public class CharFunc {
    public static void main(String[] args) {
        Character ch1 = Character.toLowerCase('A');
        Character ch2 = Character.toUpperCase('b');
        boolean isLow = Character.isLowerCase(ch1);
        boolean isUpper = Character.isUpperCase(ch2);
        System.out.println(ch1 + "当前的小写状态为: " + isLow);
        System.out.println(ch2 + "当前的大写状态为: " + isUpper);
    }
}
```

执行上述代码，运行结果如下：

a当前的小写状态为: true
B当前的大写状态为: true

3. 类中的常量

在Character类中提供了很多表示特定字符的常量。例如：

● CONNECTOR_PUNCTUATION: 返回byte型的值，表示Unicode规范中的常规类别Pc。
● UNASSIGNED: 返回byte型的值，表示Unicode规范中的常规类别Cn。
● TITLECASE_LETTER: 返回byte型的值，表示Unicode规范中的常规类别Lt。

9.1.7 Number 类

Number是一个抽象类，在java.lang包中，是包装类Double、Float、Byte、Short、Integer 及Long等的父类。

Number 类定义了一些抽象方法，以各种不同数字格式返回对象的值。如 xxxValue() 方法，它将 Number 对象转换成 xxx 数据类型的值并返回，具体如表9-8所示。

扫一扫，看视频

表 9-8 Number 类中的常用方法

方 法	返回值	功 能 说 明
byteValue()	byte	返回 byte 型的值
doubleValue()	double	返回 double 型的值
floatValue()	float	返回 float 型的值
intValue()	int	返回 int 型的值
longValue()	long	返回 long 型的值
shortValue()	short	返回 short 型的值

抽象类是不能直接实例化的，而必须实例化其具体的子类。以下代码演示了 Number 类的使用：

```
Number num = new Double(12.5);
System.out.println("返回 double 型的值: " + num.doubleValue());
System.out.println("返回 int 型的值: " + num.intValue());
System.out.println("返回 float 型的值: " + num.floatValue());
```

执行上述代码，运行结果如下：

```
返回 double 型的值: 12.5
返回 int 型的值: 12
返回 float 型的值: 12.5
```

9.2　System类

System 类位于 java.lang 包中，代表当前 Java 程序的运行平台，系统级的很多属性和控制方法都放置在该类中。由于该类的构造方法是 private 的，所以无法创建该类的对象，也就是无法实例化该类。

System 类提供了一些类变量和类方法，允许直接通过 System 类调用这些类变量和类方法。

9.2.1　成员变量

System类有三个静态成员变量，分别是PrintStream out、InputStream in和PrintStream err。

扫一扫，看视频

- PrintStream out：标准输出流。此流已打开并准备接收输出数据。通常，此流对应于显示器输出，或者由主机环境或用户指定的另一个输出目标。

例如，输出一行数据的典型语法格式如下：

```
System.out.println(data);
```

其中，println()是属于流类 PrintStream 的方法，而不是 System 类中的方法。

- InputStream in：标准输入流。此流已打开并准备提供输入数据。通常，此流对应于键盘输入，或者由主机环境或用户指定的另一个输入源。
- PrintStream err：标准的错误输出流。其语法与 System.out 类似，不需要提供参数就可以输出错误信息。也可以用来输出用户指定的其他信息，包括变量的值。

下面通过一个案例演示System类成员变量的应用。

【例9-4】System类成员变量的应用

定义SysFunc类，在main()方法中利用System类实现从键盘输入字符并显示。

```
import java.io.IOException;
public class SysFunc {
    public static void main(String[] args) {
        System.out.println("请输入字符，按回车键结束输入:");
        int c;
        try {
            c = System.in.read();            // 读取输入的字符
            while(c != '\r') {                // 判断输入的字符是否是回车
                System.out.print((char) c);    // 输出字符
```

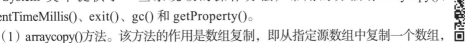
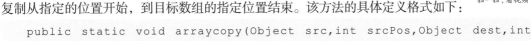

```
            c = System.in.read();
        }
    } catch(IOException e) {
        System.out.println(e.toString());
    } finally {
        System.err.println();
    }
}
}
```

执行上述代码，运行结果如下：

请输入字符，按回车键结束输入：
abc
abc

在上述代码中，System.in.read() 语句读入一个字符，read() 方法是 InputStream 类拥有的方法。变量 c 必须用 int 型而不能用 char 型，否则会因为丢失精度而导致编译失败。

以上的程序如果输入汉字，则不能正常输出。如果要正常输出汉字，则需要把 System.in 声明为 InputStreamReader 类型的实例，最终在 try 语句块中的代码如下：

```
InputStreamReader in = new InputStreamReader(System.in, "GB2312");
c = in.read();
while(c != '\r') {
    System.out.print((char) c);
    c = in.read();
}
```

如上述代码所示，语句InputStreamReader in=new InputStreamReader(System.in, "GB2312");声明一个新对象 in，它从Reader 继承而来，此时就可以读入完整的 Unicode 编码，显示正常的汉字。

更详细的输入/输出在后面的章节中会介绍。

9.2.2 成员方法

System 类中提供了一些系统级的操作方法，常用的方法有 arraycopy()、currentTimeMillis()、exit()、gc() 和 getProperty()。

（1）arraycopy()方法。该方法的作用是数组复制，即从指定源数组中复制一个数组，复制从指定的位置开始，到目标数组的指定位置结束。该方法的具体定义格式如下：

扫一扫，看视频

```
public static void arraycopy(Object src,int srcPos,Object dest,int
destPos,int length)
```

其中，src 表示源数组；srcPos 表示从源数组中复制的起始位置；dest 表示目标数组；destPos 表示要复制到的目标数组的起始位置；length 表示复制的个数。

arraycopy()方法的具体应用代码如下：

```
char[] srcArray = {'A','B','C','D'};
char[] destArray = {'E','F','G','H'};
System.arraycopy(srcArray,1,destArray,1,2);
System.out.println("源数组: ");
for(int i = 0;i < srcArray.length;i++) {
    System.out.println(srcArray[i]);
}
System.out.println("目标数组: ");
```

```
    for(int j = 0;j < destArray.length;j++) {
        System.out.println(destArray[j]);
    }
```

上述代码将数组 srcArray 中从下标 1 开始的两个元素复制到数组 destArray 中从下标 1 开始的位置。也就是将 srcArray[1] 复制给 destArray[1]，将 srcArray[2] 复制给 destArray[2]。这样经过复制后，数组 srcArray 中的元素不发生变化，而数组 destArray 中的元素将变为 E、B、C、H。下面为输出结果：

```
源数组：
A
B
C
D
目标数组：
E
B
C
H
```

（2）currentTimeMillis() 方法。该方法的作用是返回当前的计算机时间，时间的格式为当前计算机时间与 GMT 时间（格林尼治时间）1970 年 1 月 1 日 0 时 0 分 0 秒所差的毫秒数。一般用它测试程序的执行时间。例如：

```
long m = System.currentTimeMillis();
```

此语句将获得一个长整型的数字，该数字就是以差值表达的当前时间。

使用 currentTimeMillis() 方法显示时间不够直观，但是可以很方便地进行时间计算。例如，计算程序运行需要的时间就可以使用以下的代码：

```
long start = System.currentTimeMillis();
for(int i = 0;i < 100000000;i++) {
    ;
}
long end = System.currentTimeMillis();
long time = end - start;
System.out.println("程序执行时间" + time + "秒");
```

执行上述代码，运行结果如下：

程序执行时间70秒

代码中的变量 time 的值表示代码中 for 循环执行需要的毫秒数，使用这种方法可以测试不同程序的执行时间，也可以用于后期线程控制时的精确延时。不同机器和环境中运行结果自然不同。

（3）exit() 方法。该方法的作用是终止当前正在运行的 Java 虚拟机。该方法的具体定义格式如下：

```
public static void exit(int status)
```

其中，status 的值为 0 时表示正常退出；不为 0 时表示异常退出。使用该方法可以在图形界面编程中实现程序的退出功能。

（4）gc() 方法。该方法的作用是请求系统进行垃圾回收，完成内存中的垃圾清除。至于系统是否立刻回收，取决于系统中垃圾回收算法的实现及系统执行时的情况。该方法的具体定义格式如下：

```
public static void gc()
```

（5）getProperty() 方法。该方法的作用是获得系统中属性名为 key 的属性对应的值。该方法的具体定义格式如下：

```
public static String getProperty(String key)
```

系统中常见的属性名及属性的说明如表9-9所示。

表 9–9　系统中常见的属性名及属性的说明

属　性　名	属性说明
java.version	Java 运行时的环境版本
java.home	Java 安装目录
os.name	操作系统的名称
os.version	操作系统的版本
user.name	用户的账户名称
user.home	用户的主目录
user.dir	用户的当前工作目录

getProperty() 方法的具体应用代码如下：

```
String jversion = System.getProperty("java.version");
String oName = System.getProperty("os.name");
String user = System.getProperty("user.name");
System.out.println("Java 运行时的环境版本: "+jversion);
System.out.println("当前操作系统是: "+oName);
System.out.println("当前用户是: "+user);
```

执行上述代码，运行结果如下：

```
Java 运行时的环境版本：1.6.0_13
当前操作系统是: Windows Vista
当前用户是: Administrator
```

使用getProperty() 方法可以获得很多系统级的参数及对应的值，这里不再一一举例。

9.3　Math类

在Java中，Math类封装了一些常用的数学运算，如取最大值、取最小值、指数、对数、平方根和三角函数等，除此之外，该类还提供了常用的数学常量，如PI、E等。本节将介绍Math类及其提供的常用函数的方法。

9.3.1　Math 类概述

Math类位于java.lang包中，该包由编译器自动导入，系统自动加载，所以编程时不需要像其他包一样通过import关键字导入，而是直接取用其中的类即可。Math类中的所有方法都是类方法，都被定义为static形式，在程序中可以直接通过Math类名调用。其一般语法格式如下：

扫一扫，看视频

```
Math.数学方法
```

在Math类中除了方法，还包含了PI和E两个静态常量，如它们的名字所示，这两个常量分别对应数学运算中圆周率 π 和自然对数e。这两个常量被定义为Math类的成员变量，调用格式如下：

```
Math.PI                          //表示圆周率π的值
Math.E                           //表示自然对数e的值
```

例如，分别输出PI和E的值。代码如下：

```
System.out.println("圆周率π的值为： " + Math.PI);
System.out.println("自然对数e的值为： " + Math.E);
```

执行上述代码，运行结果如下：

```
圆周率π的值为：3.141592653589793
自然对数e的值为：2.718281828459045
```

9.3.2 常用的数学运算方法

扫一扫，看视频

Math类中包括的常用数学运算方法较多，大致可以将其分为四类：三角函数，指数函数，取整函数，取最大值、最小值和绝对值函数。

1. 三角函数方法

Math类中的三角函数方法如表9-10所示。

表 9-10　Math 类中的三角函数方法

方 法	功 能 说 明
public static double sin(double a)	返回角的三角正弦值，参数以弧度为单位
public static double cos(double a)	返回角的三角余弦值，参数以弧度为单位
public static double tan(double a)	返回角的三角正切值，参数以弧度为单位
public static double asin(double a)	返回一个值的反正弦值，参数域在 [–1,1]，值域在 [–PI/2,PI/2]
public static double acos(double a)	返回一个值的反余弦值，参数域在 [–1,1]，值域在 [0.0,PI]
public static double atan(double a)	返回一个值的反正切值，值域在 [–PI/2,PI/2]
public static double toRadians(double angdeg)	将用角度表示的角转换成近似相等的用弧度表示的角
public static double toDegrees(double angrad)	将用弧度表示的角转换成近似相等的用角度表示的角

【例9-5】在main()方法中调用Math类的三角函数相关方法的应用

定义TrigFunc类，在main()方法中调用Math类的三角函数相关方法并输出运算结果。

```
public class TrigFunc {
    public static void main(String[] args) {
        System.out.println("90°的正弦值： " + Math.sin(Math.PI / 2));
        System.out.println("0°的余弦值： " + Math.cos(0));
        System.out.println("1°的反正切值： " + Math.atan(1));
        System.out.println("120°的弧度值： " + Math.toRadians(120.0));
    }
}
```

在该例代码中，因为 Math.sin()中参数的单位是弧度，而90°表示的是角度，因此需要将90°转换成弧度，即Math.PI/180*90，故转换后的弧度为Math.PI/2，然后调用Math类中的sin()方法计算其正弦值。

执行上述代码，运行结果如下：

```
90°的正弦值：1.0
0°的余弦值：1.0
1°的反正切值：0.7853981633974483
120°的弧度值：2.0943951023931953
```

2. 指数函数方法

Math类中的指数函数方法如表9-11所示。

表 9-11　Math 类中的指数函数方法

方　　法	功　能　说　明
public static double exp(double a)	返回 e 的 a 次幂
public static double log(double a)	返回 a 的自然对数，即 lna 的值
public static double log10(double a)	返回以 10 为底 a 的对数
public static double sqrt(double a)	返回 a 的平方根
public static double cbrt(double a)	返回 a 的立方根
public static double pow(double a, double b)	返回以 a 为底数，以 b 为指数的幂值

为了便于理解这些运算函数方法的具体用法，下面举例说明。

【例9-6】在main()方法中调用Math类的指数函数相关方法的应用

创建EXpFunc类，在main()方法中调用Math类的指数函数相关方法并输出运算结果。

```
public class EXpFunc {
    public static void main(String[] args) {
        System.out.println("e的平方值: " + Math.exp(2));
        System.out.println("以e为底2的对数: " + Math.log(2));
        System.out.println("以10为底2的对数: " + Math.log10(2));
        System.out.println("16的平方根: " + Math.sqrt(16));
        System.out.println("8的立方根: " + Math.cbrt(8));
        System.out.println("4的立方值: " + Math.pow(4,3));
    }
}
```

执行上述代码，运行结果如下：

```
e的平方值: 7.38905609893065
以e为底2的对数: 0.6931471805599453
以10为底2的对数: 0.3010299956639812
16的平方根: 4.0
8的立方根: 2.0
4的立方值: 64.0
```

3. 取整函数方法

在很多数学运算中会涉及取整操作，Math类中的取整函数方法如表9-12所示。

表 9-12　Math 类中的取整函数方法

方　法	功　能　说　明
public static double ceil(double a)	返回大于或等于 a 的最小整数
public static double floor(double a)	返回小于或等于 a 的最大整数
public static double rint(double a)	返回最接近 a 的整数，如果有两个同样接近的整数，则结果取偶数
public static int round(float a)	将参数加上 0.5 后返回与参数最接近的整数
public static long round(double a)	将参数加上 0.5 后返回与参数最接近的整数，然后强制转换成长整型值

如果以1.5作为参数，则取整函数floor()、ceil()和rint()的返回值在坐标轴上的表示如图9-1所示。因为1.0和2.0距离参数1.5均为0.5个单位长度，所以rint()函数的返回值为偶数2.0。

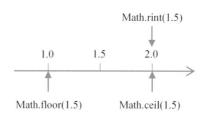

图 9-1　取整函数 floor()、ceil() 和 rint() 的返回值在坐标轴上的表示

【例9-7】在main()方法中调用Math类的取整函数相关方法的应用

定义IntFunc类，在main()方法中调用Math类的取整函数相关方法并输出运算结果。

```java
public class IntFunc {
    public static void main(String[] args) {
        // 返回第一个大于或等于参数的最小整数
        System.out.println("使用ceil()方法取整: " + Math.ceil(2.2));
        // 返回第一个小于或等于参数的最大整数
        System.out.println("使用floor()方法取整: " + Math.floor(2.2));
        // 返回与参数最接近的整数
        System.out.println("使用rint()方法取整: " + Math.rint(2.7));
        // 返回与参数最接近的整数值
        System.out.println("使用rint()方法取整: " + Math.rint(2.5));
        // 将参数加上0.5后返回与参数最接近的整数，并将结果强制转换成整型
        System.out.println("使用round()方法取整: " + Math.round(3.4f));
        // 将参数加上0.5后返回与参数最接近的整数，并将结果强制转换成长整型
        System.out.println("使用round()方法取整: " + Math.round(3.4));
    }
}
```

执行上述代码，运行结果如下：

```
使用ceil()方法取整: 3.0
使用floor()方法取整: 2.0
使用rint()方法取整: 3.0
使用rint()方法取整: 2.0
使用round()方法取整: 3
使用round()方法取整: 3
```

在该例中，rint()方法的参数为2.7时，返回最近的整数3.0，而参数为2.5时，2.0与3.0同为最接近的整数，则返回偶数2.0。

4. 取最大值、最小值和绝对值函数方法

在程序中涉及的取最大值、最小值和绝对值的问题，如果使用Math类提供的相关方法，则可以很容易实现。具体的方法如表9-13所示。

表 9-13　Math 类中的取最大值、最小值和绝对值函数方法

方　法	功　能　说　明
public static int max(int a, int b)	返回 a 和 b 中的最大值，参数为整型
public static long max(long a, long b)	返回 a 和 b 中的最大值，参数为长整型
public static float max(float a, float b)	返回 a 和 b 中的最大值，参数为浮点型
public static double max(double a, double b)	返回 a 和 b 中的最大值，参数为双精度型
public static int min(int a, int b)	返回 a 和 b 中的最小值，参数为整型

轻松学　Java编程从入门到实战(案例·视频·彩色版)

方　法	功　能　说　明
public static long min(long a, long b)	返回 a 和 b 中的最小值，参数为长整型
public static float min(float a, float b)	返回 a 和 b 中的最小值，参数为浮点型
public static double min(double a, double b)	返回 a 和 b 中的最小值，参数为双精度型
public static int abs(int a)	返回 a 的绝对值，参数为整型
public static long abs(long a)	返回 a 的绝对值，参数为长整型
public static float abs(float a)	返回 a 的绝对值，参数为浮点型
public static double abs(double a)	返回 a 的绝对值，参数为双精度型

从表9-13中可以看出，方法max()、min()和abs()分别提供了int、long、float、double不同类型参数，方便在程序中对于不同类型的数据进行处理。

【例9-8】在main()方法中调用Math类的取最大值、最小值和绝对值函数相关方法的应用

定义MaxMinAbsFunc类，在main()方法中调用Math类的取最大值、最小值和绝对值函数相关方法并输出运算结果。

```
public class MaxMinAbsFunc {
    public static void main(String[] args) {
        System.out.println("10和20的较大值: " + Math.max(10, 20));
        System.out.println("15.6和15的较小值: " + Math.min(15.6, 15));
        System.out.println("-12的绝对值: " + Math.abs(-12));
    }
}
```

执行上述代码，运行结果如下：

```
10和20的较大值: 20
15.6和15的较小值: 15.0
-12的绝对值: 12
```

9.4　Date类与Calendar类

在 Java 中获取当前时间可以使用 java.util.Date 类和 java.util.Calendar 类完成。其中，Date 类主要封装了系统的日期和时间的信息；Calendar 类则会根据系统的日历解释 Date 对象。本节将详细介绍这两个类的具体使用方法。

9.4.1　Date 类

Date 类表示系统特定的时间戳，可以精确到毫秒。Date 对象表示时间的默认顺序是星期、月、日、小时、分、秒、年。

扫一扫，看视频

1. 构造方法

Date 类中的构造方法有以下两种。

● Date()：此种形式表示创建 Date 对象并初始化此对象，以表示分配它的时间（精确到毫秒），使用该构造方法创建的对象可以获取本地的当前时间。

● Date(long date)：此种形式表示从 GMT 时间（格林尼治时间）1970 年 1 月 1 日 0 时 0 分 0 秒开始经过参数 date 指定的毫秒数。

采用这两种构造方法创建Date类对象的具体代码如下：

```
Date date1 = new Date();              // 调用无参数构造函数
System.out.println(date1.toString());
Date date2 = new Date(999999);        // 调用含有一个long型参数的构造函数
System.out.println(date2);
```

执行上述代码，运行结果如下：

```
Wed Aug 19 14:47:34 CST 2020
Thu Jan 01 08:01:00 CST 1970
```

可以看出，Date 类的无参数构造方法获取的是系统当前的时间，显示的顺序为星期、月、日、小时、分、秒、年。

Date 类带 long 型参数的构造方法获取的是距离 GMT 指定毫秒数的时间，60000 毫秒是 1 分钟，而 GMT（格林尼治时间）与 CST（中央标准时间）相差 8 小时，也就是说1970 年 1 月 1 日 00:00:00 GMT与1970 年 1 月 1 日 08:00:00 CST 表示的是同一时间。因此距离 1970 年 1 月 1 日 00:00:00 CST 1分钟的时间为1970 年 1 月 1 日 00:01:00 CST，即使用 Date对象表示为Thu Jan 01 08:01:00 CST 1970。

2. 常用方法

Date 类提供了许多与日期和时间相关的方法，其中的常用方法如表9-14所示。

表 9–14　Date 类中的常用方法

方　　法	功　能　说　明
boolean after(Date when)	判断此日期是否在指定日期后
boolean before(Date when)	判断此日期是否在指定日期前
int compareTo(Date anotherDate)	比较两个日期的顺序
boolean equals(Object obj)	比较两个日期的相等性
long getTime()	返回自 1970 年 1 月 1 日 00:00:00 GMT 以来，此 Date 对象表示的毫秒数
String toString()	把此 Date 对象转换为以下形式的 String: dow mon dd hh:mm:ss zzz yyyy。其中，dow 是一周中的某一天（Sun、Mon、Tue、Wed、Thu、Fri 和 Sat）

格式dow mon dd hh:mm:ss zzz yyyy中：

● dow是一周中的某一天（Sun、Mon、Tue、Wed、Thu、Fri、Sat）。

● mon是月份（Jan、Feb、Mar、Apr、May、Jun、Jul、Aug、Sep、Oct、Nov、Dec）。

● dd是一个月中的某一天（01 ～ 31），显示为两位十进制数。

● hh是一天中的小时（00 ～ 23），显示为两位十进制数。

● mm是一小时中的分钟（00 ～ 59），显示为两位十进制数。

● ss是一分钟中的秒数（00 ～ 61），显示为两位十进制数。

● zzz是时区信息，如果不提供，则为空，即根本不包括任何字符。

● yyyy是年份，显示为四位十进制数。

【例9-9】在main()方法中调用Date类的相关方法获取当前时间

定义DateFunc类，在main()方法中调用Date类的相关方法获取当前时间及其距离基准时间的毫秒数并输出运算结果。

```
import java.util.Date;
public class DateFunc {
    public static void main(String[] args) {
        Date date = new Date(); // 获取当前日期
        long val = date.getTime();
        System.out.println("当前的日期、时间为: " + date);
        System.out.println("从基准时间到当前时间经过的毫秒数为: " + val);
    }
}
```

执行以上代码，运行结果如下：

当前的日期、时间为: Wed Aug 19 15:09:30 CST 2020
从基准时间到当前时间经过的毫秒数为: 1597820970320

由于程序中获取的是系统的当前时间，所以在不同时间点上运行以上代码会得到不同的结果。

从该例的运行结果可以看到，Date类对象输出的时间格式为"dow mon dd hh:mm:ss zzz yyyy"，那么如何将日期或时间直接显示为"2020-08-18"或"12:30:45"这种常用的格式呢？

为了解决上述问题，Java在java.text包中提供了DateFormat类和SimpleDateFormat类，这两个类中的方法可以用来格式化日期。下面介绍这两个类的主要方法的使用。

9.4.2 DateFormat 类

格式化日期表示将日期/时间格式转换成预先定义的日期/时间格式。例如，将日期"Fri May 18 15:46:24 CST 2016"格式转换成"2016-05-18 15:46:24 星期五"的格式。在 Java 中，可以使用 DateFormat 类和 SimpleDateFormat 类格式化日期，其中DateFormat 类是日期/时间格式化子类的抽象类，它以与语言无关的方式格式化并解析日期或时间。日期/时间格式化子类（如 SimpleDateFormat）允许进行格式化（也就是日期→文本）、解析（文本→日期）和标准化日期。

在创建DateFormat对象时不能使用 new 关键字，而应该使用 DateFormat 类中的静态方法getDateInstance()，示例代码如下：

```
DateFormat df = DateFormat.getDateInstance();
```

在创建了一个 DateFormat 对象后，可以调用该对象中的方法对日期/时间进行格式化。DateFormat 类中的常用方法如表9-15所示。

表 9-15   DateFormat 类中的常用方法

方　　法	功　能　说　明
String format(Date date)	将 Date 格式化为日期 / 时间字符串
Calendar getCalendar()	获取与此日期 / 时间格式相关联的日历
static DateFormat getDateInstance()	获取具有默认格式化风格和默认语言环境的日期格式
static DateFormat getDateInstance(int style)	获取具有指定格式化风格和默认语言环境的日期格式
static DateFormat getDateInstance(int style, Locale locale)	获取具有指定格式化风格和指定语言环境的日期格式
static DateFormat getDateTimeInstance()	获取具有默认格式化风格和默认语言环境的日期 / 时间格式
static DateFormat getDateTimeInstance(int dateStyle,int timeStyle)	获取具有指定日期 / 时间格式化风格和默认语言环境的日期 / 时间格式

扫一扫，看视频

方　　法	功 能 说 明
static DateFormat getDateTimeInstance(int dateStyle,int timeStyle,Locale locale)	获取具有指定日期 / 时间格式化风格和指定语言环境的日期 / 时间格式
static DateFormat getTimeInstance()	获取具有默认格式化风格和默认语言环境的时间格式
static DateFormat getTimeInstance(int style)	获取具有指定格式化风格和默认语言环境的时间格式
static DateFormat getTimeInstance(int style, Locale locale)	获取具有指定格式化风格和指定语言环境的时间格式
void setCalendar(Calendar newCalendar)	为此格式设置日历
Date parse(String source)	将给定的字符串解析成日期 / 时间

格式化样式主要通过 DateFormat 常量设置。将不同的常量传入表9-15所示的方法中，以控制结果的长度。DateFormat 类的常量如下。

● SHORT：完全为数字，如 12.5.10 或 5:30pm。

● MEDIUM：较长，如 May 10，2016。

● LONG：更长，如 May 12，2016 或 11:15:32am。

● FULL：是完全指定，如 Tuesday、May 10、2012 AD 或 11:15:42am CST。

使用DateFormat 类中的方法与常量的结合，可以对日期进行不同风格的格式化。示例如下：

```
//获取不同格式化风格和中国环境的日期
DateFormat df1 = DateFormat.getDateInstance(DateFormat.SHORT, Locale.CHINA);
DateFormat df2 = DateFormat.getDateInstance(DateFormat.FULL, Locale.CHINA);
DateFormat df3 = DateFormat.getDateInstance(DateFormat.MEDIUM, Locale.
CHINA);
DateFormat df4 = DateFormat.getDateInstance(DateFormat.LONG, Locale.CHINA);
//获取不同格式化风格和中国环境的时间
DateFormat df5 = DateFormat.getTimeInstance(DateFormat.SHORT, Locale.CHINA);
DateFormat df6 = DateFormat.getTimeInstance(DateFormat.FULL, Locale.CHINA);
DateFormat df7 = DateFormat.getTimeInstance(DateFormat.MEDIUM, Locale.
CHINA);
DateFormat df8 = DateFormat.getTimeInstance(DateFormat.LONG, Locale.CHINA);
//将不同格式化风格的日期格式化为日期字符串
String date1 = df1.format(new Date());
String date2 = df2.format(new Date());
String date3 = df3.format(new Date());
String date4 = df4.format(new Date());
//将不同格式化风格的时间格式化为时间字符串
String time1 = df5.format(new Date());
String time2 = df6.format(new Date());
String time3 = df7.format(new Date());
String time4 = df8.format(new Date());
//输出日期
System.out.println("SHORT: " + date1 + " " + time1);
System.out.println("FULL: " + date2 + " " + time2);
System.out.println("MEDIUM: " + date3 + " " + time3);
System.out.println("LONG: " + date4 + " " + time4);
```

执行上述代码，运行结果如下：

```
SHORT: 20-08-20 下午4:01
FULL: 2020年8月20日 星期四 下午04时01分36秒 CST
MEDIUM: 2020-08-20 16:01:36
LONG: 2020年8月20日 下午04时01分36秒
```

9.4.3 SimpleDateFormat 类

扫一扫,看视频

如果使用 DateFormat 类格式化日期/时间并不能满足要求,那么就需要使用 DateFormat 类的子类——SimpleDateFormat。

SimpleDateFormat 是一个以与语言环境有关的方式格式化和解析日期的具体类,它允许进行格式化(日期→文本)、解析(文本→日期)和标准化日期。SimpleDateFormat 类可以选择任何用户定义的日期/时间格式的模式。

SimpleDateFormat 类主要有以下三种构造方法。

- SimpleDateFormat():用默认的格式和默认的语言环境构造 SimpleDateFormat 类。
- SimpleDateFormat(String pattern):用指定的格式和默认的语言环境构造 SimpleDateFormat 类。
- SimpleDateFormat(String pattern,Locale locale):用指定的格式和指定的语言环境构造 SimpleDateFormat 类。

SimpleDateFormat 类自定义日期/时间格式中的字母及其含义与示例如表 9-16 所示。

表 9-16 SimpleDateFormat 类自定义日期 / 时间格式中的字母及其含义与示例

字 母	含 义	示 例
y	年份。一般用 yy 表示两位年份,yyyy 表示四位年份	使用 yy 表示的年份,如 11;使用 yyyy 表示的年份,如 2011
M	月份。一般用 MM 表示月份,如果使用 MMM,则会根据语言环境显示不同语言的月份	使用 MM 表示的月份,如 05;使用 MMM 表示的月份,在 Locale.CHINA 语言环境下,如"十月";在 Locale.US 语言环境下,如 Oct
d	月份中的天数。一般用 dd 表示天数	使用 dd 表示的天数,如 10
D	年份中的天数。表示当天是当年的第几天,用 D 表示	使用 D 表示的年份中的天数,如 295
E	星期几。用 E 表示,会根据语言环境的不同,显示不同语言的星期几	使用 E 表示星期几,在 Locale.CHINA 语言环境下,如"星期四";在 Locale.US 语言环境下,如 Thu
H	一天中的小时数(0~23)。一般用 HH 表示小时数	使用 HH 表示的小时数,如 18
h	一天中的小时数(1~12)。一般使用 hh 表示小时数	使用 hh 表示的小时数,如 10(注意 10 有可能是 10 点,也有可能是 22 点)
m	分钟数。一般使用 mm 表示分钟数	使用 mm 表示的分钟数,如 29
s	秒数。一般使用 ss 表示秒数	使用 ss 表示的秒数,如 38
S	毫秒数。一般使用 SSS 表示毫秒数	使用 SSS 表示的毫秒数,如 156

下面通过一个案例演示如何利用 SimpleDateFormat 类的方法实现日期、时间的格式化操作。

【例 9-10】利用 SimpleDateFormat 类的方法实现日期、时间的格式化操作

定义 SdfFunc 类,在 main() 方法中调用 SimpleDateFormat 类的相关方法显示当前时间,格式为"××××年××月××日 星期×××点××分××秒"并输出运算结果。

```
import java.text.SimpleDateFormat;
import java.util.Date;
public class SdfFunc {
    public static void main(String[] args) {
        Date now = new Date();          // 创建一个Date对象,获取当前时间
```

```
        SimpleDateFormat f = new SimpleDateFormat("今天是 " + "yyyy 年 MM 月 dd 日 E
HH 点 mm 分 ss 秒");                              // 指定格式化格式
        System.out.println(f.format(now));   // 将当前时间格式化为指定的格式
    }
}
```

执行上述代码，运行结果如下：

今天是 2020 年 8 月 20 日 星期四 16 点 20 分 30 秒

9.4.4 Calendar 类

扫一扫，看视频

Calendar类是一个抽象类，它为特定瞬间与一组诸如YEAR、MONTH、DAY_OF_MONTH、HOUR等日历字段之间的转换提供了一些方法，并为操作日历字段（例如，获得下星期的日期）提供了一些方法。特定瞬间可用毫秒值表示，它是距历元（即格林尼治时间1970年1月1日的00:00:00.000）的偏移量。

1. 创建对象方法

创建Calendar对象不能使用new关键字，因为Calendar类是一个抽象类，但是它提供了一个getInstance()方法获得Calendar类的对象。getInstance() 方法返回一个 Calendar对象，其日历字段已由当前日期和时间初始化。

```
Calendar c = Calendar.getInstance();        //使用默认时区和指定的区域设置获取日历
```

除此之外，还可以通过以下方法获得Calendar类对象：

```
static Calendar getInstance(TimeZone zone)   //使用指定时区和默认语言环境获得一个日历
static Calendar getInstance(Locale aLocale) //使用默认时区和指定的区域设置获取日历
static Calendar getInstance(TimeZone zone,Locale aLocale) //使用指定时区和语言
                                                          //环境获得一个日历
```

2. 其他常用方法

当创建了一个 Calendar 对象后，就可以通过 Calendar 对象中的一些方法处理日期、时间。Calendar 类中的常用方法如表9-17所示。

表 9-17　Calendar 类中的常用方法

方　　法	功　能　说　明
void add(int field, int amount)	根据日历的规则，为给定的日历字段 field 添加或减去指定的时间量 amount
boolean after(Object when)	判断此 Calendar 表示的时间是否在指定时间 when 之后，并返回判断结果
boolean before(Object when)	判断此 Calendar 表示的时间是否在指定时间 when 之前，并返回判断结果
void clear()	清空 Calendar 中的日期时间值
int compareTo(Calendar another Calendar)	比较两个 Calendar 对象表示的时间值（从格林尼治时间 1970 年 1 月 1 日 00 时 00 分 00 秒至现在的毫秒偏移量），大则返回 1，小则返回 −1，相等则返回 0
int get(int field)	返回指定日历字段的值
int getActualMaximum(int field)	返回指定日历字段可能拥有的最大值
int getActualMinimum(int field)	返回指定日历字段可能拥有的最小值

方　　法	功　能　说　明
int getFirstDayOfWeek()	获取一星期的第一天。根据不同的国家地区，返回不同的值
Date getTime()	返回一个表示此 Calendar 时间值（从格林尼治时间 1970 年 1 月 1 日 00 时 00 分 00 秒至现在的毫秒偏移量）的 Date 对象
long getTimeInMillis()	返回此 Calendar 的时间值，以毫秒为单位
void set(int field, int value)	为指定的日历字段设置给定值
void set(int year, int month, int date)	设置日历字段 YEAR、MONTH 和 DAY_OF_MONTH 的值
void set(int year, int month, int date, int hourOfDay,int minute, int second)	设置字段 YEAR、MONTH、DAY_OF_MONTH、HOUR、MINUTE 和 SECOND 的值
void setFirstDayOfWeek(int value)	设置一星期的第一天是哪一天
void setTimeInMillis(long millis)	用给定的 long 值设置此 Calendar 的当前时间值

在表9-17的方法中，Calendar 对象可以调用 set() 方法将日历翻到任何一个时间，当参数 year 取负数时表示公元前。Calendar 对象调用 get() 方法可以获取有关年、月、日等时间信息，参数 field 的有效值由 Calendar 静态常量指定。

Calendar 类中定义了许多常量，分别表示不同的意义。

● Calendar.YEAR：年份。
● Calendar.MONTH：月份。
● Calendar.DATE：日期。
● Calendar.DAY_OF_MONTH：日期，和上面的字段意义完全相同。
● Calendar.HOUR：12 小时制的小时。
● Calendar.HOUR_OF_DAY：24 小时制的小时。
● Calendar.MINUTE：分钟。
● Calendar.SECOND：秒。
● Calendar.DAY_OF_WEEK：星期几。

例如，要获取当前月份可用以下代码：

```
int month = Calendar.getInstance().get(Calendar.MONTH);
```

注意：如果int型变量month的值是0，则表示当前日历是在1月；如果值是11，则表示当前日历是在12月。

下面通过一个案例说明将Calendar 类的方法与常量结合使用完成日期的处理操作。

【例9-11】Calendar类的方法与常量的结合使用

定义CaleFunc类，在main()方法中调用Calendar类的相关方法显示当前时间、年月日、时分秒，计算当前是本月第几天、第几周、今年第几天，设置一个特定时间并输出运算结果。

```
import java.util.Calendar;
import java.util.Date;
public class CaleFunc {
    public static void main(String[] args) {
        Calendar calendar = Calendar.getInstance();              //默认为当前时间
        calendar.setTime(new Date());     // 将系统当前时间赋值给Calendar对象
        System.out.println("现在时刻: " + calendar.getTime());   //获取当前时间
        int year = calendar.get(Calendar.YEAR);                  //获取当前年份
        System.out.print("现在是" + year + "年");
        int month = calendar.get(Calendar.MONTH) + 1;            //获取当前月份
```

```
                                              //（月份从0开始，所以加 1）
System.out.print(month + "月");
int day = calendar.get(Calendar.DATE);              // 获取日
System.out.print(day + "日");
int week = calendar.get(Calendar.DAY_OF_WEEK)-1;// 获取今天星期几
                                              //（以星期日为第一天）
System.out.println("星期" + week);
int hour = calendar.get(Calendar.HOUR_OF_DAY); // 获取当前小时数（24小时制）
System.out.print(hour + "时");
int minute = calendar.get(Calendar.MINUTE);     // 获取当前分钟数
System.out.print(minute + "分");
int second = calendar.get(Calendar.SECOND);     // 获取当前秒数
System.out.print(second + "秒");
int millisecond = calendar.get(Calendar.MILLISECOND);// 获取当前毫秒数
System.out.println(millisecond + "毫秒");
// 获取今天是本月第几天
int dayOfMonth = calendar.get(Calendar.DAY_OF_MONTH);
System.out.println("今天是本月第 " + dayOfMonth + " 天");
// 获取今天是本月第几周
int dayOfWeekInMonth = calendar.get(Calendar.DAY_OF_WEEK_IN_MONTH);
System.out.println("今天是本月第 " + dayOfWeekInMonth + " 周");
int many = calendar.get(Calendar.DAY_OF_YEAR);   // 获取今天是今年第几天
System.out.println("今天是今年第 " + many + " 天");
Calendar c = Calendar.getInstance();
c.set(2019, 8, 8);                            // 设置年月日，时分秒将默认采用当前值
// 输出时间
System.out.println("设置日期为 2019-08-08 后的时间: " + c.getTime());
    }
}
```

执行上述代码，运行结果如下：

```
现在时刻：Thu Aug 20 15:38:00 CST 2020
现在是2020年8月20日星期四
15时38分0秒610毫秒
今天是本月第 20 天
今天是本月第 3 周
今天是今年第 233 天
设置日期为 2019-08-08 后的时间: Sun Sep 08 15:38:00 CST 2019
```

9.5 Random类

扫一扫，看视频

在 Java 中要生成一个指定范围内的随机数字有两种方法：一种是调用 Math 类的 random() 方法；另一种是使用 Random 类。

Random 类提供了丰富的随机数生成方法，可以产生 boolean型、int型、long型、float型和 double 型的随机数，这是它与 random() 方法最大的不同之处。random() 方法只能产生 double 型 0~1 的随机数。

9.5.1 构造方法

Random 类位于 java.util 包中，该类有以下两种常用的构造方法。

- Random()：该构造方法使用一个和当前系统时间对应的数字作为种子数，然后使用这个种子数构造 Random 对象。
- Random(long seed)：使用单个 long 型的参数创建一个新的随机数生成器。

9.5.2 常用方法

通过Random 类提供的所有方法生成的随机数都是均匀分布的，也就是说，区间内部的数字生成的概率是均等的。Random 类中的常用方法如表9-18所示。

表 9-18 Random 类中的常用方法

方 法	功 能 说 明
boolean nextBoolean()	生成一个随机的 boolean 值，生成 true 和 false 的概率相等
double nextDouble()	生成一个随机的 double 值，数值介于 [0,1.0)
int nextlnt()	生成一个随机的 int 值，该值介于 int 的区间，也就是 $-2^{31} \sim 2^{31}-1$。如果想生成指定区间的 int 值，则需要进行一定的数学变换
int nextlnt(int n)	生成一个随机的 int 值，该值介于 [0,n)。如果想生成指定区间的 int 值，也需要进行一定的数学变换
long nextLong()	返回一个随机 long 值
float nextFloat()	返回下一个伪随机数，它是从这个随机数生成器的序列中取出的 0.0~1.0 的 float 值
void setSeed(long seed)	重新设置 Random 对象中的种子数。设置完种子数以后的 Random 对象和相同种子数使用 new 关键字创建的 Random 对象相同

下面使用 Random 类提供的方法生成随机数。代码如下：

```
Random r = new Random();
double d1 = r.nextDouble();        // 生成[0,1.0]区间的小数
double d2 = r.nextDouble() * 7;    // 生成[0,7.0]区间的小数
int i1 = r.nextInt(10);            // 生成[0,10]区间的整数
int i2 = r.nextInt(18) - 3;        // 生成[-3,15]区间的整数
long l1 = r.nextLong();            // 生成一个随机长整型值
boolean b1 = r.nextBoolean();      // 生成一个随机布尔型值
float f1 = r.nextFloat();          // 生成一个随机浮点型值
System.out.println("生成的[0,1.0]区间的小数是: " + d1);
System.out.println("生成的[0,7.0]区间的小数是: " + d2);
System.out.println("生成的[0,10]区间的整数是: " + i1);
System.out.println("生成的[-3,15]区间的整数是: " + i2);
System.out.println("生成一个随机长整型值: " + l1);
System.out.println("生成一个随机布尔型值: " + b1);
System.out.println("生成一个随机浮点型值: " + f1);
```

以上代码每次运行时结果都不相同，这就实现了随机产生数据的功能。该程序的某次运行结果如下：

```
生成的[0,1.0]区间的小数是: 0.6160729095510054
生成的[0,7.0]区间的小数是: 3.9943846470093574
生成的[0,10]区间的整数是: 5
生成的[-3,15]区间的整数是: 8
生成一个随机长整型值: 1157538290126424085
生成一个随机布尔型值: true
生成一个随机浮点型值: 0.37222064
```

在Java中，Math 类的 random() 方法没有参数，它默认会返回大于等于 0.0、小于 1.0 的 double型随机数，即 0≤随机数<1.0。对 random() 方法返回的数字稍加处理，即可实现产生任

意范围随机数的功能。

下面使用 random() 方法实现随机生成一个 2~100 的整数的功能。具体代码如下：

```
int min = 2;          // 定义随机数的最小值
int max = 102;        // 定义随机数的最大值
// 产生一个2~100的整数
int s = (int) min + (int) (Math.random() * (max - min));
```

由于m+(int)(Math.random()*n) 语句可以获取m~m+n的随机数，所以 2+(int)(Math.random()*(102–2)) 表达式可以求出 2~100 的随机数。

9.6 本章小结

本章主要介绍了Java基础类库中的一些常用类。重点讲解了以下几个方面的内容。

1. 基本数据类型的包装类
- 包装类：Byte、Short、Integer、Long、Float、Double、Character、Boolean。
- 常用方法：intValue()、parseInt()等。

2. System类
- 标准输入/输出：System类中的in和out对象是标准输入/输出的流对象。
- 常用方法：arraycopy()、currentTimeMillis()等。

3. Math类
Math类封装了一些常用的数学运算，包括三角函数，指数函数，取整函数，取最大值、取最小值和绝对值函数方法。

4. 日期类
- Date类：表示系统特定的时间戳，可以精确到毫秒。Date 对象表示时间的默认顺序是星期、月、日、小时、分、秒、年。
- DateFormat类：将日期/时间格式转换成预先定义的日期/时间格式。
- SimpleDateFormat类：DateFormat的子类。是一个以与语言环境有关的方式格式化和解析日期的具体类。
- Calendar类：Calendar类是一个抽象类，提供了很方便的不同日期格式的处理。

5. Random类
Random类提供了丰富的随机数生成方法，可以产生 boolean、int、long、float、byte型数组以及 double 型的随机数。

学习本章的常用类能够在编程开发过程中方便程序员解决一些实际问题，结合其他章节的内容，可以应用在软件开发中。

9.7 习题九

扫描二维码，查看习题。

扫二维码
查看习题

9.8　实验九　Java基础类库的应用

扫描二维码，查看实验内容。

扫二维码
查看实验内容

第 10 章

字符串

学习目标

　　Java 中的字符串定义为对象。String、StringBuffer 和 StringBuilder 是 Java 提供的字符串类。字符串包括可变字符串序列和不可变字符串序列，String 表示不可变字符串序列，StringBuffer 和 StringBuilder 定义为可变字符串序列。本章将对 String 和 StringBuilder 进行详细介绍。通过本章的学习，读者应该掌握以下主要内容：

- 使用 String 类创建字符串变量。
- String 类的常用方法。
- 使用 StringBuilder 类创建字符串变量。
- 正则表达式的使用。

内容浏览

字符串是指一连串（0个或多个）的字符，这些字符必须包含在一对双引号（""）之内，这是字符串常量。字符串在应用开发中有着广泛的应用。例如，文本中的一个单词、一句话，甚至一篇文章，或者登录界面输入的用户名等。在Java中一个字符串就是一个对象，在java.lang包中，提供了String、StringBuffer和StringBuilder类封装字符串，并提供了一系列字符串操作的方法。这三个类都实现了CharSequence接口，字符串类的层次结构图如图10-1所示。

字符串分为不可变字符串序列和可变字符串序列。不可变字符串序列创建后不能再修改其字符，String类定义的就是不可变字符串序列。可变字符串序列创建后字符串可以修改，StringBuffer类和StringBuilder类用来定义可变字符串序列。本章将对这些类进行详细讲解。

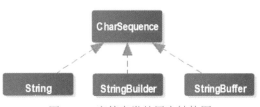

图 10-1　字符串类的层次结构图

10.1　String类

10.1.1　String 类概述

String类用于定义一个不可变字符串，即创建后字符串内容不能被修改。在读者安装的JDK目录中有src.zip文件，该压缩文件中是Java各种类的源码。读者可以找到String类的源码，先来了解一下String类：

```
public final class String
    implements java.io.Serializable, Comparable<String>, CharSequence {
    private final char value[];
    private int hash;
    ...
}
```

可以看出，String是一个不可以被继承，且它的字段都使用final修饰的类，也说明String是一个不可变字符串。String是通过char数组保存字符串的。

10.1.2　创建字符串

String类的实例化主要有两种方式。

（1）用字符串常量直接初始化一个String对象，格式如下：

String　字符串常量名=初始化值;
如：String s1="hello";

（2）通过new创建String对象，格式如下：

String　对象名=new 类型名([初始化值]);
如：String s2=new String("hello")

这种是通过调用构造方法创建String对象。String类的构造方法如表10-1所示。

表 10-1　String 类的构造方法

方　　法	功　能　说　明
String()	生成一个空串（这是一个无参数的构造方法）
String(String value)	用已知字符串 value 创建一个字符串对象
String(char chars[])	用字符数组 chars 创建一个字符串对象
String(char chars[],int startIndex,int numchars)	从字符数组 chars 中的位置 startIndex 起，由 numchars 个字符组成的字符串对象
String(byte ascii[])	使用默认字符集解码指定的字节数组构造新的字符串
String(byte[] bytes, Charset charset)	使用指定字符集解码 bytes 构造新的字符串。参数 charset 用来设置字符集。常用的字符集有 UTF-8
String(StringBuffer buffer)	用一个已知的 StringBuffer 对象创建一个 String 对象，内容复制，StringBuffer 对象的修改不会影响到新创建的字符串
String(StringBuilder builder)	用已知的 StringBuilder 对象创建字符串

【例10-1】String类的构造方法的使用

```java
public class StringConstructExample {
    public static void main(String[] args) {
        String str1 = "Beginnersbook";
        char arrch[]={'h','e','l','l','o'};
        //使用已知字符数组创建字符串
        String str2 = new String(arrch);
        //使用可变字符串创建字符串
        String str3 = new String("Java String Example");
        System.out.println(str1);
        System.out.println(str2);
        System.out.println(str3);
    }
}
```

程序运行结果：

```
Beginnersbook
hello
Java String Example
```

说明：使用字符数组和可变字符串创建String字符串的代码相似。标准键盘输入和网络编程都是使用字符数组存储数据，需要转换成字符串，在第14章和第18章中会遇到。

10.2 字符串的基本操作

String类中提供的访问String字符串的大量方法大体上分为求长度、比较、获取指定位置的字符、求子字符串、修改等。

🔹 10.2.1　String 类字符串的长度

扫一扫，看视频

public int length()方法可返回String类字符串对象的长度，即字符串中字符的个数。例如：

```
String s="欢迎来到Java世界！";
int len=s.length();                    //len的值为11
```

注意：Java采用Unicode编码，每个字符为16位，因此汉字和其他符号一样占用两个字节。因此，计算字符串长度时，汉字、字母和其他符号的长度都是1。

10.2.2 String 类字符串的比较

扫一扫，看视频

（1）字符串比较。

● boolean equals(Object obj)。

● boolean equalsIgnoreCase(String str)。

这两种方法都用来比较两个字符串的值是否相等，不同之处在于后者是忽略大小写的。
例如：

```
System.out.println("Java".equals("JAVA"));            //输出的值应为false
System.out.println("Java".equalsIgnoreCase("JAVA"));  //输出的值应为true
```

提到判断相等，很容易想到运算符"=="。运算符"=="用于比较两个字符串对象是否引用同一个实例，而equals()方法则用于比较两个字符串中对应的每个字符值是否相同。

【例10-2】==和equals()的区别

```java
public class EqualsDemo {
    public static void main(String[] args) {
        String  s1="abc";
        String  s2="abc";
        String  s3=new String("abc");
        String  s4=new String(s3);
        System.out.println(s1==s2);
        System.out.println(s3==s4);
        System.out.println("abc"==s1);
        System.out.println(s1==s3);
        System.out.println(s1.equals(s2));
        System.out.println(s1.equals(s3));
    }
}
```

程序运行结果：

```
true
false
true
false
true
true
```

说明：字符串常量（如"abc"、"hello"等用双引号引起的）存储在常量池中。使用第一种字符串常量初始化变量的方式创建的字符串对象（如String s="hello"）共享同一个字符串常量。而使用new创建的对象存储在堆中，Java虚拟机为每个用new创建的对象在堆中开辟存储空间。在方法中定义的变量和对象的引用变量（变量名）都在函数的栈内存中分配。

在例10-2中，s1和s2都是用字符串常量直接初始化一个字符串对象，s1和s2都指向同一个在常量池中的"abc"常量，所以s1==s2、"abc"==s1都是true；s3和s4都是使用new创建

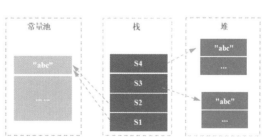

图 10-2　字符串存储示意图

的，存储在堆中，如图10-2所示，s1、s3、s4都不是相同的引用，所以s3==s4、s1==s3都是false。equals()方法用来判断调用对象和参数字符串内容是否相同，s1、s2、s3、s4的内容都是"abc"，调用equals()方法返回都是true。

通过上面的比较可以知道，可以使用equals()方法判断两个字符串的值是否相等。

（2）int compareTo(String str)。比较两个字符串的大小，若调用方法的字符串比参数字符串大，则返回正整数；反之则返回负整数；若两个字符串相等，则返回0。

注意：若比较的两个字符串各个位置的字符都相同，仅长度不同，则方法的返回值为两者长度之差。例如：

```
System.out.println("Java".compareTo("JavaApplet"));    //输出为-6
```

若比较的两个字符串有不同的字符，则从左边起的第一个不同字符的Unicode编码值之差即两个字符串比较大小的结果。例如：

```
System.out.println("those".compareTo("these"));         //输出为10
```

（3）boolean startWith(String prefix)和boolean endWith(String suffix)。判断当前字符串是否以某些前缀开头或以某些后缀结尾。

例如，知道每一地区的电话号码都是以一些特定数字串开始，如果想要区分不同地区的电话号码，则可用以下的语句：

```
String   phone=User.getPhone();        //假设User为用户对象，getPhone()返回电话号码
String specialNum="011"
if(phone.startWith(specialNum) {        //specialNum为一特定的电话号码字符串
    …                                    //相关的操作
  }
```

10.2.3　字符串的连接

扫一扫，看视频

1. 使用"+"运算符连接

"+"运算符是最简单也是使用最多的字符串连接方法。当"+"运算符的操作数有字符串常量时，会将另一个操作数转换成字符串后再进行连接。例如：

```
String str="java ";
str=str+"programming! ";                              //str: java programming
```

需要注意的是，连接后会产生一个新字符串，str是没有改变的。str内容变为连接后的字符串，还需要使用"="运算符进行赋值。

```
boolean flag=true;
String str="hello"+123+flag;                          //str:hello123true
```

当"+"运算符的左右操作数有字符串时，"+"的意思表示连接，否则表示"加"的运算。如果把上面的连接程序改为以下代码，就是错误的。因为整数和boolean型数不能用"+"运算符进行计算。

```
boolean flag=true;
String str=123+flag+"hello";                          //语法错误
```

【例10-3】字符串的连接

```
public class ConcatDemo {
    public static void main(String[] args) {
```

```
        // 定义姓名数组
        String[] names = new String[] { "张印", "李宏", "张娜娜", "李林", "贺宁" };
        // 定义学生成绩
        int[] score = new int[] { 87,86, 96, 78, 88 };
        System.out.println("本次考试学生信息如下：");
        // 循环遍历数组，连接字符串
        for (int i = 0; i < score.length; i++) {
            System.out.println( "姓名: " + names[i] +"\t |成绩: " + score[i] );
        }
    }
}
```

程序运行结果：

```
本次考试学生信息如下：
姓名：张印     |成绩：87
姓名：李宏     |成绩：86
姓名：张娜娜   |成绩：96
姓名：李林     |成绩：78
姓名：贺宁     |成绩：88
```

2. 使用concat()方法连接

String concat(String str)：用来将当前调用的字符串对象与给定参数字符串str连接起来，当前字符串在前，参数字符串str在后，连接后产生新字符串。例如：

```
System.out.println("java".concat(" programming! "));   //输出为java programming!
```

10.2.4 String 类字符串的检索和子字符串

1. char charAt(int index)

方法charAt()的功能是返回给定位置的字符。index的取值范围从0到字符串长度减1。例如：

```
System.out.println("JavaApplet".charAt(4));            //输出为A
```

2. int indexOf(int ch)和lastIndexOf(int ch)

方法indexOf()有以下重载方式。

- int indexOf(int ch,int fromIndex)。
- int indexOf(String str)。
- int indexOf(String str,int fromIndex)。

方法indexOf()的功能是返回字符串对象中指定位置的字符或子字符串首次出现的位置，从字符串对象开始处或从fromIndex处开始查找，若未找到，则返回-1。

方法lastIndexOf()的重载方式与方法indexOf()相似，功能是返回字符串对象中指定位置的字符或子字符串最后一次出现的位置。

3. String substring(int beginIndex)和substring(int beginIndex, int endIndex)

方法substring()的功能是返回子字符串。前者是从beginIndex处开始到字符串尾，后者从beginIndex处开始到endIndex-1处为止的子字符串，子字符串长度为endIndex-beginIndex。

【例10-4】String类的indexOf()、lastIndexOf()和substring()方法的应用

```java
public class IndexDemo {
    public static void main(String[] args) {
        String str="I like Java Programming!";
        int i1=str.indexOf('J');
        String s1=str.substring(i1);
        String s2=str.substring(i1,i1+4);
        int i2=str.lastIndexOf('J');
        String s3=str.substring(i2+5);
        System.out.println("s1="+s1);
        System.out.println("s2="+s2);
        System.out.println("s3="+s3);
    }
}
```

程序运行结果：

```
s1=Java Programming!
s2=Java
s3=Programming!
```

【例10-5】记录一个子字符串在主字符串中出现的位置和总共出现的次数

```java
public class StringDemo {
    public static void main(String[] args) {
        String str="hello! welcome you to java world. java language is a great
language. I love java";
        String sstr="java";
        int count=0,index=0;
        System.out.println("查找字符串"+sstr+":");
        if(!str.contains(sstr))
            System.out.println("不包含"+sstr);
        else {
            while((index=str.indexOf(sstr))!=-1) {
                System.out.println("子字符串位置::"+index);
                str=str.substring(index+sstr.length());
                count++;
            }
            System.out.println("共出现"+count+"次");
        }
    }
}
```

说明：indexOf()方法返回的是子字符串在主字符串中第一次出现的索引。获得后，需要在索引加上子字符串长度的位置处开始继续查找，substring()方法就是将主字符串的剩余部分截取出来。需要注意的是，重复查找的过程通过indexOf()方法的返回值是否为-1判断是否存在匹配的子字符串。(index=str.indexOf(sstr))!=-1表示将索引结果赋值给index，再判断index是否等于-1。

10.2.5 String 类字符串的修改

字符串常量一旦创建就不能改变，只能经过一些处理把生成的新字符串赋给其他String对象，从而达到修改的效果。

扫一扫，看视频

1. String toLowerCase()和String toUpperCase()

方法toLowerCase()和toUpperCase()的功能是将当前字符串的所有字符转换成小写与大写字母。例如：

```
String s="java";
System.out.println(s.toUpperCase());          //输出为JAVA
System.out.println(s);                         //输出java
System.out.println("JAVA".toLowerCase());      //输出为java
```

说明：String的修改方法都是返回一个新字符串，而对原字符串内容没有影响。

2. replace(char oldChar, char newChar)

方法replace()的功能是用字符newChar替换当前字符串中所有的oldChar字符，并返回一个新字符串。例如：

```
System.out.println("javax".replace('x ', 'c '));      //输出为javac
```

为了实现字符串中字符的替换，String类还提供了两种替换方法。

● replaceFirst(String regex,String replacement)：该方法用字符串replacement的内容替换当前字符串中遇到的第一个和字符串regex相同的子字符串，并将产生的新字符串返回。
● replaceAll(String regex,String replacement)：该方法用字符串replacement的内容替换当前字符串中遇到的所有和字符串regex相同的子字符串，并将产生的新字符串返回。

如以下语句：

```
String s="Java!Java!Java!";
String a=s.replaceFirst("Java","Hello");      //a:Hello!Java!Java!
String b=s.replaceAll("Java","Hello");        //b:Hello!Hello!Hello!
```

需要注意的是，只有使用"="将新字符串赋值给原字符串，原字符串才能进行修改。

3. String trim()

方法trim()的功能是去掉当前字符串首尾的空串（即空白字符）。例如：

```
String s1=" java  ";
String s2="很受欢迎! ";
System.out.println(s1.trim()+s2);             //输出为：java很受欢迎!
```

10.2.6 空串、空格串和 null

空串是字符串，是指字符串里没有任何字符的字符串。空格串是指字符串里有一个或多个空格的字符串。null表示空，表示字符串还没有分配内存，是不能使用的。

有时在用字符串获取一个方法的返回值时，预先不知道是否为空，需要对返回字符串进行是否为空或空的判断。我们常用equals()、length()、isEmpty()方法区分空串、空格串和null。如以下语句：

扫一扫，看视频

```
String s1="";                                 //空串
System.out.println(s1.length());              //0
System.out.println(s1.isEmpty());             //true
System.out.println(s1.equals(""));            //true
String s2=" ";                                //空格串
System.out.println(s2.length());              //1
System.out.println(s2.isEmpty());             //false
System.out.println(s2.equals(""));            //false
```

```
String s3=null;
System.out.println(s3==null);
System.out.println(s3.length());    //抛出java.lang.NullPointerException异常
```

⊘ 10.2.7 字符串分割

扫一扫，看视频

使用split()方法可以使字符串按指定的分隔字符或字符串对内容进行分割，将分割后的内容存放在字符串数组中。split()方法有两种重载方式。

- split(String regex)：regex为分隔符，也可以是正则表达式。如果想定义多个分隔符，可以使用"|"连接。
- split(String regex,int limit)：limit表示限制的分割次数。

【例10-6】字符串分割

```
public class SplitDemo {
    public static void main(String[] args) {
        String titles = "第一章,第二章,第三章,第四章";
        String[] arr1 = titles.split(",");          // 不限制元素个数
        String[] arr2 = titles.split(",", 3);        // 限制元素个数为3
        System.out.println("所有标题为：");
        for (int i = 0; i < arr1.length; i++) {
            System.out.println(arr1[i]);
        }
        System.out.println("前三个标题为：");
        for (int j = 0; j < arr2.length; j++) {
            System.out.println(arr2[j]);
        }
    }
}
```

程序运行结果：

```
所有标题为：
第一章
第二章
第三章
第四章
前三个标题为：
第一章
第二章
第三章,第四章
```

说明：String[] arr2 = titles.split(",", 3);指定的分割次数是3，将 arr2 中的前两个元素赋值为titles分割后的前两个字符串，而后面的不再分割直接赋值给arr2的第三个数组元素。

存储多个标题、多个人的姓名，可以定义为字符串数组，也可以定义为一个String变量，变量的内容就是各个内容用分隔符连接。例如：

```
String title1="标题1,标题2,标题3";                           //方式一：用逗号连接
String title2[]=new String[] {"标题1","标题2","标题3"}; //方式二：定义成字符串数组
```

我们常使用第一种方式，因为第一种方式更灵活。当需要使用各个内容项时，再使用split()方法分割字符串成字符串数组。

10.3 StringBuilder类

StringBuffer类和StringBuilder类都是可变字符串类，也就是说，创建的对象是可以扩充和修改其自身的，不会产生新的对象。StringBuffer类和StringBuilder类的功能相似，主要区别如下。

- StringBuffer：线程安全，做线程同步检查，效率较低。
- StringBuilder：线程不安全，不做线程同步检查，效率较高。

因此，如果不涉及多线程安全同步访问时，则建议使用StringBuilder类。StringBuffer类和StringBuilder类的方法基本相似，下面以StringBuilder类为例进行介绍。

10.3.1 StringBuilder 类字符串的定义

为了对一个可变字符串对象进行初始化，StringBuilder类提供了以下几种构造方法。

- StringBuilder()：建立一个空串对象。
- StringBuilder(int len)：建立长度为len的字符串对象。
- StringBuilder(String str)：根据一个已经存在的字符串常量str创建一个新的StringBuilder对象，StringBuilder对象的内容和已经存在的字符串常量str相一致。
- StringBuilder(CharSequence seq)：支持已知的String、StringBuffer、StringBuilder对象作为参数，新创建的字符串内容与seq内容相同。

例如：

```
StringBuilder strBuff1=new StringBuilder();
StringBuilder strBuff2=new StringBuilder(10);
StringBuilder strBuff3=new StringBuilder("Hello Java! ");
```

在默认的构造方法中（即不给任何参数），系统自动为字符串分配16个字符大小的缓冲区；若有参数len，则指明字符串缓冲区的初始长度；若参数str给出了特定字符串的初值，则除了它本身的大小，系统还要再为该字符串分配16个字符大小的空间。

10.3.2 StringBuilder 类字符串的基本操作

StringBuilder类提供的方法有一些与String类相同，有一些不同。下面加以详细介绍。

1. length()和capacity()

- int length()：获取字符串的长度。
- int capacity()：获取缓冲区的大小。

注意：这里的长度length和容量capacity是两个不同的概念，前者是StringBuilder类对象中包含字符的个数，而后者是指缓冲区的大小。

【例10-7】字符串的长度和容量

```
public class StringBuilderDemo1 {
    public static void main(String[] args) {
        //StringBuilder():构造一个不带字符的字符串缓冲区，其初始容量为16个字符
        StringBuilder sb1 = new StringBuilder();
```

扫一扫，看视频

```
        System.out.println("sb1:" + sb1);
        System.out.println("sb1.length():" + sb1.length());
        System.out.println("sb1.capacity():" + sb1.capacity());
        System.out.println("----------------------------");
        //StringBuilder(int capacity):构造一个不带字符，但具有指定初始容量的字符串缓冲区
        StringBuilder sb2 = new StringBuilder(20);
        System.out.println("sb2:" + sb2);
        System.out.println("sb2.length():" + sb2.length());
        System.out.println("sb2.capacity():" + sb2.capacity());
        System.out.println("----------------------------");

        //StringBuilder(String str):构造一个字符串缓冲区，并将其内容初始化为指定的字符串内容
        StringBuilder sb3 = new StringBuilder("欢迎来到Java世界");
        System.out.println("sb3:" + sb3);
        System.out.println("sb3.length():" + sb3.length());
        System.out.println("sb3.capacity():" + sb3.capacity());
    }
}
```

程序运行结果：

```
sb1:
sb1.length():0
sb1.capacity():16
----------------------------
sb2:
sb2.length():0
sb2.capacity():20
----------------------------
sb3:欢迎来到Java世界
sb3.length():10
sb3.capacity():26
```

2. StringBuilder类字符串的检索和子字符串

（1）void getChars(int srcBegin,int srcEnd,char[] dst, int dstBegin)：将StringBuilder对象字符串中的字符复制到目标字符数组中。复制的字符从srcBegin开始，到srcEnd−1处结束。字符被复制到目标数组的dstBegin至dstBegin+(srcEnd−srcBegin)−1处，复制的字符个数为srcEnd−srcBegin。例如：

```
char a[]={'*','*','*','*','*','*','*','*','*','*'};
StringBuilder strBuff=new StringBuilder("Java");
strBuff.getChars(0,4,a,3);
System.out.println(a);
```

输出结果为字符串：***Java***。

（2）String substring(int beginindex)和substring(int beginindex,int endindex)：返回子字符串。前者是从beginindex处开始到字符串尾，后者是从beginindex处开始到endindex−1处为止的子字符串，子字符串长度为endindex−beginindex，这与String类中的相同。

3. StringBuilder类字符串的修改

常用的StringBuilder类字符串的修改方法有很多，主要包括append()、insert()、delete()和reverse()等。

（1）StringBuilder append()：把各种数据类型（byte型除外）转换成字符串后添加到字符串末尾。该方法有多种重载方式，主要有：

- StringBuilder append(CharSequence s)：CharSequence是字符序列接口，支持追加String、StringBuffer和StringBuilder对象。
- StringBuilder append(boolean b)。
- StringBuilder append(int i)。
- StringBuilder append(long l)。
- StringBuilder append(float f)。
- StringBuilder append(double d)。
- StringBuilder append(Object o)。

扫一扫，看视频

```java
public class StringBuilderDemo {
  public static void main(String[] args) {
    StringBuilder sb1 = new StringBuilder();
    //追加
    StringBuilder sb2 = sb1.append("hello");
    System.out.println(sb1 == sb2);              // true
    System.out.println("sb1:" + sb1);
    System.out.println("sb2:" + sb2);

    //链式编程
    sb1.append("hello").append("world").append("java");
    System.out.println(sb1);
  }
}
```

程序运行结果：

```
true
sb1:hello
sb2:hello
hellohelloworldjava
```

说明：

可以看到sb1和sb2是相同的引用，也就是说，对StringBuilder对象进行修改时并没有创建新的对象，返回的也是当前对象的引用。StringBuilder的append()方法就是典型的链式编程调用。Java的链式编程是指方法返回对象本身，这样可以用"对象.方法().方法().方法()"的形式调用对象的方法。这种形式编写样式简洁。

（2）StringBuilder insert(int index, String s)：与append()方法在使用上非常类似，也支持多种重载方式，唯一的不同是多了一个位置参数index，该参数必须大于等于0。例如：

```java
StringBuilder strBuff=new StringBuilder("Java Language!");
strBuff.insert(0,1);
strBuff.insert(1,'、');
strBuff.insert(2," I like ");
System.out.println(strBuff);                    //1、I like Java Language!
```

（3）StringBuilder delete(int start, int end)和StringBuilder deleteCharAt(int index)：delete ()方法用来将StringBuilder类字符串对象中从start开始到end-1处结束的子字符串（长度为end-start）删去。例如：

```java
StringBuilder strBuff=new StringBuilder("Java Language!");
System.out.println(strBuff.delete(0,5));        //输出为Language!
```

而deleteCharAt()方法用来删除指定位置index处的字符。例如：

```
StringBuilder strBuff=new StringBuilder("aaabccc");
System.out.println(strBuff.deleteCharAt(3));        //输出为aaaccc
```

（4）StringBuilder reverse()：将StringBuilder类字符串对象进行翻转，并将翻转后的值存储在原字符串对象中。例如：

```
StringBuilder strBuff=new StringBuilder("ABCDEF");
System.out.println(strBuff.reverse());              //输出为FEDCBA
```

（5）下面几种方法也经常用到。

● StringBuilder replace(int start,int end,String str)：进行子字符串的替换。
● void setCharAt(int index,char ch)：设置指定位置index处的字符值ch。

例如：

```
StringBuilder strBuff=new StringBuilder("我酷爱Java! ");
System.out.println(strBuff.replace(1,3,"喜欢"));     //strBuff:我喜欢Java!
strBuff.setCharAt(0,'你');
System.out.println(strBuff);                        //strBuff:你喜欢Java!
```

10.4 字符串与其他类型数据的转换

字符串与其他类型数据的转换是经常需要用到的，Java也提供了很多方法实现这些功能。本节会对字符串与各种类型的数据转换进行详细的梳理。

10.4.1　字符串和包装类的相互转换

扫一扫，看视频

1. 将字符串转换成基本数据类型

将字符串转换成基本数据类型，可以使用包装类（如Integer、Double、Long等）提供的parse()方法实现。表10-2列出了包装类转换字符串的方法。

表 10-2　包装类转换字符串的方法

方　法	说　明	示　例
static int parseInt(String s)	将字符串转换成 int 型数	Integer.parseInt("123");
static double parseDouble(String s)	将字符串转换成 double 型数	Double.parseDouble("123.45");
static float parseFloat(String s)	将字符串转换成 float 型数	Float.parseFloat("123.456");
static boolean parseBoolean(String s)	将字符串转换成 boolean 型数	Boolean.parseBoolean("true");

例如：

```
int num1 = Integer.parseInt("123");          //num1:123
float num2 = Float.parseFloat("123.456");    //num2:123.456
int num3 = Integer.parseInt("123.56");       //抛出异常NumberFormatException
```

说明：将字符串转换成基本数据类型时，需要注意格式是否正确，否则会抛出NumberFormatException异常。

2. 将基本数据类型转换成字符串

将基本数据类型转换成字符串，可以有两种方法。

（1）使用String的静态方法valueOf()，该方法支持所有将基本数据类型转换成字符串。

```
String str1=String.valueOf(123);
String str2=String.valueOf(33.55);
```

（2）还可以使用"+"和空串连接实现类型转换。

```
String str1 = 123+"";
boolean flag=true;
String s=flag+"";
```

说明：""是一个空串。

10.4.2　字符串和字符数组的相互转换

扫一扫，看视频

1. 将字符串转换成字符数组

String类的toCharArray()方法可以将字符串转换成字符数组。例如：

```
String str="Welcome to Java World";
char strch[]=str.toCharArray();
System.out.println(strch.length);          //长度为21
```

2. 将字符数组转换成字符串

（1）String类的valueOf()方法可以将字符数组转换成字符串。例如：

```
char strch[]= {'h','e','l','l','o'};
String strtr=String.valueOf(strch);         //strstr:"hello"
```

（2）String类的构造方法也可以将已知字符数组的内容创建一个新的字符串对象。例如：

```
char strch[]= {'h','e','l','l','o'};
String strstr1=new String(strch);           //strstr1:hello
String strstr2=new String(strch,0,3);       //strstr2:hel
```

10.4.3　字符串和字节数组的相互转换

标准输入/输出、网络编程等都需要使用字节数组实现存储，因此字节数组和字符串的相互转换是经常用到的。

扫一扫，看视频

1. 将字符串转换成字节数组

String类的getBytes()方法可以将字符串转换成字节数组。例如：

```
String  str = "java world!";
byte[] sb = str.getBytes();
```

2. 将字节数组转换成字符串

String类的构造方法支持将字节数组转换成字符串。例如：

```
byte buf[] = new byte[] { 104, 101, 108, 108, 111 };
String str1= new String (buf);
```

说明：转换时需要指定字符集，如果没有设置字符集，则平台默认的字符集将字符串编码成byte序列。常用的字符集有UTF-8、GBK、GB2312等。使用的字符集不同，字符转换的字节值也不相同，在字符串和字节数组相互转换时需要注意。

10.4.4 对象转换成字符串

Java中的所有类都直接或间接继承自Object类，Object类的toString()方法用于将对象转换成字符串。

扫一扫，看视频

【例10-9】使用toString()方法将对象转换成字符串

扫一扫，看视频

```java
class Stduent{
    String id;
    String name;
    public Stduent(String id, String name) {
        super();
        this.id = id;
        this.name = name;
    }
    public String toString() {
        return "id:"+id+", name:"+name;
    }
}
public class ObjectToString {
    public static void main(String[] args) {
        Stduent s1=new Stduent("001","张三");
        System.out.println(s1);
        String s2="第一个学生:"+s1;
        System.out.println(s2);
    }
}
```

程序运行结果：

```
id:001, name:张三
第一个学生:id:001, name:张三
```

10.5 正则表达式

在搜索某一个文件夹下的所有.java文件时，可以搜索*.java，"*"就是通配符，表示匹配0个或多个字符。使用特定字符串描述、匹配某个句法规则的字符串就称为正则表达式（Regular Expression）。正则表达式常用来检查字符串是否含有某种子字符串、将匹配的子字符串替换，或者从某个字符串中取出符合某个条件的子字符串等。

10.5.1 正则表达式概述

扫一扫，看视频

正则表达式是由普通字符（如字符 a~z）以及特殊字符（称为"元字符"）组成的文字模式。

● 普通字符：字母、数字、汉字、下划线以及没有特殊定义的符号都是普通字符。正则表达式的普通字符在匹配一个字符串时，要匹配与之对应的一个字符。

● 特殊字符：正则表达式的特殊字符就是一个字符表示某些特殊的意思。常用的特殊字符包括常用的元字符、自定义字符集合、量词和边界符等。

1. 常用的元字符

元字符是指在正则表达式中具有特殊意义的专用字符。表10-3所示为常用的元字符，这些元字符是区分大小写的。

表 10-3 常用的元字符

元字符	表达式中的写法	意　义
.	"."	代表任何一个字符
\d	"\\d"	代表 0~9 的任何一个数字
\D	"\\D"	代表任何一个非数字字符
\s	"\\s"	代表空格类字符，即包括空格、制表符、换行符等空白字符的任意一个
\S	"\\S"	代表非空格类字符
\w	"\\w"	任意标识符的字符，即一个字母、数字或下划线
\W	"\\W"	代表不能用于标识符的字符

2. 自定义字符集合

在正则表达式中可以使用一对方括号括起若干字符，表示可以是其中的任意一个。

- [abc]：代表a、b、c任意一个。
- [^abc]：代表除了a、b、c任意一个。
- [a-c]：代表a～c任意一个。
- [a-c [m-p]]：代表a～c或m～p任意一个。
- [a-z &&[def]]：代表d、e、f任意一个。
- [a-f &&[^bc]]：代表a、d、e、f任意一个。

说明：在[]中的"^"表示取反，"&&"表示与，"–"表示一定范围。

3. 量词

量词是用来指定匹配次数的特殊符号，如表10-4所示。

表 10-4 量词

量　词	意　义
*	匹配前面的子表达式 0 次或多次
+	匹配前面的子表达式 1 次或多次
?	匹配前面的子表达式 0 次或 1 次
{n}	n 是一个非负整数。匹配确定的 n 次
{n,}	n 是一个非负整数。至少匹配 n 次
{n,m}	m 和 n 均为非负整数，其中 n ≤ m。最少匹配 n 次且最多匹配 m 次

4. 边界符

边界符表示字符的位置，如字符串的起始位置、终止位置等。表10-5列举了常用的边界符。

表 10-5 边界符

边界符	意　义
^	与字符串开始的地方匹配
$	与字符串结束的地方匹配
\b	匹配一个单词的边界

列举一些常用的正则表达式熟悉以上匹配规则。

（1）数字：^[0-9]*$（表示以0~9数字开始，后面有若干个数字）。

（2）汉字：^[\u4e00-\u9fa5]{0,}$（\u4e00-\u9fa5是汉字的Unicode编码范围，表示匹配0个或多个汉字）。

（3）由数字、26个英文字母或下划线组成的字符串：^\w+$。

（4）日期格式：^\d{4}-\d{1,2}-\d{1,2}（匹配如YYYY-MM-DD形式的日期）。

10.5.2 Pattern 类和 Matcher 类

扫一扫，看视频

java.util.regex包提供了正则表达式的类库包，主要包括两个类：Pattern和Matcher。

简单的字符串匹配可以使用Pattern类的matches()方法。

```
static boolean matches(String regex,CharSequence input)
```

判断input是否是符合regex规则的字符串，如果是，则返回true；否则返回false。

例如，".s"表示由两个字符组成的字符串，第二个字符是s；"as""ls"等都是匹配成功，其他字符串匹配不成功。

```
System.out.println(Pattern.matches(".s", "as"));        //true
System.out.println(Pattern.matches(".s", "mk"));        //false
System.out.println(Pattern.matches(".s", "s"));         //false
System.out.println(Pattern.matches(".s", "aas"));       //false
```

也可以将Pattern类和Matcher类配合使用。例如：

```
Pattern p = Pattern.compile(".s");
Matcher m = p.matcher("as");
boolean b = m.matches();                                //b为true
```

【例10-10】正则表达式的测试

扫一扫，看视频

```
import java.util.regex.Pattern;
public class RegExpressionDemo1 {
    public static void main(String[] args) {
        //匹配第二个字母是s的字符串
        System.out.println(Pattern.matches(".s", "as"));
        System.out.println(Pattern.matches(".s", "mk"));
//匹配形式如000-0000-000
System.out.println(Pattern.matches("\\d{3}-\\d{4}-\\d{3}", "123-4567-890"));
System.out.println(Pattern.matches("\\d{3}-\\d{4}-\\d{3}", "123-4567"));
//匹配只包含字母a、m或n且出现0次或1次
System.out.println(Pattern.matches("[amn]?", "abc"));
System.out.println(Pattern.matches("[amn]?", "am"));
//匹配只包含字符a、m或n且出现1次或多次
System.out.println(Pattern.matches("[amn]+", "aammmnn"));
System.out.println(Pattern.matches("[amn]+", "aammd"));
    }
}
```

程序运行结果：

```
true
false
true
false
false
false
true
false
```

Pattern.matches()方法可以对一个字符串是否符合正则表达式进行判断，得到true或false的结果。要想得到更丰富的正则匹配操作，就需要将Pattern类与Matcher类配合使用。

【例10-11】正则表达式的多次匹配

扫一扫，看视频

```java
import java.util.regex.Matcher;
import java.util.regex.Pattern;
public class RegExpressionDemo2 {
    public static void main(String[] args) {
        Pattern p=Pattern.compile("love\\w{3}|hate\\w{2}");
        String s1="loveyouhatemelove123jkjhate999love888";
        Matcher m=p.matcher(s1);
        while(m.find())          {
            String str= m.group();
            System.out.println("从"+m.start()+"到"+m.end()+":"+str);
        }
    }
}
```

程序运行结果：

```
从0到7:loveyou
从7到13:hateme
从13到20:love123
从23到29:hate99
从30到37:love888
```

10.6 本章小结

本章主要讲解了Java语言中字符串的处理。字符串是常用的一种数据，Java将字符串封装成String类和StringBuilder类等。一个常量字符串可以用String类定义，而对字符串内容修改时需要创建StringBuilder对象。重点讲解了以下几个方面的内容。

1．String对象的创建
- String 字符串常量名=初始化值。
- 通过new创建String对象。

2．String类的其他常用方法
- 字符串的比较：equals()、compareTo()。
- 已知位置获得字符或子字符串：charAt()、substring()。
- 字符或字符串检索：indexOf()。
- 字符串的连接：使用"+"运算符连接；String concat(String str)。

3．StringBuilder类的构造方法
- StringBuilder()：建立一个空串对象。
- StringBuilder(CharSequence seq)：用已知的String、StringBuffer、StringBuilder对象创建新的StringBuilder对象。

4．StringBuilder类的常用方法
- 字符串的检索和子字符串：getChars()、substring()。
- 字符串内容的修改：append()、insert()、delete()、reverse()等。

5．字符串和其他类型数据的相互转换

- 字符串转换成基本数据类型：使用封装类中的parse()系列方法。
- 基本数据类型转换成字符串：使用String类的valueOf()方法。
- 字符串转换成字节数组：使用String类的getBytes()方法。

6．正则表达式描述了一种字符串匹配的模式，用特殊的符号表示一种规则，常用来检查一个字符串是否含有某种子字符串、将匹配的子字符串替换或从某个字符串中取出符合某个条件的子字符串等。java.util.regex包中的Pattern类和Matcher类提供了常用的正则表达式中模式字符串的设置与匹配的方法。

本章内容涉及很多方法，方法有很多重载形式，JDK的版本不同，方法也会更新，建议读者在学习本章时，配合Java的帮助文档学习。

10.7　习题十

扫描二维码，查看习题。

扫二维码
查看习题

10.8　实验十　字符串的应用

扫描二维码，查看实验内容。

扫二维码
查看实验内容

第 11 章

枚举类型与泛型

学习目标

本章主要讲解枚举类型和泛型，并对枚举的定义、枚举类、泛型类和泛型的定义进行了详细阐述。通过本章的学习，读者应该掌握以下主要内容：

- 定义枚举常量。
- 自定义枚举类。
- 泛型的意义。
- 泛型类、泛型接口和泛型方法的使用。
- 泛型的上限和下限。

内容浏览

11.1 枚举

11.1.1 枚举的定义

扫一扫，看视频

在定义一个课程类时，课程类（Course）的级别（Level）分为三个等级，可以怎样实现呢？为了便于程序的维护和提高可读性，读者会想到可以将这三个等级定义成常量。例如：

```
public static final int EASY=1;
public static final int MIDDLE=2;
public static final int HARD=3;
```

也可以这样实现：

```
enum Level{
    EASY,MIDDLE,HARD
}
```

enum是定义枚举类型的关键字，将各种常量写在{}里面，并用逗号（,）隔开。最后一个常量后可以加";"，也可以省略。例如，以下形式也是正确的。

```
enum Level{
    EASY,MIDDLE,HARD;
}
```

Level是一个枚举类型，表示Level可以且仅可以是EASY、MIDDLE和HARD这三种值。这就是枚举。Java 1.5之后开始引入了枚举的概念。可以看出，使用枚举定义比使用符号常量定义，形式更简洁。当需要定义一组常量，这些常量是确定的、有限个值时，建议使用枚举实现。

【例11-1】定义一个简单的表示课程的类（包括课程名和课程难度）

扫一扫，看视频

```
enum Level{
    EASY,MIDDLE,HARD;
}
class Course{
    private String name;
    private Level  level;
    public String getName() {
        return name;
    }
    public void setName(String name) {
        this.name = name;
    }
    public Level getLevel() {
        return level;
    }
    public void setLevel(Level level) {
        this.level = level;
    }
}
public class TestCourse{
    public static void main(String args[]) {
        Course c=new Course();
```

```
            c.setName("Java基础");
            c.setLevel(Level.EASY);
        }
    }
```

说明:

（1）枚举类型可以定义在一个类的里面，也可以定义在类的外面。

（2）定义枚举类型的变量：Level level。

（3）枚举常量的表示形式：枚举类型.枚举常量，如Level.MIDDLE、Level.EASY。

（4）为枚举变量赋值：level=Level.MIDDLE。不能将level赋值为枚举常量，否则会有语法错误。

如果使用final常量表示Level级别，那么程序可以写成以下形式：

```
class Course{
    public static final int EASY=1;
    public static final int MIDDLE=2;
    public static final int HARD=3;
    private String name;
    private int level;
    public void setLevel(int level) {
        this.level = level;
    }
}
public class ConstantCourseTest {

    public static void main(String args[]) {
        Course c=new Course("Java");
        c.setLevel(Course.EASY);
        c.setLevel(4);
    }
}
```

说明：如果将分级值定义为整型常量时（如本例中的EASY、MIDDLE和HARD），需要定义一个表示级别的整型变量存储当前Course对象的等级值，可以将level赋为任意整型值。当某一个变量的值只允许为有限且确定的常量时，建议定义为枚举类型变量。

11.1.2 Enum 类

使用enum关键字创建的枚举类型，实际上是一个继承自java.lang.Enum类的枚举类。对例11-1程序编译后会发现生成了Level.class文件。对该文件进行反编译，产生的源码部分内容如下：

扫一扫，看视频

```
class Level extends Enum{
    public static final Level EASY = new Level ();
    public static final Level MIDDLE= new Level ();
    public static final Level HARD= new Level ();
        ... ...
}
```

我们可以看到，使用enum关键字定义的枚举类型，是继承自Enum类，而枚举类型的成员则是该类的字段，且是用final修饰的枚举类型的对象。

Enum类是枚举类型的公共基类。Enum类的构造方法定义如下：

```
protected Enum(String name,int ordinal)
```

从构造方法的定义可以看出，Enum类不能直接创建对象，只能被子类继承。参数name表示枚举常量的名称；参数ordinal表示这个枚举常量的序数，即在枚举声明中的位置。

Enum类的常用方法如表11-1所示。

表11-1　Enum 类的常用方法

方　　法	功　能　说　明
compareTo()	比较两个枚举类型的成员的大小，即比较在定义时的顺序
values()	将枚举类型的成员以数组的形式返回
valueOf()	将字符串转换成枚举对象
condinal()	返回枚举成员的位置索引

【例11-2】枚举类方法的使用

扫一扫，看视频

```java
public class TestEnum {
    public static void main(String[] args) {
        //输出Level中所有的成员
        for(Level item:Level.values())
            System.out.println(item.ordinal()+","+item);
        Level level1=Level.EASY;
        Level level2=Level.valueOf("HARD");
        int compare=level1.compareTo(level2);
        System.out.println(compare);
        //Level level3=Level.valueOf("HELLO");/*IllegalArgumentException异常*/
    }
}
```

程序运行结果：

```
0,EASY
1,MIDDLE
2,HARD
-2
```

说明：

（1）values()方法是静态方法，功能是获取枚举类中所有的枚举成员，并作为数组返回。

（2）ordinal()方法返回当前枚举成员的索引值，索引值是该枚举成员创建的位置，索引值从0开始。例如，Level中有三个枚举成员EASY、MIDDLE和HARD，那么它们的索引值分别是0、1和2。

（3）compareTo()方法用来对两个枚举成员的索引值进行比较，返回两者之差。例如，level1 的值是Level.EASY，level2 的值是Level.valueOf("HARD")，level1.compareTo(level2)就是比较两个枚举成员的索引值之差，返回-2。

11.1.3　枚举的应用

扫一扫，看视频

1. 枚举常量

枚举常量是枚举类型最主要的应用。通常可以与switch配合使用（从Java 1.6开始，switch支持了枚举类型的判断），实现分情况处理。

【例11-3】在例11-1中增加显示课程等级的方法

```java
public void showLevel() {
```

```
    switch(level) {
        case EASY:System.out.println("适合于初学者"); break;
        case MIDDLE:System.out.println("适合于有一定基础的学生");break;
        case HARD:System.out.println("适合于高级水平的学生");break;
    }
}
```

枚举常量也支持用equals()方法和"=="对枚举对象进行判断。

```
if(level==Level.EASY)
    System.out.println("适合于初学者");
else if(level==Level.NORMAL)
    System.out.println("适合于有一定基础的学生");
else if(level==level.HARD)
    System.out.println("适合于高级水平的学生");
```

也可以使用equals()方法对枚举对象进行判断，形式如下：

```
if(level.equals(Level.EASY))
    System.out.println("适合于初学者");
```

2. 定义枚举类

我们已经知道枚举实际是一个类，因此除了定义常量，还可以定义其他方法增加枚举类型的功能。

【例11-4】自定义的枚举类应用

为了程序的健壮性，系统需要在出错时提示运行状态并将操作状态信息存储在日志中。状态提示需要有文字描述，而操作状态信息一般存储为状态编码。因此错误编码需要有描述和编码两种形式。假设错误编码有三种可能：成功、内存溢出和操作错误，对应的编码分别为0、100和200。状态枚举类定义形式如下：

扫一扫，看视频

```
enum StatusCode{
    //枚举常量
        OK(0, "成功"),
    ERROR_A(100, "错误A"),
    ERROR_B(200, "错误B");

    //类字段
    private int code;
    private String description;
    //构造方法
    private StatusCode(int number, String description) {
        this.code = number;
        this.description = description;
    }
    //其他方法
    public int getCode() {
        return code;
    }
    public String getDescription() {
        return description;
    }
}
public class StatusCodeDemo{
    public static void main(String args[]) {
        //列出所有错误编码
```

```
        for (StatusCode s : StatusCode.values()) {
            System.out.println(s.ordinal()+","+"code: " + s.getCode() + ",
description: " + s.getDescription());
        }
        //定义运行状态变量并赋值
        StatusCode code=StatusCode.ERROR_A;
    }
}
```

程序运行结果:

所有运行状态:
0,code: 0, description: 成功
1,code: 100, description: 错误A
2,code: 200, description: 错误B
描述信息:错误A
状态编码: 100

说明:

(1)定义枚举类,使用enum做关键字,定义形式与普通类不同,形式一般如下:

```
enum 枚举类{
    创建枚举实例
    //构造方法:
    private 枚举类(…){…}
    //定义其他方法
    public 方法名(…){…}
}
```

(2)在11.1.2小节Level.class的反编译源文件中已经知道枚举常量是枚举类对象,在定义枚举类时,需要枚举出所有枚举常量。例如:

```
OK(0, "成功"),
    ERROR_A(100, "错误A"),
    ERROR_B(200, "错误B");
```

需要注意的是,()中的参数需要与本类的构造方法一致。如本例中构造方法形式为StatusCode(int number, String description),所以第一个参数表示状态编码,第二个参数表示状态描述字符串。一般为了提高代码的可读性,定义枚举类时将枚举常量定义在枚举类的前面。

(3)多个枚举常量(枚举实例)可以用逗号(,)分割,当枚举类中还定义其他方法时,最后一个枚举实例的分号(;)是不能少的。

(4)枚举类不能再继承其他类,因为这个类已经继承了Enum类,只能实现其他的接口。

(5)枚举类的构造方法只允许使用private修饰。因此不能在枚举类外面创建对象,如StatusCodecode=new StatusCode(100,"错误A");有语法错误。

(6)枚举常量的使用和11.1.1小节中介绍的相同,即定义状态变量并使用"="赋值。如StatusCode code=StatusCode.ERROR_A;。

在创建枚举实例时,还可以根据需要重写枚举类内方法,来区别不同枚举成员。

【例11-5】在枚举成员内重写方法

扫一扫,看视频

定义Pizza店可以订购Pizza。购买Pizza有三种状态:ORDERED(预订)、READY(准备就绪)和DELIVERED(派送),每种状态对应需要的等待派送时间。

分析:Pizza的状态是有限的、可确定的,可以定义成枚举类(PizzaStatus)。状态有ORDERED(预订)、READY(准备就绪)和DELIVERED(派送),这三种状

态需要有等待派送时间，判断是否预订、准备就绪和派送的方法以及构造方法。每种状态对判定是否预订、准备就绪和派送的结果不同，因此需要在枚举实例中重写方法。

```java
//Pizza.java
public class Pizza {
    private PizzaStatus status;
    public enum PizzaStatus {
        ORDERED (5){
            public boolean isOrdered() {
                return true;
            }
        }
        READY (2){
            public boolean isReady() {
                return true;
            }
        }
        DELIVERED (0){
            public boolean isDelivered() {
                return true;
            }
        }
        private int timeToDelivery;
        //枚举类PizzaStatus 的构造方法
        PizzaStatus (int timeToDelivery) {
            this.timeToDelivery = timeToDelivery;
        }
        public boolean isOrdered() {return false;}
        public boolean isReady() {return false;}
        public boolean isDelivered(){return false;}
        //获得派送时间
        public int getTimeToDelivery() {
            return timeToDelivery;
        }
    }
    public PizzaStatus getStatus() {
        return status;
    }

    public void setStatus(PizzaStatus status) {
        this.status = status;
    }
    public boolean isDeliverable() {
        return this.status.isReady();
    }
    public void printTimeToDeliver() {
        System.out.println("Time to delivery is " +
            this.getStatus().getTimeToDelivery());
    }
}
//TestPizza.java
public class TestPizza {
    public static void main(String[] args) {
        Pizza testPz = new Pizza();
        testPz.setStatus(Pizza.PizzaStatus.READY);
        testPz.printTimeToDeliver();
    }
}
```

枚举类型与泛型

11.2 泛型

泛型本质上是提供类型的"类型参数"，也称为参数化类型。"参数"这一词读者并不陌生，在定义方法时有形参，而调用该方法时传递实参。泛型的参数化类型可以理解为类型，也可以先定义成参数形式，在使用时再设置实际的类型。泛型主要应用于集合类。下面通过一个例子了解泛型的作用。

【例11-6】泛型的作用

就像箱子、盒子等容器可以放置各种东西一样，容器中可以存放各种对象。定义一个Container类并提供操作容器元素的方法。

扫一扫，看视频

```java
 public class Container {
     private Object t[];                    //容器元素的数组
     private int size;                      //容器大小
     private int length;                    //容器中的元素个数
     public Container(int size) {
    this.size=size;
    t=new Object[size];
    length=0;
}
public Object get(int index) {      //得到一个元素
    return t[index];
}
public void add(Object value) {     //添加一个元素
    t[length]=value;
    length++;
}
}
```

定义一个ContainerTest类，向容器中添加数据，并且获得这些数据。

```java
public class ContainerTest {
    public static void main(String[] args) {
        Container c=new Container(10);
        c.add("zhangsan");              //添加一个String型的元素
        c.add(1);                       //添加一个Integer型的元素
        c.add(3.5);                     //添加一个Double型的元素
        String s1=(String)c.get(0);
        System.out.println(s1.contains("zhang"));
    }
}
```

说明：

（1）容器可以存放各种对象，因此将存放各种对象的成员t定义为Object数组。Object是所有类的基类，所以数组t中可以存放各种对象。正如在第7章中介绍的，当调用向上转型c.add("zhangsan");添加字符串对象时，Object o=(Object)value;将字符串转换成Object对象。当调用c.add(1);时，首先将int型数装箱为Integer对象，然后再向上转型为Object对象。

（2）在调用get()方法取出元素时，必须再向下转型，形式如：String s1=(String)c.get(0);。

（3）列举几种编写代码时可能出现的错误：

1）若返回值没有向上转型，只能调用Object提供的方法。

```
Object s2=c.get(0);
s2.contains("zhang");                    //产生语法错误
```

2)若类型转换错误，会抛出java.lang.ClassCastException异常。

```
String s3=(String)c.get(1);        //抛出java.lang.ClassCastException异常
```

（4）如果数组t在定义时确定类型，如String t[]，元素就只能是String型；而如果需要存储int型的数据，还需要再定义另一个Container类。显然这样代码重复率很高。如果在容器定义时不确定数据类型，而只有在创建这个容器时再去明确存放数据的类型，这种实现就是泛型，即所谓的"参数化类型"。

11.2.1　泛型类的定义

扫一扫，看视频

泛型类是指类中的字段或方法的类型需要在创建对象时确定，可以将该类定义为泛型类。其语法格式如下：

```
class name<T1,T2,...,Tn>
```

泛型参数部分使用<>，它指定了类型参数（也称为类型变量），如定义Box类，有一个泛型参数：

```
public class Box<T> {
    private T data;
    public T getData() { return data; }
    public void setData(T data) {  this.data = data; }
}
```

当一个类中需要有多个泛型类型时，则需要定义多个泛型参数。

```
public class OrderPair<K, V>  {
    private K key;
    private V value;
    public OrderPair(K key, V value) {
        this.key = key;
        this.value = value;
    }
    public K getKey() { return key; }
    public V getValue() { return value; }
}
```

key和value是两个不同类型的变量，所以需要定义两个泛型参数。

泛型类对象在创建时必须确定泛型的类型，写在<>里。例如：

```
Box<String> box=new Box<String>();
```

指定类型后，不用再进行强制类型转换完成向下转型。同时如果参数类型错误时，则会有语法错误提示，而不是只能到运行时才抛出异常提醒错误。

```
public class TestBox {
    public static void main(String[] args) {
     Box<String> box=new Box<String>();
     box.setData("hello");
        //box.setData(123);        //语法错误
     String s=box.getData();
    }
}
```

当多个泛型参数的泛型类创建对象时，仍然是将OrderPair<>作为一个整体，在<>里指定

各个泛型参数的实际类型。例如:

```java
public class TestOrderPair {
    public static void main(String[] args) {
        OrderPair<Integer, String> pair=new OrderPair<Integer, String>(1, "001");
        int key=pair.getKey();
        String value=pair.getValue();
        System.out.println("key:"+key+",value:"+value);
    }
}
```

使用泛型时需要注意以下问题。

(1)不能使用基本类型定义泛型,泛型类型只允许是类。例如:

```java
Box<int> box=new Box<int>();          //语法错误
```

(2)在创建泛型类对象时,以下方式都是允许的:

```java
Box box1=new Box();                   //方式一
Box<String> box2=new Box();           //方式二
Box<String> box3=new Box<>();         //方式三
```

用方式一创建的对象的类型是Object,在使用时需要进行向下转型。

当创建泛型类对象时,编译器能够从上下文推断出类型参数,可以忽略,如方式二和方式三都是正确的。

(3)Java泛型不允许进行实例化。例如:

```java
<T> void test(T t){
    t=new T();                        //语法错误
}
```

(4)泛型类型定义的变量不允许进行静态化。例如:

```java
class Demo<T>{                        //语法错误
    private static T t;               //语法错误
    public static T getT(){           //语法错误
        return t;
    }
}
```

静态变量是类间共享,在编译时创建,而泛型类型是在运行时确定,因此编译器无法确定要使用的类型,所以出现语法错误。

(5)不允许直接进行类型转换。例如:

```java
List <Integer> integerList=new List<Integer>();
List <Double> doublelist = new List<Double>();
integerList =doublelist ;             //语法错误
```

11.2.2 泛型接口

扫一扫,看视频

接口也可以声明为泛型。泛型接口的语法格式如下:

```java
interface IGenerics<T>{
    T fun();
}
```

泛型接口有两种实现方式。

1. 实现泛型接口的类明确声明泛型类型

```
public class GenericsImplements1 implements IGenerics<Integer>{
    private int var;
    public GenericsImplements1(int var) { this.var=var; }
    public Integer fun() { return var;  }
    public static void main(String args[]) {
      GenericsImplements1 g=new GenericsImplements1(10);
      System.out.println(g.fun());
    }
}
```

2. 实现泛型接口的类不明确声明泛型类型

```
public class GenericsImplements2<T> implements IGenerics<T>{
    private T var;
    public GenericsImplements2(T var) { this.var=var; }
    public T fun() { return var; }
    public static void main(String args[]) {
      GenericsImplements2<Integer> g=new GenericsImplements2<Integer>(10);
      System.out.println(g.fun());
    }
}
```

当实现泛型接口的类不明确声明泛型类型时，这个类就需要定义为泛型类。以此类推，如果还有类继承这个泛型类，不明确声明泛型类型，那么这个子类也依然需要定义为泛型类。

11.2.3 泛型方法

当一个方法的参数类型在调用时确定时，这个方法需要定义为泛型方法。泛型方法的语法格式如下：

扫一扫，看视频

```
访问权限 <泛型参数> 返回类型 方法名(参数列表) {
    方法体
}
```

泛型方法与普通方法的区别在于泛型参数写在访问权限和返回类型之间，表示在方法中应用泛型，需要在调用时确定。

```
class GenericMethod{
    public <T> void genericDisplay(T element) {
      System.out.println(element.getClass().getName()+"="+element);
    }
}
public class GenericMethodDemo{
    public static void main(String[] args) {
      GenericMethod t=new GenericMethod();
      t.genericDisplay(123);
      t.genericDisplay("hello");
    }
}
```

说明：

（1）在前面的例子中的方法都不是泛型方法，虽然也有<T>形式，但这些泛型参数是与泛型类有关的，也就是说，泛型参数是在创建对象时声明的，而不是在调用该方法时明确了类型。

（2）因为泛型方法的参数是在调用方法时确定的，泛型方法可以声明为static方法。

```java
public static <T> T fun(T t){
    ... ...
    return t;
}
```

11.2.4 通配符和有界限制

在使用泛型时，还可以为传入的泛型类型实参进行上下界的限制。常用的通配符如下。

- ?：无边界通配符。
- <? extends A>：泛型的上边界，表示泛型类型可以是A及其子类。
- <? super A>：泛型的下边界，表示泛型类型可以是A及其父类。

扫一扫，看视频

【例11-7】通配符和有界限制的应用

```java
public class GenericContainer<T> {
    private Object t[];
    private int size;                     //容器大小
    private int length;                   //容器中的元素个数
    public GenericContainer(int size) {
        this.size=size;
        t=new Object[size];
        length=0;
    }
    public T get(int index) { return (T)t[index]; }
    public void add(T value) {
        t[length]=value;
        length++;
    }
    public int getSize() { return size; }
}
```

说明：将GenericContainer中的t定义为Object类型，而不是泛型类型T，这是因为泛型不允许实例化。

定义三个有继承关系的类：SuperClass（父类）、ChildClass（子类）和GrandChildClass（子类的子类）。

```java
class SuperClass{
    void f1() {System.out.println("f1");}
}
class ChildClass extends SuperClass{
    void f2() {System.out.println("f2");}
}
class GrandChildClass extends ChildClass{
    void f3() {System.out.println("f3");}
}
```

定义容器方法countNullElements()用来统计容器中有多少个未被使用的空间。我们使用三种通配符形式（无边界通配符、泛型上边界和泛型下边界）作为统计容器空间方法的参数，分析这三种形式的不同。

```java
public class SuperWildCardDemo {
    //统计容器中未被使用的空间个数，使用通配符
    public static  int countNullElements1(GenericContainer<?> container) {
        int count=0;
        for(int i=0;i<container.getSize();i++) {
```

```
            if(container.get(i)==null)
               count++;
         }
         return count;
      }
      //统计容器中未被使用的空间个数，使用上限通配符
      public static int countNullElements2(GenericContainer<? extends ChildClass>
container) {
         int count=0;
         for(int i=0;i<container.getSize();i++) {
           if(container.get(i)==null)
              count++;
         }
         return count;
      }
      //统计容器中未被使用的空间个数，使用下限通配符
      public static   int countNullElements3(GenericContainer<? super ChildClass>
container) {
         int count=0;
         for(int i=0;i<container.getSize();i++) {
           if(container.get(i)==null)
              count++;
         }
         return count;
      }
}
public static void main(String[] args) {
      //定义三个容器对象
      //创建存放父类元素的容器
      GenericContainer<SuperClass> supercontainer=new GenericContainer<SuperClass>(5);
      //创建存放子类元素的容器
      GenericContainer<ChildClass> childcontainer=new GenericContainer<ChildClass>(3);
      //创建存放子类的子类元素的容器
      GenericContainer<GrandChildClass> grandchildcontainer=new GenericContainer<
      GrandChildClass>(2);
      //调用countNullElements1()方法，统计三个容器中未被使用的空间个数
      System.out.println(countNullElements1(supercontainer));
      System.out.println(countNullElements1(childcontainer));
      System.out.println(countNullElements1(grandchildcontainer));
      //调用countNullElements2()方法，统计三个容器中未被使用的空间个数
      System.out.println(countNullElements2(supercontainer));      //语法错误
      System.out.println(countNullElements2(childcontainer));
      System.out.println(countNullElements2(grandchildcontainer));
      //调用countNullElements3()方法，统计三个容器中未被使用的空间个数
      System.out.println(countNullElements3(supercontainer));
      System.out.println(countNullElements3(childcontainer));
      System.out.println(countNullElements3(grandchildcontainer));//语法错误

}
```

说明：

（1）当调用countNullElements1()方法时，通配符？表示无边界，即可以接收任何类型。如果定义存放String对象的容器，countNullElements1()方法也可以接收。例如：

```
GenericContainer<String> strcontainer=new GenericContainer<String>(3);
countNullElements1(strcontainer);
```

（2）定义countNullElements2(GenericContainer<? extends ChildClass> container)方法，指定了泛型上边界，泛型类型只能是ChildClass及其子类。因此countNullElements2()方法可

以接收childcontainer和grandchildcontainer作为参数，而supercontainer和strcontainer不能作为countNullElements2()方法的参数。

（3）countNullElements3()方法的参数类型是GenericContainer<? super ChildClass>，指定了泛型的下边界，即只能以ChildClass及其父类作为泛型类型。因此countNullElements3()方法可以接收supercontainer和childcontainer作为参数，而grandchildcontainer和strcontainer不能作为countNullElements3()方法的参数。

11.3 本章小结

本章主要介绍了Java的新增功能。重点讲解了以下几个方面的内容。

1．枚举类型和泛型都是Java 1.5版本新增的功能。枚举常用来定义常量，比使用符号常量形式更简洁。当需要定义一组有限个的、确定的常量时，建议使用枚举。定义枚举常量的一般格式如下：

```
enum Level{
    常量1,常量2,
}
```

2．当使用的枚举数据还要完成复杂功能时，可以定义成枚举类。定义枚举类的一般格式如下：

```
class 枚举类 extends Enum{
    枚举常量1,枚举常量2,…
    构造方法(){}
    其他方法(){}
}
```

定义的枚举类比较特殊，需要在枚举类中定义枚举常量，枚举常量是枚举类的对象，创建格式与该类定义的构造方法一致。Enum类还提供了compareTo()、values()、condinal()等方法。

3．泛型常用于集合类中，提高代码的重用性，提供了一种"类型参数"机制。即在类、接口或方法中指定数据的类型，以在创建或调用时设置。

4．泛型类的定义形式如下：

```
class 类名<T1,T2,...,Tn>{}
```

T1、T2、…表示泛型类型参数，仅用作"占位"，在类的定义中用来修饰字段和与该字段相关的方法的参数。在创建对象时必须明确类型，创建对象的形式如下：

类名<类型1,类型2,...> 对象名=new 类名<类型1,类型2>

这里的类型1、类型2、…是具体的类型，不能是基本数据类型，只允许是类类型。

5．如果一个方法的参数或返回类型需要在调用时确定，可以定义为泛型方法。泛型方法的一般格式如下：

访问权限 <泛型参数> 返回类型 方法名(参数列表){
    方法体
}

6．在使用泛型时，还可以对传入的泛型类型实参进行上下边界的限制。常用的通配符如下。

● ?：无边界通配符。

● <? extends A>：泛型的上边界，表示泛型类型可以是A及其子类。

● <? super A>：泛型的下边界，表示泛型类型可以是A及其父类。

11.4 习题十一

扫描二维码，查看习题。

扫二维码
查看习题

11.5 实验十一　枚举类型与泛型

扫描二维码，查看实验内容。

扫二维码
查看实验内容

第 12 章

集 合

学习目标

集合类，也称为容器类，是 Java 数据结构的实现。这些集合类定义在 java.util 包中。集合可以用来方便地存储和管理对象数据。集合有 Collection（单列集合）和 Map（双列集合）两大类，Collection 和 Map 都是顶层容器接口。Set 和 List 是 Collection 的两个重要子接口，Set 容器中的元素不允许重复，而 List 容器中的元素允许重复。通过本章的学习，读者应该掌握以下主要内容：

- 集合的基本概念和集合的层次结构。
- List 的特点和 ArrayList 的使用。
- Set 的特点和 HashSet 的使用。
- Map 的特点和 HashMap 的使用。

内容浏览

12.1 集合类概述

集合类

数组是实现大量同类型数据存储的有利工具，但数组有其局限性。

（1）定义后的数组长度不可变，超出数组长度后就不能再存放数据了。但很多时候我们在创建数组时并不确定到底需要存放多少条数据。

（2）数组并不适合进行大量的插入、删除操作。

扫一扫，看视频

所以就需要有不定长的容器存放数据，这就是集合，也称为容器。顾名思义，容器是用来存储和管理数据的类。

集合按照存储结构分为单列集合（Collection）和双列集合（Map）两类。这两类集合的具体特点如下。

- Collection：单列集合类的根接口，规定了逐一存放数据。List、Set是继承Collection的两个重要接口。List的特点是存放的元素是有序且可以重复的，Set的特点是存放的元素是无序且不可以重复的。
- Map：双列集合类的根接口。存放的数据是一对一对的键值对。一个key对应一个value，其中key是无序且不可以重复的，value是有序且可以重复的。

Java集合提供了丰富的集合类库。集合的体系框架图如图12-1所示。

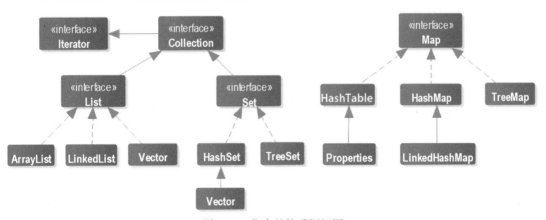

图 12-1　集合的体系框架图

从这些常用类的名字可以了解到每种集合的存储特点以及底层使用的存储方式。例如，HashMap是以键值对的形式并且底层是用哈希表存储，而TreeSet存储的元素是不允许重复的，底层是使用树存储。

12.2 Collection接口

学到这里，接口对于大家并不陌生。对于一个庞大的集合类家族，先了解它们的顶层接口不失为明智之举。Collection接口定义了单列集合类的方法。这些方法如下。

- int size()：返回此集合中的元素个数。

扫一扫，看视频

- boolean isEmpty()：如果此集合中不包含元素，则返回 true。
- boolean contains(Object obj)：如果此集合中包含指定的元素，则返回 true。
- boolean containsAll(Collection c)：如果此集合中包含指定参数集合中的所有元素，则返回true。
- Object[] toArray()：返回包含此 Collection 中所有元素的数组。
- boolean add(E obj)：将给定的参数对象增加到集合对象中，则返回true。如果此集合不允许有重复元素，并且已经包含了指定的元素，则返回 false。
- boolean addAll(Collection c)：将参数集合中的所有元素都添加到此集合中。
- boolean remove(Object obj)：从此集合中移除指定元素，如果此集合包含一个或多个元素，则移除所有这样的元素，返回 true。
- removeAll(Collection c)：移除此集合中那些也包含在指定参数集合中的所有元素。
- boolean retainAll(Collection c)：仅保留此集合中那些也包含在指定参数集合中的元素。换句话说，移除此集合中未包含在指定参数集合中的所有元素。
- void clear()：清空集合内容（元素设置为null），容器size设置为0。
- Iterator iterator()：返回此集合中的元素的迭代器，用于遍历集合中的元素。

12.3　List接口

12.3.1　List 接口概述

扫一扫，看视频

　　List是一种"有序、可重复"的容器。这里的"有序"是指数据线性存储。每个元素都有索引标记，可以根据元素的索引（在List中的位置）访问元素。List中的元素是对象，存储的对象允许重复。

　　List接口继承了Collection接口，因此包含了Collection中的所有方法。同时，List还增加了一些和索引相关的方法。List接口中的常用方法如表12-1所示。

表 12-1　List 接口中的常用方法

方　　法	说　　明
void add(int index,E element)	在指定位置插入元素，index 从 0 开始
Object set(int index,E element)	修改指定位置的元素，index 从 0 开始
Object get(int index)	获得指定位置的元素
Object remove(int index)	删除指定位置的元素
int indexOf(E o)	查找元素，返回第一个查找位置，如果没有找到，则返回 –1
int lastIndexOf(E o)	查找元素，返回最后一个查找位置，如果没有找到，则返回 –1

12.3.2　List 接口的常用类

扫一扫，看视频

　　List接口的常用类有ArrayList、LinkedList和Vector。这三种容器的方法基本相似，但因为底层的存储方式不同，特点也有所不同。

- ArrayList：可变长度数组，支持存储所有元素，包括null，适合于根据位置对集合元素进行快速的随机访问，但增删元素的速度较慢。不支持线程同步。

● LinkedList：底层使用双向链表存储对象。适合于向集合中插入和删除对象，但不适合随机访问集合中的元素，不支持多线程同步。

● Vector：底层也是可变数组存储，支持线程同步，因此效率低于ArrayList。

【例12-1】使用ArrayList类的主要方法

```java
import java.util.ArrayList;
public class ArraListDemo1 {
    public static void main(String[] args) {
        ArrayList<Integer> list = new ArrayList<>();
        list.add(1);
        list.add(2);
        list.add(3);
        list.add(4);
        list.add(2);
        list.add(3);
        if(list.contains(5))
            System.out.println("包含元素5");
        else
            System.out.println("不包含元素5");
        System.out.println(list);
        list.remove(new Integer(2));        //删除值为2的元素
        list.remove(2);                     //删除第2个元素
        System.out.println(list);
        System.out.println(list.lastIndexOf(3));
        //删除所有值为3的元素
        for(int i=0;i<list.size();i++)
            if(list.get(i)==3)
                list.remove(i);
        System.out.println(list);
    }
}
```

程序运行结果：

```
不包含元素5
[1, 2, 3, 4, 2, 3]
[1, 3, 2, 3]
3
[1, 2]
```

说明：Java的所有集合类都支持泛型，本章的程序都使用泛型创建对象，也建议读者在编写集合类程序时使用泛型实现。list.add(1);使用了封装功能，等价于这样的形式：list.add(new Integer(1));。

12.3.3 Collection 的遍历

1. 使用Iterator迭代器遍历集合

Iterator迭代器是遍历Collection集合中的所有元素的接口。每种存储集合的遍历方式不同，Iterator屏蔽了底层实现细节，提供了统一的访问方式。

扫一扫，看视频

Iterator不能直接创建对象，需要集合对象调用iterator()方法返回迭代器的实现类对象，然后再调用Iterator的hasNext()和next()方法遍历集合。Iterator的方法如表12-2所示。

表 12-2　Iterator 的方法

方　　法	说　　明
boolean hasNext()	如果仍有元素可以迭代，则返回 true
E next()	返回下一个元素
void remove()	删除迭代器返回的最后一个元素

【例12-2】使用Iterator遍历ArrayList

```java
import java.util.ArrayList;
import java.util.Iterator;
public class IteratorDemo1 {
    public static void main(String[] args) {
     ArrayList<String> list=new ArrayList<String>();
     list.add("1");
     list.add("2");
     list.add("3");
     list.add("4");
     Iterator<String> it=list.iterator();
     while(it.hasNext()){
       String s=it.next();
       System.out.print(s+" ");
       if(s.equals("3"))
         it.remove();
     }
     System.out.println();
     //此时Iterator已经指到ArrayList的末尾,如果再使用Iterator遍历,则需要再赋值
     it=list.iterator();
     while(it.hasNext()) {
       System.out.print(it.next()+" ");
     }
    }
}
```

程序运行结果：

```
1 2 3 4
1 2 4
```

说明：

（1）LinkedList类和ArrayList类的使用基本相同，区别在于底层的存储不同。在本例中，ArrayList<String> list=new ArrayList<String>();换成LinkedList<String>list=new LinkedList<String>();，其他的使用都相同，这里就不再赘述。

（2）Iterator接口也提供了泛型形式，获得集合的迭代器就可以写为：

```java
Iterator<String> it=list.iterator();
```

这样写的好处是不需要再进行向下转型（String s=(String)it.next();）。

（3）以ArrayList集合为例，详细介绍一下迭代器的遍历过程。

```java
while(it.hasNext()) {
    …it.next()…
  }
```

当集合类对象调用iterator()方法创建迭代器时，会把指针（索引）赋值为–1，即认为指针指向第一个元素之前，如图12-2所示。

图 12-2 迭代器的初始位置

hasNext()方法返回指针后是否有元素，如果有，则返回true；否则返回false。在遍历集合元素时，需要先调用hasNext()方法判断指针是否指向集合的末尾。

next()方法执行两件事：①取出下一个元素；②指针向后移动一位，如图12-3所示。

图 12-3 迭代器执行 next() 方法

每次调用next()方法，都会取出一个元素，并且指针后移。如果指针指向的内存中没有元素，会抛出NoSuchElementException异常。

需要注意的是，迭代遍历时只能用remove()方法删除元素，不能直接通过迭代器对容器内元素的内容进行修改。

2. 使用foreach遍历集合

Java 5以后，支持使用foreach遍历集合中的所有元素，虽然这种方式访问简单，但在遍历过程中不能对集合元素进行修改。其一般语法格式如下：

```
for(集合类型 迭代变量：集合名){
    迭代变量
}
```

【例12-3】使用foreach遍历集合

```java
import java.util.ArrayList;
public class ForeachDemo {
    public static void main(String[] args) {
        ArrayList<String> list=new ArrayList<String>();
        list.add("1");
        list.add("2");
        list.add("3");
        list.add("4");
        for(String item:list) {
          System.out.print(item+" ");
          if(item.equals("3"))
              item="修改它";
        }
        System.out.println();
        System.out.println(list);
    }
}
```

程序运行结果：

```
1 2 3 4
[1, 2, 3, 4]
```

使用foreach遍历ArrayList集合中的元素，会将元素的值赋值给item变量，而当对item变量进行修改时，并没有修改ArrayList集合中的元素。所以foreach只能用来遍历集合的元素，而不能对集合元素进行修改或删除。

12.4 Set集合

12.4.1 Set 集合概述

扫一扫，看视频

　　Set集合的特点是无序且不可重复的。无序是指Set集合中的元素没有索引，只能通过遍历获得指定元素。加入新元素时，调用对象的equals()方法判断新元素与集合中元素是否相等，如果相等，则添加失败。Set集合中包括HashSet、TreeSet、EnumSet、LinkedHashSet等类，这些类都实现了Set接口。Set接口也是继承自Collection接口，并没有新增方法，使用方法与List接口相类似。HashSet是最常用的一种Set集合。

12.4.2 HashSet

扫一扫，看视频

　　HashSet底层使用哈希存储，根据对象的哈希值确定元素在集合中的存储位置，具有良好的存取和查找性能。HashSet是无序集合，存储元素和取出元素的顺序可能不一致，元素允许为null。

【例12-4】HashSet常用方法的应用

```java
import java.util.HashSet;
import java.util.Iterator;
public class HashSetDemo {
    public static void main(String[] args) {
        HashSet <Integer> set=new HashSet<>();
        set.add(1);
        set.add(3);
        set.add(2);
        set.add(1);
        //使用迭代器遍历
        Iterator<Integer> it=set.iterator();
        while(it.hasNext()) {
          int item=it.next();
          System.out.print(item+" ");
        }
    System.out.println("\n使用foreach遍历");
    //使用foreach遍历
    for(Integer item:set)
      System.out.print(item+" ");
    }
}
```

程序运行结果：

```
1 2 3
使用foreach遍历
1 2 3
```

说明：当元素值相同时，调用add()方法，重复的元素是无法加入的。HashSet底层使用哈希表存储，当调用add()方法添加元素时，首先调用hashCode()方法计算哈希值，再根据哈希值确定存储位置。如果存储位置没有存储数据，则添加成功返回true；反之，存储数据存在冲突，再调用equals()方法判断两个数据是否相等，如果相等，则添加失败返回false；如果两个数据不相等，则寻找另一个存储位置添加元素并返回true。用HashSet添加元素的过程如图12-4所示。哈希值是一个十进制整数，由hashCode()方法计算得到。hashCode()方法是Object类提供的方法，因此每个类都有hashCode()方法。读者在存储自定义类对象时，一定要重写该类的hashCode()和equals()方法，以提供对象相等判断。

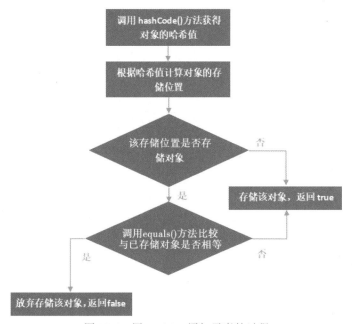

图 12-4 用 HashSet 添加元素的过程

【例12-5】创建若干个User对象并将其存储在HashSet中

User类有name和age两个字段，创建若干个User对象并将其存储在HashSet中。

```
public class User {
  private String name;
  private int age;
  //构造方法
  public User(String name, int age) {
    super();
    this.name = name;
    this.age = age;
  }
//set()/get()方法
… …
public boolean equals(Object o) {
    //判断参数o是否是User对象
    if(this==o) return true;
    if(o==null||getClass()!=o.getClass()) return false;
    //将参数转换成User对象
    User user=(User) o;
    //如果年龄不同，则返回false
    if(age!=user.age) return false;
```

227

```
        //判断name是否相同
        return name!=null?name.equals(user.name):user.name==null;
    }
    public int hashCode() {
        int result = name!=null?name.hashCode():0;
        result=31*result+age;
        return result;
    }
    public String toString() {
        return "name:"+name+",age:"+age;
    }
```

说明：equals(Object o)方法的参数是Object类对象，因此在判断相等前需要判断参数的类型是否正确，getClass()方法就是返回当前对象的类名。hashCode()方法计算虽然比较复杂，功能就是能够获得一个十进制整数的哈希值，不相等的对象得到的哈希值应不同。Eclipse也提供了自动生成hashCode()和equals()方法，如图12-5所示，在代码区右击，在弹出的快捷菜单中选择Source→Generate hashCode() and equals()选项，hashCode()方法和equals()方法可以自动生成。

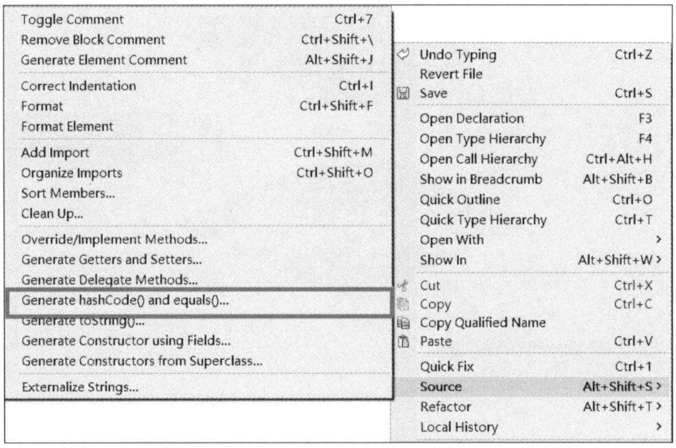

图 12-5　用 Eclipse 自动生成代码

创建User对象，并将其存储在HashSet集合中。

```java
import java.util.HashSet;
import java.util.Iterator;
public class UserTest {
    public static void main(String[] args) {
        //创建user对象
        User s1=new User("1",21);
        User s2=new User("2",22);
        User s3=new User("2",23);
        User s4=new User("2",22);
        HashSet<User> set=new HashSet<>();
        set.add(s1);
        set.add(s2);
        set.add(s3);
        //统计平均年龄
        Iterator<User> it=set.iterator();
        int sum=0;
        while(it.hasNext()) {
            User u=it.next();
            System.out.println(u);
            sum+=u.getAge();
```

```
        }
        int avg=sum/set.size();
        System.out.println("用户的平均年龄为:"+avg);
    }
}
```

12.5 Map集合

12.5.1 Map 集合概述

扫一扫，看视频

Map集合由Map接口及其实现类组成。Map集合是以一对"键（key）-值（value）"的形式存储数据，键和值存在一对一的关系。例如，（"zhangsan",87），（"lisi",85），这些是一个人的姓名和分数一一对应，再如（"name","zhangsan"），（"password","1111"），这是用于描述一个用户的属性和值对应的键值对。系统的配置文件、用户的基本信息都可以使用Map存储。

Map的存储示意图如图12-6所示。底层是以一对"键-值"作为整体存储的。为了便于对键、值和键值对进行管理，Map提供了三种视图：KeySet、Values和EntrySet。这里的视图和数据库中的视图概念类似，物理上存储的是以键值对形式存储的Map集合，但为了便于查看键或值的数据，将"键-值"映射到一个数据集合中，这个集合不是物理存在的集合实体，只是提供了访问数据的方法。键（key）是无序的、不重复的，因此key视图是一个Set集合。每个key只能映射到一个value，value的值允许重复，value视图为Collection接口实现类对象。一对（key,value）构成一个Entry对象，Entry是无序的、不可重复的，使用Set存储。

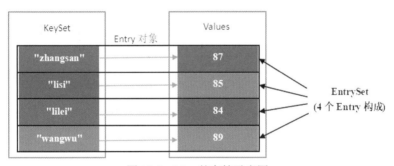

图 12-6　Map 的存储示意图

Map的主要方法如表12-3所示。

表 12–3 Map 的主要方法

方　法	说　明
添加、修改、删除操作	
Object put(K key, V value)	存放键值对
void putAll(Map m)	从指定 Map 对象中将所有映射关系复制到此 Map 对象中
Object remove(K key)	删除指定 key 的 key-value 键值对，并返回 value 值
void clear()	清空当前 Map 对象中的所有数据（置为 null），size 置为 0
元素查询操作	
boolean containsKey(K key)	如果此 Map 对象包含指定键的映射关系，则返回 true

方　法	说　明
boolean containsValue(V value)	如果此 Map 对象将一个或多个键映射到指定值，则返回 true
int size( )	返回当前 Map 对象中键值映射个数
boolean isEmpty( )	如果此 Map 对象未包含键值映射关系，则返回 true
boolean equals(Object obj)	比较指定的对象与此 Map 对象是否相等
Object get(K k)	返回指定键对应的值；如果 Map 对象中不包括键 k，则返回 null
与视图有关的操作	
Set entrySet( )	返回此 Map 对象中包含的映射关系的 Set 视图
Set keySet( )	返回此 Map 对象中包含的键的 Set 视图
Collection values( )	返回此 Map 对象中包含的值的 Collection 视图

实现Map的常用类有HashMap、TreeMap、HashTable、Properties等，这些集合类的特点如下。

- HashMap：底层使用哈希表存储数据，在查找、修改和删除等方面都有非常高的效率，也是最常用的一种Map集合类。
- TreeMap：底层通过红黑树实现，TreeMap会自动排序，存储的key必须实现Comparable接口。
- HashTable：底层也是使用哈希表进行存储，支持线程同步。
- Properties：读取Java的配置文件。在Java中，其配置文件常为.properties文件，是以键值对的形式进行参数配置的。

12.5.2　HashMap

扫一扫，看视频

HashMap是最常用的Map集合，底层以哈希表和链表存储，因此在查找、修改和删除等方面都有很好的性能。存储元素不允许重复，如果发生重复，则新的键值对会替代旧的键值对，允许存储null，不支持线程同步。

【例12-6】HashMap的基本操作

```java
import java.util.HashMap;
import java.util.TreeMap;
public class HashMapDemo {
    public static void main(String[] args) {
        HashMap<String,Integer> map = new HashMap<>() ;
        String key;Integer value;
        map.put("001", 87);
        map.put("002", 86);
        map.put("003", 83);
        map.put("004", 88);
        System.out.println(map);
        System.out.println("大小为:"+map.size());
        //修改003对应的值
        map.put("003", 84);
        System.out.println(map);
        //删除指定键的键值对
        key="002";
        value=map.remove(key);
        if(value!=null)
```

```
            System.out.println(key+"-"+value+"删除成功");
        else
            System.out.println(key+"-"+value+"删除失败");
        key="002";
        value=map.remove(key);
        if(value!=null)
            System.out.println(key+"-"+value+"删除成功");
        else
            System.out.println(key+"-"+value+"删除失败");
        //判断是否存在某个键，并输出键值对
        key="001";
        if(map.containsKey(key)) {
            System.out.println(key+"存在，值为:"+map.get(key));
        }
        else
            System.out.println(key+"键不存在");
        //判断值是否存在，并通过value找到key
        value=84;
        if(map.containsValue(value)) {
            for(String keyitem: map.keySet()){
                    if(map.get(keyitem)==value)
                        System.out.println(value+"值存在，键为:"+keyitem);
            }
        }else
            System.out.println("值"+value+"不存在");
    }
}
```

程序运行结果：

```
{001=87, 002=86, 003=83, 004=88}
大小为:4
{001=87, 002=86, 003=84, 004=88}
002-86删除成功
002-null删除失败
001存在，值为:87
84值存在，键为:003
```

通过Map提供的KeySet和EntrySet视图可以对HashMap进行遍历。这里的EntrySet视图使用Map.Entry<K,V>定义，它是Map提供的内部Entry接口。Map.Entry的主要方法如表12-4所示。

表 12-4　Map.Entry 的主要方法

方　　法	说　　明
K getKey()	返回当前 Entry 对应的键
V getValue()	返回当前 Entry 对应的值
V setValue(V value)	修改当前 Entry 的 value 值，并返回修改后的值

【例12-7】HashMap的遍历

```
import java.util.HashMap;
import java.util.Iterator;
import java.util.Map;
public class HashMapTranverse {
    public static void main(String[] args) {
        HashMap<String, String> map = new HashMap<String, String>();
```

```
map.put("1", "value1");
map.put("2", "value2");
map.put("3", "value3");
//第一种：获得KeySet视图---遍历视图(key-->value)
System.out.println("通过Map.keySet遍历key和value: ");
for (String key : map.keySet()) {
  System.out.println("key= "+ key + " and value= " + map.get(key));
}
//第二种:获得EntrySet视图，使用Iterator遍历
System.out.println("通过Map.entrySet使用Iterator遍历key和value: ");
Iterator<Map.Entry<String, String>> it = map.entrySet().iterator();
while (it.hasNext()) {
  Map.Entry<String, String> entry = it.next();
  System.out.println("key= " + entry.getKey() + " and value= " + entry.getValue());
}
//第三种：获得EntrySet视图，使用foreach遍历
System.out.println("通过Map.entrySet使用foreach遍历key和value:");
for (Map.Entry<String, String> entry : map.entrySet()) {
  System.out.println("key= " + entry.getKey() + " and value= " + entry.getValue());
}
}
}
```

程序运行结果：

```
通过Map.keySet遍历key和value:
key= 1 and value= value1
key= 2 and value= value2
key= 3 and value= value3
通过Map.entrySet使用Iterator遍历key和value:
key= 1 and value= value1
key= 2 and value= value2
key= 3 and value= value3
通过Map.entrySet使用foreach遍历key和value:
key= 1 and value= value1
key= 2 and value= value2
key= 3 and value= value3
```

12.6　本章小结

本章主要介绍了Java集合：Set、List和Map。重点讲解了以下几个方面的内容。

1．Java集合类的层次结构

集合类的顶层接口Collection、Map。Collection是单列存储，而Map是以键值对存储。List和Set是继承自Collection的接口，List允许数据重复，有索引位置；而Set不允许数据重复，没有索引位置。ArrayList、LinkedList等是常用的List集合类；HashSet、TreeSet是常用的Set集合类。Map底层是以一个键值对作为整体存储的，提供了KeySet、Values和EntrySet三种视图。键(key)是无序的、不重复的；value的值允许重复；(Key,value)构成一个Entry对象，Entry是无序的、不可重复的。HashMap是常用的Map集合类。

2．Set的常用方法

- 对集合中元素的操作：contains()、add()、remove()。
- 集合的一些属性操作：size()、isEmpty()。

● 集合中元素的遍历:iterator()、foreach语句。

3．List的常用方法

List除了有Set的常用方法，还提供了索引实现对指定位置的操作。如add(int index, E element)、set(int index, E element)、get(int index)、indexOf(Eo)等。

4．Map的常用方法

● 添加、删除:put(K key, V value)、remove(K key)、clear()。

● 元素查询:containsKey(K key)、containsValue(V value)。

● 获得指定key的value值:get(K key)。

● 与视图有关的方法:Set entrySet()、Set keySet()、Collection values()。

● Map的遍历:Map中没有提供直接遍历的方法，需要先获得Key或Entry视图，然后再依次遍历。

12.7 习题十二

扫描二维码，查看习题。

扫二维码
查看习题

12.8 实验十二　集合类

扫描二维码，查看实验内容。

扫二维码
查看实验内容

第 13 章

异常处理

学习目标

本章主要讲解 Java 语言中异常的基本概念及其处理。通过本章的学习，读者应该掌握以下主要内容：

- 异常的运行机制。
- checked 和 unchecked 异常的特点。
- 使用 try-catch 语句抛出异常。
- 使用 throws 语句声明异常。
- 自定义异常和 throw 抛出。

内容浏览

13.1 异常概述

13.1.1 异常的引入

扫一扫，看视频

相信读者在编程时肯定被类似这样的运行结果弄得焦头烂额而不知所措，如图 13-1 所示。

```
Exception in thread "main" java.lang.NumberFormatException: For input string: "34a"
    at java.base/java.lang.NumberFormatException.forInputString(NumberFormatException.java:68)
    at java.base/java.lang.Integer.parseInt(Integer.java:658)
    at java.base/java.lang.Integer.parseInt(Integer.java:776)
    at chap13.ThrowsDemo.main(ThrowsDemo.java:11)
```

图 13-1 运行时遇到的异常提示

这并不是语法错误，这些是运行时产生的错误。在程序执行期间，可能会有许多意外的事件发生。例如，在指定的磁盘上打开不存在的文件、网络传输文件时网络阻塞、输入的数据格式错误等。这些错误只有运行时才能被发现，也是运行时不可能避免的错误。这些在程序运行时出现的错误被称为"异常"或"例外"。

当遇到这样的错误时，如果不做处理，程序可能就无法继续执行。所以需要从错误的状态中恢复过来转而执行其他代码，我们把这一过程称为异常处理。Java语言使用面向对象的方法进行异常处理。对于一个实用的程序来说，处理异常的能力是一个程序不可缺少的组成部分，它的目的是保证程序健壮、容错能力强，在出现异常时依然继续执行下去。

13.1.2 异常处理机制

各种异常被划分成不同的异常类，这些异常类都是Exception的子类。Java语言的异常处理机制包括两个过程：抛出异常和捕获异常。在执行某个Java程序的过程中，运行时系统（Java 虚拟机）随时对程序进行监控，若出现了运行不正常的情况，就会生成一个异常对象，并且会传递给运行时系统。这个产生和提交异常的过程称为抛出异常。每个异常对象既可能由正在执行的方法生成，也可能由Java虚拟机生成，异常对象包含异常的类型以及异常发生时程序的运行状态等信息。当Java运行时系统得到一个异常对象时，它会寻找处理这一异常的代码。寻找的过程从生成异常对象的代码开始，沿着方法的调用栈逐层回溯，直到找到一个方法能够处理这种类型的异常为止。然后运行时系统把当前异常对象交给这个方法进行处理。这一过程称为捕获异常。处理异常的代码可以是当前运行的源程序中由程序员自己编写的一段程序，执行后使程序正常结束。当Java运行时系统找不到适当的处理方法时，即终止程序运行。

Java通过try、catch、finally、throw、throws 5个关键字实现异常处理，减轻编程人员的负担，减少运行时系统的负担，使程序能够较安全地运行。

13.1.3 异常分类

Throwable 是 Java 语言中所有错误或异常的超类，在 Java 中只有 Throwable 类型的实例才可以被抛出（throw）或捕获（catch），它是异常处理机制的基本组成类型。从Throwable派生出两大类：Error和Exception。Java的异常类有很多，分布在各个包中。异常类的层次结构如图13-2所示。

扫一扫，看视频

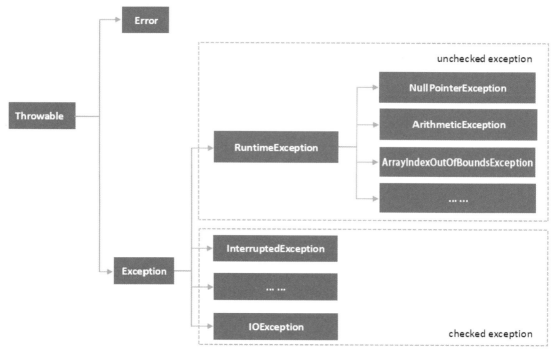

图 13-2　异常类的层次结构

　　Error类属于系统出现严重问题，如内存溢出、虚拟机错误、栈溢出等，大多数程序不能从错误中恢复。虽然出现错误的后果很严重，但是发生的概率很小，因此编写程序时忽略Error错误。

　　Exception分为RuntimeException和非RuntimeException，这些非RuntimeException都是checked异常。

　　RuntimeException是运行时异常，在程序运行时，程序中的任意位置都可能产生一些异常（RuntimeException异常），大多数这类异常在编程时可以避免。例如，在程序中访问越界下标的数组元素时，产生ArrayIndexOutOfBoundsException异常，而数组下标越界也可以通过提前对下标值进行判断而避免这样的问题发生。RuntimeException的子类有很多，常会看到的有：

● NullPointerException（空指针异常）。
● ArrayIndexOutOfBoundsException（数组下标越界异常）。
● ArithmeticException（算术异常）。
● ClassCastException（类型转换异常）。
● NumberFormatException（数字格式异常）。

　　这些异常可以由系统自动运行处理（即不编写异常处理程序不会产生语法错误），也可以编写异常处理程序处理。

　　所有不是RuntimeException的异常统称为checked exception（已检查异常）。例如，IOException（输入/输出时出现的异常）、SQLException（数据库操作时出现的异常）、InterruptedException（线程中断异常）等，这些异常通常是外部错误。这种异常都发生在编译阶段，Java 编译器会强制程序去捕获此类异常，这些异常必须编写异常处理程序，否则会出现语法错误。

13.2 异常处理

在Java语言中，异常处理有以下几种方式。

（1）由系统自动处理异常（只适合于RuntimeException）。

（2）使用try-catch-finally语句捕获异常。

（3）使用throws语句间接抛出异常。

13.2.1 由系统自动处理异常

如果程序中没有进行异常处理的语句，或者没有捕获这种异常的语句，则出现异常后由系统自动处理。例如：

【例13-1】由系统自动处理异常

```
public classs Example1301{
    public static void main(String[] args){
        //定义字符串变量
        String s=" 23.a";
        //定义整型变量
        int b,a=10;
        //将字符串转换成整数
        b=Integer.parseInt(s);
        int c=a/b;      //除0方法
        System.out.println(a+" /" +b+" =" +c);
    }
}
```

程序运行结果如图13-3所示。

```
Exception in thread "main" java.lang.NumberFormatException: For input string: "23.a"
        at java.base/java.lang.NumberFormatException.forInputString(NumberFormatException.java:68)
        at java.base/java.lang.Integer.parseInt(Integer.java:652)
        at java.base/java.lang.Integer.parseInt(Integer.java:770)
        at com.sofrwre.test.Example1301.main(Example1301.java:8)
```

图13-3 由系统自动处理异常

说明：这些就是因为一个异常引发的"血案"。下面分析错误的提示，图13-3中的第1行提示的是什么异常及异常的描述，即NumberFormatException异常，是因为字符串"23.a"引起的。后面是程序产生这个异常都调用了哪些方法以及所在的程序的位置。调用的方法包括用户自定义的程序和系统程序。在分析问题时，需要找到和自己程序相关的位置查看代码，如本例的类为ExceptionDemo1.java，所以找到以下一行的错误提示，明确出错的代码位置：ExceptionDemo1.java的第8行。

```
at com.sofrwre.test.Example1301.main(Example1301.java:8)
```

13.2.2 使用 try-catch-finally 语句捕获异常

在Java语言中，用户异常处理的方式之一是使用try-catch-finally语句将可能发生异常的程序块包起来。若发生了异常，则程序会依照发生异常的种类，跳到该异常种类的catch区去做异常处理。

try-catch-finally语句的一般语法格式：

```
try{
    //可能会发生异常的程序块
```

扫一扫，看视频

异常处理

```
}catch(异常类1    异常1){
    //异常处理程序  1
}catch(异常类2    异常2){
    //异常处理程序  2
}…
[finally{
    //最终处理程序
}]
```

说明：

（1）若try块中没有发生异常。在这种情况下，Java首先执行try块中的所有语句，然后执行finally子句中的所有语句，最后执行try-catch-finally语句后面的语句。

（2）若try块中发生了异常，而且此异常在方法内被捕获。在这种情况下，Java首先执行try块中的语句，直到产生异常处；当产生的异常找到了第一个与之相匹配的catch子句时，就跳过try块中剩余的语句，执行捕获此异常的catch子句中的代码，若此catch子句中的代码没有产生异常，则执行完相应的catch语句后，程序恢复执行，但不会回到异常发生处继续执行，而是执行finally子句中的代码。

【例13-2】try-catch-finally语句的执行

```java
import java.util.Scanner;
public class UserExceptionDemo1 {
    public static void main(String args[]){
        int a=10,b;
        System.out.print("请输入被除数:");
        Scanner scan=new Scanner(System.in);
        b=scan.nextInt();
        try{
            int c=a/b;        //除0方法
            System.out.println(a+"/"+b+"="+c);
         }catch(ArithmeticException e){
            System.out.println("Divided by zero error!");
         }
        finally {
            System.out.println("这是finally语句");
        }
         System.out.println("After try-catch.");
    }
}
```

输入非0数字时，程序运行结果：

请输入被除数:5
10/5=2
这是finally语句
After try-catch.

输入0时，程序运行结果：

请输入被除数:0
Divided by zero error!
这是finally语句
After try-catch.

说明：读者在编写程序时，不要把所有的语句都写在一个try语句中，如果这样，当程序出现异常时，try块中异常后面的语句就不能执行。

（3）finally子句为异常处理提供一个清理机制，一般用来释放使用的系统资源，防止发生资源泄露。资源泄露是指程序被取消后，它占有的资源不释放，不能被其他程序使用。一般会将关闭数据对象、关闭文件对象等放到finally子句中。

（4）若try块中发生异常，try-catch-finally语句就会自动在try块后面的各个catch块中找出与该异常相匹配的参数。当参数符合下列条件之一时，就认为这个参数与产生的异常相匹配。

- 参数与产生的异常属于一个类。
- 参数是产生异常的父类。
- 参数是一个接口时，产生的异常实现这一接口。

【例13-3】使用多个catch子句捕获异常

使用对话框输入除数时，除了除数可能为0，还有可能输入不合法的整数数据，那么对这些异常都需要捕获，需要使用多个catch子句实现。

```java
import javax.swing.JOptionPane;
public class ExceptionDemo2 {
    public static void main(String[] args) {
        String s="";
        int b,a=10;
        try{
          s =JOptionPane.showInputDialog("Enter an integer number");
          b=Integer.parseInt(s);
          int c=a/b;    //除0方法
            System.out.println(a+"/"+b+"="+c);
        }catch(ArithmeticException e){
         System.out.println("Divided by zero!");
        }catch(NumberFormatException e){
            System.out.println("please input integer number");
        }
    }
}
```

运行界面如图13-4所示。

(a) 输入非 0 数字   (b) 输入 0

图 13-4　例 13-3 的运行界面

在对话框中输入0时，会抛出ArithmeticException异常，程序运行结果：

```
Divided by zero!
```

在对话框中输入34a时，会抛出NumberFormatException异常，程序运行结果：

```
please input integer number
```

（5）如果多个catch的异常类之间存在继承关系，则将父类异常写在后面，子类异常写在前面，否则子类所在的catch块将会执行不到。例如，例13-3中的catch子句如果改为以下形式：

```java
        catch(Exception e){
```

```
            System.out.println("exception");
        }
        catch(ArithmeticException e){
        System.out.println("Divided by zero!");
    }
    catch(NumberFormatException e){
            System.out.println("please input integer number");
    }
```

那么无论在对话框中输入0还是34a，程序运行结果：

```
exception
```

13.2.3 使用 throws 语句间接抛出异常

扫一扫，看视频

　　throws语句，放在方法参数表之后方法体之前，用来声明一个方法中可能抛出的各类异常，表示这个方法可能会出现这些异常，并提交给调用其方法的程序处理。声明抛出多个异常时，各个异常类需要用逗号分隔。
　　throws语句的一般语法格式：

<方法名称>([<参数行>])throws <异常类1>, <异常类2 >,…
{
　　　方法体语句
}

【例13-4】使用throws语句间接抛出异常

```
import javax.swing.JOptionPane;
public class ThrowsDemo {
      public static void main(String[] args)throws ArithmeticException,
NumberFormatException{
      String s="";
      int b,a=10;
      s =JOptionPane.showInputDialog("Enter an integer number");
      b=Integer.parseInt(s);
      int c=a/b;                      //除0方法
      System.out.println(a+"/"+b+"="+c);
    }
}
```

在对话框中输入5，程序运行结果：

```
10/5=2
```

在对话框中输入0，程序运行结果：

```
Exception in thread "main" java.lang.ArithmeticException: / by zero
  at chap13.ThrowsDemo.main(ThrowsDemo.java:12)
```

在对话框中输入23a，程序运行结果：

```
Exception in thread "main" java.lang.NumberFormatException: For input string: "23a"
  at java.base/java.lang.NumberFormatException.forInputString(NumberFormatExcepti
on.java:68)
  at java.base/java.lang.Integer.parseInt(Integer.java:658)
  at java.base/java.lang.Integer.parseInt(Integer.java:776)
  at chap13.ThrowsDemo.main(ThrowsDemo.java:11)
```

说明：

（1）throws是再向上一级（即调用该方法的方法）声明抛出异常。调用的方法使用try-catch捕获异常，或者再用throws声明给再上一级调用的方法。如果main()方法使用throws声明，则将由Java虚拟机捕获并做出处理。

（2）这个例子没有实际的意义，就是告诉读者try-catch和throws两种异常处理方式，当被调用的某个方法出现异常时，可以使用throws声明，由调用方法处理；也可以在该方法体内使用try-catch进行捕获处理。代码如下：

```java
public class ThrowsDemo2 {
    public static void main(String[] args) {
        f3();
        try {
            f2();
        }catch(ArithmeticException e) {
            System.out.println("除数为0");
        }
    }
    public static void f1() throws ArithmeticException{
        int c=5/0;
    }
    //使用throws语句再声明给调用的方法
    public static void f2() throws ArithmeticException{
        f1();
    }
    public static void f3() {
        try {
            f1();
        }catch(ArithmeticException e) {
            System.out.println("除数为0");
        }
    }
}
```

（3）重写方法时异常程序注意的问题：子类在重写父类抛出异常的方法时，要么不抛出异常，要么抛出与父类方法相同的异常或该异常的子类。例如，B类继承A类，并重写了f()方法，A类的f()方法声明了Exception异常。IOException、ArithmeticException 都是Exception的子类，这样定义是没有错误的。代码如下：

```java
class A{
    void f()throws  Exception {}
}
class B extends A{
    void f()throws IOException,ArithmeticException {}
}
```

但是如果写成：

```java
class A{
    void f()throws  IOException,RuntimeException {}
}
class B extends A{
    void f()throws Exception{}     //语法错误
}
```

该程序就会有语法错误。

🔔 提示

Exception is not compatible with throws clause in A.f()。如果父类方法没有声明异常，那么重写的子类方法是不允许使用throws声明异常的。

13.3 异常类及其主要方法

🎯 13.3.1 Exception 异常类

扫一扫，看视频

1. 异常类的构造方法

Exception异常类有以下几个重载的构造方法。

● Exception()：用一个空的信息创建一个新的异常。

● Exception(String message)：用字符串参数message描述异常信息，创建一个新的异常。

● Exception(String message,Throwable cause)：用字符串参数message描述异常信息、参数cause 描述异常信息，创建一个新的异常。

● Exception(Throwable cause)：用参数cause描述异常信息，创建一个新的异常。

2. 异常类的常用方法

Exception异常类有以下常用方法。

● String getMessage()：返回描述当前异常对象的详细信息。

● void printStackTrace()：在标准输出设备上输出当前异常对象使用堆栈的轨迹，即程序中先后调用了哪些方法，使程序中产生了这个异常。

● void printStackTrace(PrintStream s)：输出当前异常对象到指定的输出字节流。

● void printStackTrace(PrintWriter s)：输出当前异常对象到指定的输出字符流。

● String toString()：返回描述当前异常对象信息的字符串。

【例13-5】产生异常时显示使用堆栈的轨迹

```
public class MyExceptionDemo1{
    public static void main(String[] args) {
        try {
            method1();
        } catch ( Exception exception ) {
            System.err.println( exception.getMessage() + "\n" );
            exception.printStackTrace();
        }
    }
    public static void method1() throws Exception {  method2(); }
    public static void method2() throws Exception { method3();   }
    public static void method3() throws Exception   {
        throw new Exception( "在方法method3()中抛出Exception异常 " );
    }
}
```

程序运行结果：

在方法method3()中抛出Exception异常
java.lang.Exception: 在方法method3()中抛出Exception异常

```
    at chap13.MyExceptions.method3(MyExceptions.java:16)
    at chap13.MyExceptions.method2(MyExceptions.java:14)
    at chap13.MyExceptions.method1(MyExceptions.java:13)
    at chap13.MyExceptions.main(MyExceptions.java:7)
```

说明：在例13-5程序中，main()方法调用方法method1()，方法method1()调用方法method2()，方法method2()调用方法method3()。此时，调用栈的最底端是main()方法，最上端是方法method3()。当方法method3()抛出异常时，调用堆栈轨迹信息产生，并存储在Exception异常对象中，调用堆栈反映了当前程序中的异常抛出位置。当堆栈回溯到第一个调用方法时，该异常被捕获。异常处理可以使用抛出的异常对象调用getMessage()和printStackTrace()方法产生输出。

13.3.2 使用throw语句抛出异常

程序执行中若出现了不正常的情况，JVM（Java虚拟机）就会生成一个异常对象，这个是抛出异常的过程。除了由系统监测到问题自动抛出异常，读者也可以使用throw语句手动抛出异常。throw语句通常用于方法体中抛出一个异常对象，程序在执行到throw语句时立刻终止，后面的语句不再执行。因此throw语句经常和if语句以及throws语句一起使用。throw语句的一般语法格式：

扫一扫，看视频

```
<方法名称>([<参数行>])throws <异常类1>, <异常类2 >,…{
    if(异常条件1成立)
        throw new  异常类1();
    if(异常条件2成立)
     throw  new 异常类2();
    …
}
```

【例13-6】使用throw语句抛出异常

```
public class MyExceptionDemo2 {
    public static void main( String args[] ) {
        // 调用throwException 方法，演示不能被处理的异常
        try {
            int c=divide(5,"3");
        // int c=divide(5,"23.4");
        //int c=divide(5,"0");
            System.out.println("result="+c);
        } catch ( Exception exception ) {
            System.err.println(exception.toString() );
        }
    }
     public static int divide(int a,String s) throws NullPointerException,
NumberFormatException,ArithmeticException {
        int b;
        if(s==null) {
          throw new NullPointerException();
        }else if(!s.matches("^[0-9]*$"))            // 包含非数字字母
          throw new NumberFormatException();
        else
          b=Integer.parseInt(s);
        if(b==0)
          throw new ArithmeticException();          // 产生异常
        return a/b;
    }
}
```

说明：throw和throws关键字相似，但是意义不同。throw是写在方法体里，用于抛出异常对象，后面写异常对象；而throws是用于声明方法可能抛出的异常，写在方法的参数列表后，后面写异常类。

13.3.3　自定义异常

扫一扫，看视频

Java语言允许用户定义自己的异常类，定义自己的异常类要继承Exception类。用户自定义的异常类不能由系统抛出异常对象，一般和throw联用，在特定情况下抛出异常对象。用户自定义异常能够提高程序的健壮性。例如，用户在取款时，取款金额必须不能超过当前的账户金额。读者可以使用if…else语句对情况进行判断，也可以自定义异常类实现。

【例13-7】自定义异常的应用

定义账户类（可以存款和取款），当取款金额超过账户的存款金额时抛出异常。

```
public class InsufficientFundsException extends Exception {
    private double amount;
    public InsufficientFundsException(double amount) {
        this.amount = amount;
    }
    public double getAmount() { return amount;  }
}
```

InsufficientFundsException继承自Exception类，是自定义异常，表示资金不足。这个异常Java虚拟机无法捕获，需要使用throw语句手动抛出异常。CheckingAccount是银行账户类，包括accountID（账户ID）和balance（账户金额）属性，可以存款和取款。取款时，需要先判断账户金额是否充足，否则不能取款。

```
public class CheckingAccount {
    private double balance;
    private String accountID;
    public CheckingAccount(String accountID) {
        this.accountID = accountID;
    }
    public void deposit(double amount) {   //存款
        balance += amount;
    }
    /*定义取款方法，当取款金额amount超过balance时，抛出InsufficientFundsException 异常*/
    public void withdraw(double amount) throws InsufficientFundsException {
 if(amount <= balance) { balance -= amount; }
        else {
            double needs = amount - balance;
            throw new InsufficientFundsException(needs);
        }
    }
    public double getBalance() { return balance; }
    public String getAccountID() { return accountID; }
}
```

编写测试类，定义账户对象，模拟存款和取款的过程。

```
public class ExceptionTest {
    public static void main(String[] args) {
        CheckingAccount c = new CheckingAccount("00001");
```

```
        System.out.println("存款500元…");
        c.deposit(500.00);
        try {
            System.out.println("取款100元…");
            c.withdraw(100.00);
            System.out.println("取款600元…");
            c.withdraw(600.00);
        } catch (InsufficientFundsException e) {
            System.out.println("对不起，账户金额不足，您只能取款" + e.getAmount()+"元");
            e.printStackTrace();
        }
    }
}
```

程序运行结果：

```
存款500元…
取款100元…
取款600元…
对不起，账户金额不足，您只能取款200.0元
chap13.InsufficientFundsException
  at chap13.CheckingAccount.withdraw(CheckingAccount.java:20)
  at chap13.ExceptionTest.main(ExceptionTest.java:14)
```

思考：读者可以分析使用if…else语句和自定义异常类实现取款超过账户金额在执行上有什么不同，哪种方式对程序的健壮性更好。

13.4 本章小结

本章主要介绍了Java程序的异常处理。重点讲解了以下几个方面的内容。

1．运行时的错误称为异常，异常的机制包括抛出异常和捕获异常两大部分。

2．异常类的层次结构、checked异常和unchecked异常。Throwable是异常的顶层父类。Error和Exception继承自Throwable。异常类定义在Java的各个包中。我们主要关注Exception类及其子类的使用。异常分为checked异常和unchecked异常。一般RuntimeException都是unchecked异常，这类异常可以不写异常处理程序，由系统处理。除了RuntimeException以外的异常都是checked异常，这类异常必须编写异常处理程序，否则会出现编译错误。异常类是一个庞大的家族，类很多但不需要记忆。

3．处理异常一般使用try-catch语句捕获异常，也可以使用throws语句再抛出给上一级（调用该方法的方法）进行处理。

4．try-catch-finally语句的一般语法格式：

```
try{
    //可能会发生异常的程序块
}catch(异常类1  异常1){
    //异常处理程序 1
}catch(异常类2  异常2){
    //异常处理程序 2
}…
[finally{
    //最终处理程序
}]
```

我们一般将可能出现异常的代码放到try块中，如果没有异常产生，程序执行try块中的所有语句；当执行try块中语句有异常产生时跳出try块，去执行与之匹配的catch子块进行异常处理。无论有无异常产生，finally子句都会执行，所以经常将释放资源的工作放到finally子句中。

5．throws语句的一般语法格式：

```
<方法名称>([<参数行>])throws <异常类1>，<异常类2 >，…
{
      方法体语句
}
```

throws语句，放在方法参数表之后方法体之前，用来声明一个方法中可能抛出的各类异常，表示这个方法可能会出现的异常，并提交给调用它的方法处理异常。

6．为了增强代码的健壮性，也可以自定义异常。自定义异常继承自Exception类，自定义异常需要用throw语句手动抛出异常对象。

13.5 习题十三

扫描二维码，查看习题。

扫二维码
查看习题

13.6 实验十三 异常处理

扫描二维码，查看实验内容。

扫二维码
查看实验内容

第 14 章

Java 输入 / 输出

学习目标

　　本章主要讲解 Java 语言中的输入 / 输出流，首先介绍了 Java 流的基本设计思想和系统流；其次详细说明了 File 类在文件和目录操作中的应用，Java 字节流、Java 字符流的具体开发，最后扩展了带缓存的输入 / 输出流、基本数据类型输入 / 输出流和 ZIP 压缩输入 / 输出流。通过本章的学习，读者应该掌握以下主要内容：

- Java 流的基本设计思想。
- Java 中的系统流的应用。
- 字节流类中常用类的具体开发。
- 字符流类中常用类的具体开发。
- 带缓存的输入 / 输出流的应用。
- 基本数据类型输入 / 输出流的应用。
- ZIP 压缩输入 / 输出流的应用。

内容浏览

14.1 Java 流概述

　　输入/输出是指程序与外部设备或其他计算机进行交互的操作。几乎所有的程序都具有输入和输出操作，如从键盘读取数据，从本地或网络中读取数据或写入数据等。通过输入和输出操作可以从外界接收信息，或者把信息传递给外界。Java把这些输入和输出操作用流实现，通过统一的接口表示，从而使程序设计更为简单。

　　流（Stream）是指在计算机的输入/输出操作中各部件之间的数据流动。按照数据的传输方向，流可分为输入流与输出流。Java语言里的流序列中的数据既可以是未经加工的原始二进制数据，也可以是经过一定编码处理后符合某种特定格式的数据。

14.1.1 Java 输入 / 输出流

扫一扫，看视频

　　Java 程序通过流完成输入/输出，所有的输入/输出以流的形式处理。输入就是将数据从各种输入设备（包括文件、键盘等）中读取到内存中，输出则正好相反，是将数据写入各种输出设备（包括文件、显示器、磁盘等）。例如，键盘就是一个标准的输入设备，而显示器就是一个标准的输出设备，但是文件既可以作为输入设备，又可以作为输出设备。

　　数据流是 Java 进行输入/输出操作的对象，它按照不同的标准可以分为不同的类别。

- 按照流的方向可以划分为输入流和输出流两大类。
- 数据流按照数据单位的不同可以划分为字节流和字符流。
- 按照功能可以划分为节点流和处理流。

　　数据流的处理只能按照数据序列的顺序进行，即前一个数据处理完后才能处理后一个数据。数据以输入流的形式被程序获取，再以输出流的形式将数据输出到其他设备。

　　为了方便流的处理，Java语言提供了java.io包，在该包中的每一个类都代表了一种特定的输入流或输出流。Java提供了两种类型的输入/输出流：一种是面向字节的流，数据的处理以字节为基本单位；另一种是面向字符的流，用于字符数据的处理。字节流（Byte Stream）每次读/写8位二进制数，也称为二进制字节流或位流。字符流一次读/写16位二进制数，并将其作为一个字符而不是二进制位处理。需要注意的是，为满足字符的国际化表示，Java语言的字符编码采用的是16位的Unicode编码，而普通文本文件中采用的是8位ASCII编码。

　　在Java中所有输入流类都是 InputStream 抽象类（字节输入流）和 Reader 抽象类（字符输入流）的子类。其中，InputStream 类是字节输入流的抽象类，即是所有字节输入流的父类；Reader 类是字符输入流的抽象类，即所有字符输入流的实现都是它的子类。所有输出流类都是 OutputStream 抽象类（字节输出流）和 Writer 抽象类（字符输出流）的子类。其中，OutputStream 类是字节输出流的抽象类，即是所有字节输出流的父类；Writer类是字符输出流的抽象类，即所有字符输出流的实现都是它的子类。

14.1.2 Java 系统流

扫一扫，看视频

　　每个 Java 程序运行时都带有一个系统流，系统流对应的类为 java.lang. System。System 类封装了 Java 程序运行时的三个系统流，分别通过 in、out 和 err 变量引用。这三个系统流的具体内容如下。

- System.in：标准输入流，默认设备是键盘。
- System.out：标准输出流，默认设备是控制台。
- System.err：标准错误流，默认设备是控制台。

以上系统流的作用域为 public 和 static，因此在程序的任何部分都不需要引用 System 对象就可以使用它们。

【例14-1】通过SysFunc类读取和输出字节数组

定义SysFunc类，在main()方法中使用System.in读取字节数组，使用System.out 输出字节数组，编程并输出运行结果。

```java
import java.io.IOException;
public class SysFunc {
    public static void main(String[] args) {
        byte[] byteData = new byte[1024];
        System.out.println("请输入英文：");
        int len = 0;
        try {
            len = System.in.read(byteData);
        } catch (IOException e) {
            e.printStackTrace();
        }
        System.out.println("输入的内容如下：");
        for (int i = 0; i < len; i++) {
            System.out.print((char) byteData[i]);
        }
    }
}
```

程序运行结果：

请输入英文：
abcd
输入的内容如下：
abcd

System.in是InputStream类的一个对象，因此例14-1中的 System.in.read()方法实际上是访问 InputStream类定义的read()方法。该方法可以从键盘读取一个或多个字符。对于System.out 输出流主要用于将指定内容输出到控制台。

System.out和System.err是PrintStream类的对象。因为PrintStream类是一个从 OutputStream 类派生的输出流，所以它还执行低级别的 write() 方法。因此，除了 print()方法和 println()方法可以完成控制台输出，System.out 还可以调用 write() 方法实现控制台输出。

write() 方法的语法格式如下：

```java
void write(int byteval) throws IOException
```

该方法通过 byteval 参数向文件写入指定的字节。在实际操作中，print() 方法和 println() 方法比 write() 方法更常用。

注意：尽管它们通常用于对控制台进行读取和写入字符，但是这些都是字节流。因为预定义流是没有引入字符流的 Java 原始规范的一部分，所以它们不是字符流而是字节流，但是在 Java 中可以将它们打包到基于字符的流中使用。

14.2 File类

在 Java 中，File 类是 java.io 包中唯一代表磁盘文件本身的对象，也就是说，如果希望在程序中操作文件和目录，则都可以通过 File 类完成。File 类定义了一些方法操作文件，如新建、删除、重命名文件和目录等。但File 类不能访问文件内容本身，如果需要访问文件内容本身，则需要使用输入/输出流。

14.2.1 构造方法

扫一扫，看视频

File 类提供了以下三种构造方法重载形式。

- File(String path)：如果 path 是实际存在的路径，则该 File 对象表示的是目录；如果 path 是文件名，则该 File 对象表示的是文件。
- File(String path, String name)：path 是路径名，name 是文件名。
- File(File dir, String name)：dir 是路径对象，name 是文件名。

使用任意一种构造方法都可以创建一个 File 对象，然后调用其提供的方法对文件进行操作。具体实现代码如下。

```
File file = new File("D:/demo.txt");        // 在D盘的根目录下创建demo.txt文件
File file = new File("D:/doc", "demo.txt");  // 在D盘的doc目录下创建demo.txt文件
```

或

```
File dir = new File("D:/doc");              // 首先在D盘根目录下创建子目录doc
File file = new File(dir, "demo.txt");       // 然后再新建文件demo.txt
```

注意：Windows 操作系统中的路径分隔符使用反斜杠 "\"，而 Java 程序中的反斜杠表示转义字符，所以如果需要在 Windows 操作系统中的路径下包括反斜杠，则应该使用两条反斜杠或直接使用斜杠 "/" 也可以。Java 程序支持将斜杠 "/" 当成平台无关的路径分隔符。假设在 Windows 操作系统中有一个文件 D:\javaspace\hello.java，在Java中使用时，其路径的写法应该为 D:/javaspace/hello.java 或 D:\\javaspace\\hello.java。

14.2.2 常用方法

File 类的常用方法如表14-1所示。

表 14–1　File 类的常用方法

方　　法	功　能　说　明
boolean canRead()	测试应用程序是否能从指定的文件中进行读取
boolean canWrite()	测试应用程序是否能写当前文件
boolean delete()	删除当前 File 对象指定的文件
boolean exists()	测试当前 File 对象是否存在
String getAbsolutePath()	返回由当前 File 对象表示的文件的绝对路径名
String getName()	返回表示当前 File 对象的文件名或路径名（如果是路径，则返回最后一级子路径名）
String getParent()	返回当前 File 对象对应目录（最后一级子目录）的父目录名

方　法	功 能 说 明
boolean isAbsolute()	测试当前 File 对象表示的文件是否为一个绝对路径名。该方法消除了不同平台的差异，可以直接判断 File 对象是否为绝对路径。在 UNIX/Linux/BSD 等操作系统中，如果路径名开头是一条斜杠"/"，则表明该 File 对象对应一个绝对路径；在 Windows 等操作系统中，如果路径名开头是盘符，则表明它是一个绝对路径
boolean isDirectory()	测试当前 File 对象表示的文件是否为一个路径
boolean isFile()	测试当前 File 对象表示的文件是否为一个"普通"文件
long lastModified()	返回当前 File 对象表示的文件最后修改的时间
long length()	返回当前 File 对象表示的文件长度
String[] list()	返回当前 File 对象指定的路径文件列表
String[] list(FilenameFilter)	返回当前 File 对象指定的目录中满足指定过滤器的文件列表
boolean mkdir()	创建一个目录，它的路径名由当前 File 对象指定，父目录必须存在
boolean mkdirs()	创建一个目录，它的路径名由当前 File 对象指定，父目录可以不存在
boolean renameTo(File)	将当前 File 对象指定的文件更名为给定参数 File 指定的路径名

File 类中有以下两个常用常量。

- public static final String pathSeparator：用来分隔连续多个路径字符串，在 Windows操作系统中是指"；"。例如，java -cp test.jar;abc.jar HelloWorld。

扫一扫，看视频

- public static final String separator：用来分隔同一个路径字符串中的目录，在Windows操作系统中是指"/"。例如，C:/Program Files/Common Files。

注意：定义File类常量的命名规则不符合标准命名规范，常量名没有全部大写，这是因为 Java 的发展经过了一段相当长的时间，而命名规范也是逐步形成的，File类出现较早，所以当时并没有对命名规范有严格的要求，这些都属于Java的历史遗留问题。

14.2.3　文件和目录的操作

使用File类中提供的方法可以对文件和目录进行多种操作，具体介绍如下。

扫一扫，看视频

1.　获取文件属性

获取文件属性信息的第一步是先创建一个 File 对象并指向一个已存在的文件，然后调用File类中的方法进行操作。

【例14-2】通过File 类获取文件属性信息并输出结果

定义AttrFunc类，在main()方法中调用File类的函数方法，获取并显示D:\doc\demo.txt文件的长度、是否可写、最后修改日期以及文件路径等属性信息，编程并输出运行结果。

```java
import java.io.File;
import java.util.Date;
public class AttrFunc {
    public static void main(String[] args) {
        String path = "D:/doc/";                 // 指定文件所在的目录
        File f = new File(path, "demo.txt");   // 建立File变量，并设定由f变量引用
        System.out.println("D:\\doc\\demo.txt文件信息如下: ");
        System.out.println("文件长度: " + f.length() + "字节");
        System.out.println("文件或目录: " + (f.isFile() ? "是文件" : "不是文件"));
```

```
        System.out.println("文件或目录: " + (f.isDirectory() ? "是目录" : "不是目录"));
        System.out.println("是否可读: " + (f.canRead() ? "可读取" : "不可读取"));
        System.out.println("是否可写: " + (f.canWrite() ? "可写入" : "不可写入"));
        System.out.println("是否隐藏: " + (f.isHidden() ? "是隐藏文件" : "不是隐藏文件"));
        System.out.println("最后修改日期: " + new Date(f.lastModified()));
        System.out.println("文件名称: " + f.getName());
        System.out.println("文件路径: " + f.getPath());
        System.out.println("绝对路径: " + f.getAbsolutePath());
    }
}
```

程序运行结果:

```
D:\doc\demo.txt文件信息如下:
文件长度: 31字节
文件或目录: 是文件
文件或目录: 不是目录
是否可读: 可读取
是否可写: 可写入
是否隐藏: 不是隐藏文件
最后修改日期: Fri Aug 21 09:02:12 CST 2020
文件名称: demo.txt
文件路径: D:\doc\demo.txt
绝对路径: D:\doc\demo.txt
```

2. 创建和删除文件

File 类不仅可以获取已知文件的属性信息,还可以在指定路径创建文件,以及删除一个文件。创建文件需要调用 createNewFile() 方法,删除文件需要调用 delete() 方法。无论是创建文件还是删除文件通常都先调用 exists() 方法判断文件是否存在。

【例14-3】通过File 类创建和删除文件

定义FileFunc类,在main()方法中调用File类的函数方法,在D盘中创建一个demo.txt文件,程序启动时检测该文件是否存在,如果不存在,则创建;如果存在,则删除它再创建。编程并输出运行结果。具体实现代码如下:

```java
import java.io.File;
import java.io.IOException;
public class FileFunc {
    public static void main(String[] args) throws IOException {
        File f = new File("D:\\demo.txt");       // 创建指向文件的File对象
          if (f.exists()){                       // 判断文件是否存在
              f.delete();                        // 若存在,则先删除
          }
          f.createNewFile();                     // 再创建
    }
}
```

运行程序后可以发现,在 D 盘中已经创建了demo.txt 文件。但是如果在不同的操作系统中,路径的分隔符是不一样的。例如:

● Windows 中使用反斜杠 "\" 表示目录的分隔符。

● Linux 中使用斜杠 "/" 表示目录的分隔符。

Java语言本身具有可移植性的特点,在编写文件路径时最好可以根据程序所在的操作系统自动使用符合本地操作系统要求的分隔符,这样才能达到可移植性的目的。要实现这样的功能,可以使用 File 类中提供的分隔符常量。上述代码可修改如下:

```
String path = "D:" + File.separator + "demo.txt";  // 拼凑出可以适应操作系统的路径
File f = new File(path);
if (f.exists()) {                                    // 判断文件是否存在
    f.delete();                                      // 若存在，则先删除
}
f.createNewFile();                                   // 再创建
```

程序的运行结果和前面程序一样，但是此时的程序可以在任意的操作系统中使用。

注意：在操作文件时一定要使用 File.separator 表示分隔符。在程序的开发中，往往会使用 Windows 开发环境，因为在 Windows 操作系统中支持的开发工具较多，使用方便，而在程序发布时往往是直接在 Linux 或其他操作系统上部署，所以这时如果不使用File.separator，则程序运行就有可能存在问题。关于这一点我们在以后的开发中一定要注意。

3. 创建和删除目录

File 类除了对文件进行创建和删除，还可以创建和删除目录。创建目录需要调用mkdir()方法，删除目录需要调用delete()方法。无论是创建还是删除目录通常都先调用exists()方法判断目录是否存在。

【例14-4】通过File类创建和删除目录

定义DirFunc类，在main()方法中调用File类的函数方法，在D盘中创建一个名为docs的目录，程序启动时检测该目录是否存在，如果不存在，则创建；如果存在，则删除它再创建。编程并输出运行结果。具体实现代码如下：

```
import java.io.File;
public class DirFunc {
    public static void main(String[] args) {
        String path = "D:/docs/";                // 指定目录位置
        File f = new File(path);                 // 创建File对象
        if (f.exists()) {
            f.delete();
        }
        f.mkdir();                               // 创建目录
    }
}
```

4. 遍历目录

通过遍历目录可以在指定的目录中查找文件，或者显示所有的文件列表。File 类的 list()方法提供了遍历目录功能，该方法有以下两种重载形式。

（1）String[] list()：该方法表示返回由File对象表示目录中所有文件和子目录名称组成的字符串数组，如果调用的 File 对象不是目录，则返回 null。

🔔 提示

list() 方法返回的数组中仅包含文件名称，而不包含路径。不保证所得数组中的相同字符串将以特定顺序出现，特别是不保证它们按字母顺序出现。

【例14-5】通过File类的list() 方法遍历目录文件并显示相关信息

定义DirListFunc类，在main()方法中调用File类的函数方法，遍历 D 盘proj目录下的所有文件和目录，并显示文件或目录名称、类型及大小。具体实现代码如下：

```java
import java.io.File;
public class DirListFunc {
    public static void main(String[] args) {
        File f = new File("D:/proj"); // 建立File变量，并设定由f变量变数引用
        System.out.println("文件名称\t\t文件类型\t\t文件大小");
        System.out.println("======================================");
        String fileList[] = f.list(); // 调用不带参数的list()方法
        for (int i = 0; i < fileList.length; i++) { // 遍历返回的字符数组
            System.out.print(fileList[i] + "\t\t");
            System.out.print((new File("D:/proj", fileList[i])).isFile() ? "文件" + "\t\t" : "文件夹" + "\t\t");
            System.out.println((new File("D:/proj", fileList[i])).length() + "字节");
        }
    }
}
```

由于 list() 方法返回的字符数组中仅包含文件名称，因此为了获取文件类型和大小，必须先转换为 File 对象再调用其方法。如下所示为例14-5在笔者计算机上的运行结果：

文件名称	文件类型	文件大小
c_proj	文件夹	0字节
java_proj	文件夹	0字节
py_proj	文件夹	0字节
test	文件夹	0字节
test.txt	文件	4096字节

（2）String[] list(FilenameFilter filter)：该方法的作用与list()方法相同，不同的是返回数组中仅包含符合filter过滤器的文件和目录，如果filter为null，则接收所有名称。

【例14-6】通过File类遍历指定目录和文件

定义DirFltFunc类，在main()方法中调用File类的函数方法，遍历D盘proj目录下后缀为.txt或.docx的所有文件和目录，并显示文件或目录名称、类型及大小。具体实现代码如下。

```java
import java.io.File;
import java.io.FilenameFilter;
public class DirFltFunc {
    public static void main(String[] args) {
        File f = new File("D:/proj");          // 建立File变量，并设定由f变量变数引用
        System.out.println("文件名称\t\t文件类型\t\t文件大小");
        System.out.println("======================================");
        String fileList[] = f.list(new FileFilter());//调用不带参数的list()方法
        for (int i = 0; i < fileList.length; i++) {  //遍历返回的字符数组
            System.out.print(fileList[i] + "\t\t");
            System.out.print((new File("D:/proj", fileList[i])).isFile() ? "文件" + "\t\t" : "文件夹" + "\t\t");
            System.out.println((new File("D:/proj", fileList[i])).length() + "字节");
        }
    }
}


class FileFilter implements FilenameFilter {
    // 实现 FilenameFilter 接口
    @Override
```

```
    public boolean accept(File dir, String name) {
        // 指定允许的文件类型
        return name.endsWith(".docx") || name.endsWith(".txt");
    }
}
```

本例中只列出目录下的某些文件,这就需要调用带过滤器参数的 list() 方法。首先需要创建文件过滤器,该过滤器必须实现 java.io.FilenameFilter 接口,并在 accept() 方法中指定允许的文件类型。上述代码创建的过滤器名称为 FileFilter,接下来只需将该名称传递给 list() 方法即可实现筛选文件。如下所示的是例 14-6 在笔者计算机上的运行结果:

文件名称	文件类型	文件大小
test.txt	文件	4096字节

14.3 输入/输出流

本章之前的案例程序中,程序运行所需的输入数据和运行后的输出结果都存在于内存中,一旦程序运行结束或被关闭,则这些内存中的数据都将被删除,后续不能被复用。如果需要持久保存数据,则需要将数据保存到磁盘的文件中。为此,Java提供了输入/输出流,根据处理对象的不同,分为字节流,如InputStream类、OutputStream类;字符流,如FileReader类、FileWriter类。

14.3.1 Java 字节流

如前所述,InputStream 是 Java 所有字节输入流类的父类,OutputStream 是 Java 所有字节输出流类的父类,它们都是一个抽象类,因此继承它们的子类要重新定义父类中的抽象方法。本小节首先介绍上述两个父类提供的常用方法,然后介绍如何使用它们的子类输入和输出字节流,包括 ByteArrayInputStream 类、ByteArrayOutputStream 类、FileInputStream 类和 FileOutputStream 类。

扫一扫,看视频

1. 字节输入流

InputStream 类及其子类的对象表示一个字节输入流。InputStream 类的常用子类如下。

● ByteArrayInputStream 类:将字节数组转换成字节输入流,从中读取字节。
● FileInputStream 类:从文件中读取数据。
● PipedInputStream 类:连接到一个 PipedOutputStream(管道输出流)。
● SequenceInputStream 类:将多个字节输入流串联成一个字节输入流。
● ObjectInputStream 类:将对象反序列化。

使用 InputStream 类的方法可以从流中读取一个或一批字节。InputStream 类的常用方法如表14-2所示。

表 14-2　InputStream 类的常用方法

方　法	功 能 说 明
int read()	从输入流中读取一个 8 位的字节，并把它转换成 0~255 的整数，最后返回整数。如果返回 –1，则表示已经到了输入流的末尾。为了提高 I/O 操作的效率，建议尽量使用 read() 方法的另外两种形式
int read(byte[] b)	从输入流中读取若干个字节，并把它们保存到参数 b 指定的字节数组中。该方法返回实际读取的字节数。如果返回 –1，则表示已经到了输入流的末尾
int read(byte[] b, int off, int len)	从输入流中读取若干个字节，并把它们保存到参数 b 指定的字节数组中。其中，参数 off 指定在字节数组中开始保存数据的起始下标；参数 len 指定读取的字节数。该方法返回实际读取的字节数。如果返回 –1，则表示已经到了输入流的末尾
void close()	关闭输入流。在读操作完成后，应该关闭输入流，系统将会释放与这个输入流相关的资源。注意，InputStream 类本身的 close() 方法不执行任何操作，但是它的许多子类重写了 close() 方法
int available()	返回可以从输入流中读取的字节数
long skip(long n)	从输入流中跳过参数 n 指定数目的字节。该方法返回跳过的字节数
void mark(int readLimit)	在输入流的当前位置开始设置标记，参数 readLimit 则指定了最多被设置标记的字节数
boolean markSupported()	判断当前输入流是否允许设置标记，是则返回 true；否则返回 false
void reset()	将输入流的指针返回到设置标记的起始处

注意：在使用 mark() 方法和 reset() 方法前，需要判断该文件系统是否支持这两个方法，以免对程序造成影响。

2. 字节输出流

OutputStream 类及其子类的对象表示一个字节输出流。OutputStream 类的常用子类如下。

● ByteArrayOutputStream 类：向内存缓冲区的字节数组中写入数据。
● FileOutputStream 类：向文件中写入数据。
● PipedOutputStream 类：连接到一个 PipedInputStream（管道输入流）。
● ObjectOutputStream 类：将对象序列化。

利用 OutputStream 类的方法可以向流中写入一个或一批字节。OutputStream 类的常用方法如表14-3所示。

表 14-3　OutputStream 类的常用方法

方　法	功 能 说 明
void write(int b)	向输出流中写入一个字节。这里的参数是 int 型，但是它允许使用表达式，而不用强制转换成 byte 型。为了提高 I/O 操作的效率，建议尽量使用 write() 方法的另外两种形式
void write(byte[] b)	把参数 b 指定的字节数组中的所有字节写到输出流中
void write(byte[] b,int off,int len)	把参数 b 指定的字节数组中的若干字节写到输出流中。其中，参数 off 指定在字节数组中的起始下标；参数 len 表示元素个数
void close()	关闭输出流。在写操作完成后，应该关闭输出流，系统将会释放与这个输出流相关的资源。注意，OutputStream 类本身的 close() 方法不执行任何操作，但是它的许多子类重写了 close() 方法
void flush()	为了提高效率，在向输出流中写入数据时，数据一般会先保存到缓冲区中，只有当缓冲区中的数据达到一定程度时，缓冲区中的数据才会被写入输出流。使用 flush() 方法则可以强制将缓冲区中的数据写入输出流，并清空缓冲区

3. 字节数组输入流

ByteArrayInputStream 类可以从内存的字节数组中读取数据。该类的构造方法主要有以下两种重载形式。

- ByteArrayInputStream(byte[] buf)：创建一个字节数组输入流，字节数组类型的数据源由参数 buf 指定。
- ByteArrayInputStream(byte[] buf,int offset,int length)：创建一个字节数组输入流，其中，buf 指定字节数组类型的数据源；offset 指定在字节数组中开始读取数据的起始下标位置；length 指定读取的元素个数。

【例14-7】通过ByteArrayInputStream类从内存的字节数组中读取数据并转换

定义ByteInputStreamFunc类，在main()方法中调用ByteArrayInputStream类的函数方法，从字节数组{ 1, −1, 25, −22, −5, 23 }中读取数据，并转换成对应的int型值。具体实现代码如下。

```java
import java.io.ByteArrayInputStream;
public class ByteInputStreamFunc {
    public static void main(String[] args) {
        byte[] b = new byte[] { 1, -1, 25, -22, -5, 23 };   // 创建数组
        ByteArrayInputStream bais = new ByteArrayInputStream(b, 0, 6); // 创建字
                                                            //节数组输入流
        int i = bais.read();      // 从输入流中读取下一个字节，并转换成int型数据
        while (i != -1) {         // 如果不返回-1，则表示没有到输入流的末尾
            System.out.println("原值=" + (byte) i + "\t\t转换成int型=" + i);
            i = bais.read();      // 读取下一个
        }
    }
}
```

在该示例中，字节输入流 bais 从字节数组 b 的第一个元素开始读取一个8位字节元素，并将这个8位的字节转换成 int 型数据，最后返回。

🔔 提示

上述示例中除了打印出了 i 的值，还打印出了 (byte)i 的值，由于 i 的值是从 byte 型的数据转换过来的，所以使用 (byte)i 可以获取原来的 byte 型数据。

上述程序运行结果如下：

```
原值=1        转换成int型=1
原值=-1       转换成int型=255
原值=25       转换成int型=25
原值=-22      转换成int型=234
原值=-5       转换成int型=251
原值=23       转换成int型=23
```

从上述的运行结果可以看出，byte型的数据 −1 和−22 转换成 int 型的数据后变成了 255 和 234，对这种结果的解释如下。

- byte型的 1，二进制形式为 00000001，转换成 int 型后的二进制形式为 00000000 00000000 0000000000000001，对应的十进制数成 1。
- byte型的 −1，二进制形式为 11111111，转换成 int 型后的二进制形式为 00000000 00000000 0000000011111111，对应的十进制数为 255。

可见，从byte型的数转换成 int 型的数时，如果是正数，则数值不变；如果是负数，则由于转换后，二进制形式前面直接补了 24 个 0，这样就改变了原来表示负数的二进制补码形式，

所以数值发生了变化，即变成了正数。

🔔 提示

负数的二进制形式以补码形式存在，如-1，其二进制形式是这样得来的：首先获取1的原码00000001，然后进行反码操作，1变成0，0变成1，这样就得到了11111110，最后进行补码操作，就是在反码的末尾位加1，这样就变成了11111111。

4. 字节数组输出流

ByteArrayOutputStream 类可以向内存的字节数组中写入数据。该类的构造方法主要有以下两种重载形式。

- ByteArrayOutputStream()：创建一个字节数组输出流，输出流缓冲区的初始容量大小为 32 字节。
- ByteArrayOutputStream(int size)：创建一个字节数组输出流，输出流缓冲区的初始容量大小由参数size指定。

ByteArrayOutputStream 类中除了上面介绍的字节数组输出流中的常用方法，还有以下两个方法。

- int size()：返回缓冲区中的当前字节数。
- byte[] toByteArray()：以字节数组的形式返回输出流中的当前内容。

【例14-8】通过ByteArrayOutputStream类将字节数组中的数据写到输出流中

定义ByteOutputStreamFunc类，在main()方法中调用ByteArrayOutputStream类的函数方法，将字节数组{ 1, -1, 25, -22, -5, 23 }中的数据写到输出流中。具体实现代码如下。

```
import java.io.ByteArrayOutputStream;
import java.util.Arrays;
public class ByteOutputStreamFunc {
    public static void main(String[] args) {
      ByteArrayOutputStream baos = new ByteArrayOutputStream();
        byte[] b = new byte[] { 1, -1, 25, -22, -5, 23 }; // 创建数组
        baos.write(b, 0, 6);   // 将字节数组b中的前6个字节元素写到输出流中
        System.out.println("数组中一共包含: " + baos.size() + "字节");//输出缓冲
                                                            //区中的字节数
        byte[] newByteArray = baos.toByteArray(); // 将输出流中的当前内容转换成字
                                                  // 节数组
        System.out.println(Arrays.toString(newByteArray));  // 输出数组中的内容
    }
}
```

上述程序运行结果如下：

```
数组中一共包含: 6字节
[1, -1, 25, -22, -5, 23]
```

5. 文件字节输入流

FileInputStream 类是Java流中比较常用的一种，它表示从文件系统的某个文件中获取输入字节。通过使用 FileInputStream 类可以访问文件中的一个字节、一批字节或整个文件。

在创建 FileInputStream 类的对象时，如果找不到指定的文件将抛出 FileNotFoundException 异常，则该异常必须捕获或声明抛出。

FileInputStream 类的构造方法主要有以下两种重载形式。

- FileInputStream(File file)：通过打开一个到实际文件的连接创建一个FileInputStream类，该文件通过文件系统中的 File 对象 file 指定。
- FileInputStream(String name)：通过打开一个到实际文件的连接创建一个FileInputStream类，该文件通过文件系统中的路径名 name 指定。

FileInputStream类的两个构造方法的具体使用示例代码如下。

```
try {
    // 以File对象作为参数创建FileInputStream对象
    FileInputStream fis1 = new FileInputStream(new File("D:/test1.txt"));
    // 以字符串值作为参数创建FileInputStream对象
    FileInputStream fis2 = new FileInputStream("D:/test2.txt");
} catch(FileNotFoundException e) {
    System.out.println("指定的文件找不到!");
}
```

【例14-9】通过FileInputStream类读出指定目录下指定文件中的内容

定义FileInputStreamFunc类，在main()方法中调用FileInputStream类的函数方法，读出D:\proj\Demo.java文件中的内容。具体实现代码如下：

```
import java.io.File;
import java.io.FileInputStream;
import java.io.IOException;
public class FileInputStreamFunc {
    public static void main(String[] args) {
        File f = new File("D:/proj/Demo.java");
        FileInputStream fis = null;
        try {
            // 因为File没有读/写的能力，所以需要有InputStream
            fis = new FileInputStream(f);
            // 定义一个字节数组
            byte[] bytes = new byte[1024];
            int n = 0;                         // 得到实际读取到的字节数
            System.out.println("D:/proj/Demo.java文件内容如下: ");
            // 循环读取
            while ((n = fis.read(bytes)) != -1) {
                String s = new String(bytes,0,n); //将数组中从下标0到n的内容赋给s
                System.out.println(s);
            }
        } catch (Exception e) {
        e.printStackTrace();
        } finally {
          try {
            fis.close();
          } catch (IOException e) {
            e.printStackTrace();
          }
        }
    }
}
```

上述代码在 FileInputStreamFunc类的main()方法中首先创建了一个File对象f，该对象指向D:\proj\Demo.java文件。接着使用 FileInputStream 类的构造方法创建了一个FileInputStream 对象 fis，并声明一个长度为 1024 的 byte型的数组，然后使用 FileInputStream类中的 read() 方法将Demo.java 文件中的数据读取到字节数组 bytes 中，并输出该数据。最后在 finally 语句中关闭 FileInputStream 类输入流。

程序运行结果：

```
D:/proj/Demo.java文件内容如下:
public class Demo {
    public static void main(String[] args) {
        System.out.println("Hello Java!");
    }
}
```

注意：FileInputStream 类重写了父类 InputStream 中的read()方法、skip()方法、available()方法和close() 方法，不支持mark()方法和reset()方法。

6. 文件字节输出流

FileOutputStream 类继承自OutputStream类，重写和实现了父类中的所有方法。FileOutputStream 类的对象表示一个文件字节输出流，可以向输出流中写入一个字节或一批字节。在创建 FileOutputStream 类的对象时，如果指定的文件不存在，则创建一个新文件；如果指定的文件已存在，则清除原文件的内容重新写入。

FileOutputStream 类的构造方法主要有以下四种重载形式。

- FileOutputStream(File file)：创建一个文件字节输出流，参数 file 指定目标文件。
- FileOutputStream(File file,boolean append)：创建一个文件字节输出流，参数 file 指定目标文件;append 指定是否将数据添加到目标文件的内容末尾，如果append的值为 true，则在末尾添加；如果append的值为 false，则覆盖原有内容；其默认值为 false。
- FileOutputStream(String name)：创建一个文件字节输出流，参数 name 指定目标文件的文件路径信息。
- FileOutputStream(String name,boolean append)：创建一个文件字节输出流，参数 name 和 append 的含义同上。

注意：使用构造方法FileOutputStream(String name,boolean append) 创建一个文件字节输出流对象，它将数据附加在现有文件的末尾。该字符串name指明了原文件，如果只是为了附加数据而不是重写任何已有的数据，则布尔型参数append的值应为true。

对文件字节输出流有以下四点说明。

（1）在 FileOutputStream 类的构造方法中指定目标文件时，目标文件可以不存在。

（2）目标文件的名称可以是任意的，如 D:\\abc、D:\\abc.de 和 D:\\abc.de.fg 等都可以，可以使用记事本等工具打开并浏览这些文件中的内容。

（3）目标文件所在目录必须存在，否则会抛出 java.io.FileNotFoundException 异常。

（4）目标文件的名称不能是已存在的目录。例如，如果D盘下已存在Java文件夹，就不能使用Java作为文件名，即不能使用D:\\Java，否则抛出java.io.FileNotFoundException异常。

【例14-10】通过FileInputStream类和FileOutputStream类读/写指定目录下的文件

定义FileOutputStreamFunc类，在main()方法中调用FileInputStream类 和FileOutputStream类的函数方法，读出D:\proj目录下Demo.java文件中的内容，然后将读出的内容写入新文件 D:\proj\Demo.txt中。具体实现代码如下。

```
import java.io.File;
import java.io.FileInputStream;
import java.io.FileOutputStream;
import java.io.IOException;
```

```
public class FileOutputStreamFunc {
    public static void main(String[] args) {
        FileInputStream fis = null;          // 声明FileInputStream对象fis
        FileOutputStream fos = null;          // 声明FileOutputStream对象fos
        try {
            File srcFile = new File("D:/proj/Demo.java");
            fis = new FileInputStream(srcFile); // 实例化FileInputStream对象
            File targetFile = new File("D:/proj/Demo.txt");// 创建目标文件对象
                                                          // 该文件不存在
            fos = new FileOutputStream(targetFile); // 实例化FileOutputStream对象
            byte[] bytes = new byte[1024];       // 每次读取1024个字节
            int i = fis.read(bytes);
            while (i != -1) {
                fos.write(bytes, 0, i);          // 向D:\proj\Demo.txt文件中写入内容
                i = fis.read(bytes);
            }
            System.out.println("写入结束! ");
        } catch (Exception e) {
            e.printStackTrace();
        } finally {
            try {
                fis.close();                     // 关闭FileInputStream对象
                fos.close();                     // 关闭FileOutputStream对象
            } catch (IOException e) {
                e.printStackTrace();
            }
        }
    }
}
```

上述代码将D:\proj\Demo.java 文件中的内容通过文件输入/输出流写入 D:\proj\Demo.txt 文件中。由于 Demo.txt 文件并不存在，所以在执行程序时将新建此文件，并写入相应内容。

运行程序，成功后会在控制台输出 "写入结束! "。此时，打开 D:\proj\Demo.txt文件会发现，其内容与 Demo.java 文件的内容相同。

注意：在创建 FileOutputStream 对象时，如果将 append 参数设置为 true，则可以在目标文件的内容末尾添加数据，此时目标文件仍然可以暂不存在。

14.3.2 Java 字符流

尽管Java中字节流类的功能十分强大，几乎可以直接或间接地处理任何类型的输入/输出操作，但利用它不能直接操作 16 位的 Unicode 字符。这就要用到字符流。本小节将重点介绍字符流的操作。

扫一扫，看视频

1. 字符输入流

Reader 类是所有字符输入流的父类，该类定义了许多方法，这些方法对继承该类的所有子类都是有效的。Reader类的常用子类如下。

● CharArrayReader 类：将字符数组转换成字符输入流，从中读取字符。
● StringReader 类：将字符串转换成字符输入流，从中读取字符。
● BufferedReader 类：为其他字符输入流提供读缓冲区。
● PipedReader 类：连接到一个 PipedWriter。
● InputStreamReader 类：将字节输入流转换成字符输入流，可以指定字符编码。

与 InputStream 类相同，在 Reader 类中也包含 close()、mark()、skip() 和 reset() 等方法，这些方法可以参考 InputStream 类的方法。下面主要介绍 Reader 类中的 read() 方法，如表14-4所示。

表 14-4　Reader 类中的 read() 方法

方　法	功　能　说　明
int read()	从输入流中读取一个字符，并把它转换成 0~65535 的整数。如果返回 −1，则表示已经到了输入流的末尾。为了提高 I/O 操作的效率，建议尽量使用 read() 方法的另外两种形式
int read(char[] cbuf)	从输入流中读取若干个字符，并把它们保存到参数 cbuf 指定的字符数组中。该方法返回实际读取的字符数。如果返回 −1，则表示已经到了输入流的末尾
int read(char[] cbuf,int off,int len)	从输入流中读取若干个字符，并把它们保存到参数 cbuf 指定的字符数组中。其中，参数 off 指定在字符数组中开始保存数据的起始下标；参数 len 指定读取的字符数。该方法返回实际读取的字符数。如果返回 −1，则表示已经到了输入流的末尾

2. 字符输出流

与 Reader 类相反，Writer 类是所有字符输出流的父类，该类定义了许多方法，这些方法对继承该类的所有子类都是有效的。Writer 类的常用子类如下。

● CharArrayWriter 类：向内存缓冲区的字符数组中写入数据。
● StringWriter 类：向内存缓冲区的字符串（StringBuffer）写入数据。
● BufferedWriter 类：为其他字符输出流提供写缓冲区。
● PipedWriter 类：连接到一个 PipedReader。
● OutputStreamReader 类：将字节输出流转换成字符输出流，可以指定字符编码。

与 OutputStream 类相同，在 Writer 类中也包含 close()、flush() 等方法，这些方法可以参考 OutputStream类的方法。下面主要介绍 Writer 类中的 write() 方法和 append() 方法，如表14-5所示。

表 14-5　Writer 类中的 write() 方法和 append() 方法

方　法	功　能　说　明
void write(int c)	向输出流中写入一个字符
void write(char[] cbuf)	把参数 cbuf 指定的字符数组中的所有字符写到输出流中
void write(char[] cbuf,int off,int len)	把参数 cbuf 指定的字符数组中的若干字符写到输出流中。其中，参数 off 指定在字符数组中的起始下标；参数 len 表示元素个数
void write(String str)	向输出流中写入一个字符串
void write(String str, int off,int len)	向输出流中写入一个字符串中的部分字符。其中，参数 off 指定字符串中的起始偏移量；参数 len 表示字符个数
append(char c)	将参数 c 指定的字符添加到输出流中
append(charSequence esq)	将参数 esq 指定的字符序列添加到输出流中
append(charSequence esq,int start,int end)	将参数 esq 指定的字符序列的子序列添加到输出流中。其中，参数 start 指定子序列中第一个字符的索引；参数 end 指定子序列中最后一个字符后面的字符的索引，也就是说，子序列的内容包含参数 start 索引处的字符，但不包括参数 end 索引处的字符

注意：Writer类所有的方法在出错的情况下都会引发 IOException 异常。关闭一个流后，再对其进行任何操作都会产生错误。

3. 字符文件输入流

为了读取方便，Java 提供了用来读取字符文件的便捷类——FileReader。该类的构造方法主要有以下两种重载形式。

- FileReader(File file)：在给定要读取数据的文件的情况下创建一个新的 FileReader 对象。其中，参数file表示要从中读取数据的文件。
- FileReader(String fileName)：在给定从中读取数据的文件名的情况下创建一个新的 FileReader 对象。其中，参数fileName表示要从中读取数据的文件的名称，表示的是一个文件的完整路径。

在用该类的构造方法创建 FileReader 读取对象时，默认的字符编码及字节缓冲区大小都是由系统设定的。要自己指定这些值，可以在 FileInputStream类上构造一个InputStreamReader对象。

注意：在创建FileReader对象时可能会引发一个FileNotFoundException异常，因此需要使用try-catch语句捕获该异常。

字符流和字节流的操作步骤相同，都是首先创建输入流或输出流对象，即建立连接管道，建立完成后进行读或写操作，最后关闭输入/输出流管道。

【例14-11】通过FileReader类读出指定目录下指定文件中的内容

定义FileReaderFunc类，在main()方法中调用FileReader类的函数方法，读出D:\proj目录下Demo.java文件中的内容。具体实现代码如下。

```java
import java.io.FileReader;
import java.io.IOException;
public class FileReaderFunc {
    public static void main(String[] args) {
        FileReader fr = null;
        try {
            fr = new FileReader("D:/proj/Demo.java"); // 创建FileReader对象
            int i = 0;
            System.out.println("D:\\proj\\Demo.java文件内容如下：");
            while ((i = fr.read()) != -1) {    // 循环读取
                System.out.print((char) i);    // 将读取的内容强制转换成char型
            }
        } catch (Exception e) {
            System.out.print(e);
        } finally {
            try {
                fr.close();                    // 关闭对象
            } catch (IOException e) {
                e.printStackTrace();
            }
        }
    }
}
```

如上述代码，首先创建了FileReader字符输入流对象fr，该对象指向D:\proj\Demo.java文件；其次定义了变量i接收调用read()方法的返回值，即读取的字符。在 while 循环中，每次读取一个字符赋给整型变量 i，直到读取到文件末尾时退出循环（当输入流读取到文件末尾时，会返回值 –1）。

该案例代码的运行结果如下所示。

```
D:\proj\Demo.java文件内容如下：
public class Demo {
    public static void main(String[] args) {
    System.out.println("Hello Java!");
    }
}
```

4. 字符文件输出流

Java 提供了写入字符文件的便捷类——FileWriter。该类的构造方法主要有以下四种重载形式。

- FileWriter(File file)：在指定 File 对象的情况下构造一个 FileWriter 对象。其中，参数 file 表示要写入数据的 File 对象。
- FileWriter(File file,boolean append)：在指定 File 对象的情况下构造一个 FileWriter 对象，如果参数append 的值为 true，则将数据写入文件末尾，而不是写入文件开始处。
- FileWriter(String fileName)：在指定文件名的情况下构造一个 FileWriter 对象。其中，参数fileName 表示要写入字符的文件名，表示的是完整路径。
- FileWriter(String fileName,boolean append)：在指定文件名以及要写入文件的位置的情况下构造一个 FileWriter 对象。其中，参数append 是一个 boolean 型值，如果append 的值为 true，则将数据写入文件末尾，而不是写入文件开始处。

在创建 FileWriter 对象时，默认字符编码和默认字节缓冲区大小都是由系统设定的。要自己指定这些值，可以在 FileOutputStream 类上构造一个 OutputStreamWriter 对象。

FileWriter 类的创建不依赖于文件存在与否，如果关联文件不存在，则会自动生成一个新的文件。在创建文件前，FileWriter 类将在创建对象时打开它作为输出。如果试图打开一个只读文件，则将引发一个 IOException 异常。

注意：在创建FileWriter对象时可能会引发IOException或SecurityException异常，因此需要使用try-catch-finally语句捕获该异常。

【例 14-12】通过FileWriter类将用户输入的字符串保存到指定文件中

定义FileWriterFunc类，在main()方法中调用FileWriter类的函数方法，将用户输入的 4 个字符串保存到 D:\proj\test.txt 文件中。具体实现代码如下：

```
import java.io.FileWriter;
import java.io.IOException;
import java.util.Scanner;
public class FileWriterFunc {
    public static void main(String[] args) {
        Scanner input = new Scanner(System.in);
        FileWriter fw = null;
        try {
            fw = new FileWriter("D:\\proj\\test.txt");   // 创建FileWriter对象
            for (int i = 0; i < 4; i++) {
                System.out.println("请输入第" + (i + 1) + "个字符串: ");
                String name = input.next();                 // 读取输入的字符串
                fw.write(name + "\r\n");                     // 循环写入文件
            }
            System.out.println("录入完成! ");
        } catch (Exception e) {
            System.out.println(e.getMessage());
        } finally {
```

```
            try {
                fw.close();              // 关闭对象
            } catch (IOException e) {
                e.printStackTrace();
            }
        }
    }
}
```

如上述代码，首先创建了一个指向 D:\proj\test.txt 文件的字符文件输出流对象 fw；其次使用了 for 循环录入 4 个字符串，并调用 write() 方法将字符串写入指定的文件中。最后在 finally 语句中关闭字符文件输出流。

运行该程序，根据提示输入 4 个字符串，如下所示。接着打开 D:\proj\test.txt 文件，可以看到写入的内容。

```
请输入第1个字符串：
你好
请输入第2个字符串：
Java
请输入第3个字符串：
你好
请输入第4个字符串：
编程
录入完成！
```

14.3.3 Java 输入 / 输出流对比

1. 字节流和字符流的区别

扫一扫，看视频

根据前面对于输入/输出流的介绍，可总结为以下几点。
● 以 Stream 结尾的都是字节流，Reader 和 Writer 结尾的都是字符流。
● InputStream 是所有字节输入流的父类，OutputStream 是所有字节输出流的父类。
● Reader 是字符输入流的父类，Writer 是字符输出流的父类。
字节流常用类如下。
● 文件流：FileOutputStream 和 FileInputStream。
● 缓冲流：BufferedOutputStream 和 BufferedInputStream。
● 对象流：ObjectOutputStream 和 ObjectInputStream。
字符流常用类如下。
● 转换流：InputStreamReader 和 OutputStreamWriter。
● 缓冲字符流：BufferedWriter和BufferedReader。
字节流和字符流的主要区别如下。
● 读/写时字节流按字节读/写，字符流按字符读/写。
● 字节流适合所有类型文件的数据传输，因为计算机字节（Byte）是计算机中表示信息含义的最小单位。字符流只能够处理纯文本数据，其他类型的数据不行，但是字符流处理文本要比字节流处理文本更方便。
● 在读/写文件时需要对内容进行按行处理，如比较特定字符，处理某一行数据时，一般会选择字符流。
● 只是读/写文件，和文件内容无关时，一般选择字节流。

2. 区分输入流和输出流

对于初学者,在应用输入流与输出流的类时,有时不确定到底是选择输入流还是输出流写入文件,要将文件读出是用输入流还是输出流?程序在内存中运行,文件在磁盘上,把文件从磁盘上读入内存中,这就需要输入流。反之,把内存中的数据写到磁盘上的文件里就需要输出流。

Windows 操作系统中所说的写(将内容写入文件里,如存盘)是输入,而读(把内容从文件里读出来,如显示)是输出,与 Java 的输入、输出不一样。Java 里的输入流与输出流是针对内存而言的,它是从内存中读/写,而不是所说的显示与存盘。输入流与输出流都可以将内容从屏幕上显示出来。

屏幕和键盘也是区别于内存的设备,System.out.println()用于将内存中的数据输出到屏幕上,而System.in用来在终端读取键盘输入内容。

程序操作的数据都应该是在内存里面,内存是操作的主对象,把数据从其他资源中传送到内存,就是输入;反之,把数据从内存传送到其他资源,就是输出。

不管从磁盘、网络还是键盘将文件读入内存中都使用 InputStream类。例如:

```
BufferedReader in = new BufferedReader(new InputStreamReader(
        new FileInputStream("infilename")));
```

不管将文件写到磁盘、网络,或者写到屏幕,都使用 OutputStream类。例如:

```
BufferedWriter out = new BufferedWriter(new OutputStreamWriter(
        new FileOutputStream("outfilename")));
```

14.4 带缓存的输入/输出流

缓存是输入/输出的一种性能优化。缓存流为输入/输出流增加了内存缓冲区。有了缓冲区,可以大大提升程序的运行效率,使在流上执行skip()、mark()和reset()方法都成为可能。缓存输入/输出流的使用方法与文件输入/输出流的使用方法很像,缓存输入/输出流,嵌套在文件输入/输出流中。

14.4.1 BufferedInputStream 类与 BufferedOutputStream 类

扫一扫,看视频

BufferedInputStream类与BufferedOutputStream类是针对字节流设计的,可以通过对字节流的包装实现带缓冲区的读/写操作,提高输入/输出的效率。

1. BufferedInputStream类

BufferedInputStream类可以对所有InputStream类的子类进行带缓冲区的包装,以达到性能的优化。BufferedInputStream类有两个构造方法:

● BufferedInputStream(InputStream in);   // 创建一个带有32个字节的缓冲区
● BufferedInputStream(InputStream in,int size);   // 按size指定的大小创建缓冲区

一个最优的缓冲区的大小取决于它所在的操作系统、可用的内存空间及机器配置。从构造函数可以看出,BufferedInputStream对象位于InputStream类对象之前,则使用BufferedInputStream类读取文件的过程如图 14-1所示。

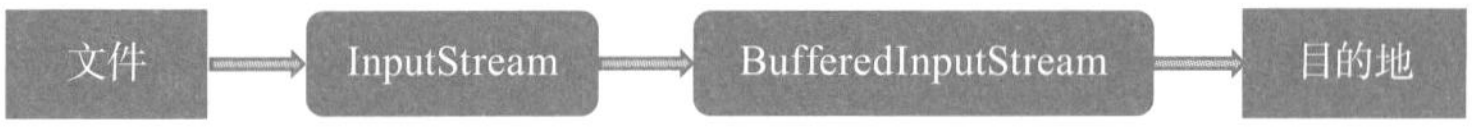

图 14-1　使用 BufferedInputStream 类读取文件的过程

2. BufferedOutputStream类

使用BufferedOutputStream类输出信息和使用OutputStream类输出信息完全一样，只不过前者有一个flush()方法用来将缓冲区中的数据强制输出完。BufferedOutputStream类和Buffered InputStream类类似，也有两个构造方法：

● BufferedOutputStream(OutputStream os);　　　　　// 创建一个带有32个字节的缓冲区

● BufferedOutputStream(OutputStream os,int size);　// 按size指定的大小创建缓冲区

注意：flush()方法就是用于即使缓冲区没有满的情况下，也将缓冲区的内容强制写入外设，习惯上称这个过程为"刷新"。flush()方法只对使用缓冲区的OutputStream类的子类有效。当调用close()方法时，系统在关闭流之前，也会将缓冲区中的信息刷新到磁盘文件中。

【例14-13】通过BufferedInputStream类和BufferedOutputStream类实现带缓冲区的读/写

定义BufferedStreamFunc类，在main()方法中调用BufferedInputStream类和BufferedOutputStream类的函数方法，通过缓存输出流的方式将字符串数组{"你好", "Java", "欢迎", "编程"}内容写入D:\proj\bf.txt文件中，然后通过缓存输入流的方式读出显示在后台。具体实现代码如下：

```java
import java.io.BufferedInputStream;
import java.io.BufferedOutputStream;
import java.io.File;
import java.io.FileInputStream;
import java.io.FileOutputStream;
import java.io.IOException;
public class BufferedStreamFunc {
    public static void main(String[] args) {
        String[] data = {"你好","Java","欢迎","编程"};     // 字符串数组，定义处理数据
        File file = new File("D:/proj/bf.txt");           // 创建文件对象
        FileOutputStream fos = null;
        BufferedOutputStream bos = null;
        FileInputStream fis = null;
        BufferedInputStream bis = null;
        try {
            fos = new FileOutputStream(file);
            bos = new BufferedOutputStream(fos);
            byte[] buffer = new byte[1024];
            for (int i = 0; i < data.length; i++) {        // 遍历数组，将内容写入文件
                buffer = data[i].getBytes();
                bos.write(buffer);
            }
            System.out.println("写入文件完毕! ");
        } catch (IOException e) {
            e.printStackTrace();
        } finally {
            try {
                bos.close();
                fos.close();
            } catch (IOException e) {
                e.printStackTrace();
            }
        }
```

```
        try {
            fis = new FileInputStream(file);
            bis = new BufferedInputStream(fis);
            byte[] buffer = new byte[1024];
            int len = bis.read(buffer);        // 从文件读取数据，存入缓冲区
            System.out.println("bf.txt文件中的数据为: " + new String(buffer, 0, len));
        } catch (IOException e) {
            e.printStackTrace();
        } finally {
            try {
                bis.close();
                fis.close();
            } catch (IOException e) {
                e.printStackTrace();
            }
        }
    }
}
```

运行上述代码，在D:\proj目录下生成bf.txt文件，并写入了"你好Java欢迎编程"，并在程序运行后台显示：

写入文件完毕！
bf.txt文件中的数据为：你好Java欢迎编程

14.4.2 BufferedReader 类和 BufferedWriter 类

扫一扫，看视频

BufferedReader类和BufferedWriter类是针对字符流设计的，这两个类分别继承了Reader类与Writer类，同样具有内部缓存机制，最大的特点是能够以行为单位进行输入和输出。

1. BufferedReader类

BufferedReader 类主要用于辅助其他字符输入流，它带有缓冲区，可以先将一批数据读到内存缓冲区。接下来的读操作就可以直接从缓冲区中获取数据，而不需要每次都从数据源读取数据并进行字符编码转换，这样就可以提高数据的读取效率。

BufferedReader类的构造方法有以下两种重载形式。

● BufferedReader(Reader in)：定义一个BufferedReader 类修饰参数 in 指定的字符输入流。

● BufferedReader(Reader in,int size)：定义一个 BufferedReader 类修饰参数 in 指定的字符输入流；参数 size 则用于指定缓冲区的大小，单位为字符。

使用BufferedReader类读取文本文件的过程如图14-2所示。

图 14-2 使用 BufferedReader 类读取文本文件的过程

除了可以为字符输入流提供缓冲区，BufferedReader 类还提供了readLine()方法，该方法返回包含该行内容的字符串，但该字符串中不包含任何终止符，如果已经到达流末尾，则返回null。readLine()方法表示每次读取一行文本内容，当遇到换行(\n)、回车(\r)或回车后直接跟着换行标记符即可认为某行已终止。

BufferedReader类的常用方法如下。

（1）read()：读取单个字符。

（2）readLine()：读取一个文本行，并将其返回为字符串。

定义BufferedReaderFunc类，在main()方法中调用BufferedReader类的函数方法，将D:\proj\test.txt文件中的内容逐行读出，并将读取的内容在控制台中打印输出。具体实现代码如下：

```java
import java.io.BufferedReader;
import java.io.FileNotFoundException;
import java.io.FileReader;
import java.io.IOException;
public class BufferedReaderFunc {
    public static void main(String[] args) {
     FileReader fr = null;
       BufferedReader br = null;
       try {
            fr = new FileReader("D:\\proj\\test.txt"); // 创建 FileReader 对象
            br = new BufferedReader(fr);               // 创建 BufferedReader 对象
            System.out.println("D:\\proj\\test.txt文件中的内容如下：");
            String strLine = "";
            while ((strLine = br.readLine()) != null) { // 循环读取每行数据
                System.out.println(strLine);
            }
        } catch (FileNotFoundException e1) {
            e1.printStackTrace();
        } catch (IOException e) {
            e.printStackTrace();
        } finally {
            try {
                fr.close();
                br.close();
            } catch (IOException e) {
                e.printStackTrace();
            }
        }
    }
}
```

如上述代码，首先分别创建了名称为 fr 的 FileReader 对象和名称为 br 的 BufferedReader 对象，然后调用 BufferedReader 对象的 readLine() 方法逐行读取文件中的内容。如果读取的文件内容为 null，则表明已经读取到文件尾部，此时退出循环不再进行读取操作。最后将字符文件输入流和带缓冲的字符输入流关闭。

该案例代码的运行结果如下所示。

```
D:\proj\test.txt文件中的内容如下：
你好
Java
你好
编程
```

2. BufferedWriter类

BufferedWriter 类主要用于辅助其他字符输出流，它同样带有缓冲区，可以先将一批数据写入内存缓冲区，当缓冲区满了以后，再将缓冲区的数据一次性写到字符输出流，其目的是提高数据的写入效率。

BufferedWriter 类的构造方法有以下两种重载形式。

● BufferedWriter(Writer out)：创建一个BufferedWriter类修饰参数out指定的字符输出流。

● BufferedWriter(Writer out,int size)：创建一个BufferedWriter类修饰参数out指定的字符输出流；参数 size 则用于指定缓冲区的大小，单位为字符。

该类除了可以给字符输出流提供缓冲区，还提供了一个新的方法 newLine()，该方法用于写入一个行分隔符。行分隔符字符串由系统属性 line.separator 定义，并且不一定是单个新行（\n）符。

BufferedWriter类中的方法都返回void，常用方法如下。

● write(String s,int off,int len)：写入字符串的某一部分。

● flush()：刷新该流的缓存。

● newLine()：写入一个行分隔符。

在使用BufferedWriter类的write()方法时，数据并没有立刻被写入输出流，而是首先进入缓冲区中。如果想立刻将缓冲区中的数据写入输出流，则一定要调用flush()方法。

【例14-15】通过BufferedWriter类将字符串数组写入指定的文件中

定义BufferedWriterFunc类，在main()方法中调用BufferedWriter类的函数方法，通过缓存输出流的方式将字符串数组{"你好", "Java"}内容分两行写入D:\proj\bfw.txt文件中。具体实现代码如下：

```java
import java.io.BufferedWriter;
import java.io.File;
import java.io.FileWriter;
import java.io.IOException;
public class BufferedWriterFunc {
    public static void main(String[] args) {
        String[] content = {"你好", "Java"};        // 在字符串数组中保存写入的数据
        File file = new File("D:/proj/bfw.txt");    // 写入文件对象
        FileWriter fw = null;
        BufferedWriter bufw = null;
        try {
            fw = new FileWriter(file);
            bufw = new BufferedWriter(fw);          // 带缓存的输出流对象
            for (int k=0;k<content.length;k++) {    // 循环遍历数组
                bufw.write(content[k]);             // 将数组内容写入文件
                bufw.newLine();                     // 添加行分隔符
            }
        }catch (Exception e) {
            e.printStackTrace();
        } finally {
            try {
                bufw.close();
                fw.close();
            } catch (IOException e) {
                e.printStackTrace();
```

```
            }
          }
        }
    }
```

执行上述代码后，在D:\proj\bfw.txt文件中的内容如图14-3所示。

图 14-3　D:\proj\bfw.txt 文件中的内容

14.5　基本数据类型输入/输出流

DataInputStream类和DataOutputStream类允许程序以与机器无关的方式在底层流中读/写基本Java数据类型，也就是说，当读/写一个数据时，不必再关心这个数据的具体字节表示。DataOutputStream数据输出流允许应用程序将基本Java数据类型写到基础输出流中，而DataInputStream数据输入流允许应用程序以与机器无关的方式从底层输入流中读取基本Java数据类型。

14.5.1　DataInputStream 类

数据输入流允许应用程序以与机器无关的方式从底层输入流中读取基本 Java数据类型。应用程序可以使用数据输出流写入稍后由数据输入流读取的数据。

1. 构造方法

```
DataInputStream(InputStream in); //使用指定的底层InputStream类创建一个DataInputStream类
```

2. 常用方法

DataInputStream类的常用方法如表14-6所示。

表 14–6　DataInputStream 类的常用方法

方　　法	功　能　说　明
int read(byte[] b)	从包含的输入流中读取一定数量的字节，并将它们存储到缓冲区数组 b 中
int read(byte[] b, int off, int len)	从包含的输入流中将最多 len 个字节读入一个 byte 数组中
boolean readBoolean()	读取一个输入字节，如果该字节不是 0，则返回 true；如果是 0，则返回 false
byte readByte()	读取并返回一个输入字节
char readChar()	读取 2 个输入字节并返回一个 char 型值
double readDouble()	读取 8 个输入字节并返回一个 double 型值
float readFloat()	读取 4 个输入字节并返回一个 float 型值
void readFully(byte[] b)	从输入流中读取一些字节，并将它们存储到缓冲区数组 b 中
void readFully(byte[] b, int off, int len)	从输入流中读取 len 个字节

方　法	功 能 说 明
int readInt()	读取 4 个输入字节并返回一个 int 型值
long readLong()	读取 8 个输入字节并返回一个 long 型值
short readShort()	读取 2 个输入字节并返回一个 short 型值
String readUTF()	从数据输入流中读取用 UTF-8 格式编码的 Unicode 字符格式的字符串

14.5.2　DataOutputStream 类

扫一扫，看视频

数据输出流允许应用程序以适当方式将基本 Java 数据类型写入输出流中。然后，应用程序可以使用数据输入流将数据读入。

1.　构造方法

```
DataOutputStream(OutputStream out);  //创建一个新的数据输出流，将数据写入指定基础输出流
```

2.　常用方法

DataOutputStream类的常用方法如表14-7所示。

表 14–7　DataOutputStream 类的常用方法

方　法	功 能 说 明
void flush()	清空此数据输出流
int size()	返回计数器 written 的当前值，即到目前为止写入此数据输出流的字节数
void write(byte[] b, int off, int len)	将指定 byte 数组中从偏移量 off 开始的 len 个字节写入基础输出流
void write(int b)	将指定字节（参数 b 的 8 个低位）写入基础输出流
void writeBoolean(boolean v)	将一个 boolean 型值以一个字节形式写入基础输出流
void writeByte(int v)	将一个 byte 型值以一个字节形式写入基础输出流
void writeBytes(String s)	将字符串按字节顺序写入基础输出流
void writeChar(int v)	将一个 char 型值以两个字节形式写入基础输出流中，先写入高字节
void writeChars(String s)	将字符串按字符顺序写入基础输出流
void writeDouble(double v)	使用 Double 类中的 doubleToLongBits() 方法将 double 参数转换成一个 long 型值，然后将该 long 型值以 8 个字节形式写入基础输出流，先写入高字节
void writeFloat(float v)	使用 Float 类中的 floatToIntBits() 方法将 float 参数转换成一个 int 型值，然后将该 int 型值以 4 个字节形式写入基础输出流，先写入高字节
void writeInt(int v)	将一个 int 型值以 4 个字节形式写入基础输出流，先写入高字节
void writeLong(long v)	将一个 long 型值以 8 个字节形式写入基础输出流，先写入高字节
void writeShort(int v)	将一个 short 型值以 2 个字节形式写入基础输出流，先写入高字节
void writeUTF(String str)	以与机器无关的方式使用 UTF-8 修改版编码，将一个字符串写入基础输出流

【例14–16】通过DataInputStream类和DataOutputStream类将数据写入指定文件并显示

定义DataFunc类，在main()方法中调用DataInputStream类和DataOutputStream类的函数方法，将以下数据写入文件data.dat，然后读出显示在后台。

```
int num1 = 100;
char c1 = 'J';
double d1 = 3.14;
String info1 = "Hello World";
boolean good1 = true;
```

具体实现代码如下：

```java
import java.io.DataInputStream;
import java.io.DataOutputStream;
import java.io.FileInputStream;
import java.io.FileOutputStream;
import java.io.IOException;
public class DataFunc {
    public static void main(String[] args) {
      FileOutputStream fos = null;
      DataOutputStream dos = null;
      FileInputStream fis = null;
      DataInputStream dis = null;
      try {
        int num1 = 100;
        char c1 = 'J';
        double d1 = 3.14;
        String info1 = "Hello World";
        boolean good1 = true;
        fos = new FileOutputStream("data.dat");
        dos = new DataOutputStream(fos);
        dos.writeInt(num1);
        dos.writeChar(c1);
        dos.writeDouble(d1);
        dos.writeUTF(info1);
        dos.writeBoolean(good1);

        fis = new FileInputStream("data.dat");
        dis = new DataInputStream(fis);
        int num2 = dis.readInt();
        char c2 = dis.readChar();
        double d2 = dis.readDouble();
        String s2 = dis.readUTF();
        boolean b2 = dis.readBoolean();
        System.out.println(num2);
        System.out.println(c2);
        System.out.println(d2);
        System.out.println(s2);
        System.out.println(b2);
      } catch (IOException e) {
        e.printStackTrace();
      } finally {
        try {
          dos.close();
          fos.close();
          dis.close();
          fis.close();
        } catch (IOException e) {
          e.printStackTrace();
        }
      }
```

```
        }
    }
```

上述代码的运行结果如下所示。

```
100
J
3.14
Hello World
true
```

注意：DataInputStream类与DataOutputStream类必须配对使用，DataOutputStream类用于写入文件或数据，DataInputStream类用于读取文件或数据，并且读取的顺序要与写入的顺序一致。

14.6 ZIP压缩输入/输出流

在日常的应用中经常会使用WinRAR或WinZIP等软件压缩文件，将一个很大的文件进行压缩以方便传输。在Java中为了减少传输时的数据量也提供了专门的压缩流，可以将文件或文件夹压缩成ZIP、JAR、GZIP等文件形式。本节以ZIP为例介绍Java语言中的ZIP压缩输入/输出流。

ZIP是一种较为常见的压缩形式，在Java中要实现ZIP的压缩需要导入java.util.zip包，可以使用此包中的ZipFile、ZipOutputStream、ZipInputStream和ZipEntry几个类完成操作。

ZipOutputStream类和ZipInputStream类可以分别对文件的压缩和解压缩进行处理，它们继承自字节流类OutputSteam 和 InputStream。其中，ZipOutputStream类可以把数据压缩成.zip格式，ZipInputStream类又可以将压缩的数据进行还原。如果要从ZIP压缩文件内读取某个文件，首先要找到对应该文件的"目录进入点"（可以知道该文件在ZIP文件内的位置），才能读取这个文件的内容；如果要将文件内容写入ZIP文件内，必须先写入对应该文件的"目录进入点"，并且把要写入文件内容的位置移到此进入点所指的位置，然后再写入文件内容。在Java中，ZipEntry类对象代表一个ZIP压缩文件内的进入点（entry）。ZipInputStream类用来读取ZIP压缩文件，所支持的包括已压缩及未压缩的进入点（entry）。ZipOutputStream类用来写入ZIP压缩文件，所支持的包括已压缩及未压缩的进入点（entry）。下面通过压缩文件和解压缩文件的操作介绍与ZIP相关的类的具体应用方法。

14.6.1 生成 ZIP 压缩文件

扫一扫，看视频

使用ZipOutputStream类对象，可以将文件压缩为.zip格式的文件。ZipOutputStream类的构造方法如下。

```
ZipOutputStream(OutputStream os);
```

ZipOutputStream类的常用方法如表14-8所示。

表 14-8　ZipOutputStream 类的常用方法

方　　法	功　能　说　明
void putNextEntry(ZipEntry entry)	开始写一个新的 ZipEntry 对象，并将流内的位置移至此 entry 所指数据的开头
void write(byte[] b, int off, int len)	将字节数组写入当前 ZIP 条目数据
void finish()	完成写入 ZIP 输出流的内容，无须关闭它配合的 OutputStream 类
void setComment(String comment)	设置此 ZIP 压缩文件的注释文字

将文件写入压缩文件的一般步骤如下：

（1）生成和所要生成的压缩文件相关联的压缩类对象。

（2）压缩文件通常不止包含一个文件，将每个要加入的文件称为一个压缩入口，使用ZipEntry(String FileName)生成压缩入口对象。

（3）使用 putNextEntry(ZipEntry entry)将压缩入口加入压缩文件。

（4）将文件内容写入此压缩文件。

（5）使用closeEntry()结束目前的压缩入口，继续下一个压缩入口。

【例14-17】通过ZipOutputStream类将指定的多个文件压缩到指定文件中

定义ZipOutFunc类，在main()方法中调用ZipOutputStream类的函数方法，通过输出流的方式将D:\proj目录下的Demo.java、Demo.txt和test.txt文件压缩到proj目录下的test.zip文件中。具体实现代码如下：

```java
import java.io.BufferedInputStream;
import java.io.BufferedOutputStream;
import java.io.FileInputStream;
import java.io.FileOutputStream;
import java.io.IOException;
import java.util.zip.ZipEntry;
import java.util.zip.ZipOutputStream;
public class ZipOutFunc {
    public static void main(String[] args) {
     String[] filename = { "D:/proj/Demo.java", "D:/proj/Demo.txt", "D:/proj/
test.txt" };
     FileOutputStream fos = null;
     try {
       fos = new FileOutputStream("D:/proj/test.zip");     // 定义压缩文件输出流
       ZipOutputStream zos = new ZipOutputStream(new BufferedOutputStream(fos));
       for(int i = 0; i < filename.length; i++) {   // 对输入的每个文件进行处理
         System.out.println("Writing file" + filename[i]);
         BufferedInputStream bis = new BufferedInputStream(
           new FileInputStream(filename[i]));
         zos.putNextEntry(new ZipEntry(filename[i]));        //设置ZipEntry对象
         int b;
         while ((b = bis.read()) != -1) {
           zos.write(b);                             // 从源文件读出，往压缩文件中写入
         }
         bis.close();
       }
       zos.close();
     } catch (IOException e) {
       e.printStackTrace();
     }
    }
}
```

在上述代码执行结果中，后台显示如下：

```
正在处理文件：D:/proj/Demo.java
正在处理文件：D:/proj/Demo.txt
正在处理文件：D:/proj/test.txt
```

在D:\proj目录下，新生成了压缩文件test.zip，打开该文件能够看到，里面包含了被处理的三个文件，如图14-4所示。

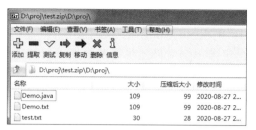

图 14-4　test.zip 压缩文件

注意：每一个ZIP压缩文件中可能包含多个文件，在使用ZipOutputStream类将文件写入目标ZIP文件时，必须使用ZipOutputStream对象的putNextEntry()方法写入当前文件的entry，将流内目前指向的位置移动到该entry所指的开头位置。

14.6.2　解压缩 ZIP 文件

ZIP压缩文件的解压缩操作可以使用ZipInputStream类的方法。ZipInputStream类可以读取ZIP压缩格式的文件，包括已压缩及未压缩的进入点（entry）。ZipInputStream类的构造方法如下：

```
ZipInputStream(InputStream is);
```

ZipInputStream类的常用方法如表14-9所示。

表 14-9　ZipInputStream 类的常用方法

方 法	功 能 说 明
int read(byte[] b, int off, int len)	读取数组 b 中从 off 偏移量开始的长度为 len 的字节
int available()	判断是否已经读完目前 entry 指定的数据；已读完返回 0，否则返回 1
void closeEntry()	关闭当前 ZIP 条目并定位流以读取下一个条目
long skip(long n)	跳过当前 ZIP 条目中指定的字节数
ZipEntry getNextEntry()	读取下一个 ZipEntry 对象，并将流内的位置移至该 entry 所指数据的开头
ZipEntry createZipEntry(String name)	以指定的 name 参数新建一个 ZipEntry 对象

应用ZipInputStream类将文件从压缩文件中读出的一般步骤如下。

（1）生成和所要读入的压缩文件相关联的压缩类对象。

（2）利用 getNextEntry()方法得到下一个压缩入口。

【例14-18】通过ZipInputStream类将指定的压缩文件解压缩并读出其中的内容

定义ZipInFunc类，在main()方法中调用ZipInputStream类的函数方法，通过输入流的方式将D:\proj\test.zip压缩文件解压缩并读出其中的内容。具体实现代码如下：

```java
import java.io.BufferedInputStream;
import java.io.BufferedWriter;
import java.io.File;
import java.io.FileInputStream;
import java.io.FileWriter;
import java.io.IOException;
import java.util.zip.ZipEntry;
import java.util.zip.ZipInputStream;
public class ZipInFunc {
    public static void main(String[] args) {
```

```
        System.out.println("开始解压缩: ");
        FileInputStream fis = null;
        ZipInputStream zis = null;
        ZipEntry ze;
        BufferedWriter buffWriter = null;
        FileWriter fileWriter = null;
        try {
          fis = new FileInputStream("D:/proj/test.zip");
          zis = new ZipInputStream(new BufferedInputStream(fis));
          while ((ze = zis.getNextEntry()) != null) {      // 获得入口
            System.out.println("处理文件: " + ze.getName()); // 显示文件原始名
            File srcFile = new File(ze.getName());
            File dstFile = new File(srcFile.getParent(), srcFile.getName());
                                                         // 新建输出文件
            fileWriter = new FileWriter(dstFile);
            buffWriter = new BufferedWriter(fileWriter);
            int x;
            while ((x = zis.read()) != -1){
              System.out.write(x);
              buffWriter.write(x);                         // 将解析出的内容写入文件
            }
            buffWriter.close();
            fileWriter.close();
        }
        } catch (IOException e) {
        e.printStackTrace();
        } finally {
          try {
            zis.close();
          } catch (IOException e) {
            e.printStackTrace();
          }
        }
      }
}
```

上述代码的运行结果如下所示。

```
开始解压缩:
处理文件: D:/proj/Demo.java
public class Demo {
    public static void main(String[] args) {
      System.out.println("Hello Java!");
    }
}
处理文件: D:/proj/Demo.txt
public class Demo {
    public static void main(String[] args) {
      System.out.println("Hello Java!");
    }
}
处理文件: D:/proj/test.txt
你好
Java
你好
编程
```

在系统D:\proj目录下能够看到已经将压缩包内的文件解压缩出来了。

在Java 输入/输出操作中，不仅可以实现ZIP压缩格式的输入和输出，也可以实现JAR及GZIP文件格式的压缩和解压缩。

（1）JAR压缩的支持类保存在java.util.jar包中，常用的类有 JAROutputStream（JAR压缩输出流）、JARInputStream（JAR压缩输入流）、JARFile（JAR文件）和JAREntry（JAR实体）。

（2）GZIP是用于UNIX操作系统的文件压缩，在Linux中经常会使用*.gz文件，就是GZIP文件格式，GZIP压缩的支持类保存在java.util.zip包中，常用的类有GZIPOutputStream（GZIP压缩输出流）、GZIPInputStream（GZIP压缩输入流）。

14.7 本章小结

本章主要介绍了Java程序的输入/输出。重点讲解了以下几个方面的内容。

1．Java 程序通过流完成输入/输出，所有的输入/输出以流的形式处理。输入与输出是相对于内存而言的。数据流是 Java 进行输入/输出操作的对象，它按照不同的标准可以分为不同的类别。

- 按照流的方向可以划分为输入流和输出流两大类。
- 按照数据单位的不同可以划分为字节流和字符流。
- 按照功能可以划分为节点流和处理流。

2．输入/输出流类定义在java.io包中，所有输入流类都是 InputStream 抽象类(字节输入流)和 Reader 抽象类(字符输入流)的子类。所有输出流类都是 OutputStream 抽象类(字节输出流)和 Writer 抽象类(字符输出流)的子类。这些都是抽象类，提供了文件读/写的基本操作方法。

3．InputStream类及其子类的对象表示字节输入流，InputStream 类的常用子类有ByteArrayInputStream、FileInputStream、PipedInputStream、SequenceInputStream、ObjectInputStream 等。这些类都提供了read()方法的多种重载形式，实现从流中读取一个或一批字节。Reader类是所有字符输入流的父类，该类定义的方法对其所有子类都是有效的。read()方法实现从流中读取一个或多个字符。CharArrayReader、StringReader、BufferedReader 、PipedReader、InputStreamReader 都继承自Reader抽象类。

4．OutputStream类及其子类的对象表示字节输出流，常用方法有write()、flush()等，write()方法提供了多种重载形式，实现向流中写入一个或一批字节。OutputStream类的常用子类有ByteArrayOutputStream、FileOutputStream、PipedOutputStream、ObjectOutputStream等。Writer类是所有字符输出流的父类，该类定义的方法对其所有子类都是有效的。writer()方法实现从流中写入一个或多个字符。CharArrayWriter、StringWriter、BufferedWriter、PipedWriter、InputStreamWriter都继承自Writer抽象类。

5．File 类代表磁盘文件本身的对象。File 类定义了如获取文件目录、新建、删除、重命名文件或文件夹的方法。

6．本章着重介绍了文件字节流类FileInputStream、FileOutputStream和文件字符流类FileReader、FileWriter；带缓冲的字节流类BufferedInputStream、BufferedOutputStream和带缓冲的字符流类BufferedReader、BufferedWriter。DataInputStream和DataOutputStream类允许程序以与机器无关的方式在底层流中读/写基本Java数据类型；ZipOutputStream和ZipInputStream类可对文件的压缩和解压缩进行处理。

14.8 习题十四

扫描二维码，查看习题。

扫二维码
查看习题

14.9 实验十四　输入输出的应用

扫描二维码，查看实验内容。

扫二维码
查看实验内容

3

高级开发技术

第 15 章

数据库操作

学习目标

本章主要讲解如何使用 Java 中的 JDBC 对数据库进行访问，建立与指定数据库的连接，同时利用 JDBC 技术和相关接口执行 SQL 语句，从而实现 Java 对数据库的操作。通过本章的学习，读者应该掌握以下主要内容：

- 数据库相关知识。
- JDBC 的相关概念。
- 在数据库操作过程中使用的 JDBC 的接口。
- 使用 JDBC 对数据库进行操作的过程。

内容浏览

15.1 数据库的基础知识

数据库在应用程序中占据着非常重要的地位，是计算机科学的重要分支。作为信息系统的核心和基础的数据库技术得到了越来越广泛的应用。本节将介绍数据库的相关概念和知识，为使用JDBC技术开发数据库应用程序打下基础。

15.1.1 数据库概述

在客观世界中，描述事物的符号记录称为数据（Data）。数据库（Data Base，DB）则是一个存储数据的仓库，本质是一个文件系统，按照特定的格式把数据存储起来，用户可以对存储的数据进行操作。数据库具有永久存储、有组织、可共享三个基本特点。

扫一扫，看视频

为了科学地组织和存储数据，高效地获取和维护数据，在用户与操作系统之间提供了一层数据管理软件，称为数据库管理系统（DataBase Management System，DBMS）。

数据库系统（DataBase System，DBS）：是由数据库、数据库管理系统（及其应用开发工具）、数据库应用系统和数据库管理员（DataBase Administrator，DBA）组成的存储、管理、处理和维护数据的系统。其中，数据库提供数据的存储功能；数据库管理系统提供数据的组织、存储、管理和维护等基础功能；数据库应用系统根据应用需求使用数据库；数据库管理员负责全面管理数据库系统。一般在不引起混淆的情况下，常把数据库系统简称为数据库。数据库系统具有以下几个特点。

- 数据结构化。数据的组织方式面向整个组织或企业，数据之间具有联系，数据的存储方式灵活，工作效率高。
- 数据共享性高。数据面向整体，因此可以被多个用户、多个应用共享，减少数据冗余，节约存储空间。
- 数据独立性高。首先，借助数据库使用户的应用程序与数据库中数据的物理存储相互独立，即物理独立性。其次，使用户的应用程序与数据库的逻辑结构相互独立，即逻辑独立性。
- 统一管理和控制数据。数据库的共享会带来安全隐患，因此数据库系统提供了数据安全保护机制、数据完整性检查、并发控制、数据库恢复等功能，来保证在数据库建立、运用和维护时对数据库进行统一控制。

15.1.2 数据模型

1. 数据模型

数据模型（Data Model）是对现实世界数据特征的抽象，即用来描述数据、组织数据和对数据进行操作的。数据模型包括数据结构、数据操作和数据的完整性约束条件三个要素。

扫一扫，看视频

如同在建筑设计和实施过程中需要图纸一样，在开发实施数据库应用系统中也需要使用不同的数据模型。根据数据模型应用目的的不同，数据模型分为两类：概念模型、逻辑模型和物理模型。

- 概念模型。按照用户的需求对数据和信息进行建模，它指出每个数据的逻辑定义及数据间的逻辑联系，是数据库管理员概念下的数据库，主要用于数据库设计。

- 逻辑模型和物理模型。按照计算机系统的观点对数据建模，主要用于数据库管理系统的实现。其中，逻辑模型是用户看到和使用的数据库，是一个或一些特定用户使用的数据集合。物理模型是数据库的最内层，是物理存储设备上实际存储的数据集合，是用户加工的对象，由内部模式描述的指令操作处理的字符和字组成。

2. 常用数据模型

数据库领域中主要的数据模型有以下几种。

- 层次模型。是最早出现的数据模型，以树形结构表示各类实体及实体间的联系。这种模型中有且只有一个节点没有双亲，称为根节点；除了根节点其他节点有且只有一个双亲节点。此模型结构简单，查询效率高，具有良好的完整性，但现实世界中很多联系都是非层次性的，这些数据及联系则无法存储。
- 网状模型。此模型比层次模型更具普遍性，它允许多个节点没有双亲节点，允许节点有多个双亲节点，还允许两个节点间有多种联系。此模型具有良好的性能，存取效率高，但结构比较复杂，增加了应用程序开发的负担。
- 关系模型。是最重要的一种数据模型，由一组关系组成，每个关系的数据结构是一张规范的二维表。关系模型把存取路径向用户隐藏，数据独立性很高，更安全，但查询效率不如格式化数据模型。
- 对象关系数据模型。随着面向对象的方法和技术在计算机各个领域的发展，许多关系数据库厂商为了支持面向对象模型，对关系数据模型做了扩展，促进了数据库中面向对象数据模型的研究和发展。
- 半结构化数据模型。随着Internet的发展，Web上各种半结构化、非结构化数据源成为重要的信息，产生了以XML为代表的半结构化数据模型和非结构化数据模型。

15.1.3 SQL 语言

扫一扫，看视频

结构化查询语言（Structured Query Language，SQL）是关系数据库的标准语言，是一个通用的、功能极强的关系数据库语言。其功能包括数据库模式创建，数据库数据查询和修改，数据库安全性、完整性定义与控制等一系列功能。主要由以下几部分组成。

- 数据定义语言（Data Definition Languange，DDL），如CREATE、ALTER、DROP等。
- 数据操纵语言（Data Manipulation Language，DML），如SELECT、INSERT、UPDATE、DELETE等。
- 数据控制语言（Data Control Language，DCL），如GRANT、REVOKE等。
- 事务控制语言（Transaction Control Language，TCL），如COMMIT、ROLLBACK等。

在数据库应用程序开发过程中，使用最多的是数据操纵语言，它也是SQL语言最常用的核心语句。下面重点介绍数据操纵语言的语法格式。

1. SELECT语句

数据查询是数据库的核心操作，使用SELECT语句可以灵活地进行数据查询。其一般语法格式如下：

```
SELECT [ALL|DISTINCT] <目标列表达式>[, <目标列表达式>]…
FROM <表名或视图名>[, <表名或视图名>]…
[WHERE <条件表达式> ]
[GROUP BY <列名1> [HAVING <条件表达式>] ]
[ORDER BY <列名2> [ASC|DESC] ];
```

SELECT语句的含义：根据WHERE子句的条件表达式从FROM子句指定的基本表、视图或派生表中找出满足条件的记录，再按照SELECT子句中的目标列表达式选出记录中的属性值形成结果表。

例如，在数据库员工表Emp_info中查询年龄超过23岁的员工的姓名、工号、所在部门，并按照员工工号升序排序。

```
SELECT Ename, Eno, Edept
FROM Emp_info
WHERE Eage>23
ORDER BY Eno ASC;
```

2. INSERT语句

使用INSERT语句可以向指定的数据表中插入记录。其一般语法格式如下：

```
INSERT INTO <表名> [ ( <属性列1> [,<属性列2 >]…) ]
VALUES ( <常量1> [,<常量2>]    …   )
```

INSERT语句的含义：将数据按照对应的属性列插入指定的表中，INTO子句中没有出现的属性列，新插入的记录将在这些列上取空值或默认值。

例如，在数据库员工表Emp_info中插入一个新的记录：工号（20200111）、姓名（李明）、年龄（25）、性别（男）、部门（开发部）。

```
INSERT INTO  Emp_info
    (Eno,Ename,Esex,Edept,Eage)
VALUES
    ('20200111', '李明','男','开发部',25);
```

3. UPDATE语句

使用UPDATE语句可以修改指定表中满足WHERE子句条件的记录中特定列的信息。其一般语法格式如下：

```
UPDATE   <表名>
SET   <列名>=<表达式>[, <列名>=<表达式>]…
[WHERE <条件表达式>];
```

UPDATE语句的含义：修改指定表中满足WHERE子句条件表达式的所有记录中指定列名的值为表达式的值。

例如，在数据库员工表Emp_info中将工号为20200111的员工的年龄增加1。

```
UPDATE  Emp_info
SET Eage=Eage+1
WHERE  Eno=' 20200111 ';
```

4. DELETE语句

使用DELETE语句可以删除指定表中满足WHERE子句条件的记录。其一般语法格式如下：

```
DELETE FROM <表名>
[WHERE <条件表达式>];
```

DELETE语句的含义：根据WHERE子句后的条件表达式检索到的记录进行删除，WHERE子句可选，如果没有，则删除表中所有记录。

例如，在数据库员工表Emp_info中删除所有男员工。

```
DELETE FROM Emp_info
WHERE Esex= '男';
```

15.1.4 MySQL 数据库

在当前比较流行的数据库中，MySQL是一种关系数据库管理系统，由瑞典MySQL AB公司开发，2008年1月16日被Sun公司收购。2009年，Sun公司又被Oracle公司收购。MySQL软件采用双授权政策，分为社区版和商业版。由于体积小、速度快、总体拥有成本低，具有功能强、使用简便、运行速度快、安全可靠性强等优点，同时也是具有客户机/服务器体系结构的分布式数据库管理系统。尤其是开放源码特点，能够工作在众多不同的平台，一般中小型网站的开发都选择MySQL作为网站数据库。

1. MySQL的下载与安装

进入MySQL的官网 https://www.mysql.com/，会看到有三个版本：企业版、集群版和社区版。前两个是收费的，学习用可以使用社区版。选择进入社区版下载页面，可以根据自己的喜好，选择更多的MySQL的安装版本，不过推荐使用低版本，因为安装和操作步骤简单并且兼容性好，但注意要与JDK匹配。选择相应版本后会发现有两个版本的安装方式（MSI和ZIP格式），推荐初学者选择MSI格式，ZIP格式需要配置环境变量和修改配置文件，而MSI格式按照提示安装完成即可。

2. MySQL的使用

使用MySQL数据库前首先确定启动了MySQL服务（默认计算机启动时自动启动），进入MySQL交互操作界面（默认在DOS方式下操作），使用命令和SQL语句操作数据库。这种方式复杂，效率比较低，对于初学者来说比较困难，因此推荐使用图形化管理工具与数据库进行交互。Navicat、SQLyog、Workbench、PhpMyadmin等都是比较好用的MySQL图形化管理工具。

15.2 JDBC概述

为了能够在Java语言中提供对数据库访问的支持，Sun公司于1996年提供了一套访问数据库的标准Java类库，即JDBC（Java Database Connectivity，Java数据库连接）。

15.2.1 什么是 JDBC

JDBC是一种可以用来执行SQL语句的通用底层的Java API，在不同的数据库功能模块的层次上提供了一个统一的用户界面。它由一些Java语言编写的类和接口组成，使用这些类和接口可以使开发者使用Java语言访问不同格式和位置的关系型数据库，JDBC可以运行在任何平台上，并使用SQL语句完成对数据库中数据的各种操作。

不同种类的数据库（如MySQL、Oracle等）在其内部处理数据的方式是不同的，如果直接使用数据库厂商提供的访问接口操作数据库，如MySQL数据库，就需要使用MySQL提供的接口；如果要换成Oracle数据库，则需要将应用程序中的数据库访问接口替换成Oracle的，这样代码的修改量很大，并且应用程序的可移植性会很差。JDBC的作用就是要求不同的数据库厂商按照统一的规范提供数据库驱动，在应用程序中由JDBC与具体的数据库驱动联系，使开发者不需要直接与底层的数据库接口进行交互，起到应用程序与数据库之间的桥梁的作用，降低复杂度，增加代码的通用性。

15.2.2 使用 JDBC 访问数据库

编写应用程序使用JDBC访问数据库时，创建的应用程序可以使用两层模型和三层模型结构。两层模型是指一个Java应用程序直接同数据库进行连接，客户直接将SQL语句发送给数据库，执行的结果也将由数据库直接返给客户。JDBC两层访问模型如图15-1所示。

图 15-1　JDBC 两层访问模型

这种方式存在一定的局限性，容易受数据库厂家、版本等因素的限制，而且不利于应用程序的修改和升级。

三层模型是客户将SQL语句首先发送给一台中间服务器（中间层），然后再由中间服务器发送给数据库服务器。执行结果也是首先返给中间服务器，然后再传递给客户。JDBC三层访问模型如图15-2所示。这种方式与两层模型相比存在一些优势，在操作数据的过程中，将客户与数据库分开，相互独立互不影响，而且由专门的中间服务器处理客户的请求，与数据库通信，提高了数据库的访问效率。

图 15-2　JDBC 三层访问模型

15.3　JDBC中常用的接口和类

在开发JDBC应用程序前，先了解一下JDBC中常用的API。JDBC API主要位于java.sql包中，该包定义了一系列访问数据库的接口和类。本节将对该包中常用的接口和类进行详细的介绍。

15.3.1 Driver 接口

每个数据库厂商提供的数据库驱动程序都应该提供一个实现Driver接口的类。当加载一个Driver类时，它应该创建一个自己的实例，并用DriverManager注册。这意味着用户可以通过调用以下方式加载和注册驱动程序：

```
Class.forName("xxx.xxx.Driver");
```

需要注意的是，在编写JDBC程序时，必须把所有使用的数据库驱动程序或类加载到项目的classpath中。

15.3.2 DriverManager 类

DriverManager类是JDBC的管理层，管理JDBC驱动程序，作用于用户和驱动程序之间。跟踪可用的驱动程序，在数据库和驱动程序之间建立连接，另外也处理诸如驱动程序登录时间限制及登录和跟踪消息的显示等事务。DriverManager类的常用方法如表15-1所示。

表 15-1　DriverManager 类的常用方法

方　　法	功　能　说　明
deregisterDriver(Driver driver)	取消注册指定的驱动程序
getConnection(String url)	建立数据库连接
getDriver(String url)	查找将要连接到指定 url 的 Driver 对象
getDrivers()	返回当前驱动器中注册的所有 Driver 对象的数组
getLoginTimeout()	返回驱动器等待连接的时间（秒）
getLogStream()	返回管理器将用于 Driver 对象的日志 / 跟踪流
println(String message)	向当前的日志流发送指定的字符串
registerDriver(Driver driver)	在管理器中注册指定的 Driver 对象
setLoginTimeout(int seconds)	设置驱动器等待连接的时间（秒）
setLogStream(PrintStream out)	设置 Driver 对象所用的日志 / 跟踪流

15.3.3　Connection 接口

扫一扫，看视频

　　Connection接口代表与数据库的连接，是Java中不可缺少的部分，包含了从事务处理到创建语句等许多功能，而且还提供了一些基本的错误处理方法。Java的一个应用程序可以与单个数据库有一个或多个连接，也可以与许多数据库有连接。Connection接口的常用方法如表15-2所示。

表 15-2　Connection 接口的常用方法

方　　法	功　能　说　明
clearWarning()	清除当前的连接警告
close()	关闭数据库连接
createStatement()	建立一个用于执行 SQL 语句的 Statement 对象
isClosed()	返回该数据库连接是否关闭
isReadOnly()	判断当前连接是不是只读的
nativeSQL(String sql)	JDBC 驱动器向数据库提交 SQL 语句时，返回该语句
prepareCall(String sql)	返回用于调用存储过程的 CallableStatement 对象
prepareStatement(String sql)	返回执行动态 SQL 语句的 PreparedStatement 对象

15.3.4　Statement 接口

扫一扫，看视频

　　Statement接口用于执行静态SQL语句并返回其生成的结果的对象。在默认情况下，每个Statement对象只能有一个ResultSet对象打开。因此，如果一个ResultSet对象的读取与另一个对象的读取交叉，则ResultSet对象必须由不同的Statement对象生成。Statement接口的常用方法如表15-3所示。

表 15-3　Statement 接口的常用方法

方　　法	功　能　说　明
close()	关闭当前 Statement 对象
execute(String sql)	执行 Statement 对象

方　法	功　能　说　明
executeQuery(String sql)	执行查询语句
executeUpdate(String sql)	执行更新语句
getMaxFieldSize()	返回结果集中某字段的当前最大长度
getMaxRows()	返回结果集中当前最大行数
getMoreResults()	移到 Statement 对象的下一个结果处，用于返回多结果集的 SQL 语句
getResultSet()	返回当前结果集
getUpdateCount()	返回多个结果语句中的当前结果
getQueryTimeout()	返回 JDBC 驱动器等待 Statement 对象执行语句的延迟时间（秒）
setMaxFieldSize(int maxFieldSize)	设置结果集中返回的最大字段长度
setMaxRows(int maxRows)	设置结果集中包含的最大行数
setQueryTimeout(int seconds)	设置 JDBC 驱动器等待 Statement 对象执行语句的延迟时间（秒）

15.3.5　PreparedStatement 接口

PreparedStatement接口用来执行动态的SQL语句，表示预编译的SQL语句的对象，然后可以使用该对象多次有效地执行此语句。在SQL语句中可以具有一个或多个参数。参数的值在SQL语句创建时未指定，而是使用"？"代替，在SQL语句执行前，再使用方法赋值。PreparedStatement接口的常用方法如表15-4所示。

扫一扫，看视频

表 15-4　PreparedStatement 接口的常用方法

方　法	功　能　说　明
clearParameters()	清除当前 SQL 语句包含的所有参数
execute()	执行 SQL 语句或存储过程
executeQuery()	执行查询语句
executeUpdate()	执行更新语句
setByte(int index,byte x)	将指定的参数设置为 byte 型值
setDate(int index,Date x)	将指定的参数设置为 Date 型值
setDouble(int index,double x)	将指定的参数设置为 double 型值
setFloat(int index,float x)	将指定的参数设置为 float 型值
setInt(int index,int x)	将指定的参数设置为 int 型值
setLong(int index,long x)	将指定的参数设置为 long 型值
setNull(int index,int sqlType)	将指定的参数设置为 Null 型值
setString(int index,String x)	将指定的参数设置为 String 型值
setTime(int index,Time x)	将指定的参数设置为 Time 型值

需要注意的是，setDate()方法设置的日期内容的类型是java.sql.Date类型，而不是java.util.Date类型。

15.3.6　ResultSet 接口

几乎所有数据库操作的方法和查询都将数据作为ResultSet对象返回，此对象可以包含任意数量的命名列，可以按照名称或索引访问这些列，而且还可以包含一行

扫一扫，看视频

或多行，可以按照顺序自上而下逐一访问。ResultSet接口的常用方法如表15-5所示。

表 15-5　ResultSet 接口的常用方法

方　法	功 能 说 明
close()	关闭当前的 ResultSet 对象
findColumn(String columnName)	查找指定的列名，并返回该列的索引
getBoolean(int index)	将指定索引的列数据作为 boolean 型值返回
getByte(int index)	将指定索引的列数据作为 byte 型值返回
getDate(int index)	将指定索引的列数据作为 Date 型值返回
getDouble(int index)	将指定索引的列数据作为 double 型值返回
getFloat(int index)	将指定索引的列数据作为 float 型值返回
getInt(int index)	将指定索引的列数据作为 int 型值返回
getLong(int index)	将指定索引的列数据作为 long 型值返回
getString(int index)	将指定索引的列数据作为 String 型值返回
getTime(int index)	将指定索引的列数据作为 Time 型值返回
getBoolean(String columnName)	将指定列名称的列数据作为 boolean 型值返回
getByte(String columnName)	将指定列名称的列数据作为 byte 型值返回
getDate(String columnName)	将指定列名称的列数据作为 Date 型值返回
getDouble(String columnName)	将指定列名称的列数据作为 double 型值返回
getFloat(String columnName)	将指定列名称的列数据作为 float 型值返回
getInt(String columnName)	将指定列名称的列数据作为 int 型值返回
getLong(String columnName)	将指定列名称的列数据作为 long 型值返回
getString(String columnName)	将指定列名称的列数据作为 String 型值返回
getTime(String columnName)	将指定列名称的列数据作为 Time 型值返回
next()	将结果集指针下移一条

从表15-5中可以看出，ResultSet接口提供了大量的getXxx()方法，使用哪一个方法取决于字段的数据类型，程序既可以通过字段的名称获得指定数据，也可以使用字段的索引获取指定数据，字段索引从1开始编号。

15.4　数据库编程过程

通过前面的介绍，读者对于数据库基础知识和JDBC API有了大概的了解。下面介绍使用JDBC进行应用程序开发的过程。

15.4.1　下载配置驱动包

扫一扫，看视频

编写应用程序前，首先根据操作系统、JDK和MySQL的版本，到MySQL数据库官网下载数据库驱动（mysql-connector-java-xxx.jar），然后将下载的驱动程序存放到工程项目下，建议在项目下创建文件夹lib，然后将驱动程序保存到lib文件夹下，右击，在弹出的快捷菜单中选择Build Path中的Configure Build Path选项，如图15-3所示。

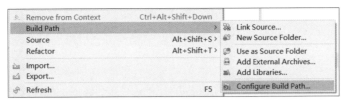

图 15-3　在工程项目中配置数据库驱动包

选择菜单项后打开如图15-4所示的界面，单击Add JARs按钮，选择lib文件夹下的mysql-connector-java-xxx.jar文件，将驱动添加完成即可。

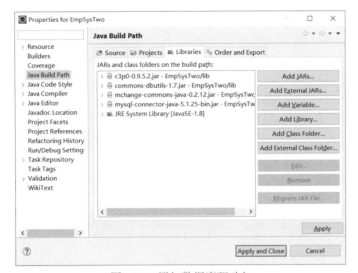

图 15-4　添加数据库驱动包

15.4.2　编写 JDBC 程序的过程

所有与数据库有关的对象和方法都在java.sql包中，因此必须在程序中首先引入这个包，即添加 "import java.sql.*;" 语句或引入使用的具体接口和类。其他操作数据库的具体步骤如下。

扫一扫，看视频

1.　加载并注册驱动程序

为了与特定的数据源相连，必须加载并注册相应的驱动程序。可以使用下列两种方法进行操作。

```
DriverManager.registerDriver(Driver driver);
```

或

```
Class.forName("DriverName");
```

使用Class.forName()方法显示加载一个驱动程序，根据使用的驱动类型和数据库的不同，Class.forName()方法的参数也不同。例如，如果JDBC要连接MySQL数据库，必须首先加载MySQL数据库的JDBC驱动程序，参考代码如下：

```
Class.forName("com.mysql.jdbc.Driver");
```

使用驱动连接Oracle数据库时，参考代码如下：

```
Class.forName("oracle.jdbc.driver.OracleDriver");
```

使用驱动连接SQL Server数据库时，参考代码如下：

```
Class.forName("com.microsoft.jdbc.sqlserver.SQLServerDriver");
```

2. 建立数据库连接

使用DriverManager类的getConnection()方法建立与某个数据库的连接，具体代码如下：

```
Connection conn=DriverManager.getConnection(url,"loginuser","password");
```

url：String型。表示连接到指定的数据库管理系统的地址，如果数据库不同，则url的格式也不同，连接MySQL数据库的一般语法格式如下：

```
jdbc:mysql://hostname:port/databasename
```

在代码中，jdbc:mysql是固定的；hostname是数据库服务器的主机名称（如果是本机名称，则可以是localhost或127.0.0.1；如果是其他计算机，则可以是计算机的IP地址或主机名）；port是连接数据库的端口号（MySQL端口默认是3306）；databasename是数据库的名称。例如，连接MySQL数据库的url格式为：

```
jdbc:mysql://127.0.0.1:3306/shop
```

连接到不同的数据库，url的内容也不相同。

如果要连接到指定的Oracle数据库，则url的格式如下：

```
jdbc:oracle:thin:@localhost:1521:databasename
```

如果要连接到指定的SQL Server数据库，则url的格式如下：

```
jdbc:microsoft:sqlserver://localhost:1433;DatabaseName=databasename
```

使用DriverManager类的getConnection()方法将返回一个打开的数据库连接，可以在此连接的基础上向数据库发送SQL语句。

"loginuser"：字符串类型参数，表示登录数据库的用户名。

"password"：字符串类型参数，表示登录数据库的密码。

3. 执行SQL语句

JDBC中执行SQL语句的方法可以分为三类，分别对应Statement对象、PreparedStatement对象和CallableStatement对象。这三种对象的区别在于SQL语句准备和执行的时间不同。Statement对象主要用于一般查询语句的执行，SQL语句的准备和执行将同步进行；对于PreparedStatement对象，驱动程序存储执行计划以备后来执行；而对于CallableStatement对象，SQL语句实际上调用一个已经优化的预先存储的过程。

（1）Statement对象。使用Connection对象的createStatement()方法可以创建一个Statement对象。

```
Statement stm=conn.createStatement();
```

创建成功后可以通过Statement对象的不同方法执行不同的SQL语句，最重要的方法如下。

● executeQuery(String sql)：用于执行一个SELECT语句，只返回一个结果集。

● execute(String sql)：用于执行一个SELECT语句，但可以返回多个结果集。

● executeUpdate(String sql)：不返回结果集，主要用来执行UPDATE语句、DELETE语句和INSERT语句，返回操作实际影响的行数。

一个Statement对象在同一个时间只能打开一个结果集，当打开第二个结果集时就会隐式地将第一个结果集关闭。如果想同时打开多个结果集进行操作，则必须创建多个Statement对象，在每一个Statement对象上执行SQL语句获得相应的结果。每一个Statement对象使用完毕后，都应该关闭，使用下面的代码可以关闭Statement对象。

```
stm.close();
```

（2）PreparedStatement对象。PreparedStatement接口是Statement接口的子类型。Statement对象在每次执行SQL语句时都将该语句传递给数据库，在多次执行同一SQL语句时，效率很低，这时可以使用PreparedStatement对象。PreparedStatement对象可以接收参数，在执行时，针对相同的SQL语句传递不同的参数，提高执行效率。

在Connection对象的基础上，使用prepareStatement()方法可以创建一个PreparedStatement对象，在创建时应该给出预编译的SQL语句。例如：

```
PreparedStatement pstmt=conn.prepareStatement("SELECT * FROM  Student");
```

如果要执行的SQL语句带有参数，则参数在SQL语句中使用"？"代替实际的值。例如：

```
PreparedStatement pstmt=conn.prepareStatement("SELECT * FROM  Student WHERE
Name=? and Age>=?");
```

实际的参数内容可以使用setXxx(int index,实际值)方法与参数相关联。其中，Xxx为参数的类型；参数的index由在SQL语句中的顺序决定，第一个"？"的索引为1，第二个"？"的索引为2等。例如，为上述的SQL语句的参数设置值：

```
pstmt.setString(1,"admin");
pstm.setInt(2,21);
```

参数赋值后，可以通过PreparedStatement对象调用executeQuery()、execute()和executeUpdate()方法执行SQL语句。这三个方法与Statement对象的三个方法有所不同，这三个方法没有参数，因为要执行的SQL语句在创建PreparedStatement对象时就已经给出了，并进行了预编译。例如，执行上述预编译SQL语句的代码如下：

```
ResultSet rs=pstmt.executeQuery();
```

PreparedStatement对象使用完毕后，也应该进行关闭，使用下列代码可以关闭PreparedStatement对象。

```
pstm.close();
```

（3）CallableStatement对象。CallableStatement接口是PreparedStatement接口的子类型。CallableStatement对象用于执行数据库中的存储过程。存储过程可以有输入参数，也可以有输出参数。通过Connection对象的prepareCall()方法可以创建一个CallableStatement对象，此方法的参数是一个String对象，一般格式为"{call procedurename()}"，其中，procedurename是存储过程的名字。例如，如果要执行存储过程QueryName，则代码如下：

```
CallableStatement cstmt=conn.prepareCall("{call QueryName()}");
```

通过CallableStatement对象的executeQuery()、execute()和executeUpdate()方法执行SQL语句。

CallableStatement对象使用完毕后，也要使用close()方法进行关闭。

4. 处理结果

调用Statement对象、PreparedStatement对象和CallableStatement对象的executeQuery()方法都会返回一个结果集ResultSet对象。这个对象实际上是一个管式的数据集合，即它是含有按统一的列组织的成行的数据，也就是一个表，处理时必须逐行进行，而且每次只能看到一行数据。在ResultSet对象中有一个指向当前行的指针，最初时，指针指向第一行之前，使用next()方法可以使指针移向下一行。因此处理数据时，首先要使用next()方法将指针移向第一行，然后处理数据，处理完毕再移向第二行。next()方法的返回值为一个boolean型值，如果返回true，则说明指针成功移动，可以对数据进行处理；如果返回false，则说明没有下一行，即结果集数据处理完毕。

在对每一行处理时，可以对各个列按照任意顺序进行访问。不过，按照从左到右的顺序进行访问效率较高，使用getXxx(int index)或getXxx(String name)方法获得指定列的值。

结果集使用完毕后，要使用close()方法进行关闭。

5. 关闭数据库连接

为了提高数据库的安全性，操作完数据库中的数据后，要显式地使用close()方法断开连接。

15.5　综合实践——查询演讲比赛学生的得分

⊘ 15.5.1　任务描述

扫一扫，看视频

学院组织学生进行演讲比赛，多位评委为每一位学生打分，分数包括表现分和技术分。经过现场比赛规则的评比后求选手的平均分。比赛完成需要记录选手的姓名（String username）、表现分（double fen1）、技术分（double fen2）和最后的平均分（double avg），并可以对结果随时进行查询。下面通过查询某位同学的得分情况介绍数据库的操作流程。

⊘ 15.5.2　实现代码

实现按照学生学号查询演讲比赛学生的得分情况。具体数据库操作代码如下：

扫一扫，看视频

```java
//引入相关的数据库操作类和接口
import java.sql.Connection;
import java.sql.DriverManager;
import java.sql.ResultSet;
import java.sql.Statement;

public class Student {
    public static void main(String args[]) {
        try{
        //加载驱动
          Class.forName("com.mysql.jdbc.Driver");
          //连接数据库
        Connection conn =DriverManager.getConnection(
                "jdbc:mysql://localhost:3306/studentsys","root","root");
          //创建执行SQL语句的对象
        Statement stm=conn.createStatement();
          //定义SQL语句
        String sql="select * from student where id='20200553101'";
          //执行SQL语句，并返回结果集
        ResultSet rs=stm.executeQuery(sql);
          //处理查询结果
```

```
        if(rs.next()) {
          System.out.println("学号:"+rs.getString("id"));
          System.out.println("姓名:"+rs.getString("username"));
          System.out.println("分数1:"+rs.getDouble("fen1"));
          System.out.println("分数2:"+rs.getDouble("fen2"));
          System.out.println("得分:"+rs.getDouble("avg"));
        }
      }catch(Exception e){
        e.printStackTrace();//进行异常处理
      }
    }
  }
```

15.5.3 运行结果

学号: 20200553101
姓名: ZhangSan
分数1: 10.0
分数2: 9.0
得分: 9.5

扫一扫,看视频

15.6 本章小结

本章主要介绍了Java数据库开发技术。重点讲解了以下几个方面的内容。

1．数据库系统在计算机科学中占据重要的地位，由数据库、数据库管理系统、应用程序和数据库管理员组成，用来存储、管理、处理和维护各类数据。SQL语言是一种数据库通用语言，使用SQL语言对数据库进行定义、操纵和控制。包括数据库结构定义和调整，数据的添加、删除、修改和查询。MySQL是一种关系数据库管理系统，具有开放源码、功能强、使用简便、运行速度快、安全可靠性强等优点，同时也是具有客户机/服务器体系结构的分布式数据库管理系统，受到开发者的好评。

2．使用Java开发数据库管理系统需要利用JDBC技术，JDBC提供了访问和管理数据库的方式，并提供了操作不同数据库时需要的本地协议的纯Java驱动程序，以及操作数据库需要的常用接口和类。

3．JDBC操作数据库涉及的接口和类都在java.sql包下，使用前需要引入此包，然后使用以下接口和类完成开发。

- Driver接口：连接不同的数据库前需要加载不同的Driver，每一个数据库厂商都提供了实现此Driver接口的驱动程序。
- DriverManager类：是JDBC的管理层，在数据库和驱动程序之间建立连接，提供了多个连接数据库和获得数据库连接信息的方法。
- Connection接口：代表应用程序与数据库的连接，单个数据库有一个或多个连接，也可以与许多数据库有连接，提供了创建执行数据库SQL语句对象和获得相关信息的方法。
- Statement接口：用于执行静态SQL语句并返回其生成的结果对象，提供了执行SQL语句的方法。
- PreparedStatement接口：用于执行动态SQL语句，表示预编译的SQL语句的对象，然后可以使用该对象多次有效地执行此语句，若有参数，参数的值在SQL语句创建时未指定，而是使用"？"代替。

- ● ResultSet接口：存储所有数据库查询完成后的数据，可以按照数据库表的字段名称或索引访问相应的数据列，提供了按照不同数据类型访问数据列的方法。

4．数据库编程的过程，首先要根据使用的数据库下载不同的驱动包，并进行配置，然后按照以下过程进行代码的编写。

- ● 引入java.sql包或相关类。
- ● 加载并注册驱动程序：Class.forName("DriverName")。
- ● 建立数据库连接：Connection conn=DriverManager.getConnection()。
- ● 执行SQL语句：Statement stm=conn.createStatement();或PreparedStatement pstmt=conn. prepareStatement(SQL);。
- ● 处理结果: getXxx(int index)或getXxx(String name)方法用于获得指定列的值。
- ● 关闭数据库连接：使用close()方法关闭数据库连接。

15.7 习题十五

扫描二维码，查看习题。

扫二维码
查看习题

15.8 实验十五　JDBC数据库编程

扫描二维码，查看实验内容。

扫二维码
查看实验内容

第 16 章

图形用户界面设计

学习目标

本章主要讲解 Java 中的 GUI 控件和工具，包括 Java 图形界面、窗口界面和事件处理机制；讲解 Java 中进行图形界面和窗口界面设计的过程及方法。通过本章的学习，读者应该掌握以下主要内容：

- GUI 相关概念。
- 布局管理器的概念和使用方法。
- 事件处理的方法和过程。
- 常用 Swing 组件的使用。

内容浏览

16.1 图形用户界面

　　计算机程序按照运行界面的效果分为字符界面程序和图形界面程序，随着Windows操作系统的流行，开发图形用户界面程序已经成为趋势，它使用户与计算机的交互变得直观而形象。所以，对于一个优秀的应用程序来说，良好的图形用户界面是非常重要的。

　　GUI的全称是Graphical User Interface，即图形用户界面，就是应用程序提供给用户操作的图形界面，包括窗体、菜单、文本框、按钮、工具栏等多种图形用户界面元素。Java语言针对GUI提供了丰富的类库，分别有java.awt包和javax.swing包，简称AWT和Swing。本章主要介绍这两个包中常用的图形用户界面组件。

16.1.1 图形用户界面概述

扫一扫，看视频

1. AWT概述

　　java.awt包又称为抽象窗口工具集（Abstract Window Toolkit，AWT），是使用Java进行GUI设计的基础。在早期的Java版本中，java.awt包提供了大量进行GUI设计所需的类和接口，这些类和接口主要用来创建图形用户界面，此外还可以进行事件处理、数据传输和图像操作等。但由于AWT组件程序在不同操作系统平台上显现的功能会有所不同，并且AWT还是一个依赖本地平台的重量级组件，设计的界面美观功能有限。为此，Sun公司对AWT进行了改进，提出了Swing组件。下面先了解AWT各组件之间的关系，如图16-1所示。

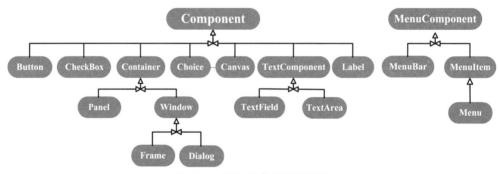

图 16-1　AWT 组件继承关系图

2. Swing概述

　　为了解决AWT带来的问题，在JDK1.1中出现了第二代GUI设计工具Swing组件，Swing是开发新组件的项目代码名。Swing用一种全新的方式绘制组件，除了几个容器JDialog、JFrame、JWindow，其他组件都是轻量级组件。而AWT的组件一律都是重量级组件，轻量级组件不依赖于本地的窗口工具包，因此AWT和Swing组件一般不混用。Swing组件尽管在速度上有些慢，但是能够做到完全的平台独立，真正地实现了"一次编译，到处执行"。使用Swing组件设计出的图形用户界面程序在观感上也给人一种全新的感觉。

　　Swing组件的体系结构完全基于MVC组件体系结构。所谓MVC，是指"模型-视图-控制器"。模型（M）用于维护数据，提供数据访问方法；视图（V）用于展示数据，提供数据的表现形式；控制器（C）用于控制执行流程，提供对用户动作的响应。在使用Swing组件形成的图形用户界面中，控制器从键盘和鼠标接收用户动作，视图刷新显示器内容，模型封装界面数据。

Swing组件存放在javax.swing包中。javax.swing包是在java.awt包的基础上创建的，几乎所有的AWT组件对应有新的功能更强的Swing组件，只是在名称前面多了一个字母J。例如，在AWT组件中，按钮、标签、菜单组件分别为Button、Label、Menu，而在Swing组件中，对应组件分别为JButton、JLabel、JMenu。本章主要介绍使用Swing组件创建图形用户界面的过程和方法。下面通过图16-2描述AWT和Swing的关系。

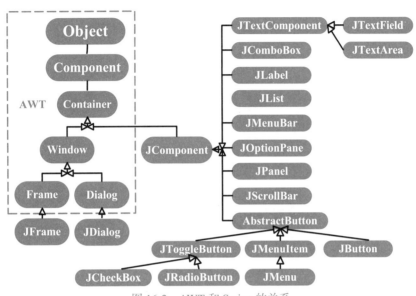

图 16-2　AWT 和 Swing 的关系

16.1.2　常用容器

Java图形用户界面的最基本组成部分是类似按钮、文本框这样的组件，它们可以提供给用户一个良好的操作界面。这些组件又会有组织地存在于一个或若干个容器中，其位置、大小等由容器的布局决定。最后，可以通过设置观感使图形用户界面给人以不同的视觉感受。

扫一扫，看视频

组件（Component）是可以用图形化的方式显示在屏幕上并能够与用户进行交互的对象，它是图形用户界面的基本组成部分。例如，一个按钮、一个标签。但是组件不能独立地显示，必须将组件放在一定的容器中才能显示出来。

容器（Container）是一种特殊的组件，一种能够容纳其他组件或容器的组件。Container是抽象类，是所有容器的父类，其中包含了有关容器的功能方法，它实际上是Component的子类。

1. 顶层容器

每一个Java的GUI程序都必须至少包含一个顶层容器组件。在Swing中，能够作为顶层容器的有JFrame、JApplet、JDialog和JWindow。JFrame经常用于作为JavaGUI应用程序的主窗口，带有标题、最小化、最大化及关闭按钮。对话框JDialog可以实现显示一个二级窗口（依赖于另一个窗口的窗口）。JWindow只是一个简单的容器，由于JFrame扩充了JWindow并建立于它之上，所以只用JFrame而不用JWindow。

2. 中间容器

还有一种普通容器组件，如JPanel、JScrollPane、JTabbedPane，它们是中间容器，可以作为容纳其他组件的容器，但是不能独立存在，需要添加到其他容器中，如JFrame。另外，还有一些起特殊作用的中间容器，如JLayeredPane、JRootPane、JToolBar等。

3. 一个Java GUI程序的基本编写流程

（1）引入需要的包和类。
（2）设置一个顶层容器。
（3）根据需要，为容器设置布局管理器或使用默认的布局管理器。
（4）将组件添加到容器内，位置自行设计。
（5）为响应事件的组件编写事件处理代码。

16.2 常用布局管理器

布局管理器负责控制组件在容器中的布局。Java语言提供了多种布局管理器，主要有FlowLayout、BorderLayout、GridLayout、GridBagLayout、CardLayout等。

每种容器都有默认的布局管理器。容器JPanel默认的布局管理器是FlowLayout。而容器JFrame和JDialog在定义时实现了RootPaneContainer接口，从而这些容器拥有4个部分：GlassPane、JLayeredPane、ContentPane和JMenuBar。向这些容器中添加组件时必须添加到容器的ContentPane部分中。ContentPane又称为内容窗格，内容窗格默认的布局管理器是BorderLayout。

为各种容器设置布局管理器都使用Component类的方法setLayout(布局管理器对象)实现。向设置了布局管理器的容器中添加组件都使用add()方法，其中所用到的参数随着布局管理器的不同而不同。

下面详细介绍各种布局管理器。

16.2.1 FlowLayout

扫一扫，看视频

FlowLayout又称为流式布局管理器，是一种最简单的布局。在这种布局管理器中，组件一个接一个从左到右、从上到下一排一排地依次放在容器中。FlowLayout默认为居中对齐。当容器的尺寸变化时，组件的大小不会改变，但是布局会发生变化。容器JPanel的默认布局管理器是FlowLayout。

可以在其构造方法中设置对齐方式、横纵间距。FlowLayout的构造方法有以下三种。

● FlowLayout()：无参数，默认居中对齐，组件之间的间距为5个像素单位。
● FlowLayout(int align)：可以设置组件的对齐方式，默认组件之间的间距为5个像素单位。
● FlowLayout(int align,int hgap,int vgap)：可以设置组件的对齐方式、水平间距和垂直间距。

参数说明如下。

align：对齐方式，有三个静态常量取值FlowLayout.LEFT、FlowLayout.CENTER和FlowLayout.RIGHT，分别表示左、中、右。hgap：水平间距，以像素为单位。vgap：垂直间距，以像素为单位。

要给一个容器设置FlowLayout布局管理器，可以使用setLayout(FlowLayout对象)方法实现。向使用FlowLayout布局管理器的容器中添加组件，可以直接使用add()方法。其一般语法格式如下：

```
add(组件名);
```

【例16-1】演示FlowLayout布局管理器的外观

```
import java.awt.Container;
import java.awt.FlowLayout;
import javax.swing.JButton;
import javax.swing.JFrame;
public class GUIFlowLayout {
    public static void main(String args[]) {
        JFrame frame=new JFrame("FlowLayout布局");     //创建一个顶层容器框架
        Container c=frame.getContentPane();            //得到框架的内容窗格
        FlowLayout f=new FlowLayout(FlowLayout.LEFT,10,10);//生成FlowLayout对象
        c.setLayout(f);                                //为容器设置布局管理器
        for (int i=1;i<=5;i++){
            c.add(new JButton("按钮"+i));              //添加按钮组件
        }
        frame.setSize(200,200);
        frame.setLocation(300,200);
        frame.setVisible(true);
    }
}
```

运行程序后，弹出一个带标题的窗口，运行结果如图16-3所示。所有控件像流水一样依次排列，不需要用户明确地设定，如图16-3（a）所示为默认运行的效果，当窗体拉伸变宽，按钮的大小和按钮之间的距离保持不变，但按钮相对于容器边界的距离会发生变化，如图16-3（b）所示。

（a）默认效果　　（b）按钮相对于容器边界的距离发生变化

图 16-3　FlowLayout 布局管理器

16.2.2　BorderLayout

BorderLayout又称为边界布局管理器，是比较通用的一种布局管理器。这种布局管理器将容器版面分为5个区域：北区、南区、东区、西区和中区，遵循"上北下南，左西右东"的规律。5个区域可以分别用5个常量NORTH、SOUTH、EAST、WEST和CENTER表示。当容器的尺寸变化时，组件的相对位置不会改变，NORTH和SOUTH组件高度不变，宽度改变，EAST和WEST组件宽度不变，高度改变，CENTER组件尺寸变化。BorderLayout布局管理器是JFrame和JDialog的内容窗格的默认布局管理器。

扫一扫，看视频

BorderLayout的构造方法有以下两种。

- BorderLayout()：无参数，默认组件间无间距。
- BorderLayout(int hgap,int vgap)：可以设置组件的水平间距和垂直间距。

参数说明：hgap为水平间距；vgap为垂直间距。

使用setLayout(BorderLayout对象)方法为容器设置BorderLayout布局管理器。向使用BorderLayout布局管理器的容器中添加组件时使用add()方法，注意必须指明添加组件的区域。add()方法的一般语法格式如下：

```
add(组件名,区域常量);
```

或

```
add(区域常量,组件名);
```

【例16-2】演示BorderLayout布局管理器的外观

```java
import java.awt.BorderLayout;
import java.awt.Container;
import javax.swing.JButton;
import javax.swing.JFrame;
public class GUIBorderLayout {
    public static void main(String args[]) {
        JFrame frame=new JFrame("BorderLayout布局"); //创建一个顶层容器框架
        Container c=frame.getContentPane();          //得到框架的内容窗格
        BorderLayout b=new BorderLayout(10,10);       //生成BorderLayout对象
        c.setLayout(b);                               //为容器设置边界布局管理器
        c.add(BorderLayout.NORTH,new JButton("North"));
        c.add(BorderLayout.SOUTH,new JButton("South"));
        c.add(BorderLayout.EAST,new JButton("East"));
        c.add(BorderLayout.WEST,new JButton("West"));
        c.add(BorderLayout.CENTER,new JButton("Center"));
        frame.setSize(300,300);
        frame.setLocation(300,200);
        frame.setVisible(true);
    }
}
```

程序运行结果如图16-4所示。

图 16-4　BorderLayout 布局管理器

BorderLayout布局管理器的好处是可以设定各区域的边界，当用户改变容器窗口大小时，各个组件的相对位置不变。但需要注意的是，向BorderLayout布局管理器添加组件时，如果不指定添加到哪个区域，则默认添加到CENTER区域。

扫一扫，看视频

GridLayout又称为网格布局管理器，这种布局管理器将容器划分成规则的网格，可以设置行列，每个网格大小相同。添加组件是按照先行后列的顺序依次添加到网格中。当容器尺寸变化时，组件的相对位置不变，大小变化。

GridLayout的构造方法有以下三种。

● GridLayout()：无参数，单行单列。

● GridLayout(int rows,int cols)：设置行数和列数。

● GridLayout(int rows,int cols,int hgap,int vgap)：设置行数和列数，组件的水平间距和垂直间距。

参数说明：rows（行数）、cols（列数）、hgap（水平间距）、vgap（垂直间距）。

GridLayout不是任何一个容器的默认布局管理器，所以必须使用setLayout(GridLayout对象)方法设置。

向使用GridLayout布局管理器的容器中添加组件时使用add()方法，每个网格都必须添加组件，所以添加时按顺序（先行后列）进行。add()方法的一般语法格式如下：

```
add(组件名);
```

【例16-3】演示GridLayout布局管理器的外观

```java
import java.awt.Container;
import java.awt.GridLayout;
import javax.swing.JButton;
import javax.swing.JFrame;
public class GUIGridLayout {
    public static void main(String args[]) {
        JFrame frame=new JFrame("GirdLayout布局");      //创建一个顶层容器框架
        Container c=frame.getContentPane();
        GridLayout g=new GridLayout(3,2,5,5);           //创建网格布局管理器
        c.setLayout(g);
        c.add(new JButton("1"));
        c.add(new JButton("2"));
        c.add(new JButton("3"));
        c.add(new JButton("4"));
        c.add(new JButton("5"));
        c.add(new JButton("6"));
        frame.setSize(300,300);
        frame.setLocation(300,200);
        frame.setVisible(true);
    }
}
```

运行程序后，会显示如图16-5所示的效果，从图中可以看出，添加的6个按钮按照从左到右、从上到下填满整个容器。GridLayout布局管理器的特点是组件的相对位置不随区域的缩放而改变，但组件的大小会随之改变，组件始终占据网格的整个区域。存在的问题是会忽略组件的最佳大小，所有组件的宽高都相同。

图 16-5　GridLayout 布局管理器

16

图形用户界面设计

扫一扫，看视频

🎬 16.2.4 GridBagLayout

GridBagLayout（网袋布局管理器）是最复杂、最灵活的，也是最有用的一种布局管理器。它也是将容器划分成网格，组件按照行列放置，但每个组件所占的空间可以不同，通过施加空间限制使组件能够跨越多个网格放置。

GridBagLayout布局管理器中组件的位置比较复杂，所以又引入了一个对组件施加空间限制的辅助类GridBagConstraints。在GridBagLayout容器中添加组件前，先设置对该组件的空间限制，GridBagConstraints类可以一次创建，多次使用。为容器设置GridBagLayout布局的基本步骤如下。

（1）GridBagLayout gbl=new GridBagLayout();　　　　　　　//创建GridBagLayout类的对象

（2）GridBagConstraints gbc=new GridBagConstraints();//创建空间限制GridBagConstraints类的对象

（3）…　　　　　　　　　　　　　　　　　　　　　//生成组件，并设置gbc的值

（4）gbl.setConstraints(组件,gbc);　　　　　　　　　//对组件施加空间限制

（5）add(组件);　　　　　　　　　　　　　　　　　//将组件添加到容器中

GridBagConstraints类中提供了以下一些常量和变量。

- anchor：设置当组件小于其显示区域时，放置该组件的位置。取值为CENTER、EAST等，默认值为CENTER。
- fill：设置当组件小于其显示区域时，是否改变组件尺寸及改变组件尺寸的方法。取值为NONE、HORIZONTAL（水平方向填满显示区域）、VERTICAL（垂直方向填满显示区域）或BOTH（水平、垂直方向都填满显示区域），默认值为NONE。
- gridwidth和gridheight：设置组件所占的行数和列数。取值为REMAINDER（设置组件为该行或该列最后一个组件）、RELATIVE（设置组件紧挨该行或该列最后一个组件）或int型数值，默认值都为1。
- gridx和gridy：设置组件显示区域左端或上端的单元。取值为0是最左端或最上端的单元；取值为RELATIVE是把组件放在前面最后一个组件的右端或下端，默认值为RELATIVE。
- insets：设置组件与其显示区域的间距。使用默认值上、下、左、右都为0时，组件填满整个显示区域。具体设置可以生成Insets类的对象并进行赋值：new Insets(0,0,0,0)。
- ipadx和ipady：设置组件的大小与最小尺寸之间的关系，组件的宽度为ipadx*2，组件的高度为ipady*2，单位是像素，默认值为0。
- weightx和weighty：设置当容器尺寸变大时，如何为组件分配额外空间。取值为double型，从0.0到1.0，指从大小不变到填满所有额外空间的份额，默认值为0.0。

【例16-4】演示GridBagLayout布局管理器的外观

```
import java.awt.Container;
import java.awt.GridBagConstraints;
import java.awt.GridBagLayout;
import javax.swing.JButton;
import javax.swing.JFrame;
public class GUIGridBagLayout {
    public static void main(String args[]) {
        JFrame frame=new JFrame("GridBagLayout布局");        //创建一个顶层容器框架
        Container c=frame.getContentPane();
        //创建网袋布局类对象、空间限制类对象
        GridBagLayout gbl = new GridBagLayout();
```

```
GridBagConstraints gbc = new GridBagConstraints();
// 为框架的内容窗格设置GridBagLayout布局
c.setLayout(gbl);
JButton b1 = new JButton("button1");       // 创建按钮b1，为其添加空间限制
gbc.fill = GridBagConstraints.BOTH;
gbc.weightx = 1.0;
gbc.weighty = 1.0;
gbl.setConstraints(b1, gbc);
c.add(b1);
JButton b2 = new JButton("button2");       // 创建按钮b2，为其添加空间限制
gbc.gridwidth = GridBagConstraints.REMAINDER;
gbl.setConstraints(b2, gbc);
c.add(b2);
JButton b3 = new JButton("button3");       // 创建按钮b3，为其添加空间限制
gbc.weightx = 0.0;
gbl.setConstraints(b3, gbc);
c.add(b3);
JButton b4 = new JButton("button4");       // 创建按钮b4，为其添加空间限制
gbc.gridwidth = 1;
gbc.gridheight = 2;
gbl.setConstraints(b4, gbc);
c.add(b4);
JButton b5 = new JButton("button5");       // 创建按钮b5，为其添加空间限制
gbc.gridwidth = GridBagConstraints.REMAINDER;
gbc.gridheight = 1;
gbl.setConstraints(b5, gbc);
c.add(b5);
JButton b6 = new JButton("button6");       // 创建按钮b6，为其添加空间限制
gbc.gridwidth = GridBagConstraints.REMAINDER;
gbc.gridheight = 1;
gbl.setConstraints(b6, gbc);
c.add(b6);
frame.setSize(300,300);
frame.setLocation(300,200);
frame.setVisible(true);
    }
}
```

运行程序的结果如图16-6所示，向容器中添加了6个按钮，每次添加按钮都需要调用setConstraints()方法，将GridBagConstraints对象与按钮相关联，这段代码也可以进行简化，抽取出一个addComponent()方法。当窗体大小发生变化时，组件会按照weightx和weighty设置的权重值进行变化。

图 16-6   GridBagLayout 布局管理器

16.2.5 CardLayout

CardLayout又称为卡片布局管理器。它的特点是像一摞纸牌一样，多个组件重

图
形
用
户
界
面
设
计

叠放在容器中，只有最上面的组件可见。它能够实现多个组件在同一容器区域内交替显示。需要注意的是，一张卡片空间中只能显示一个组件，若要显示多个组件，可以采用容器嵌套的方式。

CardLayout的构造方法有以下两种。

● CardLayout()：无参数，默认无间距。

● CardLayout(int hgap,int vgap)：可以设置水平间距和垂直间距。

参数说明：hgap（水平间距）、vgap（垂直间距）。

使用setLayout(CardLayout对象)方法为容器设置CardLayout布局。

向使用CardLayout布局的容器中添加组件时，为了调用不同的卡片组件，可以为每张卡片组件命名，使用add()方法实现其一般语法格式如下：

```
add(名称字符串,组件名);
```

或

```
add(组件名,名称字符串);
```

可以使用next()方法顺序地显示每张卡片，也可以使用first()方法选取第一张卡片，使用last()方法选取最后一张卡片。

【例16-5】演示CardLayout布局管理器的外观

```java
import java.awt.CardLayout;
import java.awt.Container;
import javax.swing.JButton;
import javax.swing.JFrame;
public class GUICardLayout {
    public static void main(String args[]) {
        JFrame frame=new JFrame("CardLayout布局"); //创建一个顶层容器框架
        Container c=frame.getContentPane();           //创建卡片布局管理器
        c.setLayout(new CardLayout(30,30)); //设置其水平间距为30，垂直间距为30
        //添加4个按钮组件，形成4张卡片
        c.add("card1",new JButton("卡片1"));
        c.add("card2",new JButton("卡片2"));
        c.add("card3",new JButton("卡片3"));
        c.add("card4",new JButton("卡片4"));
        frame.setSize(300,300);
        frame.setLocation(300,200);
        frame.setVisible(true);
    }
}
```

运行程序后，显示的效果如图16-7所示。默认每次只能显示一个组件在容器最上面，可以使两个或更多个界面共享一个显示空间，某一时刻只能有一个可见。

图 16-7　CardLayout 布局管理器

16.2.6 不使用布局管理器

当一个容器被创建后，都会有一个默认的布局管理器。例如，Window、Frame和Dialog的默认布局管理器都是BorderLayout，Panel默认的布局管理器是FlowLayout。如果不想通过布局管理器进行布局，也可以使用setLayout(null)方法将布局管理器取消。取消后可以使用每个组件的setSize()方法和setLocation()方法或setBounds()方法为组件在容器中定位。

扫一扫，看视频

- void setSize(int width, int height)：调整此组件的大小，使其宽度为width，高度为height。
- void setLocation(int x, int y)：将此组件移到新位置。
- void setBounds(int x, int y, int width, int height)：移动并调整此组件的大小。

【例16-6】演示不使用布局管理器对组件进行布局的方法

```java
import java.awt.Container;
import javax.swing.JButton;
import javax.swing.JFrame;
public class GUINullLayout{
    public static void main(String args[]) {
        JFrame frame=new JFrame("Null布局");        //创建一个顶层容器框架
        Container c=frame.getContentPane();
        c.setLayout(null);                          //取消布局管理器
        //添加两个按钮组件
        JButton b1=new JButton("按钮1");
        b1.setSize(100,30);
        b1.setLocation(40,60);
        JButton b2=new JButton("按钮2");
        b2.setBounds(150, 90, 100, 30);
        c.add(b1);
        c.add(b2);
        frame.setSize(300,300);
        frame.setLocation(300,200);
        frame.setVisible(true);
    }
}
```

运行程序后，显示的效果如图16-8所示。需要注意的是，这种方法会导致程序与系统相关。例如，不同的分辨率会产生不同的效果。

图 16-8　不使用布局管理器

16.3 事件处理

对于一个GUI程序来说，仅有友好美观的界面而不能实现与用户的交互是不能满足用户需求的。让GUI程序响应用户的操作，从而实现真正的交互是十分重要的。发生在用户界面上的

图形用户界面设计

16

用户交互行为产生的一种效果就称为事件。

🎯 16.3.1 事件处理机制

从JDK1.1开始,Java采用了一种称为"事件授权模型"的事件处理机制。这是一种委托事件处理模式。当用户与GUI程序交互时,会触发相应的事件,产生事件的组件称为事件源。触发事件后系统会自动创建事件类的对象,组件本身不会处理事件,而是将事件对象提交给Java运行时系统,系统将事件对象委托给专门的处理事件的实体,该实体对象会调用自身的事件处理方法对事件进行相应处理,处理事件的实体称为监听器。事件源与监听器建立联系的方式是将监听器注册给事件源。授权处理模型如图16-9所示。

图 16-9 授权处理模型

综上所述,Java事件处理机制专门用于响应用户的操作,其中涉及几个比较重要的概念,具体介绍如下。

- 事件对象(Event):封装在GUI组件上发生的特定事件。
- 事件源(组件):事件发生的位置对象,通常就是产生事件的组件。
- 监听器(Listener):负责监听事件源上发生的事件,并对各种事件做出相应处理的对象(对象中包含事件处理器)。
- 事件处理器:监听器对象对接收的事件对象进行相应的处理方法。

🎯 16.3.2 Java 事件类层次结构

在Java语言中,所有的事件都放在java.awt.event包中,与AWT有关的所有事件类都由AWTEvent类派生。AWT事件分为两大类:低级事件和高级事件。

(1)低级事件

- ComponentEvent(组件事件:组件移动、尺寸的变化)。
- ContainerEvent(容器事件:组件增加、移动)。
- WindowEvent(窗体事件:关闭窗体、窗体闭合、最大化、最小化)。
- FocusEvent(焦点事件:获得焦点、丢失焦点)。
- KeyEvent(键盘事件:按下键、释放键)。
- MouseEvent(鼠标事件:鼠标单击、移动)。

高级事件又称为语义事件,是指没有与具体组件相连,而是具有一定语义的事件。例如,ActionEvent可以在按钮按下时触发,也可以在单行文本域中按Enter键时触发。

(2)高级事件

- ActionEvent(动作事件:按钮按下、在单行文本域中按Enter键)。
- AdjustmentEvent(调节事件:在滚动条上移动滑块调节数值)。

- ItemEvent（项目事件：选择项目）。
- TextEvent（文本事件：改变文本对象）。

不同的事件由不同的事件监听器监听，每个事件都对应有其事件监听器接口。有些事件还有其对应的适配器，具体如表16-1所示。

表 16-1　事件与相应的监听器、适配器

事件类型	监听器接口	方　法	适配器类
ActionEvent	ActionListener	actionPerformed(ActionEvent)	
AdjustmentEvent	AdjustmentListener	adjustmentValue(AdjustmentEvent)	
ComponentEvent	ComponentListener	componentHidden(ComponentEvent) componentMoved(ComponentEvent) componentResized(ComponentEvent) componentShown(ComponentEvent)	ComponentAdapter
ContainerEvent	ContainerListener	componentAdded(ContainerEven) componentRemoved(ContainerEven)	ContainerAdapter
FocusEvent	FocusListener	focusGained(FocusEvent) focusLost(FocusEvent)	FocusAdapter
ItemEvent	ItemListener	itemStateChanged(ItemEvent)	
KeyEvent	KeyListener	keyPressed(KeyEvent) keyReleased(KeyEvent) keyTyped(KeyEvent)	KeyAdapter
MouseEvent	MouseMotionListener	mouseDragged(MouseEvent) mouseMoved(MouseEvent)	MouseMotionAdapter
	MouseListener	mouseClicked(MouseEvent) mouseEntered(MouseEvent) mousePressed(MouseEvent) mouseReleased(MouseEvent)	MouseAdapter
TextEvent	TextListener	textValueChanged(TextEvent)	
WindowEvent	WindowListener	windowActivated(WindowEvent) windowClosed(WindowEvent) windowClosingz(WindowEvent) windowDeactivated(WindowEvent) windowDeiconified(WindowEvent) windowIconified(WindowEvent) windowOpened(WindowEvent)	WindowAdapter

16.3.3　实现方法

JDK中实现事件处理的方法有两种：继承适配器类法和实现监听器接口法。不管使用哪一种方法，事件处理编程的步骤相似，具体描述如下：

扫一扫，看视频

- 编写事件处理类（事件监听者）。
- 根据需求给事件处理类实现监听接口。
- 在事件处理类中重写（实现）其事件处理方法。
- 在事件源类中指定该事件的监听器（响应者），即注册监听。

注意事项如下：

- Java中的事件是分类的（例如，鼠标事件、窗体事件、键盘事件等）。
- Java中一个类要监听某个事件，则必须实现相应的事件监听器接口（有没有想到Java是"单继承多实现"的特性）。
- 在实现监听接口类中，要重写处理方法。
- 事件源中需要注册事件监听类，否则事件监听类接收不到事件源发生的事件。

1. 实现事件监听器接口

系统提供的监听器只是接口，确定了事件监听器的类型后，必须在程序中定义类实现这些接口，重写接口中的所有方法。这个类可以是组件所在的本类，也可以是单独的类；可以是外部类，也可以是内部类。重写的方法中可以加入具体的处理事件的代码。例如，定义一个键盘事件的监听器类：

```java
public class CharType implements KeyListener{
    public void keyPressed(KeyEvent e){…}        //大括号中为处理事件的代码
    public void keyReleased(KeyEvent e){}        //未用到此方法，所以方法体为空
    public void keyTyped(KeyEvent e){}
}
```

定义了事件监听器后，要使用事件源类的事件注册方法为事件源注册一个事件监听器类的对象：

```java
addXXXListener(事件监听器对象);
```

注册上面的监听器：

```java
addKeyListener(new CharType());
```

这样，事件源产生的事件会传送给注册的事件监听器对象，从而捕获事件进行相应的处理。

2. 继承事件适配器

可以看出，虽然有些方法不会用到，但使用实现事件监听器接口的方法处理事件时，必须重写监听器接口中的所有方法。这样会为编程带来一些麻烦。为了简化编程，针对大多数有多个方法的监听器接口，为其定义了相应的实现类——事件适配器（见表16-1）。适配器已经实现了监听器接口中的所有方法，但不做任何事情。程序员在定义监听器类时就可以直接继承事件适配器类，并只需重写需要的方法即可。

例如，上面的键盘事件类可以定义为：

```java
public class CharType extends KeyAdapter{
    public void keyPressed(KeyEvent e){…}    //大括号中为处理事件的代码
}
```

为事件源注册事件监听器的方法同上。

16.3.4　常用事件处理

扫一扫，看视频

AWT中提供了丰富的事件，这些事件包括动作事件（ActionEvent）、窗体事件（WindowEvent），鼠标事件（MouseEvent）和键盘事件（KeyEvent）等。下面将详细介绍各类事件的实现和处理过程。

1. 动作

动作事件并不代表某个具体的动作，只表示一个动作发生了。例如，关闭文件时，可以通过键盘关闭，也可以通过鼠标关闭，动作事件是指不关心用哪种方式，只关心已触发了动作事件。

在Java中，动作事件用ActionEvent类表示，处理动作事件的监听器对象需要实现ActionListener监听器接口。该监听器接口的实现类必须重写 actionPerformed()方法，当事件发生时就会调用该方法。

2. 窗体

WindowEvent是窗体事件，对应监听器是WindowListener接口。以下是该接口中的方法：

```
public void windowActivated(WindowEvent we);        //窗体激活时
public void windowDeactivated(WindowEvent we);      //窗体被禁止时
public void windowClosed(WindowEvent we);           //窗体关闭时
public void windowClosing(WindowEvent we);          //窗体正在关闭时
public void windowIconified(WindowEvent we);        //窗体最小化时
public void windowDeiconified(WindowEvent we);      //窗体恢复时
public void windowOpened(WindowEvent we);           //窗体打开时
```

3. 鼠标

MouseEvent是鼠标事件，对应监听器是MouseListener接口。以下是该接口中的方法：

```
public void mouseClicked(MouseEvent me);            //鼠标单击时
public void mouseEntered(MouseEvent me);            //鼠标进入时
public void mouseExited(MouseEvent me);             //鼠标离开时
public void mousePressed(MouseEvent me);            //鼠标按下时
public void mouseReleased(MouseEvent me);           //鼠标释放时
```

MouseEvent 也可以对应鼠标运动事件，对应监听器是 MouseMotionListener 接口。以下是该接口中的方法：

```
public void mouseMoved(MouseEvent me);              //鼠标移动时
public void mouseDragged(MouseEvent me);            //鼠标拖动时
```

4. 键盘

KeyEvent 是键盘事件，对应监听器是 KeyListener 接口。以下是该接口中的方法：

```
public void keyPressed(KeyEvent ke);                //按下键时调用
public void keyReleased(KeyEvent ke);               //释放键时调用
public void keyTyped(KeyEvent ke);                  //输入字符时调用
```

16.4 常用Swing组件

在前面的实例中，已经展示了一些Swing组件的使用和显示效果，不依赖于本地平台的Swing组件称为轻量级组件。本节将介绍Swing常用组件。

16.4.1 常用容器

扫一扫，看视频

1. JFrame框架

JFrame框架是带标题、边界、窗口状态调节按钮的顶层窗口，它是构建Swing GUI应用程序的主窗口，也可以是附属于其他窗口的弹出窗口（子窗口）。每一个Swing GUI应用程序都应至少包含一个框架。

JFrame类继承于Frame类，JFrame类的构造方法具体如下。

- JFrame()：创建一个无标题的框架。
- JFrame(String title)：创建一个有标题的框架。

这样创建的框架窗口都是不可见的，要让其显示出来，必须调用JFrame类的方法设置框架的尺寸并主动显示窗口：

```
setSize(长,宽);              //设置窗口尺寸，长和宽的单位是像素
```

或者使用方法：

```
pack();                     //使框架的初始大小正好显示出所有组件
setVisible(true);           //设置窗口显示
```

或者使用方法：

```
show();
```

选择框架右上角的关闭按钮时，框架窗口会自动关闭。但应用程序有时只有一个框架，有时有多个框架，为了使选择关闭按钮会产生退出应用程序的效果，应该添加WindowListener监听器或调用框架窗口的一个方法：

```
setDefaultCloseOperation(JFrame.EXIT_ON_CLOSE);
```

向框架窗口中添加组件时，不能直接将组件添加到框架中。JFrame框架的结构比较复杂，其中共包含了4个窗格，最常用的是内容窗格（ContentPane），如果需要将一些图形用户界面元素加入JFrame框架中，则必须先得到其内容窗格，然后添加组件到内容窗格里。要得到内容窗格可以使用方法：

```
Container c=getContentPane();
```

用其他容器替换内容窗格可以使用方法：

```
setContentPane(容器对象);
```

2. JPanel面板

JPanel面板是一种中间容器，可以容纳组件，但它本身必须添加到其他容器中使用。另外，JPanel面板也提供一个绘画的区域，可以替代AWT中的画布Canvas（没有JCanvas）。

JPanel类的构造方法具体如下。

- JPanel()：默认FlowLayout布局。
- JPanel(LayoutManager layout)：创建指定布局管理器的JPanel对象。

JPanel类的常用成员方法具体如下。

- paintComponents(Graphics g)：用来在面板中绘制组件。
- add(Component comp)：把指定的组件加到面板中。

16.4.2 按钮组件

按钮（JButton）是图形用户界面中的一个用途非常广泛的组件，用户可以单击它，然后通过事件处理从而响应某种请求。JButton的构造方法具体如下。

扫一扫，看视频

● JButton()：创建没有标签和图标的按钮。
● JButton(Icon icon)：创建带有图标的按钮。
● JButton(String text)：创建带有标签的按钮。
● JButton(String text,Icon icon)：创建既有图标又有标签的按钮。

使用JButton组件时，会用到一些常用方法。例如，setActionCommand()方法用于设置动作命令；setMnemonic()方法用于设置快捷键；getLabel()方法用于获取按钮标签；setLabel(String label)方法用于设置按钮标签；setEnabled(boolean b)方法用于设置按钮是否被激活。

JButton组件触发的事件是ActionEvent，需要实现监听器接口ActionListener中的actionPerformed()方法。注册事件监听器使用addActionListener()方法。确定事件源可以使用getActionCommand()或getSource()方法。

16.4.3 文本组件

文本框有多种，Java的图形用户界面中提供了单行文本框、口令框和多行文本框。

1. 单行文本框（JTextField）

JTextField只能对单行文本进行编辑，一般情况下接收一些简短的信息，如姓名、年龄等信息。

JTextField的构造方法具体如下。

● JTextField()：创建一个单行文本框。
● JTextField(int columns)：创建一个指定长度的单行文本框。
● JTextField(String text)：创建带有初始文本的单行文本框。
● JTextField(String text,int columns)：创建带有初始文本且指定长度的单行文本框。

使用JTextField时有以下一些常用成员方法。

● String getText()：获取文本框中的文本。
● void setText(String text)：设置文本框中显示的文本。
● int getColumns()：获取文本框的列数。
● void setColumns (int columns)：设置文本框的列数。

在单行文本框中按Enter键时，会触发ActionEvent事件，注册ActionListener监听器，重写actionPerformed()方法。

2. 口令框（JPasswordField）

口令框也是单行文本框，但不同的是在口令框中输入的字符都会被其他字符替代，所以在程序中用它输入密码。

JPasswordField继承自JTextField，它的构造方法与JTextField类似，参数相同。JPasswordField有以下一些常用成员方法。

● char[] getPassword()：返回JPasswordField的文本内容。
● char getEchoChar()：获取密码的回显字符。

● void setEchoChar(char c)：设置密码的回显字符。

3. 多行文本框（JTextArea）

JTextArea用来编辑多行文本，有以下构造方法。

● JTextArea()：创建一个多行文本框。

● JTextArea(int rows,int columns)：创建指定行数和列数的多行文本框。

● JTextArea(String text)：创建带有初始文本的多行文本框。

● JTextArea(String text,int rows,int columns)：创建带有初始文本且指定行数和列数的。

JTextArea有以下一些常用成员方法。

● String getText()：获取文本框中的文本。

● void setText(String s)：设置文本框中显示的文本。

● void setEditable(boolean b)：设置是否可以对多行文本框中的内容进行编辑。

JTextArea默认不会自动换行，可以使用回车换行，另外setLineWrap(boolean wrap)方法能够用于设置是否允许自动换行。在多行文本框中按Enter键不会触发事件。

多行文本框不会自动产生滚动条，超过预设行数会通过扩展自身高度适应。如果要产生滚动条从而使其高度不会变化，那么需要配合使用滚动窗格（JScrollPane）。滚动窗格是一个能够产生滚动条的容器，通常包含一个组件，根据这个组件的大小产生滚动条。将多行文本框放入滚动窗格中，当文本超过预设行数时，滚动窗格就会出现滚动条。

◉ 16.4.4　选择组件

扫一扫，看视频

1. 复选框（JCheckBox）

JCheckBox是一组具有开关的按钮，它支持多项选择，即在一组JCheckBox中，同时可以有多个被选中。

JCheckBox有以下构造方法。

● JCheckBox()：创建无文本、无图像、初始未被选中的复选框按钮。

● JCheckBox(Icon icon)：创建有图像、无文本、初始未被选中的复选框按钮。

● JCheckBox(Icon icon,boolean selected)：创建有图像、无文本、初始被选中的复选框按钮。

● JCheckBox(String text)：创建有文本、无图像、初始未被选中的复选框按钮。

● JCheckBox(String text,boolean selected)：创建有文本、无图像、初始被选中的复选框按钮。

● JCheckBox(String text,Icon icon)：创建有文本、有图像、初始未被选中的复选框按钮。

● JCheckBox(String text,Icon icon,boolean selected)：创建有文本、有图像、初始被选中的复选框按钮。

JCheckBox的一个重要方法是判断复选框按钮的状态：

```
boolean isSelected();
```

JCheckBox触发的事件是ItemEvent，需要实现的监听器为ItemListener，重写其中的itemStateChanged()方法处理事件。

2. 单选按钮（JRadioButton）

JRadioButton也是具有开关的按钮，但与JCheckBox不同，它实现"多选一"的功能，即在JRadioButton组中只能有一个按钮被选中，不能多选。

JRadioButton的构造方法与JCheckBox类似。另外，要在一组单选按钮中选中一个，所以要将单选按钮分组。使用ButtonGroup创建组，然后使用add()方法将单选按钮加入组中。具体实现代码如下：

```
ButtonGroup bgr=new ButtonGroup();
JRadioButton ckbmale=new JRadioButton("男",true);
JRadioButton ckbfamale=new JRadioButton("女");
bgr.add(ckbmale);
bgr.add(ckbfamale);                    //说明男和女是一组选项，在两者之间只能选择一个
```

JRadioButton触发ActionEvent事件，注册ActionListener监听器。

3. 列表框（JList）

JList支持从一个列表选项中选择一个或多个选项，默认状态下支持单选。JList多用于有大量选项的操作，当选项较多时，JList会自动出现滚动条。

JList有以下构造方法。

● JList()：创建一个列表框。

● JList(Object[] listData)：创建一个以指定数组中的元素作为条目的列表框。

JList有以下一些常用成员方法。

● int getSelectedIndex()：返回第一个被选择条目的索引。

● void setSelectedIndex(int index)：选择指定索引的条目。

● int[] getSelectedIndices()：按升序返回被选择条目索引的数组。

● void setSelectedIndices(int[] index)：选择指定索引数组的条目。

如果将以上方法名称中的Index替换成Value，将Indices替换成Values，则可以返回所选择的条目内容和选择指定内容的条目。

4. 组合框（JComboBox）

JComboBox是JList的一种变体，可以看作JTextField组件和JList组件的结合。当用户单击列表按钮时，才会出现下拉选项列表，所以节省空间。组合框可以设置成可编辑与不可编辑两种模式，不可编辑模式下仅仅相当于一个List。设置成可编辑模式时，用户可以对当前选中的项目进行编辑。默认情况下为不可编辑。

JComboBox有以下构造方法。

● JComboBox()：以默认的数据类型创建组合框。

● JComboBox(Object[] items)：以指定的数组创建组合框。

JComboBox有以下一些常用成员方法。

● int getItemSelectedIndex()：得到被选择条目的索引号。

● void setEditable(boolean flag)：设置JComboBox是否可以编辑。

● void setEnable(boolean flag)：设置JComboBox的条目是否可选。

● void setSelectedIndex(int anIndex)：选取指定索引号的条目。

● int getSelectedItem()：得到被选择条目。

● void setSelectedItem(Object anObject)：选取指定条目。

JComboBox触发ActionEvent事件，注册ActionListener监听器。

16.4.5 常用组件综合案例应用

【例16-7】使用Java图形组件创建一个学生信息录入界面

扫一扫，看视频

```java
import java.awt.*;
import java.awt.event.*;
import javax.swing.*;
public class StudentFrame extends JFrame implements ActionListener {
    JLabel lblno = new JLabel("学号: ");              // 学号组合框
    String no[] = { "202053101", "202053102" };
    JComboBox jcbno = new JComboBox(no);
    JLabel lblname = new JLabel("姓名: ");            // 文本框
    JTextField txtname = new JTextField(10);
    JLabel lblage = new JLabel("年龄: ");             // 年龄组合框
    String age[] = {"18","19", "20", "21", "22", "23", "24", "25", "26", "27", "28"};
    JComboBox jcbage = new JComboBox(age);
    JLabel lblsex = new JLabel("性别: ");             // 单选按钮
    ButtonGroup bgr = new ButtonGroup();
    JRadioButton ckbmale = new JRadioButton("男", true);
    JRadioButton ckbfamale = new JRadioButton("女");
    JLabel lblhobby = new JLabel("爱好: ");           // 复选框
    JCheckBox rdo1 = new JCheckBox("唱歌");
    JCheckBox rdo2 = new JCheckBox("跳舞");
    JCheckBox rdo3 = new JCheckBox("篮球");
    JCheckBox rdo4 = new JCheckBox("读书");
    // 其他复选框
    JLabel lbladdr = new JLabel("地址: ");            // 多行文本框
    JTextArea txaadd = new JTextArea(2, 10);
    JLabel lbledu = new JLabel("专业: ");             // 专业列表框
    String edu[] = { "电子", "计算机" };
    JList lstedu = new JList(edu);
    JButton btnadd = new JButton("添加");
    JButton btnexit = new JButton("退出");
    JPanel p1 = new JPanel(new FlowLayout(FlowLayout.LEFT));
    JPanel p2 = new JPanel(new FlowLayout(FlowLayout.LEFT));
    JPanel p3 = new JPanel(new FlowLayout(FlowLayout.LEFT));
    JPanel p4 = new JPanel(new FlowLayout(FlowLayout.LEFT));
    JPanel p5 = new JPanel(new FlowLayout(FlowLayout.LEFT));
    // 其他面板
    StudentFrame() {
    super("学生信息录入");
    Container contentpane = getContentPane();
    contentpane.setLayout(new GridLayout(5, 1));
    p1.add(lblno);
    jcbno.setEditable(true);                          // 设置复选框可编辑
    p1.add(jcbno);
    p1.add(lblname);
    p1.add(txtname);
    contentpane.add(p1);
    p2.add(lblage);
    p2.add(jcbage);
    p2.add(lblsex);
    p2.add(ckbmale);
    p2.add(ckbfamale);
    bgr.add(ckbmale);
```

```
        bgr.add(ckbfamale);
        contentpane.add(p2);
        p3.add(lblhobby);
        p3.add(rdo1);
        p3.add(rdo2);
        p3.add(rdo3);
        p3.add(rdo4);
        contentpane.add(p3);
        p4.add(lbladdr);
        p4.add(txaadd);
        p4.add(lbledu);
        p4.add(lstedu);
        contentpane.add(p4);
        btnadd.addActionListener(this);
        btnexit.addActionListener(this);
        p5.add(btnadd);
        p5.add(btnexit);
        contentpane.add(p5);
        setDefaultCloseOperation(JFrame.EXIT_ON_CLOSE);
        setSize(380, 260);
        setVisible(true);
    }
    public void actionPerformed(ActionEvent e) {
        String command = e.getActionCommand();
        if (command.equals("添加")) { // 完成数据库添加数据操作}
            if (command.equals("退出")) {
                System.exit(0);
            }
        }
    }
    public static void main(String args[]) {
        StudentFrame s = new StudentFrame();
    }
}
```

程序运行结果如图16-10所示。

图 16-10　使用常用组件设计"学生信息录入"界面

16.5 AWT绘图

在java.awt包中专门提供了一个Graphics类，该类提供了各种绘制图形的方法，使用该类可以完成在组件上绘制图形。Graphics类的常用方法如表16-2所示。

表 16-2　Graphics 类的常用方法

方 法	功 能 说 明
void setColor(Color c)	将此图形上下文的当前颜色设置为指定的颜色
void setFont(Font font)	将此图形上下文的字体设置为指定的字体
void drawLine(int x1, int y1, int x2, int y2)	在该图形上下文的坐标系中的点 (x1, y1) 和 (x2, y2) 之间绘制一行，使用当前颜色
void drawOval(int x, int y, int width, int height)	绘制椭圆形轮廓
void drawPolygon(int[] xPoints, int[] yPoints, int nPoints)	绘制由 x 和 y 坐标数组定义的封闭多边形
void drawRect(int x, int y, int width, int height)	绘制指定矩形的轮廓
void drawRoundRect(int x, int y, int width, int height, int arcWidth, int arcHeight)	使用此图形上下文的当前颜色绘制一个概略的圆角矩形
void fillArc(int x, int y, int width, int height, int startAngle, int arcAngle)	填写一个圆形或椭圆形的圆弧覆盖指定的矩形
void fillOval(int x, int y, int width, int height)	用当前颜色填充由指定矩形界定的椭圆
void fillRect(int x, int y, int width, int height)	填写指定的矩形
void fillRoundRect(int x, int y, int width, int height, int arcWidth, int arcHeight)	使用当前颜色填充指定的圆角矩形
void drawString(String str, int x, int y)	使用该图形上下文的当前字体和颜色绘制由指定字符串给出的文本

扫一扫，看视频

　　为了更好地理解和使用表16-2中描述的Graphics类的常用方法。下面对一些方法进行详细的说明和介绍。

1. setColor()方法

　　setColor()方法用于指定上下文颜色，方法中设置了一个Color类型的参数。在AWT中，Color类代表颜色，其中定义了许多代表各种颜色的常量，如Color.RED、Color.BLUE、Color.GREEN等，这些常量可以作为参数传递给setColor()方法。

2. setFont()方法

　　setFont()方法用于指定上下文字体，方法中设置了一个Font类型的参数。可以使用下面的构造方法创建Font对象。

- Font(Font font)：从指定的Font对象创建一个新Font对象。
- Font(String name, int style, int size)：从指定的字体名称、样式和大小创建一个新的Font对象。其中，name表示字体名称，如"宋体""微软雅黑"等；style表示字体样式，有三个取值，如Font.PLANT、Font.ITALIC和Font.BOLD；size表示字体的大小。

3. 绘制平面图形

　　drawLine()方法、drawOval()方法、drawPolygon()方法、drawRect()方法和drawRoundRect()方法用于绘制线、椭圆形、多边形、矩形和圆角矩形的边框。

4. 填充平面图形

　　fillArc()方法、fillOval()方法、fillRect()方法和fillRoundRect()方法用于使用当前颜色填充绘制完成的扇形、椭圆形、矩形和圆角矩形。

5. drawString()方法

drawString(String str, int x, int y)方法用于绘制一段文字。其中，str表示绘制的文本；x、y表示绘制文本的左下角坐标。

了解了Graphics类的常用方法后，下面通过一个实例介绍在组件中绘图的方法。组件第一次显示时，AWT线程会自动调用组件的paint(Graphics g)方法，需要一个Graphics对象用于绘制图形。因此在组件中绘制图形时，就需要重写paint()方法。

【例16-8】使用Graphics类绘制验证码

```java
import java.awt.*;
import java.awt.event.*;
import java.util.Random;
import javax.swing.*;
public class SafeTest {
    public static void main(String[] args) {
        JFrame frame=new JFrame("验证码");                    //创建顶层容器
        MyPanel panel=new MyPanel();                         //创建绘制验证码的面板
        frame.add(panel,BorderLayout.CENTER);
        JButton b=new JButton("刷新");
        b.addActionListener(panel);                          //添加动作事件监听器
        frame.add(b,BorderLayout.SOUTH);
        frame.setSize(300, 130);
        frame.setLocationRelativeTo(null);
        frame.setVisible(true);
    }
}
class MyPanel extends JPanel implements ActionListener{
    public void paint(Graphics g) {                          //重写paint()方法
        int width=300;                                       //定义验证码图片的宽度
        int height=40;                                       //定义验证码图片的高度
        g.setColor(Color.LIGHT_GRAY);                        //设置上下文颜色
        g.fillRect(0, 0, width, height);                     //绘制验证码背景图片
        g.setColor(Color.BLACK);                             //设置上下文颜色
        g.drawRect(0, 0, width-1, height-1);                 //绘制验证码边框
        Random r=new Random();                               //生成并绘制验证码背景上的干扰点
        for(int i=0;i<100;i++) {
            int x=r.nextInt(width)-2;
            int y=r.nextInt(height)-2;
            g.drawOval(x, y, 2, 2);
        }
        g.setFont(new Font("黑体",Font.BOLD,30)); //设置上下文字体
        g.setColor(Color.BLUE);
        //设置生成验证码的字符集，去掉相似的字符
        char[] chars=("23456789abcdefghijkmnpqrstuvwxyz
                      ABCDEFGHJKLMNPQRSTUVWXYZ").toCharArray();
        StringBuilder sb=new StringBuilder();
        for(int i=0;i<4;i++) {
            int pos=r.nextInt(chars.length);
            sb.append(chars[pos]+"");
        }
        g.drawString(sb.toString(), 80, 30);                 //绘制验证码字符串
    }
    //重写进行动作事件处理的方法
    public void actionPerformed(ActionEvent e) {
        repaint();                                           //刷新显示验证码面板
    }
}
```

运行程序后，显示结果如图 16-11 所示。

图 16-11　使用 Graphics 类绘制验证码

16.6　高级组件

本节将介绍javax.swing包下的高级组件的使用，包括菜单组件、工具栏组件、树组件、表格组件、对话框组件、进度条组件等，并通过实例进行演示。

16.6.1　菜单组件

菜单是一种比较常用的组件，可以将一个应用程序的功能进行层次化管理。菜单分为两种：下拉式菜单和弹出式菜单。其中，下拉式菜单由几个部分组成：菜单条（JMenuBar），菜单条上的菜单（JMenu），菜单下拉列表中的菜单项（JMenuItem），菜单还可以再包含若干菜单。在创建一个菜单系统时要按照层次逐一进行。

1. 菜单条（JMenuBar）

菜单条的创建很简单，使用构造方法JMenuBar()：

```
JMenuBar myMenuBar=new JMenuBar();
```

将菜单条加入容器中，与其他组件的添加有所不同，不用add()方法，而是使用专门的设置菜单条的方法：

```
setJMenuBar(JMenuBar menubar);
```

例如：

```
JFrame frame=new JFrame();
Frame.setJMenuBar(myMenuBar);
```

菜单条不响应事件。

2. 菜单（JMenu）

创建菜单条上的各项菜单。JMenu的构造方法具体如下。

● JMenu()：创建一个没有文本的菜单。
● JMenu(String s)：创建一个有文本的菜单。

例如：

```
JMenu myMenu=new JMenu("编辑");
```

使用add()方法将菜单加入菜单条中：

```
myMenuBar.add(myMenu);
```

菜单不响应事件。

扫一扫，看视频

3. 菜单项（JMenuItem）

创建菜单中的菜单项。JMenuItem有以下构造方法。

- JMenuItem()：创建一个空的菜单项。
- JMenuItem(String text)：创建一个具有指定文本的菜单项。
- JMenuItem(Icon icon)：创建一个有图标的菜单项。
- JMenuItem(String text,Icon icon)：创建一个具有指定文本和图标的菜单项。
- JMenuItem(String text,int mnemonic)：创建一个具有指定文本且有快捷键的菜单项。

例如：

```
JMenuItem myMenuItem=new JMenuItem("撤销");
```

将菜单项加入菜单中使用add()方法：

```
myMenu.add(myMenuItem);
```

选择菜单项的效果同选择按钮一样，会产生ActionEvent事件。

4. 弹出式菜单（JPopupMenu）

JPopupMenu是在右击时弹出的菜单。JPopupMenu有以下构造方法。

- JPopupMenu()：创建一个无标题的弹出式菜单。
- JPopupMenu(String label)：创建一个指定标题的弹出式菜单。

创建弹出式菜单后，可以使用add()方法在其上添加菜单项JMenuItem的对象。

16.6.2　工具栏组件

工具栏中提供快速执行常用命令的按钮，可以将工具栏随意拖曳到窗体的四周位置，甚至脱离窗体，如果不允许随意拖曳，则可以通过调用setFloatable(boolean b)方法将参数设置为false实现，设置为true则表示允许随意拖曳。

扫一扫，看视频

在利用JToolBar类创建工具栏对象时，可以使用下面两种构造方法实现。

- JToolBar()：通过构造方法创建一个没有标题的工具栏。
- JToolBar(String name)：创建具有指定标题name的工具栏。

创建好的工具栏可以利用add(Component comp)方法将按钮添加到工具栏的末尾，在这期间可以利用addSeparator()方法在按钮之间添加默认大小的分隔符，也可以利用addSeparator(Dimension size)方法添加指定大小的分隔符。

16.6.3　树组件

1. 创建树形结构

树形结构是一种常用的信息表现形式，可以直观地显示一组信息的层次结构。可以使用下面构造方法创建一个JTree对象。

扫一扫，看视频

- JTree()：返回带有实例模型的JTree。
- JTree(HashTable<?,?> value)：返回从 HashTable创建的树JTree，不显示根节点。
- JTree(Object[] value)：返回一个以JTree与指定数组的每个元素作为不被显示的新根节点的子节点。
- JTree(TreeModel newModel)：返回显示根节点的JTree的实例，使用指定的数据模型创建树。

- JTree(TreeNode root)：返回一个JTree，其中指定的TreeNode为根，显示根节点。
- JTree(Vector<?> value)：返回一个以JTree与指定数组的每个元素Vector作为不被显示的新根节点的子节点。

DefaultMutableTreeNode类实现了TreeNode接口，用来创建树的节点。一棵树只能有一个父节点，可以有0个或多个子节点，默认情况下每个节点都允许有子节点，如果需要，则可以设置为不允许有子节点。创建DefaultMutableTreeNode类的对象的常用构造方法如下。

- DefaultMutableTreeNode()：创建一个树节点，没有父节点，没有子节点，但它允许有子节点。
- DefaultMutableTreeNode(Object userObject)：创建一个既没有父节点，也没有子节点，但允许有子节点的树节点，并用指定的用户对象进行初始化。
- DefaultMutableTreeNode(Object userObject, boolean allowsChildren)：创建一个没有父节点的树节点，也没有子节点，用指定的用户对象进行初始化，只有在指定时才允许有子节点。

利用DefaultMutableTreeNode类的add(DefaultMutableTreeNode newChild)方法可以为该节点添加子节点，该节点称为父节点，没有父节点的节点称为根节点。可以通过根节点利用构造方法JTree(TreeNode root)直接创建树，也可以先创建一个树模型TreeModel，然后再通过树模型利用构造方法JTree(TreeModel newModel)创建树。

DefaultTreeModel类实现了TreeModel接口，该类提供了两种构造方法，在利用该类创建树模型时，必须指定树的根节点。

- DefaultTreeModel(TreeNode root)：创建一棵树，其中任何节点可以拥有子节点。
- DefaultTreeModel(TreeNode root, boolean asksAllowsChildren)：创建一棵树，指定任何节点是否可以有子节点，或者只有某些节点可以有子节点。

由DefaultTreeModel类实现的树模型判断节点是否为叶子节点有两种方式：一种方式是默认为如果节点不存在子节点，则为叶子节点；另一种方式则是根据节点是否允许有子节点，如果不允许有子节点，就是叶子节点，如果允许有子节点，则即使并不包含任何子节点，也不是叶子节点。

2. 树的节点事件处理

树的节点允许为选中和取消选中状态，通过捕获树节点的选择事件，可以处理相应的操作。树的选择模式有三种，通过TreeSelectionModel类的对象可以设置树的选择模式。可以通过JTree类的getSelectionModel()方法获得TreeSelectionModel类的对象，然后通过TreeSelectionModel类的setSelectionModel(int mode)方法设置选择模式，该方法的参数有三个静态常量，如表16-3所示。

表 16-3　TreeSelectionModel 类中选择模式的静态常量

静态常量	常量值	说　明
SINGLE_TREE_SELECTION	1	只允许选中一个
CONTIGUOUS_TREE_SELECTION	2	允许连续选中多个
DISCONTIGUOUS_TREE_SELECTION	4	允许任意选中多个，为树的默认选择模式

当选中树节点和取消选中树节点时，将发出TreeSelectionEvent事件，通过实现TreeSelectionListener接口可以捕获该事件，通过重写valueChanged(TreeSelectionEvent e)方法完成相应的操作。通过JTree类的方法可以获得选中的节点信息。JTree类的常用方法如表16-4所示。

表 16-4　JTree 类的常用方法

方　　法	功 能 说 明
int getSelectionCount()	返回所选节点数
TreePath getSelectionPath()	返回第一个选定节点的路径
TreePath[] getSelectionPaths()	返回所有选定值的路径
int[] getSelectionRows()	返回当前选定的所有行
boolean isSelectionEmpty()	如果选择当前为空，则返回 true

　　getSelectionPaths()方法可以获得所有被选中节点的路径，该方法将返回一个TreePath类型的数组。TreePath类的常用方法如表16-5所示。

表 16-5　TreePath 类的常用方法

方　　法	功 能 说 明
boolean equals(Object o)	将此 TreePath 与指定对象进行比较
Object getLastPathComponent()	返回此路径的最后一个元素
TreePath getParentPath()	返回父母的 TreePath
Object[] getPath()	返回这个 TreePath 的元素的有序数组
Object getPathComponent(int index)	返回指定索引处的 path 元素
int getPathCount()	返回路径中的元素数
TreePath pathByAddingChild(Object child)	返回包含此路径的所有元素的新路径加上 child
String toString()	返回显示和标识此对象属性的字符串

16.6.4　表格组件

　　JTable类用于显示和编辑二维数据。每个JTable类都有三个模型，包括TableModel、TableColumnModel和ListSelectionModel。所有的表格数据都存储在TableModel中。JTable类有以下构造方法。

扫一扫，看视频

● JTable()：用默认值创建一个JTable。

● JTable(int numRow,int numColumn)：用指定的列数和行数创建一个JTable。

● JTable(Object [][] rowData,Object [] columnNames)：创建一个带有列数和指定行数及值的JTable。

● JTable(Vector rowData,Vector columnNames)：用列向量和行向量创建一个JTable。

JTable类的常用方法如表16-6所示。

表 16-6　JTable 类的常用方法

方　　法	功 能 说 明
setModel(TableModel dataModel)	设定指定数据源的方法
setValueAt(Object avalue,int row,int column)	设置指定行、列和数据的方法
setTableHeader(JTableHeader tableHeader)	设置二维表的列标题的方法
int getSelectedRow()	返回第一个选定行的索引，如果没有选择行，则返回 –1
int getSelectedRowCount()	返回所选行的数量
int[] getSelectedRows()	返回所有选定行的索引
Object getValueAt(int row, int column)	返回值为 row 和 column 的单元格值
boolean print()	显示打印对话框的方法，然后打印 JTable 模式 PrintMode. FIT_WIDTH，没有页眉或页脚文本

图形用户界面设计

方　法	功 能 说 明
void selectAll()	选择表中的所有行、列和单元格
void valueChanged(ListSelectionEvent e)	当更改行选择时调用，重绘以显示新选择

要使JTable能够正常显示数据，需要将JTable对象放置到一个滚动面板中，可以使用滚动面板的构造方法JScrollPane(JTable table)完成。

16.6.5　对话框组件

扫一扫，看视频

对话框是一种特殊的窗口，用于显示一些提示信息，并获得程序继续运行下去需要的数据。对话框不能作为应用程序的主窗口，它没有最大化、最小化按钮，不能设置菜单条。Java语言提供了多种对话框。例如，JOptionPane类提供了简单、标准的对话框；JFileChooser类提供了文件的打开、保存对话框；JDialog类支持用户自定义对话框等。

对话框分为模式与非模式两种。所谓模式对话框，是指对话框出现后，要求用户必须做出相应处理，然后才允许继续做其他工作，这种对话框可以屏蔽上一层窗口。而非模式对话框对此不做要求，它允许用户同时与程序其他部分进行交互。例如，文件的打开、保存等窗口都是模式对话框，查找、替换是非模式对话框。

1．JOptionPane对话框

JOptionPane是模式对话框，它提供了很多现成的对话框模式，可以供用户直接使用。可以用JOptionPane的构造方法创建对话框，具体描述如下。

● JOptionPane ()：创建一个显示测试信息的对话框。
● JOptionPane (Object message)：创建一个显示指定信息的对话框。
● JOptionPane (Object message,int messageType)：创建一个显示指定信息的对话框，并设置信息类型。
● JOptionPane (Object message,int messageType,int optionType)：创建一个显示指定类型信息、选项类型和图标的对话框。
● JOptionPane (Object message,int messageType,int optionType,Icon icon)：创建一个显示指定信息的对话框，并设置信息类型、选项类型。

通常不用构造方法创建JOptionPane的对象，而是通过JOptionPane中的静态方法showXxxDialog()产生四种简单的对话框。这些方法几乎都有重载。具体描述如下。

● int showMessageDialog(Component parentComponent,Object message,String title,int messageType,Icon icon)：显示提示信息对话框。
● int showConfirmDialog(Component parentComponent,Object message,String title,int optionType,int messageType,Icon icon)：显示确认对话框，要求用户回答YES或NO。
● int showInputDialog(Component parentComponent,Object message,String title,int messageType,Icon icon,Object[] selectionValues,Object initialselectionValue)：显示输入对话框，让用户输入信息。
● int showOptionDialog(Component parentComponent,Object message,String title,int optionType,int messageType,Icon icon, Object[] options,Object initialValue)：显示用户自定义对话框。

下面对以上方法中的参数加以说明。

- parentComponent：对话框的父组件，必须是一个框架、一个框架中的组件或null值。
- message：指明显示在对话框的标签中的信息。
- title：对话框的标题。
- optionType：指明出现在对话框底部的按钮集合。指定为四种标准集合：DEFAULT_OPTION、YES_NO_OPTION、YES_NO_CANCEL和OK_CANCEL_OPTION。
- messageType：指定显示在对话框中的图标。有以下值可选：PLAIN_MESSAGE（无图标）、ERROR_MESSAGE（错误图标）、INFORMATION_MESSAGE（信息图标）、WARNING_MESSAGE（警告图标）和QUESTION_MESSAGE（询问图标）。
- icon：指定显示用户自定义图标。
- options：指明设置按钮上的文字。
- initialValue：指明选择的初值。

每种方法都返回一个整数，代表用户的选择，取值为YES_OPTION、NO_OPTION、CANCEL_OPTION、OK_OPTION、CLOSED_OPTION，其中，CLOSED_OPTION代表用户关闭了对话框，其他表示单击了按钮。

2. JFileChooser对话框

JFileChooser提供了标准的文件的打开、保存对话框。它有以下构造方法。

- JFileChooser()：创建一个指向用户默认目录的文件对话框。
- JFileChooser(File currentDirectory)：创建一个指向给定目录的文件对话框。

使用构造方法创建了JFileChooser的对象后，就要使用以下两种成员方法显示文件的打开、关闭对话框。

- int showOpenDialog(Component parent)：显示文件打开对话框，参数为父组件对象。
- int showSaveDialog(Component parent)：显示文件保存对话框，参数为父组件对象。

这两种方法的返回值有三种情况：JFileChooser.CANCEL_OPTION（选择了"撤销"按钮）、JFileChooser.APPROVE_OPTION（选择了"打开"或"保存"按钮）、JFileChooser.ERROR_OPTION（出现错误）。

如果用户选择了某个文件，则可以使用类方法getSelectedFile()获得所选择的文件名（File类的对象）。

【例16-9】综合案例：演示上述5种组件的创建和使用方法

```
package com.nciae.test16.view;
/**
 * 测试菜单、弹出式菜单、工具栏、树形菜单和表格组件
 */
import java.awt.*;
import javax.swing.*;
import javax.swing.table.DefaultTableModel;
import javax.swing.tree.DefaultMutableTreeNode;
import java.awt.event.*;
public class HighExa extends JFrame implements ActionListener,MouseListener{
    //创建菜单条、菜单和菜单项
    JMenuBar jb=new JMenuBar();
    JMenu base=new JMenu("基本资料维护");
    JMenu tool=new JMenu("工具");
    JMenu help=new JMenu("帮助");
```

扫一扫，看视频

```java
JMenuItem user=new JMenuItem("学院信息管理");
JMenuItem puser=new JMenuItem("学生信息管理");
JButton buser=new JButton(new
        ImageIcon(Toolkit.getDefaultToolkit().getImage("qiye.gif")));
JMenuItem chat=new JMenuItem("即时通信");
JMenuItem pchat=new JMenuItem("计算器");
JMenuItem aboutme=new JMenuItem("关于我们");
JMenuItem aboutsys=new JMenuItem("关于系统");
//创建弹出式菜单
JPopupMenu p=new JPopupMenu();
//创建工具栏及工具栏上按钮
JToolBar toolbar = new JToolBar("简易工具栏");
JButton leftbutton = new JButton("左对齐",new ImageIcon("D:/1.png"));
JButton middlebutton = new JButton("居中",new ImageIcon("D:/2.png"));
JButton rightbutton = new JButton("左居中",new ImageIcon("D:/3.png"));
JButton[] buttonArray = new JButton[]{leftbutton,middlebutton,rightbutton};
//创建树形菜单及菜单上的节点
DefaultMutableTreeNode root=new DefaultMutableTreeNode("系统操作功能");
DefaultMutableTreeNode bases=new DefaultMutableTreeNode("基本信息维护");
DefaultMutableTreeNode tools=new DefaultMutableTreeNode("工具");
DefaultMutableTreeNode helps=new DefaultMutableTreeNode("帮助");
DefaultMutableTreeNode cla=new DefaultMutableTreeNode("学院信息管理");
DefaultMutableTreeNode stu=new DefaultMutableTreeNode("学生信息管理");
DefaultMutableTreeNode chat1=new DefaultMutableTreeNode("即时通信");
DefaultMutableTreeNode com=new DefaultMutableTreeNode("计算器");
DefaultMutableTreeNode us=new DefaultMutableTreeNode("关于我们");
DefaultMutableTreeNode sys=new DefaultMutableTreeNode("关于系统");
JTree tree=new JTree(root);
//创建表格组件及放置表格的滚动面板
JTable table=new JTable();
JScrollPane sc=new JScrollPane(table);
//获得当前计算机屏幕的尺寸
Dimension dim=getToolkit().getScreenSize();
//在构造方法中设置各种组件的布局并显示
public HighExa() {
    super("学生管理系统");
    //设置菜单的效果
    base.add(user);
    tool.add(chat);
    user.addActionListener(this);
    help.add(aboutme);
    help.add(aboutsys);
    jb.add(base);
    jb.add(tool);
    jb.add(help);
    this.setJMenuBar(jb);              //添加到窗体顶端
    //设置弹出式菜单的效果
    p.add(puser);
    p.addSeparator();
    p.add(pchat);
    sc.addMouseListener(this);    //滚动面板注册监听器，处理右击鼠标事件
    //设置工具栏的效果
    for(int i=0;i<buttonArray.length;i++)
    {
        toolbar.add(buttonArray[i]);
        //为按钮设置工具提示信息，当把鼠标放在其上时显示提示信息
        buttonArray[i].setToolTipText(buttonArray[i].getText());
```

```
                buttonArray[i].addActionListener(this);
        }
        toolbar.setFloatable(true);      //设置工具栏，true为可以成为浮动工具栏
        this.add(toolbar,BorderLayout.NORTH);//将工具栏添加到窗体
        //设置树形菜单的效果
        root.add(bases);
        root.add(tools);
        root.add(helps);
        bases.add(cla);
        bases.add(stu);
        tools.add(chat1);
        tools.add(com);
        helps.add(us);
        helps.add(sys);
        add(tree,BorderLayout.WEST);//将树形菜单添加到窗体
        //设置表格的效果
        String []s={"学号","姓名","年龄","性别","住址"};
        String [][]stu= {{"20204051101","张三","20","男","北京"},
                         {"20204051102","李四","21","男","天津"},
                         {"20204051103","王五","19","男","北京"}};
        DefaultTableModel dtm=new DefaultTableModel(stu,s);
        table.setModel(dtm);
        table.addMouseListener(this);        //注册监听器，处理左击选中行事件
        add(sc,BorderLayout.CENTER);         //将滚动面板添加到窗体
        //设置窗体的效果
        setDefaultCloseOperation(JFrame.DISPOSE_ON_CLOSE);
        setSize((int)dim.getWidth(),(int)dim.getHeight()-30);
        setVisible(true);
    }
    public void actionPerformed(ActionEvent e){
        if(e.getSource().equals(user)){
        //菜单处理内容
        }
    }
    public void mouseClicked(MouseEvent m){
        if(m.getButton()==m.BUTTON1){        //判断鼠标左键，右键是BUTTON3
        int row = table.getSelectedRow();    //获得选中的行
        String id = table.getValueAt(row, 0).toString(); //获得选中行的列
        String uname = table.getValueAt(row, 1).toString();
        String age = table.getValueAt(row, 2).toString();
        String sex = table.getValueAt(row, 3).toString();
        String address = table.getValueAt(row, 4).toString();
        //显示对话框
        JOptionPane.showMessageDialog(this,
          "选择的数据为：\n编号：" + id
                + "\n姓名：" + uname + "\n年龄：" + age
                + "\n性别：" + sex + "\n住址：" + address);
        }else {
        //显示弹出式菜单
            p.show(m.getComponent(),m.getX(),m.getY());
        }
    }
    public void mousePressed(MouseEvent m){}
    public void mouseReleased(MouseEvent m){}
    public void mouseEntered(MouseEvent m){}
    public void mouseExited(MouseEvent m){}
    public static void main(String args[]){
        HighExa p=new HighExa();
    }
}
```

运行上述程序，当单击表格某一行时将弹出提示信息对话框，显示选中行的学生信息，显示效果如图16-12所示。

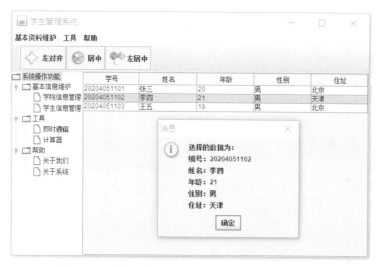

图 16-12　单击选中表格数据行显示提示信息对话框

右击表格或空白处时将弹出弹出式菜单，显示效果如图16-13所示。

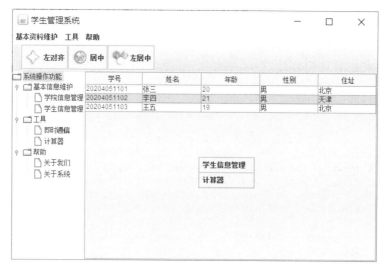

图 16-13　右击表格或空白处弹出弹出式菜单

16.6.6　进度条组件

扫一扫，看视频

　　利用JProgressBar类可以实现一个进度条，进度条是一个矩形组件，通过填充它的部分或全部指示一个任务的执行情况，随着执行情况的增加，填充区域会逐渐增大，如果不确定任务的执行进度，则可以通过setIndeterminate(boolean b)方法设置进度条的样式，设置为true表示不确定任务的执行进度，填充区域会来回滚动；设置为false表示确定任务的执行进度。默认情况下进度条不显示提示信息，可以通过setStringPainted(boolean b)方法设置是否显示提示信息，若设置为true，默认显示当前任务完成的百分比。也可以通过setString(String s)方法设置指定的提示信息。

如果采用确定进度的进度条，并不能自动获取任务的执行进度，则需要通过setValue(int n)方法多次修改执行进度；如果采用不确定进度的进度条，则需要在任务执行完成后将其设置为采用确定进度的进度条，并将任务的执行进度设置为100%，或者设置指定的提示已完成的信息。

16.6.7 选项卡组件

Swing的JTabbedPane提供书签功能，它可以在一个框架中访问多个组件组。JTabbedPane有以下构造方法。

- JTabbedPane()：创建一个空白的、位置在顶部的书签。
- JTabbedPane(int tabplacement)：创建一个空白的、指定位置的书签。具体的位置使用tabplacement给出。其中，tabplacement的取值有SwingConstants.TOP（位于顶部）、SwingConstants.BOTTOM（位于底部）、SwingConstants.LEFT（位于左侧）和SwingConstants.RIGHT（位于右侧）。
- JTabbedPane(int tabplacement,int tabLayoutPolicy)：创建一个空白的、指定位置和书签布局策略的书签。具体的布局策略使用tabLayoutPolicy给出。其中，tabLayoutPolicy的取值有JTabbedPane.WRAP_TAB_LAYOUT（隐藏书签）和JTabbedPane.SCROLL_TAB_LAYOUT（滚动书签）。

JTabbedPane有以下常用的成员方法。

- addTab(String title,Component component)：添加指定标题的书签。
- add(Component component,Object constraints)：添加组件的方法。

【例16-10】使用JTabbedPane组件创建一个帮助窗口

```java
import java.awt.BorderLayout;
import java.awt.Container;
import javax.swing.JFrame;
import javax.swing.JLabel;
import javax.swing.JPanel;
import javax.swing.JTabbedPane;
public class GUITab{
    static JFrame frame=new JFrame("选项卡案例");   //创建一个顶层容器框架
    JTabbedPane help=new JTabbedPane();            //创建一个空白的JTabbedPane
    JPanel p1=new JPanel();     JPanel p2=new JPanel();
    JLabel l1=new JLabel("我们是一个强大的团队！");
    JLabel l2=new JLabel("本系统功能齐全。");
    GUITab(){
        p1.add(l1);        p2.add(l2);
        help.add(p1,"关于我们");                    //在第一个书签中添加一个面板
        help.add(p2,"关于系统");                    //在第二个书签中添加一个面板
        Container contentpane=frame.getContentPane();
        contentpane.add(help,BorderLayout.CENTER); //将JTabbedPane添加到窗体中
        frame.add(help);
        frame.setSize(400,200);
        frame.setLocation(300,200);
        frame.setVisible(true);
    }
    public static void main(String args[]) {
        new GUITab();
    }
}
```

图形用户界面设计

程序运行结果如图 16-14 所示。

图 16-14　选项卡显示效果

16.7　本章小结

本章主要介绍了 Java 程序的图形用户界面设计。重点讲解了以下几个方面的内容。

1．GUI 的全称是 Graphical User Interface，即图形用户界面，就是应用程序提供给用户操作与互动的图形界面，包括窗体、菜单、文本框、按钮、工具栏等多种图形用户界面元素。Java 语言针对 GUI 提供了丰富的类库，分别有 java.awt 包和 javax.swing 包，简称 AWT 和 Swing。

2．在进行图形用户界面设计时，首先进行布局管理器的选择和设计，Java 语言提供了多种布局管理器，主要有 FlowLayout、BorderLayout、GridLayout、CardLayout、GridBagLayout 等。每种容器都有自己的默认布局管理器。容器 JPanel 的默认布局管理器是 FlowLayout。而容器 JFrame、JDialog 的默认布局管理器是 BorderLayout。

3．Java 采用一种叫作 "事件授权模型" 的事件处理机制，用友好美观的界面实现与用户互动的功能。实现的方法有事件监听器接口法和继承事件适配器法。事件处理编程的步骤如下。

（1）编写事件处理类（事件监听者）。

（2）根据需求实现事件处理类监听接口。

（3）在事件处理类中重写（实现）其事件处理方法。

（4）在事件源类中指定该事件的监听器（响应者），即注册监听。

4．界面设计常用的组件分为容器和组件两种。容器是带标题、边界、窗口状态调节按钮的顶层窗口，它是构建 Swing GUI 应用程序的主窗口。JPanel 是一种中间容器，可以容纳组件，但本身必须添加到其他容器中使用。

5．常用 Swing 组件

- 按钮组件：JButton 组件。引发的事件是 ActionEvent，需要实现监听器接口 ActionListener 中的 actionPerformed() 方法。使用方法 addActionListener() 注册事件监听器。
- 文本组件：单行文本框（JTextField）、口令框（JPasswordField）、多行文本框（JTextArea）。文本框在按下 Enter 键时，会产生 ActionEvent 事件、注册 ActionListener 监听器、重写 actionPerformed() 方法。
- 选择组件：复选框（JCheckBox）、单选按钮（JRadioButton）、列表框（JList）、组合框（JComboBox）。
- 菜单组件：菜单条（JMenuBar）、菜单（JMenu）、菜单项（JMenuItem）、弹出式菜单（JPopupMenu）。
- 工具栏组件：JToolBar 类提供快速执行常用命令的按钮集合。
- 树组件：JTree 类是一种常用的信息表现形式，可以直观地显示一组信息的层次结构。

- 对话框组件：JOptionPane对话框，提供showMessageDialog()方法显示提示信息对话框；showConfirmDialog()方法显示确认对话框；showInputDialog()方法显示输入对话框；showOptionDialog()方法显示用户自定义对话框。
- 表格组件：JTable类用于显示和编辑二维数据。

16.8 习题十六

扫描二维码，查看习题。

扫二维码
查看习题

16.9 实验十六　GUI图形用户界面设计

扫描二维码，查看实验内容。

扫二维码
查看实验内容

图形用户界面设计

第 17 章

多线程编程

学习目标

本章主要介绍多线程的相关概念、线程的实现方法与状态、线程的生命周期、线程的调度与优先级、线程的互斥与同步的实现以及多线程的应用等方面的内容。使读者能够了解多线程编程基础，并进行简单程序设计。通过本章的学习，读者应该掌握以下主要内容：

- 多线程的相关概念。
- 多线程的创建
- 线程的生命周期。
- 线程的调度与优先级。
- 多线程的互斥与同步问题。

内容浏览

17.1 多线程简介

在日常生活中,很多事情都是可以同时进行的。例如,一个人可以一边听音乐,一边健身。在使用计算机时,操作系统也是支持多任务的。例如,可以一边浏览网页,一边聊天。操作系统的这种多任务技术,就是多线程技术。Java语言内置了对多线程技术的支持,可以实现多线程编程,使程序同时执行多个片段。

17.1.1 多线程的相关概念

1. 程序

程序是指使用计算机语言编写的静态代码,它是应用软件执行的基础。

2. 软件

软件是指计算机系统中控制硬件完成预定任务的程序、表达系统内信息组织方式的数据结构,以及有关软件开发、测试、维护、使用的所有文档的总和。

软件=程序+数据结构+文档

3. 进程

进程是操作系统结构的基础,是一个正在执行的程序;是计算机中正在运行的程序实例,可以分配给处理器并由处理器执行的一个实体;由单一顺序的执行显示,一个当前状态和一组相关的系统资源描述的活动单元。多进程是指操作系统按照时间片轮转方式同时运行多个程序的情况。

4. 线程

线程是程序中一个单一的顺序控制流程,是程序执行流的最小单元。另外,线程是进程中的一个实体,是被系统独立调度和分派的基本单位,线程自己不拥有系统资源,只拥有一点在运行中必不可少的资源,但它可与同属一个进程的其他线程共享进程拥有的全部资源。一个线程可以创建和撤销另一个线程,同一个进程中的多个线程之间可以并发执行。由于线程之间的相互制约,致使线程在运行中呈现间断性。每一个程序都至少有一个线程,若程序只有一个线程,就是程序本身。

在单个程序中同时运行多个线程完成不同的工作,称为多线程。多线程是指在操作系统每次分时给程序一个时间片的CPU时间内,在若干个独立的可控制线程之间进行切换。线程间可以共享相同的内存空间,并利用这些共享内存进行数据交换、实时通信以及同步操作等。

17.1.2 Java 中的多线程

1. 线程类

Java语言支持多线程结构,Java应用程序总是从main()方法开始执行。当JVM加载代码时,如果发现main()方法,就会启动一个线程,这个线程称为"主线程"。因此可以说每个Java程序都有一个默认的主线程,可以通过调用Thread.currentThread()方法查看当前运行的是哪个线程。

Java的线程通过java.lang.Thread类来实现，Thread类是一个专门用来创建线程和对线程进行操作的类。此类中定义了许多方法创建和控制线程。这些方法可以分为以下四组。

（1）构造方法。用于创建用户的线程对象，重载的构造方法如下。

● Thread()：创建一个线程。

● Thread(String name)：创建命名为name的线程。

● Thread(Runnable target,String name)：创建基于含有线程体对象的命名线程。

● Thread(ThreadGroup group,Runnable target)：创建基于含有线程体对象的命名线程，并指定线程组。

● Thread(ThreadGroup group,String name)：创建指定线程组的命名线程。

● Thread(ThreadGroup group,Runnable target,String name)：创建基于含有线程体对象的命名线程，并指定线程组。

（2）run()方法。每个线程都通过某个特定对象的run()方法完成其操作，run()方法称为线程体。

（3）改变线程状态的方法。如start()、sleep()、stop()、suspend()、resume()、yield()和wait()等方法。

（4）对线程属性进行操作的方法。如setPriority()、setName()、getPriority()、getId()、getName()、getState()和isAlive()等方法。

2. 线程组

Java提供了ThreadGroup类管理一组线程，一个线程组也可以属于另外一个线程组。当主线程被创建时，同时也创建了一个主线程组，在主线程中创建的线程也属于主线程组。利用线程组可以同时改变大量线程的状态。

（1）构造方法。

● ThreadGroup(String name)：创建指定名字为name的线程组。

● ThreadGroup(ThreadGroup parent,String name)：创建指定名称为name，父线程组为parent的线程组。

（2）其他常用成员方法。

● int activeGroupCount()：获得线程组中的线程数量。

● void suspend()：挂起线程组。

● void resume()：恢复线程组。

● void stop()：停止线程组。

17.2 多线程的创建

Java程序中创建多线程有两种方法：一种是继承java.lang包下的Thread类，重写Thread类的run()方法，在run()方法中实现运行在线程上的代码；另一种是实现java.lang包下的Runnable接口，同样在run()方法中实现运行在线程上的代码。下面详细介绍两种创建线程的方法。

17.2.1 继承 Thread 类创建多线程

继承Thread类或其子类创建线程，即定义一个线程类，让它继承线程类Thread并重写其中的run()方法。优点是可以在子类中增加新成员，但是Java不支持多重继承，创建的线程子类不能再扩展其他的类。下面通过实例介绍继承Thread类创建一个线程类的方法。

扫一扫，看视频

```java
class ThreadOne extends Thread {          //继承类
    private String name;                  //声明私有成员变量
    public ThreadOne(String name) { this.name=name; }
    public void run(){                    //重写方法
        for(int i=0;i<10;i++){
            System.out.println("My name is: "+name);
            try{ Thread.sleep(500);       //暂停线程0.5秒
            }catch(InterruptedException e){e.printStackTrace();}
        }
    }
}
public class TestOne{
    public static void main(String[] args) {
        ThreadOne t1=new ThreadOne("Tom");     //创建线程
        ThreadOne t2=new ThreadOne("Peter");
        t1.start();
        t2.start();                       //启动线程
    }
}
```

17.2.2 实现 Runnable 接口创建多线程

实现Runnable接口法。创建一个类以实现接口Runnable，作为线程的目标对象。在初始化一个线程类时，将目标对象传递给Thread实例，由该目标对象提供run()方法。优点是任何实现接口Runnable的对象都可以作为一个线程的目标对象，类Thread本身也实现了接口Runnable。下面通过实例介绍使用Runnable接口进行多线程编程的方法。

```java
class ThreadTwo implements Runnable {     //实现接口
    private String name;                  //声明私有成员变量
    public ThreadTwo(String name) { this.name=name; }
    public void run(){                    //重写方法
        for(int i=0;i<10;i++){
            System.out.println("My name is: "+name);
            try{ Thread.sleep(500);       //暂停线程0.5秒
            }catch(InterruptedException e){e.printStackTrace();}
        }
    }
}
public class TestTwo{
    public static void main(String[] args) {
        ThreadTwo r1=new ThreadTwo("Tom");     //创建run()方法所在类的对象
        ThreadTwo r2=new ThreadTwo("Peter");
        Thread t1=new Thread(r1);         //创建线程
        Thread t2=new Thread(r2);
        t1.start();t2.start();            //启动线程
    }
}
```

17.2.3 两种实现方法的对比

（1）继承Thread类。

● 不能再继承其他类，可以直接操作线程。

扫一扫，看视频

17

多线程编程

335

● 编写简单，无须使用Thread.currentThread()方法。

（2）实现Runnable接口。

● 可以将CPU、代码、数据分开，形成清晰的模型。

● 此时是可以继承其他类的。

● 保持程序风格的一致性。

具体使用哪一种，依据实际情况而定。

17.3 线程的生命周期

扫一扫，看视频

Java中的任何对象都有生命周期，线程也不例外，当线程创建成功后便开始了它的生命周期，当run()方法中的代码正常执行完毕或线程抛出一个未捕获的异常或错误时，线程的生命周期便会结束，整个生命周期分为5个阶段，如图17-1所示。下面将详细介绍这5个阶段的内容。

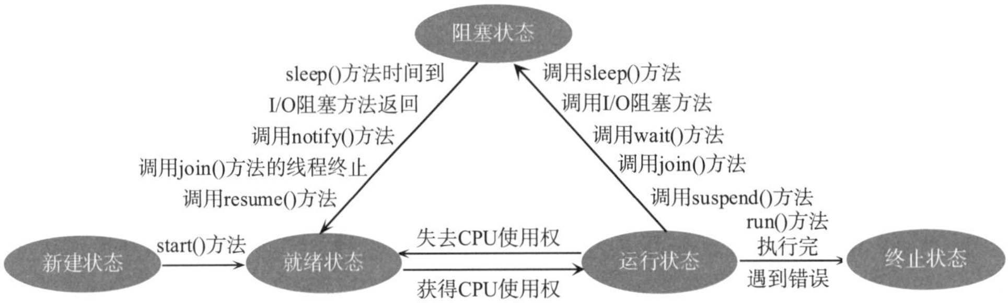

```
                              阻塞状态
          sleep()方法时间到            调用sleep()方法
          I/O阻塞方法返回              调用I/O阻塞方法
          调用notify()方法              调用wait()方法
          调用join()方法的线程终止        调用join()方法
          调用resume()方法             调用suspend()方法
                                              run()方法
              start()方法      失去CPU使用权            执行完
   新建状态 ────────→ 就绪状态 ────────────→ 运行状态  遇到错误 ────→ 终止状态
                             获得CPU使用权
```

图 17-1　线程基本状态转换图

17.3.1　新建状态

新建状态也称为新线程状态，即创建了一个线程类的对象后，产生的新线程进入新建状态。此时线程已经有了相应的内存空间和其他资源，实现语句如下：

```
Thread myThread=new myThreadClass();
```

这是一个空的线程对象，run()方法还没有执行，若要执行它，系统还需对这个线程进行登记并为它分配CPU资源。

17.3.2　就绪状态

就绪状态也称为可执行状态，当一个被创建的线程调用start()方法后便进入可执行状态。对应的程序语句如下：

```
myThread.start();           //产生所需系统资源，安排运行，并调用run()方法
```

此时该线程处于准备占用处理机运行的状态，即线程已经被放到就绪队列中等待CPU调度执行。至于该线程何时才被真正运行，则取决于线程的优先级和就绪队列的当前状况。只有操作系统调度到该线程时，才真正占用了处理机并运行run()方法。所以这种状态并不是执行中的状态。

17.3.3　运行状态

当处于可执行状态的线程被调度并获得了CPU等执行必需的资源时，便进入该状态，即系统运行了run()方法。

17.3.4　阻塞状态

当下面的四种情况之一发生时，线程就会进入阻塞状态。

● 调用了sleep(int sleeptime)方法，线程让出CPU使用权sleeptime毫秒。
● 调用了wait()方法，等待一个条件变量。
● 调用了suspend()方法。
● 执行某个操作进入阻塞状态。例如，执行输入/输出（I/O）进入阻塞状态。
● 调用join()方法将正在运行的线程暂时停止，等待其他线程执行完毕一起结束。

如果一个线程处于阻塞状态，那么这个线程暂时无法进入就绪队列。处于阻塞状态的线程通常需要有某些事件才能唤醒，至于由什么事件唤醒该线程，则取决于阻塞的原因。针对上面四种情况，都有特定的唤醒方法与之对应。对应方法如下。

● 若调用了sleep(int sleeptime)方法后，线程处于阻塞状态。该方法的参数sleeptime为睡眠时间，单位为毫秒。当这个时间过去后，线程进入就绪状态。
● 若线程在等待一个条件变量，要想停止等待，则需要该条件变量所在的对象调用notify()或notifyAll()方法通知线程进入就绪队列等待CPU资源。
● 若线程调用了suspend()方法，则由其他线程调用resume()方法恢复该线程，并进入就绪队列等待执行。
● 进入阻塞状态时线程不能进入就绪队列，只能等待引起阻塞的原因消除后，线程才能进入就绪队列等待调度。若由于输入/输出发生线程阻塞，则规定的I/O指令完成即可恢复线程进入就绪状态。
● 等待调用join()方法的线程执行完毕。

17.3.5　终止状态

终止状态又称为死亡状态或停止状态。处于这种状态的线程已经不能再继续执行。其中的原因可能是线程已经执行完毕，正常地撤销，即执行完run()方法中的全部语句；也可能是被强行终止。例如，通过执行stop()或destroy()方法终止线程。

17.4　线程的调度与优先级

程序中的多个线程并发执行，若某个线程想被执行，则必须得到CPU的使用权。Java虚拟机按照特定的机制为程序中的每个线程分配CPU的使用权，称为线程的调度。线程的调度有两种模型，分别是分时调度模型和抢占式调度模型。分时调度模型是指让所有的线程轮流获得CPU的使用权，并且平均分配每个线程占用的CPU时间片。抢占式调度模型是指让就绪队列中优先级高的线程优先占有CPU，而对于优先级相同的线程，随机选择一个线程使其占用CPU，当它失去CPU的使用权后，再随机选择其他

扫一扫，看视频

多线程编程

线程获取CPU使用权。Java虚拟机默认采用抢占式调度模型，一般不需要考虑，但也有某些特定需求，这时需要由程序员控制CPU的调度模型。本节将介绍线程调度的相关内容。

17.4.1 线程的优先级

处于就绪状态的线程首先排队等待CPU的调度，同一时刻可能有多个线程等待调度，具体执行顺序取决于线程的优先级（Priority）。

Java虚拟机中由线程调度器负责管理线程，调度器把线程分为10个级别，由整数值1～10表示，优先级越高，越早执行；优先级越低，越晚执行；优先级相同时，则遵循队列的"先进先出"原则。有以下几个与优先级相关的整数常量。

- MIN_PRIORITY：线程能具有的最小优先级（1）。
- MAX_PRIORITY：线程能具有的最大优先级（10）。
- NORM_PRIORITY：线程的常规优先级（5）。

当线程创建时，优先级默认为由NORM_PRIORITY标识的整数。Thread类与优先级相关的方法有setPriority(int grade)和getPriority()。setPriority(int grade)方法用来设置线程的优先级，整型参数作为线程的优先级，其范围必须在MIN_PRIORITY和MAX_PRIORITY之间，并且不大于线程的Thread对象所属线程组的优先级。

17.4.2 线程的控制

1. 终止线程

当一个线程终止后，其生命周期就结束了，进入死亡状态。终止线程的执行可以用stop()方法。需要注意的是，此时并没有消灭这个线程，只是停止了线程的执行，并且这个线程不能用start()方法重新启动。一般情况下不用stop()方法终止一个线程，只是简单地让它执行完即可。很多复杂的多线程程序将需要控制每一个线程，在这种情况下会用到stop()方法。

2. 测试线程的状态

为了避免出错可以测试一个线程是否处于被激活的状态，方法为isAlive()。一个线程已经启动而且没有停止就被认为是激活的。如果线程t是激活的，则t.isAlive()将返回true，但该线程是可运行的或是不可运行的，不能做进一步的区分；如果返回false，则该线程是新创建或已被终止的。

17.4.3 线程的休眠

通过静态sleep()方法可以指定线程睡眠一段时间后进入休眠等待状态。当前线程调用sleep(long millis)方法后，在指定时间（参数millis）内该线程不执行，使其他线程得到执行的机会。sleep(long millis)方法会抛出InterruptedException异常，因此在调用此方法时需要捕获异常。需要注意的是，sleep()方法只能控制当前正在运行的线程休眠，而不能控制其他线程休眠。当线程休眠时间结束后，线程会返回就绪状态，而不是立即开始运行。例如：

```
try{
    Thread.sleep(1000);        //休眠当前线程1秒
}catch(InterruptedException e){
    e.printStackTrace();
}
```

线程的插队

现实生活中经常能遇到"插队"的情况，在Thread类中使用join()方法使当前线程等待调用该方法的线程执行完毕后再继续，实现插队的功能。例如：

```
TimeTread thread=new TimerThread(100);
thread.start();
...
public void timeout(){
    thread.join();              //等待线程执行完毕后再继续
        ...
}
```

也可以使用join(long timeout)方法限定等待时间。

17.4.5 线程的让步

线程的让步可以通过yield()方法实现，与sleep()方法相似，都是让当前正在运行的线程暂停，区别在于yield()方法不会阻塞该线程，只是将线程转换成就绪状态，让系统再重新调度一次，只有与当前线程优先级相同或更高的线程才能获得执行的机会。程序实现如下：

```
Thread.yield();
```

17.5 多线程的互斥与同步

多线程的并发执行确实可以提高程序的执行效率，但是，在多个线程去访问同一个资源时，会引发一些安全问题，需要限制某个资源在同一个时刻只能被一个线程访问，即线程的互斥；在资源不满足时，需要限制某个线程的访问，等待资源满足条件，即线程的同步。

扫一扫，看视频

17.5.1 线程的死锁

在进行多线程编程时，经常会出现多个线程共享数据或资源的问题。因此在多线程运行时，必须考虑每个线程的状态和行为，否则就不能保证程序的运行结果的正确性。多个线程共享的资源称为"临界资源"。

当两个或两个以上的线程在执行过程中，因争夺临界资源而造成一种互相等待的现象，若无外力作用，它们都将无法推进下去，永远处于相互等待中，此时称系统处于"死锁状态"或系统产生了"死锁"。此时执行程序中两个或多个线程将发生永久阻塞（等待），每个线程都在等待被其他线程占用并阻塞了的资源。例如，一个线程试图从堆栈中读取数据（pop()方法），而另一个线程试图向堆栈中写入数据（push()方法），如何能保证读取数据和写入数据的一致性？在Java多线程应用中，引入了线程的互斥与同步技术解决此类问题。

17.5.2 多线程的互斥

Java语言中为保证线程对共享资源操作的完整性，用关键字synchronized为共享资源加标记解决。此标记使线程对共享资源互斥操作，此标记称为"互斥锁"。每个共享资源对象都有一个互斥锁，它保证任意时刻只能有一个线程访问共享资源。例如，在堆栈操作中，程序读取数据时，将堆栈的互斥锁锁上，写入数据的线程就不能访问堆栈。当读线程读取完毕，将锁打开后，写线程才有可能进行写操作，这样可以保证数据的一致性。关键字synchronized的使用有以下几种形式。

（1）限制部分代码段在执行时互斥。

```
public void push(char c){            public char pop(){
    ...                                  ...
    synchronized(this) {                 synchronized(this) {
        stackWrite(c);                       return stackRead();
    }                                    }
}                                    }
```

这样可以避免读/写文件冲突问题。

（2）限制方法在执行时互斥。

将synchronized放在方法声明中修饰方法：

```
public synchronized void push(char c){    public  synchronized void pop(){
    ...                                       ...
}                                         }
```

这样整个方法在执行时，其内容都是互斥的。

17.5.3 多线程的同步

前面讨论了多线程访问共享资源时引起的数据冲突问题及使用互斥锁解决这种问题的方法。但在多线程设计时还存在另外一种问题：如何控制共享资源的多线程的执行进度，即多线程的同步问题。例如，在堆栈操作中，一个线程要向堆栈中写入数据，它已经将堆栈上了锁，但是堆栈中没有数据，此时读线程就会等待有人向堆栈中写入数据，而它又不把锁打开，写线程就不能进行写操作，这时也会发生死锁状态。下面介绍解决这种问题的方法，也就是实现线程同步的方法。

Java通过wait()和notify()（或notifyAll()）方法实现线程之间的相互协调。wait()方法可以使不能满足条件的线程释放互斥锁而进入就绪状态。当其他线程释放资源时，会调用notify()（或notifyAll()）方法再唤醒就绪队列中的线程，使其获得资源恢复运行。

下面的程序使用多线程的互斥与同步技术解决堆栈读/写操作的问题。

【例17-1】堆栈读/写操作

首先定义线程类，包括两个同步并且互斥访问数据的方法。

扫一扫，看视频

```
public class DataStack {                      //堆栈类
    private int index=0;                      //下标
    private char data[]=new char[10];         //数据存储
    public synchronized void push(char c) {   //放入数据
        while(index==data.length){            //同步条件
            try{    this.wait();               //等待
        }catch(InterruptedException e){}
    }
    this.notify();                            //激活线程
    data[index]=c;                            //放入数据
    index++;                                  //修改下标
    System.out.println("Input data: "+c);     //输出结果
    }
    public synchronized char pop(){           //取出数据
        while(index==0){                      //同步条件
            try{ this.wait();                 //等待
```

```
            }catch(InterruptedException e){}
        }
        this.notify();                                  //激活线程
        index--;                                        //修改下标
        System.out.println("Output data: "+data[index]);        //输出结果
        return data[index];                             //返回数据
    }
}
```

然后定义使用堆栈的两个线程类WriterPerson和ReaderPerson。

WriterPerson类代码如下：

```
public class WriterPerson extends Thread{               //写入数据的线程
    DataStack stack;
    public WriterPerson(DataStack stack) { this.stack=stack; }
    public void run(){
        char c;
        for(int i=0;i<5;i++){
            c=(char)(Math.random()*26+'a');
            stack.push(c);                              //写入数据
            try{ this.sleep((int)(Math.random()*500));          //暂停线程0.5秒
            }catch(InterruptedException e){ e.printStackTrace(); }
        }
    }
}
```

ReaderPerson类代码如下：

```
public class ReaderPerson extends Thread{               //读取数据的线程
    DataStack stack;
    public ReaderPerson(DataStack stack) {this.stack=stack;}
    public void run(){
    for(int i=0;i<5;i++){
        stack.pop();                                    //读取数据
        try{ this.sleep((int)(Math.random()*1000)); //暂停线程0.5秒
            }catch(InterruptedException e){e.printStackTrace();}
        }
    }
}
```

最后创建主类运行程序：

```
public class StackTest {//主类
    public static void main(String[] args) {
        DataStack stack=new DataStack();                        //创建堆栈
        WriterPerson wp=new WriterPerson(stack);                //创建写线程
        ReaderPerson rp=new ReaderPerson(stack);                //创建读线程
        wp.start();//启动线程
        rp.start();
    }
}
```

在上述堆栈类中利用push()、pop()方法写入和读取数据，增加了wait()方法和notifyAll()方法功能。这两个方法用来同步线程的执行，除了这两个方法，notify()方法也可以用于同步。对于这些方法说明如下：

（1）wait()、notify()和notifyAll()方法必须在已经持有锁的情况下执行，所以它们只能出现在synchronized作用的范围内。

（2）wait()方法用于释放已经持有的锁，进入就绪队列。

（3）notify()方法用于唤醒就绪队列中第一个线程并把它移入锁申请队列。

（4）notifyAll()方法用于唤醒就绪队列中所有线程并把它们移入锁申请队列。

17.6 综合案例实践

扫一扫,看视频

1. 任务描述

使用多线程技术和GUI技术创建一个用来计算指定范围内所有素数的实例。计算结果在窗体上显示,并创建一个线程控制窗体对线程状态进行控制。

2. 任务目标

(1)首先要求输入计算素数的最大范围和需要启动的线程个数。

(2)根据线程个数显示分段计算的线程面板及主控面板。

(3)在主控面板上可以随时暂停和恢复子线程的运行,在子线程面板中查看计算的结果和输出的顺序。

3. 实现思路

(1)编写判断一个数是否为素数的函数程序。

(2)编写创建多线程判断特定范围内的数是否为素数的程序,并使用GUI组件显示结果,输出结果时为了看到效果,输出后暂停当前线程一段时间。

(3)创建窗体显示计算结果。

(4)创建多线程类,启动线程开始计算。

(5)创建主控面板控制线程运行过程。

4. 实现代码

(1)定义类,用于判断某一个数是否为素数。

```java
public class Prime {                          //素数类
    public boolean isPrime(int num){          //判断num是否为素数
    if(num==1){return false;}
    else{for(int i=2;i<num;i++){
      if(num%i==0){return false;}
    }
        return true;}
    }
}
```

(2)定义线程类,用于计算指定范围内的素数。

```java
import java.awt.*;
import java.awt.event.*;
import javax.swing.*;
public class PrimeThread extends JPanel implements Runnable{
    private int begin,end;
    private JLabel title;
    private JTextArea aprime;
    private JScrollPane jp;
    public PrimeThread(int begin,int end) {
        this.begin=begin;
        this.end=end;
        title=new JLabel();
        aprime=new JTextArea(10,20);
        jp=new JScrollPane(aprime);
        String st=begin+"至"+end+"之间的素数有: ";
```

```
            title.setText(st);
            aprime.setLineWrap(true);
            this.setLayout(new FlowLayout(FlowLayout.CENTER));
            this.add(title);
            this.add(jp);
        }
    public void run(){
        Prime myprime=new Prime();
          int i=begin;
            while(i<=end){
              if(myprime.isPrime(i)){
                String str=""+i;
                  aprime.append(str);
              }
              i++;
              try{
                Thread.currentThread().sleep((int)(Math.random()*100));
              }catch(Exception e){
              e.printStackTrace();
            }
          }
        }
}
```

（3）创建显示线程计算结果的窗体。

```
import java.awt.*;
import java.awt.event.*;
import javax.swing.*;
public class MultiThread extends JFrame {
    public MultiThread(String title,int begin,int end,int n) {
        super("输出"+title+"的素数");
        PrimeThread p=new PrimeThread(begin,end);
        add(p);
        setSize(300,280);
        setLocation(100*n,100);
        setVisible(true);
        setDefaultCloseOperation(JFrame.EXIT_ON_CLOSE);
    }
}
```

（4）定义多线程类，执行计算。

```
//1继承Thread类
//public class ThreadTest extends Thread {
//2实现Runnable接口
public class ThreadTest implements Runnable {
    public static void main(String[] args) {
    // 1.定义多线程——类
    //ThreadTest t1=new ThreadTest();
    //ThreadTest t2=new ThreadTest();
    //2.创建多线程——接口
    ThreadTest r1=new ThreadTest();
    ThreadTest r2=new ThreadTest();
    //3.指出run()方法的位置——接口
    Thread t1=new Thread(r1);
    Thread t2=new Thread(r2);
    t1.start();              //启动线程，通过start()方法调用run()方法
    t2.start();
    for(int i=0;i<10;i++) {
        System.out.println(Thread.currentThread().toString()+i);
        try {
        Thread.currentThread().sleep(1000);
        } catch (InterruptedException e) {
```

```
                    e.printStackTrace();
                }
            }
        }
        //重写需要同时执行的内容
        public void run() {
            for(int i=0;i<10;i++) {
                System.out.println(Thread.currentThread().toString()+i);
                try {
                Thread.currentThread().sleep(1000);
                } catch (InterruptedException e) {
                e.printStackTrace();
                }
            }
        }
    }
```

（5）创建控制线程运行状态的主控面板。

```
import java.awt.*;
import java.awt.event.*;
import javax.swing.*;
public class ThreadExa implements ActionListener {
    ThreadGroup mygroup[];
    PrimeThread  p[];
    JButton[] btnp,btnr;
    Thread t[];
    MultiThread f[];
    public ThreadExa(int num,int counter) {
        mygroup=new ThreadGroup[num];
        f=new MultiThread[num];
        p=new PrimeThread[num];
        btnp=new JButton[num];
        btnr=new JButton[num];
        t=new Thread[num];
        JFrame f3=new JFrame("线程控制");
        f3.setLayout(new FlowLayout(FlowLayout.CENTER));
        int b=counter/num;
        int i=0,c=2;
        while(i<num){
         if((i+1)==num){
            c=counter;
         }
         else
         c=(i+1)*b;
         p[i]=new PrimeThread(i*b+1,c);
         f[i]=new MultiThread((i*b+1)+"-"+c,(i*b+1),c,i);
         f[i].add(p[i]);
         f[i].setSize(300,280);
         f[i].setLocation(300*i,100);
         f[i].setVisible(true);
         f[i].setDefaultCloseOperation(JFrame.EXIT_ON_CLOSE);
         mygroup[i] =new ThreadGroup("素数计算"+i);
         t[i]=new Thread(mygroup[i],p[i]);
         t[i].start();
         btnr[i]=new JButton("继续线程"+(i+1));
         btnp[i]=new JButton("暂停线程"+(i+1));
         btnr[i].addActionListener(this);
         btnp[i].addActionListener(this);
         f3.add(btnr[i]);
         f3.add(btnp[i]);
```

```
            i++;
        }
        f3.setSize(800,80);
        f3.setLocation(100,400);
        f3.setVisible(true);
        f3.setDefaultCloseOperation(JFrame.EXIT_ON_CLOSE);
    }
    public void actionPerformed(ActionEvent e){
        for(int i=0;i<btnp.length;i++){
            if(e.getSource().equals(btnr[i])){
                mygroup[i].resume();
            }
            if(e.getSource().equals(btnp[i])){
                mygroup[i].suspend();
            }
        }
    }
    public static void main(String[] args) {
        String s1=JOptionPane.showInputDialog("请输入要计算的范围: ");
        String s2=JOptionPane.showInputDialog("请输入要启动的线程数: ");
        ThreadExa te=new ThreadExa(Integer.parseInt(s2),Integer.parseInt(s1));
    }
}
```

5. 测试结果

程序运行后，首先输入要计算的范围；其次输入要启动的线程数；最后在窗体中显示输出结果，并可以在显示的面板上对线程进行控制，即暂停或继续某个线程的运行。运行结果如图17-2所示。

图 17-2　运行结果

17.7　本章小结

本章主要介绍了Java程序多线程开发技术。重点讲解了以下几个方面的内容。

1．多线程的相关概念

● 程序：是指使用计算机语言编写的静态代码，它是应用软件执行的基础。

● 软件：是指计算机系统中控制硬件完成预定任务的程序、表达系统内信息组织方式的数据结构以及有关软件开发、测试、维护、使用的所有文档的总和。

● 进程：是操作系统结构的基础；是一个正在执行的程序；计算机中正在运行的程序实例；可以分配给处理器并由处理器执行的一个实体；由单一的顺序执行显示，一个当前状态和一组相关的系统资源描述的活动单元。

● 多进程：是指操作系统按照时间片轮转方式同时运行多个程序的情况。

● 线程：是程序中一个单一的顺序控制流程。是程序执行流的最小单元。

2．Java的线程通过java.lang.Thread类实现，Thread类是专门用来创建线程和对线程进行操作的类。每个Java程序都有一个默认的主线程，可以使用Thread.currentThread()方法查看当前运行的是哪个线程。Java提供了ThreadGroup类管理一组线程，一个线程组也可以属于另外一个线程组。

3．线程的实现方法有继承Thread类创建多线程和实现Runnable接口创建多线程。然后重写其中的run()方法。

4．当线程创建成功后便开始了它的生命周期，当run()方法中的代码正常执行完毕或线程抛出一个未捕获的异常或错误时，线程的生命周期便会结束，整个生命周期会分为5个阶段：新建状态、就绪状态、运行状态、阻塞状态和终止状态。

5．Java虚拟机按照特定的机制为程序中的每个线程分配CPU的使用权，称为线程的调度。线程的调度有两种模型：分时调度模型和抢占式调度模型。Java虚拟机中由线程调度器负责管理线程，调度器把线程分为10个级别，由整数1 ～ 10表示，优先级越高，越先执行；优先级越低，越晚执行；优先级相同时，则遵循队列的"先进先出"原则。

6．在线程执行过程中，可以对其进行控制。例如，使用stop()方法终止线程；使用isAlive()方法测试一个线程是否处于被激活的状态；使用静态sleep()方法可以指定线程睡眠一段时间后进入休眠等待状态；使用join()方法可以使当前线程等待调用该方法的线程执行完毕后再继续，实现插队的功能；使用yield()方法实现线程的让步。

7．使用多个线程访问同一个资源时，会引发一些安全问题，需要限制某个资源在同一个时刻只能被一个线程访问，即线程的互斥，用关键字synchronized为共享资源加标记解决；在资源不满足时，需要限制某个线程的访问，等待资源满足条件，即线程的同步，通过wait()和notify()（或notifyAll()）方法实现线程之间的相互协调。

17.8 习题十七

扫描二维码，查看习题。

扫二维码
查看习题

17.9 实验十七　多线程编程

扫描二维码，查看实验内容。

扫二维码
查看实验内容

第 18 章

网络通信

学习目标

本章主要介绍使用 Java 如何进行网络编程，首先讨论网络相关的概念和基础知识；其次介绍如何使用 Java 的相关类进行 TCP 和 UDP 协议编程，以及在网络上两个应用程序之间进行数据交换。通过本章的学习，读者应该掌握以下主要内容：

- 网络编程相关知识。
- 协议和端口的概念。
- 基于 TCP 协议的相关类操作。
- 基于 UDP 协议的相关类操作。

内容浏览

18.1 网络编程基础

网络已经成为人们日常生活中不可缺少的组成部分。所谓计算机网络，是指将地理位置不同的具有独立功能的多台计算机及其外部设备，通过通信线路连接起来，在网络操作系统、网络管理软件以及网络通信协议的管理和协调下，实现资源共享和信息传递的计算机系统。本章重点介绍网络通信的相关知识以及编写网络程序的方法和过程。

18.1.1 网络通信协议

扫一扫，看视频

网络通信是指采用网络协议实现计算机之间的数据交换。网络协议是指通信的计算机双方约定好的规则集合，一般网络通信使用的是TCP/IP协议。为了有效地实施网络通信，需要对协议进行分层。在实际应用中，TCP/IP协议分为四层，而在每一层又分布着不同的协议，具体如图18-1所示。

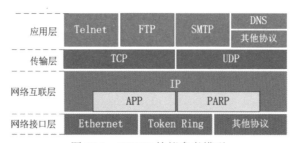

图 18-1　TCP/IP 协议参考模型

在Java中，网络编程不需要对TCP/IP协议了解很多，因为java.net包中封装了协议通信的具体细节，这使Java网络应用程序设计还是在应用层进行。本章所谓的网络编程，是指使用传输层的TCP和UDP协议进行应用程序通信。TCP是面向连接的、可靠的协议。UDP是面向无连接的、不可靠的协议。

18.1.2 IP 地址与端口号

扫一扫，看视频

一个网络连接包括一个5元组，具体内容如下。

（协议名称，本地地址，本地端口，远程地址，远程端口）

● 协议名称：用来确定通信双方的通信格式。
● 本地地址和远程地址：用来确定参与通信的计算机的位置。

要想使网络中的计算机能够进行通信，必须为每台计算机指定一个标识号，通过这个标识号指定接收数据的计算机或发送数据的计算机。在TCP/IP协议中，这个标识号就是IP地址，它可以唯一标识一台计算机，目前，IP地址广泛使用的版本是IPv4，它是由4个字节大小的二进制数表示，如00001010000000000000000000000001。由于二进制形式表示的IP地址非常不便于记忆和处理，因此通常会将IP地址写成十进制的形式，每个字节用一个十进制数（0~255）表示，数字间用符号"."分开，如"192.168.1.100"。随着计算机网络规模的不断扩大，对IP地址的需求也越来越多，IPv4这种用4个字节表示的IP地址资源面临枯竭，因此IPv6便应运而生，IPv6使用16个字节表示IP地址，它所拥有的地址容量约是IPv4的 8×10^{28} 倍，达到 2^{128} 个（算上全0的），这样就解决了网络地址资源数量不够的问题。

● 本地端口和远程端口：通过IP地址可以连接到指定计算机，但如果想访问目标计算机中的某个应用程序，则还需要指定端口号。在计算机中，不同的应用程序是通过端口号区分的。端口号是用两个字节（16位的二进制数）表示的，它的取值范围是0~65535，其中，0~1023的端口号用于一些知名的网络服务和应用，用户的普通应用程序需要使用1024以上的端口号，从而避免端口号被另外一个应用或服务占用。

18.1.3 InetAddress

在java.net包中提供了一个与IP地址相关的InetAddress类，可以用来描述一个IP地址，此类中提供了一些常用的方法帮助访问网络资源，如表18-1所示。

扫一扫，看视频

表 18-1　InetAddress 类的常用方法

方　法	功能说明
InetAddress getByName(String host)	确定所给主机名的计算机的 IP 地址
InetAddress getLocalHost()	返回本地主机名和 IP 地址
String getHostName()	获得指定 IP 地址的主机名
String getHostAddress()	返回文本显示中的 IP 地址字符串
boolean isReachable(int timeout)	测试地址是否可以到达

表18-1列举了InetAddress类的5个常用方法，第一个方法用于获得表示指定主机的InetAddress对象，第二个方法用于获得表示本地的InetAddress对象。通过InetAddress对象可以获取指定主机名、IP地址等。下面通过实例演示这些方法的使用。

【例18-1】获取网络上指定的主机名、IP地址等信息

```
import java.net.InetAddress;
public class InetAddressTest {
    public static void main(String args[])throws Exception {
        InetAddress localaddress=InetAddress.getLocalHost();
        InetAddress remoteaddress=InetAddress.getByName("www.nciae.edu.cn");
        System.out.println("本机的IP地址: "+localaddress.getHostAddress());
        System.out.println("远程的IP地址: "+remoteaddress.getHostAddress());
        System.out.println("远程的主机名: "+remoteaddress.getHostName());
        System.out.println("5秒是否可达: "+remoteaddress.isReachable(5000));
    }
}
```

扫一扫，看视频

上述代码的运行结果如图18-2所示。

图 18-2　InetAddress 类实例运行结果

18.1.4 TCP 与 UDP 协议

在TCP/IP网络体系结构中，TCP和UDP协议是TCP/IP协议的核心。TCP（Transport

18

网络通信

(349)

Control Protocol，传输控制协议）、UDP（User Data Protocol，用户数据报协议）是传输层最重要的两种协议，为上层用户提供不同级别的通信可靠性。TCP提供IP环境下的数据可靠传输，它提供的服务包括数据流传输、可靠性、有效流控、全双工操作和多路复用。通过面向连接、端到端和可靠的数据报发送。一般来说，它是事先为所发送的数据开辟出连接好的通道，然后再进行数据发送；而UDP不为IP提供可靠性、流控或差错恢复功能。也就是说，TCP对应的是可靠性要求高的应用，而UDP对应的是可靠性要求低、传输经济的应用。

扫一扫，看视频

（1）传输控制协议（TCP）：TCP定义了两台计算机之间进行可靠的传输而交换的数据和确认信息的格式，以及计算机为了确保数据的正确到达而采取的措施。协议规定了TCP软件怎样识别给定计算机上的多个目的进程如何对分组重复这类差错进行恢复。协议还规定了两台计算机如何初始化一个TCP数据流传输以及如何结束这一传输。TCP最大的特点就是提供的是面向连接、可靠的字节流服务。

（2）用户数据报协议（UDP）：UDP是一个简单的面向数据报的传输层协议。提供的是非面向连接的、不可靠的数据流传输。UDP不提供可靠性，也不提供报文到达确认、排序以及流量控制等功能。它只是把应用程序传给IP层的数据报发送出去，但是并不能保证它们能到达目的地。因此报文可能会丢失、重复及乱序等。但由于UDP在传输数据报前不用在客户机和服务器之间建立一个连接，且没有超时重发等机制，所以传输速度很快。

18.2 TCP程序设计基础

Java中所有与网络通信相关的类都封装在java.net包中。其中，基于TCP传输协议的类有Socket和ServerSocket；基于UDP传输协议的类有DatagramPacket、DatagramSocket和MulticastSocket。Socket是客户机与服务器之间进行通信的一种机制。在客户机和服务器中，分别创建独立的Socket，并通过Socket的属性，将两个Socket进行连接。实现连接后，就可以通过Socket进行客户机和服务器之间的通信了。

流式Socket通信是一种基于连接的通信，即在通信开始前先由通信双方确认身份并建立一条专用的虚拟连接通道，通过通道传输数据信息，进行通信，通信结束后再将连接拆除。流式通信主要通过Socket类和ServerSocket类完成，它们分别代表客户端和服务器端，在任意两台计算机之间建立连接。流式通信的过程如图18-3所示。

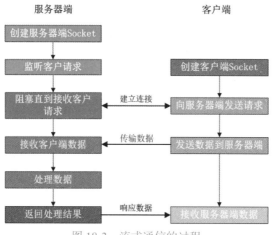

图 18-3 流式通信的过程

18.2.1 ServerSocket

在开发TCP程序时，首先需要创建服务器端程序，JDK的java.net包提供了 ServerSocket类，该类用在服务器端，接收客户端传输的数据，ServerSocket类有 以下构造方法。

- ServerSocket()：创建一个没有绑定端口的ServerSocket类对象，不能直接使 用该对象。还需要使用bind(SocketAddress endpoint)方法将其绑定到指定的端口号上。
- ServerSocket(int port)：创建一个绑定到指定端口的ServerSocket对象。端口号可以指 定为0，这时系统就会分配一个还没有被其他网络程序所使用的端口号，但由于客户端 需要根据指定的端口号访问服务器端程序，因此随机分配端口号的情况不常用，一般 会让服务器指定一个端口号。此构造方法是最常用的方法。
- ServerSocket(int port,int backlog)：创建一个绑定到指定端口且指定接收队列最大长度 的ServerSocket类对象。backlog参数用来指定在服务器忙时，可以与之保持连接请求 的等待客户数量，如果没有指定这个参数，则默认值为50。
- ServerSocket(int port, int backlog, InetAddress bindAddr)：创建一台具有指定端口的服 务器，侦听backlog和本地IP地址绑定的对象。此方法在上一个方法的基础上增加了一 个InetAddress类型的bindAddr参数，用来指定相关的IP地址。该方法适合用于计算机 有多块网卡和多个IP地址的情况，使用时可以明确规定ServerSocket类在哪块网卡或 IP地址上等待客户的连接请求。当然一块网卡的情况，就不用专门指定了。

ServerSocket类的常用成员方法如表18-2所示。

表 18-2 ServerSocket 类的常用成员方法

方 法	功 能 说 明
Socket accept()	等待连接，此方法在指定 ServerSocket 上挂起等待，直到有客户连 接时，才创建一个用于处理客户请求的新的 Socket 对象
InetAddress getInetAddress()	返回此服务器套接字的本地地址
void bind(SocketAddress endpont)	绑定到指定 IP 地址的方法
boolean isClosed()	返回 ServerSocket 的关闭状态
void close()	关闭连接

18.2.2 Socket

Socket用在客户端，用户通过构造一个Socket对象建立与服务器的连接。 Socket连接可以是流连接，也可以是数据报连接，这取决于构造Socket对象使用的 构造方法，一般情况下是流连接。流连接能把所有数据准确有序地送到接收方，但 是速度较慢。Socket类的构造方法主要有以下几种。

- Socket()：创建一个空的Socket类的对象。该方法没有指定IP地址和端口号，并没有连 接任何服务器，需要调用connect(SocketAddress endpoint)方法才能完成与指定服务器 端的连接。其中，参数endpoint用于封装IP地址和端口号。
- Socket(String host,int port)：创建一个连接指定主机、指定端口的Socket流对象，用于 连接服务器程序。
- Socket(InetAddress address,int port)：创建一个指定Internet地址、指定端口的Socket流 对象。

● Socket(String host, int port, InetAddress localAddr, int localPort)：创建套接字并将其连接到指定远程端口号上的指定远程主机。

创建完Socket对象后，就可以通过Socket类建立输入流和输出流，通过流传输数据。Socket类的常用成员方法如表18-3所示。

表18-3　Socket 类的常用成员方法

方　　法	功　能　说　明
int getPort()	返回此套接字连接到的远程端口号
InetAddress getLocalAddress()	获取套接字绑定的本地地址
void close()	关闭此套接字
void connect(SocketAddress endpoint)	将此套接字连接到服务器
InputStream getInputStream()	获得 Socket 的输入流
OutputStream getOutputStream()	获得 Socket 的输出流

18.2.3　综合案例——字符串大小写转换程序

扫一扫，看视频

下面通过一个具体的实例说明如何使用Socket类和ServerSocket类开发一个客户端/服务器端（C/S）模型的应用程序。

首先是服务器端程序，具体编程步骤如下。

（1）使用ServerSocket类监听指定端口，即创建一个ServerSocket对象，端口可以随意指定（建议使用大于1024的端口）。

（2）使用ServerSocket对象的accept()方法等待客户连接请求，此时服务器一直保持停滞状态，直到客户端发来请求，建立新的Socket对象。

（3）使用新建的Socket对象建立输入流和输出流对象。

（4）使用流对象方法完成与客户端的数据传输，并把处理结果返回给客户端。

（5）完成通信后，关闭通信流，关闭用来监听的Socket对象。

服务器端的具体代码如下：

```
class SocketServer extends JFrame implements ActionListener{
    //声明组件
    ServerSocket mysocket;                          //声明服务器端的Socket
    static Socket connect=null;
    SocketServer()throws IOException{}              //安排组件的顺序
    public void actionPerformed(ActionEvent e){
        JButton b=(JButton)e.getSource();
        if(b.equals(btnstart)){
            try{ String p=port.getText();
                if(!p.equals("")){                  //启动服务器
                    mysocket=new ServerSocket(Integer.parseInt(port.getText()));
                    connect=mysocket.accept();      //接收客户端连接
                    l5.setText("服务器已经启动！监听端口在"+p+"。");}
                else{ JOptionPane.showMessageDialog(this,"请输入端口号!","提示信息"
                        ,JOptionPane.INFORMATION_MESSAGE);}
            }catch(Exception ee){ l5.setText("服务器启动错误! ");}
        }
        if(b.equals(btnconvert)){
            try{ BufferedReader in=new BufferedReader(new
                InputStreamReader(connect.getInputStream())); //获得接收数据流
                //获得发送数据流
```

```
                    PrintWriter out=new PrintWriter(connect.getOutputStream(),true);
                    String line=in.readLine();                    //接收客户端信息
                    oldword.setText(line);
                    newword.setText(line.toUpperCase());      //转换信息
                    out.println(line.toUpperCase());          //将转换结果返回给客户端
                }catch(Exception ioe){
                    15.setText("数据传输错误！"); }
            }
        }
    }
```

其次是客户端程序，具体编程步骤如下。

（1）使用Socket类的构造方法对网络上某一台服务器的某一个端口发出连接请求。

（2）连接成功后，使用Socket类的常用成员方法getInputStream()和getOutputStream()创建输入流和输出流。

（3）使用流对象的相应方法读/写数据。

（4）通信完成后，关闭流对象，关闭Socket。

客户端的具体代码如下。

```
class SocketClient extends JFrame implements ActionListener{
    //声明组件
    Socket connect;                              //声明发送数据和接收数据的Socket
    SocketClient(){ }                            //安排组件的顺序
    public void actionPerformed(ActionEvent e){
        JButton b=(JButton)e.getSource();
        if(b.equals(btnconnect)){
            try{String h=address.getText();
                String p=port.getText();
                if(h.equals("")||p.equals("")){
                    JOptionPane.showMessageDialog(this,
                        "请输入服务器名称和端口号!",
                        "提示信息",JOptionPane.INFORMATION_MESSAGE);}
                else{ connect=new Socket(InetAddress.getByName(h),
                                Integer.parseInt(p));        //连接服务器
                    15.setText("连接服务器成功! ");}
            }catch(Exception ee){15.setText("连接服务器失败! ");}
        }
        if(b.equals(btnsend)){
            try{ PrintWriter out= new PrintWriter(
                    connect.getOutputStream(),true);          //获得发送数据流
                BufferedReader in=new BufferedReader(new
                InputStreamReader(connect.getInputStream())); //获得接收数据流
                out.println(word.getText());                  //发送数据
                String line=in.readLine();                    //接收服务器转换结果
                newword.setText(line);
        }catch(Exception ioe){ 15.setText("数据传输错误! ");}}
    }
}
```

首先运行服务器端程序，自动获得服务器名称，默认端口号为5200，也可更改为其他端口。单击"启动"按钮，服务器端会使用ServerSocket类监听指定端口，等待客户端连接请求，如图18-4所示。然后在客户端输入服务器名称和端口号，单击"连接"按钮，使用Socket类发起连接请求，连接成功后打开会话，如图18-5所示。在客户端输入要转换的内容，单击"发送"按钮后，等待服务器的回应，如图18-6所示。在服务器端单击"转换"按钮，接收客户端发送来的信息进行转换，并将转换后的结果返回给客户端，如图18-7所示。服务器端转换完

成后，客户端自动显示转换结果，如图18-8所示。

图 18-4　服务器端程序启动　　　　　图 18-5　客户端程序发出请求连接

图 18-6　客户端程序发送信息　　　　　图 18-7　服务器端转换信息

图 18-8　客户端接收到服务器端转换结果

18.3　UDP程序设计基础

　　基于连接的通信可以确保整个通信过程准确无误，但是连接的建立和拆除增加了程序的复杂性，同时在通信过程中始终保持连接也会占用系统资源，所以只适合集中、连续的通信，如网上聊天，而对于一些断续的通信则应该使用无连接的数据报方式。

　　数据报（Datagram）是网络层数据单元在介质上传输信息的一种逻辑分组格式，它是一种在网络中传播的、独立的、自身包含地址信息的信息。它能否到达目的地，到达时间、到达时内容是否会变化不能准确知道，它的通信双方不需要建立连接。发送和接收数据报需要使用java.net包中的DatagramPacket类和DatagramSocket类。

18.3.1　DatagramPacket

扫一扫，看视频

　　DatagramPacket类是进行数据报通信的基本单元，它包含了需要传输的数据、数据报的长度、IP地址和端口号等。DatagramPacket有以下构造方法。

● DatagramPacket(byte[] buf,int len)：创建一个用于接收数据报的DatagramPacket对象，参数byte[]用于存放数据报；参数len用于指明接收的数据报的长度。

● DatagramPacket(byte[] buf,int len,InetAddress address,int port)：创建一个用于接收数据报的DatagramPacket对象，参数byte[]用于存放数据报；参数len用于指明接收的数据报的长度；参数address和port用于指明目的计算机的地址。

DatagramPacket类有以下常用成员方法。

- byte[] getData()：返回包含接收到或要发送的数据报中数据的数组。
- int getLength()：返回发送或接收到的数据的长度。
- InetAddress getAddress()：返回一个发送或接收此数据报的机器的IP地址。
- int getPort()：返回发送或接收数据报的远程主机的端口号。

18.3.2　DatagramSocket

扫一扫，看视频

用数据报方式编写客户端/服务器端程序，无论在客户端还是服务器端，首先都要创建一个DatagramSocket 对象，用来接收或发送数据报。DatagramSocket类用来在程序之间建立传输数据报的通信连接。它有以下构造方法。

- DatagramSocket()：创建一个用于发送的DatagramSocket对象，并使其与本机任一可用的端口连接，若打不开socket，则抛出SocketException异常。
- DatagramSocket(int port)：创建一个用于接收的DatagramSocket对象，并使其与本机指定的端口连接，若打不开socket，则抛出SocketException异常。

18.3.3　综合案例——聊天室程序

扫一扫，看视频

下面通过一个具体的实例说明使用DatagramPacket类和DatagramSocket类开发应用程序的过程。

首先是客户端程序，具体编程步骤如下。

（1）通过创建DatagramSocket对象建立数据报通信的Socket。

（2）通过DatagramPacket对象为每个数据报创建一个数据报文包，用来实现无连接的包传送服务。

（3）通过调用DatagramPacket对象的send(DatagramPacket data)方法发送数据报文包。

（4）客户端要接收报文，需要使用DatagramPacket(byte[] buf,int len)构造方法创建一个用来接收数据报的新对象，然后使用此对象再调用receive(DatagramPacket data)方法接收数据报。

（5）处理缓冲区中的数据，通信结束使用DatagramSocket对象的close()方法关闭数据报通信。

客户端的具体代码如下。

```
class DatagramClient extends JFrame implements ActionListener{//声明组件
    DatagramSocket sends,receives;              //声明发送数据报和接收数据报的Socket
    DatagramPacket sendp,receivep;              //声明发送数据报文包和接收数据报文包
    DatagramClient(){                           //安排组件的顺序
        waitForPacket();                        //监听服务器端数据报
    }
    public void actionPerformed(ActionEvent e){
        try{
            txalog.appendText("\n客户端: ");
            String s=txfsay.getText();          //获得客户端留言
            byte data[]=new byte[100];
            s.getBytes(0,s.length(),data,0);    //将字符串转换成字节数组
            //创建发送数据报文包
            sendp=newDatagramPacket(data,s.length(),
            InetAddress.getByName("127.0.0.1"),2000);
```

```
                sends.send(sendp);                  //发送数据报
                txalog.appendText(s);               //显示客户端留言
                txfsay.setText("");                 //清空留言
            }catch(IOException ioe){txalog.appendText("网络通信错误! ");}
    }
    void waitForPacket(){
        try{
            sends=new DatagramSocket();          //实例化一个发送数据报的Socket对象
            receives=new DatagramSocket(2001);//实例化一个接收数据报的Socket对象
        }catch(SocketException e){ txalog.appendText("无法与指定端口连接! "); }
        while(true){
            try{
                byte buf[]=new byte[100];
                //创建一个接收数据报文包
                receivep=new DatagramPacket(buf,buf.length);
                receives.receive(receivep); //接收数据报
                txalog.appendText("\n服务器端: ");
                byte data[]=receivep.getData(); //读取数据报中的数据
                String s=new String(data);   //将字节数组转换成字符串
                txalog.appendText(s);           //显示接收到的服务器端数据
            }catch(IOException ioe){txalog.appendText("网络通信错误! ");}
        }
    }
}
```

程序运行结果如图18-9所示。

图 18-9 客户端聊天界面

其次是服务器端,在数据报通信中,通信双方不需要建立连接,所以服务器端通信过程与客户端通信过程很相似,具体编程步骤如下。

(1)创建数据报通信的DatagramSocket对象。

(2)创建数据报文包DatagramPacket对象。

(3)接收数据报和发送数据报。

(4)处理数据报中的数据。

(5)处理完毕,关闭通信的Socket对象。

服务器端的具体代码如下。

```
class DatagramServer extends JFrame implements ActionListener{//声明组件
    DatagramSocket sends,receives;              //声明发送数据报和接收数据报的Socket
    DatagramPacket sendp,receivep;              //声明发送数据报文包和接收数据报文包
    DatagramServer(){                           //安排组件的顺序
        waitForPacket();                        //监听客户端数据报
    }
```

```
public void actionPerformed(ActionEvent e){
    try{    txalog.appendText("\n服务器端: ");
        String s=txfsay.getText();
        byte data[]=new byte[100];
        s.getBytes(0,s.length(),data,0);
        //创建发送数据报文包
        sendp=new DatagramPacket(data,s.length(),
        InetAddress.getByName("127.0.0.1"),2001);
        sends.send(sendp);                  //发送数据报
        txalog.appendText(s);
        txfsay.setText("");
    }catch(IOException ioe){txalog.appendText("网络通信错误! ");}
}
void waitForPacket(){
    try{sends=new DatagramSocket();          //实例化一个发送数据报的Socket对象
        receives=new DatagramSocket(2000);//实例化一个接收数据报的Socket对象
    }catch(SocketException e){System.exit(1);}
    while(true){
        try{byte buf[]=new byte[100];
            receivep=new DatagramPacket(buf,buf.length);//创建一个接收数据报文包
            receives.receive(receivep);
            txalog.appendText("\n客户端: ");
            byte data[]=receivep.getData();              //读取数据报中的数据
            String s=new String(data);
            txalog.appendText(s+"\n");
        }catch(IOException ioe){txalog.appendText("网络通信错误! ");}
    }
}
}
```

程序运行结果如图18-10所示。

图 18-10　服务器端聊天界面

18.4　本章小结

本章从介绍网络通信基础知识入手，讲解了如何使用Java进行网络编程，介绍了通过
Socket使用TCP和UDP协议在网络上两个应用程序之间进行数据交换的方法，以及配合图形用
户界面技术开发自己的网络通信程序。重点讲解了以下几个方面的内容。

1．网络通信是指采用网络协议实现计算机之间的数据交换。即通信的计算机双方约定好

的规则集合，一般网络通信使用的是TCP/IP协议。在Java中，网络编程不需要对TCP/IP协议了解很多，主要使用java.net包中封装的协议通信的方法实现。网络编程是指使用传输层的TCP和UDP协议进行应用程序通信。TCP是面向连接的、可靠的协议。UDP是面向无连接的、不可靠的协议。

2．一个网络连接包括一个5元组(协议名称、本地地址、本地端口、远程地址和远程端口)，在java.net包中提供了一个与IP地址相关的InetAddress类，可以用来描述一个IP地址。

3．Java中所有与网络通信相关的类都封装在java.net包中。其中，基于TCP传输协议的类有Socket和ServerSocket；基于UDP传输协议的类有DatagramPacket、DatagramSocket和MulticastSocket。

4．在开发TCP程序时，首先需要创建服务器端程序，JDK的java.net包提供了ServerSocket类，该类用在服务器端，接收客户端传输的数据。Socket类用在客户端，通过创建一个Socket对象建立与服务器端的连接。

5．在开发UDP程序时，发送和接收数据报需要使用java.net包中的DatagramSocket类和DatagramPacket类。DatagramPacket类是进行数据报通信的基本单元，它包含了需要传输的数据、数据报的长度、IP地址和端口号等。DatagramSocket类用来在程序之间建立传输数据报的通信连接。用数据报方式编写客户端/服务器端程序，无论在客户端还是服务器端，首先都要创建一个DatagramSocket 对象，用来接收或发送数据报。

18.5 习题十八

扫描二维码，查看习题。

扫二维码
查看习题

18.6 实验十八　网络编程基础

扫描二维码，查看实验内容。

扫二维码
查看实验内容

第 19 章

反射机制

学习目标

本章主要讲解反射机制的相关概念和基础知识，介绍反射机制的常见操作，以及注解功能的定义和访问。通过本章的学习，读者应该掌握以下主要内容：

- 反射机制的概念和相关知识。
- Class 类和 Java 反射。
- 反射机制的常见操作。
- 注解功能的定义和访问。

内容浏览

19.1 Java反射与Class类

对于运行状态中的任意一个类，都能知道这个类的所有属性和方法，对于任意一个对象，都能够调用它的任意一个方法，这种动态获取以及动态调用对象方法的功能就是"Java的反射机制"。

19.1.1 反射机制的本质

扫一扫，看视频

Java的反射机制是Java语言一个很重要的特性，它是Java"动态性"的重要体现。虽然反射机制在实际开发中直接使用的并不多，但是很多框架底层都会使用反射机制。因此，理解反射机制对于后面学习更加深入的知识非常必要。下面先看一段简单的代码。

```
package com.nciae.test;
public class User {
    private int age;
    private String uname;
    public User() {}
    public User(String uname) { this.uname = uname; }
    public User(int age, String uname) {
        super();
        this.age = age;
        this.uname = uname;
    }
    public int getAge() { return age; }
    public void setAge(int age) { this.age = age; }
    public String getUname() { return uname; }
    public void setUname(String uname) { this.uname = uname; }
    public void printName(){ System.out.println("我的名字是: "+uname); }
}
```

一般情况下使用下列代码创建一个User对象，但是其内存结构到底是怎么样的呢？

```
public class ClassTest {
    public static void main(String[] args) {
        User user = new User("王晓明");
    }
}
```

实际上，在加载任何一个类时都会在方法区中建立"这个类对应的Class对象"，由于"Class对象"包含了这个类的整个结构信息，所以可以通过这个"Class 对象"操作这个类。要使用一个类，首先要加载类；加载完类之后，在堆内存中，就产生了一个 Class 类型的对象（一个类只有一个Class对象），这个对象就包含了完整的类结构信息。可以通过这个对象知道类的结构。这个对象就像一面镜子，透过这面镜子可以看到类的结构，所以，形象地称为反射。因此，"Class 对象"是反射机制的核心。可以通过"Class 对象"调用这个类的所有属性、所有方法、构造方法，这样就可以动态加载、运行相关的类。例如：

```
Class.forName("package1.ClassName");
```

Class.forName()方法可以在运行时再决定加载什么样的类，字符串传入什么类，就加载什么类，完全和源码无关，这就是"动态性"。反射实现了"运行时加载、探知、使用，而编译期间完全未知的类"。

19.1.2　Class 类

java.lang.Class类是反射（Reflection）的根源。针对任何要动态加载、运行的类，唯有先获得相应的Class 对象。java.lang.Class类十分特殊，用来表示Java中类型（class/interface/enum/annotation/primitive type/void）本身。

扫一扫，看视频

获取Class类的对象的方法如下所示（假设创建用户对象user）。

```
User user=new User("王晓明");
```

（1）getClass()。返回包含类表示所有的公共类和由此表示类的成员接口的对象类的数组。例如：

```
Class c1=user.getClass();
```

（2）.class 语法。例如：

```
Class c2 = User.class;
```

（3）Class.forName()方法（最常用的一种方法）。例如：

```
Class c3 = Class.forName("com.nciae.test.User");
```

由于系统针对每个类只会创建一个Class对象，因此，上面三个变量c1、c2、c3实际指向的是同一个对象。

19.1.3　反射机制的优缺点

反射机制可以让程序在运行时加载编译期间完全未知的类，让程序更加灵活、更加开放，但不足是会大大降低程序执行的效率。下面通过一个实例比较一下使用反射机制后的效率问题。

【例 19-1】使用反射机制后的效率测试

```
/**
* 反射效率测试
*/
package com.nciae.test;
import java.lang.reflect.Method;
public class Test00 {
    public static void main(String[ ] args) {
        String path = "com.nciae.test.User";
        try {
            Class cla = Class.forName(path);
            long reflactStart1 = System.currentTimeMillis();
            User user1 = (User) cla.newInstance();
            Method method1 = cla.getDeclaredMethod("setUname", String.class);
            for(int i=0;i<1000000;i++){  method1.invoke(user1, "王晓明");  }
            long reflactEnd1 = System.currentTimeMillis();
            long objectStart1 = System.currentTimeMillis();
            User user2 = new User();
            for(int i=0;i<1000000;i++){ user2.setUname("王晓明"); }
            long objectEnd1 = System.currentTimeMillis();
            System.out.println("反射机制执行时间: "+(reflactEnd1-reflactStart1));
            System.out.println("普通方法执行时间: "+(objectEnd1-objectStart1));
```

19

20

反
射
机
制

```
    }catch (Exception e) {
        e.printStackTrace();
    }
  }
}
```

运行一次上述代码，执行结果如图19-1所示。

图 19-1　反射效率测试结果

19.2 反射机制的常见操作

反射机制的常见操作，实际上就是"Class 对象"的常用方法的使用。一般有以下几种常见操作：动态加载类、动态获取类的信息（属性、方法、构造器）、动态构造对象、动态调用类和对象的任意方法、动态调用和处理属性、获取泛型信息、处理注解。在操作过程中，会涉及以下几个类，如表19-1所示。

表 19-1　反射机制的常见操作中涉及的类

类　名	类的作用
Class	代表类的结构信息
Method	代表方法的结构信息
Field	代表属性的结构信息
Constructor	代表构造方法的结构信息
Annotation	代表注解的结构信息

19.2.1　操作构造方法（Constructor 类）

扫一扫，看视频

通过下列Class类的方法访问构造方法时，将返回Constructor类型的对象或数组，每个Constructor对象代表一个构造方法，利用Constructor对象可以操纵相应的构造方法。

- Constructor<?>[] getConstructors()：返回包含一个 Constructor对象的反射数组，由此表示类的所有公共构造类对象。
- Constructor<T> getConstructor(Class<?>... parameterTypes)：返回一个Constructor对象，该对象表示类的指定的公共类方法。
- Constructor<?>[] getDeclaredConstructors()：返回一个反映Constructor对象表示的类声明的所有 Constructor对象的数组类 。
- <T> getDeclaredConstructor(Class<?>... parameterTypes)：返回一个Constructor对象，该对象反映 Constructor对象表示的类或接口的指定类函数。

Constructor类的常用方法如表19-2所示。

表 19-2 　 Constructor 类的常用方法

方　　法	功　能　说　明
String getName()	以字符串形式返回此构造方法的名称
类 <?>[] getParameterTypes()	返回一个类对象的数组，类以声明顺序表示该对象的可执行文件的形参类型
类 <?>[] getExceptionTypes()	返回一个类对象的数组，类表示由该对象的底层可执行文件声明的异常类型
T newInstance(Object... initargs)	使用此 Constructor 对象表示的构造方法，使用指定的初始化参数创建和初始化构造方法的声明类的新实例
int getModifiers()	返回由该对象表示的可执行文件的 Java 语言的 modifiers
boolean isVarArgs()	如果这个可执行文件带有可变数量的参数，则返回 true；否则返回 false

getModifiers()方法的返回值是java.lang.reflect.Modifier类（修饰符）信息，在该类中提供了一系列用来解析修饰符的静态方法，既可以查看是否包含被指定的修饰符修饰，也可以以字符串的形式获得所有修饰符。Modifier类中的常用方法如表19-3所示。

表 19-3 　 Modifier 类中的常用方法

静态方法	功　能　说　明
isAbstract(int mod)	如果 int 型参数包含 abstract 修饰符，则返回 true；否则返回 false
isFinal(int mod)	如果 int 型参数包含 final 修饰符，则返回 true；否则返回 false
isInterface(int mod)	如果 int 型参数包含 interface 修饰符，则返回 true；否则为 false
isNative(int mod)	如果 int 型参数包含 native 修饰符，则返回 true；否则返回 false
isPrivate(int mod)	如果 int 型参数包含 private 修饰符，则返回 true；否则返回 false
isProtected(int mod)	如果 int 型参数包含 protected 修饰符，则返回 true；否则返回 false
isPublic(int mod)	如果 int 型参数包含 public 修饰符，则返回 true；否则返回 false
isStatic(int mod)	如果 int 型参数包含 static 修饰符，则返回 true；否则返回 false
isSynchronized(int mod)	如果 int 数参数包含 synchronized 修饰符，则返回 true；否则返回 false
String toString(int mod)	返回描述指定修饰符中的访问修饰符标志的字符串

下面通过案例介绍操作构造方法的过程。

【例19-2】使用反射操作构造方法

```
/**
* 测试反射操作构造方法(Constructor类)
*/
package com.nciae.test;
import java.lang.reflect.Constructor;
public class Test01 {
    public static void main(String[ ] args) {
        String path = "com.nciae.test.User";
        try { Class cla = Class.forName(path);
            Constructor[] cons = cla.getDeclaredConstructors();//获得所有构造方法
            for (Constructor constructor : cons) {
                System.out.println(constructor);
            }
        System.out.println("**********************");
        Constructor c1 = cla.getDeclaredConstructor(null); //获得无参构造方法
        System.out.println("无参构造方法："+c1);
```

```
                //获得带参构造方法
                Constructor c2 = cla.getDeclaredConstructor(int.class,String.class);
                System.out.println("带参int、String的构造方法: "+c2);
                System.out.println("**********************");
                //调用构造方法,构造对象
                User user1 = (User) cla.newInstance();          //调用无参构造方法
                User user2 = (User) c1.newInstance(null);    //调用无参构造方法
                //调用带参构造方法传入参数
                User user3 = (User) c2.newInstance(21,"王晓明");
                user1.printName();
                user2.printName();
                user3.printName();
            }catch (Exception e) {
                e.printStackTrace();
            }
        }
    }
```

运行上述程序,执行结果如图19-2所示。

图 19-2   使用反射操作构造方法的示例

19.2.2   操作属性(Field 类)

通过Class类的一组方法可以访问属性(成员变量),返回Field类型的对象或数组,每个Field对象代表一个成员变量,利用Field对象可以操纵相应的成员变量。

扫一扫,看视频

● Field getField(String name):返回一个Field对象,它反映由此表示的类或接口的指定公共成员字段对象。

● Field[] getFields():返回包含一个数组Field对象,它反映由此表示的类或接口的所有可访问的公共成员字段对象。

● Field getDeclaredField(String name):返回一个Field对象,它反映由此表示的类或接口的指定已声明字段对象。

● Field[] getDeclaredFields():返回一个数组Field对象,它反映由此表示的类或接口声明的所有字段对象。

Field类的常用方法如表19-4所示。

表 19-4   Field 类的常用方法

方　　法	功　能　说　明
boolean getBoolean(Object obj)	获取静态或实例的 boolean 型字段值
byte getByte(Object obj)	获取静态或实例的 byte 型字段值
char getChar(Object obj)	获取静态或实例的 char 型字段值,或者通过扩展转换获得可转换成 char 型的另一个值

方　法	功 能 说 明
double getDouble(Object obj)	获取静态或实例的 double 型字段值，或者通过扩展转换成另一个 double 型值
float getFloat(Object obj)	获取静态或实例的 float 型字段值，或者通过加宽转换成另一个 float 型值
int getInt(Object obj)	获取静态或实例的 int 型字段值，或者通过扩展转换成另一个 int 型值
long getLong(Object obj)	获取静态或实例的 long 型字段值，或者通过扩大转换成另一个 long 型值
short getShort(Object obj)	获取静态或实例的 short 型字段值，或者通过加宽转换成另一个 short 型值
Class<?> getType()	返回一个类对象，标识了由此表示的字段的声明类型 Field 对象
int getModifiers()	返回由该 Field 对象表示的字段的 Java 语言修饰符，作为整数
String getName()	返回由该 Field 对象表示的字段的名称
void setBoolean(Object obj, boolean b)	设置一个 boolean 型字段值到指定的对象上
void setByte(Object obj, byte b)	设置一个 byte 型字段值到指定的对象上
void setChar(Object obj, char c)	设置一个 char 型字段值到指定的对象上
void setDouble(Object obj, double d)	设置一个 double 型字段值到指定的对象上
void setFloat(Object obj, float f)	设置一个 float 型字段值到指定的对象上
void setInt(Object obj, int i)	设置一个 int 型字段值到指定的对象上
void setLong(Object obj, long l)	设置一个 long 型字段值到指定的对象上
void setShort(Object obj, short s)	设置一个 short 型字段值到指定的对象上

下面通过案例介绍操作属性的过程。

【例 19-3】使用反射操作属性

```
/**
* 测试反射操作属性(Field类)
*/
package com.nciae.test;
import java.lang.reflect.Field;
public class Test02 {
    public static void main(String[ ] args) {
        String path = "com.nciae.test.User";
        try {
            Class cla = Class.forName(path);
            Field[ ] fields = cla.getDeclaredFields();//获得所有属性
            for (Field f : fields) { System.out.println("属性:"+f); }
            System.out.println("*********************");
            Field ff = cla.getDeclaredField("uname"); //获得指定名字的属性
            System.out.println("通过uname名字获得Field对象: "+ff);
            User user = (User) cla.newInstance();      //通过反射给对象的属性赋值
            ff.setAccessible(true); //跳过安全检查，可以直接访问私有属性和方法
            ff.set(user, "王晓明");
            user.printName();
            System.out.println("*********************");
```

19

反射机制

```
        }catch (Exception e) {
            e.printStackTrace();
        }
    }
}
```

运行上述程序，执行结果如图19-3所示。

```
 Problems  Javadoc  Declaration  Console 
<terminated> Test02 [Java Application] C:\Program Files\Java\jdk1.8.0_181\bin\javaw.exe (2020年8月9日 下午7:36:14)
属性：private int com.nciae.test.User.age
属性：private java.lang.String com.nciae.test.User.uname
*********************
通过uname名字获得Field对象：private java.lang.String com.nciae.test.User.uname
我的名字是：王晓明
*********************
```

图 19-3   使用反射操作属性的示例

19.2.3   操作方法（Method 类）

扫一扫，看视频

通过Class类的一组方法可以访问成员方法，返回Method类型的对象或数组，每个Method对象代表一个成员方法，利用Method对象可以操纵相应的成员方法。

- Method getMethod(String name, Class<?>... parameterTypes)：返回一个方法对象，它反映由此表示的类或接口的指定公共成员方法类对象。
- Method[] getMethods()：返回包含一个方法对象数组，它反映由此表示的类或接口的所有公共成员方法类对象，包括那些由类或接口和那些从超类和超接口继承的声明。
- Method getDeclaredMethod(String name, Class<?>... parameterTypes)：返回一个方法对象，它反映由此表示的类或接口的指定已声明方法类对象。
- Method[] getDeclaredMethods()：返回包含一个方法对象数组，它反映由此表示的类或接口声明的所有方法，通过此表示类对象，包括公共、保护、默认（包）访问和私有方法，但不包括继承的方法。

Method类的常用方法如表19-5所示。

表 19-5   Method 类的常用方法

方　　法	功　能　说　明
String getName()	返回由此方法对象表示的方法的名称，作为 String
int getParameterCount()	返回由此对象表示的可执行文件的形式参数（无论是显式声明还是隐式声明）的数量
Class<?>[] getParameterTypes()	返回一个类对象的数组，以声明顺序表示由该对象表示的可执行文件的形式参数类型
Class<?> getReturnType()	返回一个类对象，它表示由该方法对象表示的方法的返回类型
Class<?>[] getExceptionTypes()	返回一个类对象的数组，它表示由该对象表示的底层可执行文件声明的异常类型
int getModifiers()	返回由该对象表示的可执行文件的 Java 语言修饰符
boolean isVarArgs()	如果这个可执行文件被宣布为带有可变数量的参数，则返回 true；否则返回 false
Object invoke(Object obj, Object... args)	在具有指定参数的方法对象上调用此方法对象表示的底层方法

下面通过案例介绍操作方法的过程。

```java
/**
 * 测试反射操作方法(Method类)
 */
package com.nciae.test;
import java.lang.reflect.Method;
public class Test03 {
    public static void main(String[ ] args) {
        String path = "com.nciae.test.User";
        try {
            Class cla = Class.forName(path);
            Method[ ] methods = cla.getDeclaredMethods();//获得所有方法
            for (Method m : methods) { System.out.println("方法: "+m); }
            System.out.println("*********************");
            //获得指定名字和参数，获得方法
            Method method1 = cla.getDeclaredMethod("setUname", String.class);
            Method method2 = cla.getDeclaredMethod("printName", null);
            //通过反射调用方法
            User user = (User) cla.newInstance();
            method1.invoke(user, "王晓明");
            method2.invoke(user, null);
            System.out.println("*********************");
        } catch (Exception e) {
            e.printStackTrace();
        }
    }
}
```

运行上述程序，执行结果如图19-4所示。

```
🔲 Problems @ Javadoc 🔍 Declaration 🖵 Console ☒           ▣ ✖ 🛠 🗐 🗐 🖉 🗗 🗗 ▾ 🗂 ▾ ▾
<terminated> Test03 [Java Application] C:\Program Files\Java\jdk1.8.0_181\bin\javaw.exe (2020年8月9日 下午7:37:51)
方法: public int com.nciae.test.User.getAge()
方法: public void com.nciae.test.User.setUname(java.lang.String)
方法: public void com.nciae.test.User.setAge(int)
方法: public void com.nciae.test.User.printName()
方法: public java.lang.String com.nciae.test.User.getUname()
*********************
我的名字是：王晓明
*********************
```

图 19-4   使用反射操作方法的示例

19.3   Annotation注解功能

Java中提供了Annotation注解功能，该功能可用于类、构造方法、成员变量、成员方法、参数等的声明中，该功能虽然不影响程序的运行，但会对编译器警告等辅助工具产生影响。本节将介绍Annotation注解功能的使用方法。

扫一扫，看视频

19.3.1   定义 Annotation 类型

在定义Annotation类型时，使用的关键字为@interface，这个关键字的隐含意思是继承java.lang.annotation.Annotation接口。具体定义代码如下。

```
public @interface AnnotationTest{
}
```

上面定义的Annotation类型未包含任何成员，但也可以包含以下成员类型。

● 可用的成员类型：String、Class、primitive、enumerated和annotation，以及所列类型的数组。

● 成员名称：如果只包含一个成员，则通常命名为value。在定义成员时，也可以设置成员的默认值。

通过@Target可以设置Annotation类型适用的程序元素种类，如果不设置@Target，则表示适用于所有程序元素。

通过@Retention可以设置Annotation的有效范围。

下面通过案例讲解定义Annotation类型的方法。

1. 定义注释构造方法的Annotation类型

首先定义一个用来注释构造方法的Annotation类型@Con_Annotation，有效范围为在运行时加载Annotation到JVM中。具体定义代码如下。

```
package com.nciae.test.an;
import java.lang.annotation.*;
@Target(ElementType.CONSTRUCTOR)         //用于构造方法
@Retention(RetentionPolicy.RUNTIME)
//在运行时加载Annotation到JVM中
public @interface Con_Annotation{
    //定义一个具有默认值的String成员
    String value()default "默认构造方法";
}
```

2. 定义注释字段、方法和参数的Annotation类型

定义一个用来注释字段、方法和参数的Annotation类型@F_M_P_Annotation，有效范围为在运行时加载Annotation到JVM中。具体定义代码如下。

```
package com.nciae.test.an;
import java.lang.annotation.*;
//用于字段、方法和参数
@Target({ElementType.FIELD,ElementType.METHOD,ElementType.PARAMETER})
@Retention(RetentionPolicy.RUNTIME)
//在运行时加载Annotation到JVM中
public @interface F_M_P_Annotation{
    String describe();                   //定义一个没有默认值的String成员
    Class type()default void.class;      //定义一个具有默认值的Class成员
}
```

3. 利用上述注释定义类

最后定义一个User类，在该类中运用前面定义的Annotation类型@Con_Annotation对构造方法进行注释，使用@F_M_P_Annotation对字段、方法和参数进行注释。具体定义代码如下。

```
package com.nciae.test.an;
public class User {
    @F_M_P_Annotation(describe="年龄",type=int.class)
    int age;
    @F_M_P_Annotation(describe="姓名",type=String.class)
    String uname;
```

```
@Con_Annotation("       默认构造方法")
public User() {}
@Con_Annotation("       初始化构造方法")
public User(@F_M_P_Annotation(describe="年龄",type=int.class)int age, @F_
M_P_Annotation(describe="姓名",type=String.class)String uname) {
    this.age = age;   this.uname = uname;
}
@F_M_P_Annotation(describe="获得年龄")
public int getAge() { return age; }
@F_M_P_Annotation(describe="设置年龄",type=int.class)
public void setAge(int age) {this.age = age; }
@F_M_P_Annotation(describe="获得姓名")
public String getUname() { return uname; }
@F_M_P_Annotation(describe="设置姓名",type=String.class)
public void setUname(String uname) { this.uname = uname; }
@F_M_P_Annotation(describe="输出姓名")
public void printName(){  System.out.println("我的名字是: "+uname); }
}
```

19.3.2 访问 Annotation 信息

如果在定义Annotation类型时将@Retention设置成RetentionPolicy.RUNTIME，则在运行程序时可以通过反射获取相关的Annotation信息，如获取构造方法、字段属性和方法的Annotation信息。

Constructor、Field和Method类均继承了AccessibleObject类，在此类中定义了三个关于Annotation的方法。

- boolean isAnnotationPresent(类<? extends Annotation> annotationClass)：如果此元素上存在指定类型的注释，则返回true；否则返回false。
- <T extends Annotation>T getAnnotation(类<T> annotationClass)：返回该元素的注释；否则返回null类型的注释。
- Annotation[] getAnnotations()：返回此元素上存在的注释。

【例 19-5】使用注释获取类的信息

要求：在程序运行时通过反射访问User类中的Annotation信息。

编写访问构造方法及其参数的Annotation信息。具体代码如下：

```
package com.nciae.test.an;
import java.lang.annotation.Annotation;
import java.lang.reflect.Constructor;
import java.lang.reflect.Field;
import java.lang.reflect.Method;
public class Test04 {
  public static void main(String args[]) {
    System.out.println("--------User类构造方法描述如下---------");
    //获得User类的所有构造方法
    Constructor[] declaredCons = (User.class).getDeclaredConstructors();
    //遍历构造方法
    for (int i = 0; i < declaredCons.length; i++) {
      Constructor constructor = declaredCons[i];
      //查看是否有指定类型的注释
      if (constructor.isAnnotationPresent(Con_Annotation.class)) {
        //获得指定类型的注释
```

扫一扫，看视频

```
            Con_Annotation ca = (Con_Annotation)
                                constructor.getAnnotation(Con_Annotation.class);
        //获取并输出注释信息
        System.out.println(ca.value());
    }
    //获取构造方法参数的注释信息
    Annotation[][] parameterAnnotations =
                                constructor.getParameterAnnotations();
    //遍历构造方法的参数
    for (int j = 0; j < parameterAnnotations.length; j++) {
        //获得指定类型参数注释的长度
        int length = parameterAnnotations[j].length;
        //长度为0表示没有为该参数添加注释
        if (length == 0) {
            System.out.println("    未添加Annotation的参数");
        } else {
            for (int k = 0; k < length; k++) {
                //获得参数的注释
                F_M_P_Annotation fmpa = (F_M_P_Annotation)
                                                parameterAnnotations[j][k];
                System.out.print("    " + fmpa.describe());    //输出参数描述
                System.out.print("    " + fmpa.type());        //输出参数类型
            }
        }
        System.out.println();
    }
}
System.out.println("--------User类字段描述如下--------");
//获得User类的所有字段属性
Field[] decleredFields = (User.class).getDeclaredFields();
//遍历字段属性
for (int i = 0; i < decleredFields.length; i++) {
    Field field = decleredFields[i];
    if (field.isAnnotationPresent(F_M_P_Annotation.class)) {
        //获得指定类型的注释
        F_M_P_Annotation fmpa =
                                field.getAnnotation(F_M_P_Annotation.class);
        System.out.print("    " + fmpa.describe());        //输出字段描述
        System.out.print("    " + fmpa.type());            //输出字段类型
    }
    System.out.println();
}
System.out.println("--------User类方法描述如下--------");
//获得User类的所有方法
Method[] decleredMethods = (User.class).getDeclaredMethods();
for (int i = 0; i < decleredMethods.length; i++) {
    Method method = decleredMethods[i];
    if (method.isAnnotationPresent(F_M_P_Annotation.class)) {
        F_M_P_Annotation fmpa =
                                method.getAnnotation(F_M_P_Annotation.class);
        System.out.print("    " + fmpa.describe());        //输出方法描述
        System.out.print("    " + fmpa.type());            //输出方法类型
    }
    //获得方法的参数的注释
    Annotation[][] parameterAnnotations =
                                method.getParameterAnnotations();
    for (int j = 0; j < parameterAnnotations.length; j++) {
```

```
            int length = parameterAnnotations[j].length;
            if (length == 0) {
              System.out.print("  未添加Annotation的参数");
            } else {
              for (int k = 0; k < length; k++) {
                F_M_P_Annotation fmpa = (F_M_P_Annotation)
                                          parameterAnnotations[j][k];
                                //输出方法参数描述
                System.out.print("  " + fmpa.describe()); System.out.print("
" + fmpa.type());             //输出方法参数类型
              }
            }
          }
        }
      System.out.println();
      }
    }
}
```

运行上述程序后，可以看到使用注释获取User类的信息如图19-5所示。

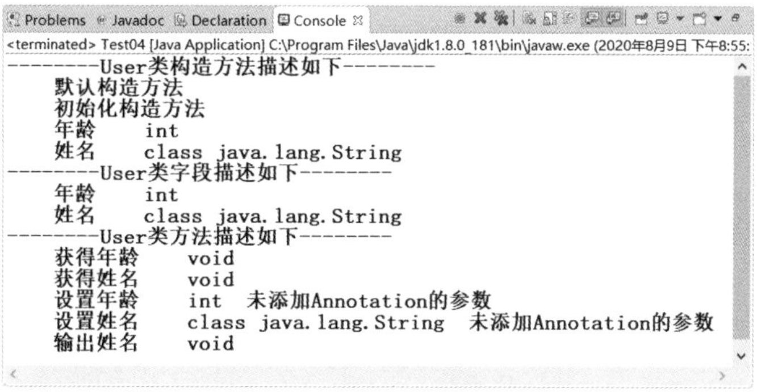

图 19-5　使用注释获取 User 类的信息

19.4　本章小结

本章主要介绍了Java的反射机制。重点讲解了以下几个方面的内容。

1．动态获取以及动态调用对象的方法的功能就是"Java的反射机制"，很多框架底层都会使用反射机制。"Class对象"是反射机制的核心。可以通过"Class对象"调用类的所有属性、所有方法、构造方法，这样就可以动态加载、运行相关的类。

2．反射机制的优缺点：可以让程序在运行时加载编译期间完全未知的类，让程序更加灵活、更加开放，但不足是会大大降低程序执行的效率。

3．反射机制的常见操作：动态加载类、动态获取类的信息（属性、方法、构造器）、动态构造对象、动态调用类和对象的任意方法、动态调用和处理属性、获取泛型信息处理注解。

4．操作构造方法（Constructor类）：通过Class类的方法访问构造方法时，将返回Constructor类型的对象或数组，每个Constructor对象代表一个构造方法，利用Constructor对象可以操纵相应的构造方法。

5．操作属性（Field类）：通过Class类的一组方法可以访问属性（成员变量），返回Field类型的对象或数组，每个Field对象代表一个成员变量，利用Field对象可以操纵相应的成员变量。

6．操作方法（Method类）：通过Class类的一组方法可以访问成员方法，返回Method类型

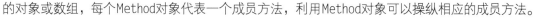

的对象或数组，每个Method对象代表一个成员方法，利用Method对象可以操纵相应的成员方法。

7．Java中提供了Annotation注解功能，该功能可用于类、构造方法、成员变量、成员方法、参数等的声明中，该功能虽然不影响程序的运行，但会对编译器警告等辅助工具产生影响。

19.5 习题十九

扫描二维码，查看习题。

扫二维码
查看习题

19.6 实验十九　反射机制实践练习

扫描二维码，查看实验内容。

扫二维码
查看实验内容

4

综合项目
实战

第 20 章　企业人事管理系统

第 20 章

企业人事管理系统

学习目标

企业人事管理系统是企业每个管理系统中重要的组成部分,是企业管理中的核心部分,是其他功能扩展的关键,是中小型企业实现信息化管理的首要任务,是提高工作效率和企业管理水平的第一步,本案例主要完成员工基本信息的维护和登录操作等。

本章使用 Java Swing 技术和 MySQL 数据库,按照 MVC 分层模式开发企业人事管理系统,通过本章的学习,读者应该掌握以下主要内容:

- 使用 JDBC 技术操作 MySQL 数据库。
- 使用 Swing 技术进行界面的布局和开发。
- MVC 分层模式设计。
- 使用属性文件实现系统资源的关联。
- 掌握内部窗体的各种操作。

内容浏览

20.1 系统需求分析

系统需求分析和建模是详细描述系统功能与性能要求重要的环节，是后续软件设计和开发的依据。本节将详细介绍针对中小型企业人事管理系统的功能需求及非功能需求，同时也对本系统中的有关业务流程进行详细的分析并给出了具体的描述。

20.1.1 软件开发目的

随着计算机在企业管理中应用的普及，利用计算机实现企业人事管理势在必行，是适应现代企业制度要求、推动企业管理走向科学化、规范化的必要条件。员工资料的录入、检索、修改和删除工作量很大，而且不允许出错，耗费大量时间和精力。使用计算机进行管理，不仅可以解决这些问题，还可以进行有关员工的各种信息统计，极大地提高了人事管理的效率，实现企业人事管理的正规化。

20.1.2 面向的用户

本系统以中小型企业人事管理流程为研究对象，企业的员工人数在500人以下，企业机构设置明确，分级简单，在使用软件进行管理时分为超级管理员和普通管理员两种角色。功能的设置根据角色的不同进行配置。两种角色都需要首先使用用户名和密码进行登录才能够使用系统功能。

超级管理员具备系统的最高权限，可以使用系统提供的所有功能，并对所有数据进行维护，供企业最高管理层使用，具体功能如图20-1所示。

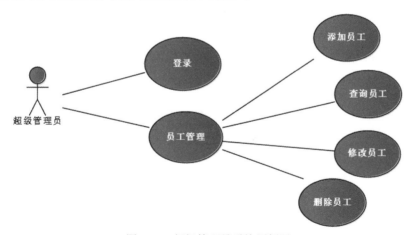

图 20-1 超级管理员系统用例图

普通管理员登录后只能对员工的数据进行查询和修改操作，一般供部门经理使用，具体功能如图20-2所示。

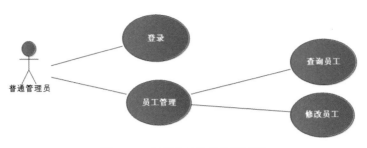

图 20-2　普通管理员系统用例图

🔘 20.1.3　功能需求描述

企业人事管理系统主要针对员工信息进行维护，帮助企业管理者了解每位员工信息，及时考查和检验员工的工作表现与业绩，本系统的主要功能介绍如下。

1. 登录

管理员使用用户名和密码进行登录，首先进行数据验证，要求用户名不能为空，并且用户名在6~20位，使用字母、数字和特殊字符组合；密码不能为空，并且至少为6位，可以使用字母、数字和特殊字符。用户输入完成，单击"登录"按钮进行验证，格式验证通过，才能发往数据库进行数据验证。如果用户想退出登录，则可以关闭窗口结束登录。如果要重新填写用户名和密码，则可以单击"重置"按钮。

2. 员工信息维护

企业员工信息管理是本系统的核心功能，包括员工信息的添加、修改、删除和查询操作。具体功能描述如下。

（1）员工信息添加。由超级管理员添加员工，员工信息包括编号、姓名、性别、政治面貌、部门、年龄、出生年月、家庭住址、联系电话、个人简历、状态和备注。

超级管理员登录系统后，在菜单中选择"员工信息添加"子菜单，显示员工信息添加界面，添加员工信息后，单击"添加"按钮进行数据验证，验证合格后，将数据写入数据库进行长期保存和检索。

（2）员工信息修改。管理员可以修改任意一位员工信息，员工编号不可以修改，其他信息可以随时进行修改。修改时首先显示可以修改的员工列表，在表格中选择要修改的员工，显示员工信息修改界面，并提供现在员工信息供管理员参考并修改使用，信息修改完毕，单击"修改"按钮，数据验证完成后，提交到数据库进行数据更新。

（3）员工信息删除。超级管理员可以删除任意一位员工信息。首先进行员工信息检索，在显示的员工信息列表中，选择要删除的员工信息，单击"删除"按钮，首先提示用户确认删除员工信息的对话框，单击"确定"按钮，删除数据库中的员工信息，删除完成提示"删除成功"，并刷新显示员工信息的列表。

（4）员工信息查询。管理员可以根据任意条件查询员工信息，并使用表格显示。查询时，如果没有条件，则会查询出所有员工；如果有多个条件，则多个条件之间为"并"的关系。

20.1.4 非功能需求描述

本系统坚持图形用户界面（GUI）设计原则，界面直观、对用户透明。用户界面的设计统一，无论是组件、信息提示内容、界面配色等，都要遵循统一的标准。用户接触软件后对界面上对应的功能一目了然、不需要培训就可以方便地使用本系统。

20.2 系统设计

根据20.1节中描述的系统功能需求和性能需求的要求，本节将对系统的目标、数据库、包层次结构和类结构进行设计和说明，为具体的代码实现提供基础。

20.2.1 系统目标

根据企业人事资源管理需求分析结果，指定系统目标如下：
- 灵活的人机交互界面，操作友好简单。
- 实现各种查询，如多条件查询、模糊查询。
- 易于安装、维护和升级。
- 系统运行稳定，安全可靠。

扫一扫，看视频

20.2.2 数据库设计

系统以团队进行开发，首先要约定数据库名称及数据表的命名规范，数据表分为两类：基础信息表（base开头）和业务信息表（busses开头），以下划线（_）连接，具体表使用英文单词命名。

扫一扫，看视频

本系统数据库的名称为EmpDB；数据表主要是存储员工信息的表，员工信息表名称为base_employee。此表具体的结构如表20-1所示。

表 20-1 企业员工信息表 base_employee

字段名	类 型	长 度	null	主 键	备 注	说 明
id	int		NO	PK	编号	自动编号
username	varchar	20			员工账号	字母、数字和特殊字符
pass	varchar	6			密码	字母、数字和特殊字符
utype	int				角色	1—超级管理员；0—普通管理员
uName	varchar	20			姓名	
sex	varchar	10			性别	男、女
politics	varchar	20			政治面貌	
dept	varchar	20			部门	
age	int				年龄	
birth	varchar	20			出生年月	
address	varchar	50			家庭住址	
phone	varchar	11			联系电话	
per	varchar	200			个人简历	

字段名	类　型	长　度	null	主　键	备　注	说　明
state	int				状态	0—在职；1—离职
mark	varchar	50			备注	

20.2.3　项目包层次结构设计

扫一扫，看视频

本系统项目名称为EmpSys。按照MVC的设计模式，共创建7个包存储不同的类和相关资源，所有包的前缀为com.nciae.empsys。

- Table：用于存储系统中封装表信息的模型类（Model），封装和映射数据表的数据结构（将字段映射成成员变量），一张数据表映射成一个类。
- Handle：用于存储与数据库操作和业务处理相关的类（Control），封装数据库添加、删除、修改和查询等操作（数据库操作和业务处理映射成成员方法）。
- Form：用于存储系统中使用的所有界面类（View）。
- Utils：用于存储系统中使用的工具类，如验证类、连接数据库类、控制界面显示位置的类等。
- Test：用于存储系统在开发过程中使用的中间测试类。
- Resource：用于存储系统中使用的各种资源，如图标、图片等。
- Properpties：用于存储系统中使用的属性文件，如存储数据库连接语句和SQL语句的属性文件。

20.2.4　项目类结构设计

扫一扫，看视频

本系统为了实现企业员工信息维护核心功能，主要使用如图20-3所示的几个类。其中，公共类两个，完成数据库操作类和系统验证类；业务操作类三个，完成封装类、处理类和测试类；界面操作类三个，登录界面、主界面和员工信息维护界面。

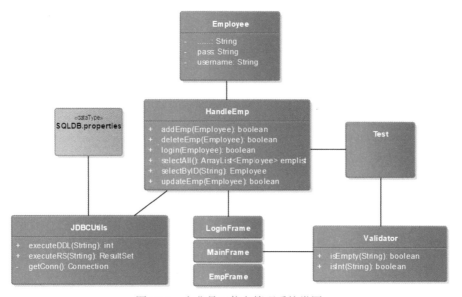

图 20-3　企业员工信息管理系统类图

系统代码实现

根据20.1节和20.2节的系统需求分析与系统设计的结果，本节将介绍具体实现功能的代码和需要注意的问题。

⊘ 20.3.1 公共类代码实现

公共类是代码重用的一种形式，此类将各个功能模块经常调用的方法提取到共用的类中。本系统包括数据库操作类，涵盖访问数据库的方法，同时管理数据库的连接和关闭。数据验证类，涵盖经常使用的数据格式验证。

扫一扫，看视频

1. 数据库操作类JDBCUtils

JDBCUtils类的目的为操作数据库，建议在项目开发时，为每个数据库创建一个。此类中提供了数据库连接、数据库关闭、执行数据库操作和执行数据库检索的方法。具体操作代码如下：

```java
package com.nciae.empsys.utils;
import java.io.InputStream;
import java.sql.Connection;
import java.sql.DriverManager;
import java.sql.ResultSet;
import java.sql.Statement;
import java.util.Properties;

public class JDBCUtils {
    //连接数据库
    private static Connection getConn() {
        try {
            //使用properties文件存储四个参数
            Properties properties=new Properties();
            InputStream in=JDBCUtils.class.getClassLoader().
                    getResourceAsStream("com/nciae/empsys/res/sqldb.properties");
        properties.load(in);
        in.close();
            Class.forName(properties.getProperty("driver"));
              return DriverManager.getConnection(properties.getProperty("url"),
                properties.getProperty("username"),properties.getProperty("pass"));
        }catch(Exception e) {
            e.printStackTrace();
            return null;
        }
    }
    //执行数据库的添加、删除和修改
    public static boolean executeDDL(String sql) {
        try {
            Statement stm=getConn().createStatement();
            int count=stm.executeUpdate(sql);
            if(count>0)
                return true;
            else
            return false;
        }catch(Exception ee) {
```

```
        ee.printStackTrace();
        return false;
    }
}
//查询数据库的操作
public static ResultSet executeRS(String sql) {//查询
    Statement stm;
    try {
        stm = getConn().createStatement();
        return stm.executeQuery(sql);
    } catch (Exception e) {
        e.printStackTrace();
        return null;
    }
  }
}
```

在上述代码中连接数据库时，系统使用了属性文件（SQLDB.properties）存储了数据库的连接字符串。属性文件的内容如下：

```
driver=com.mysql.jdbc.Driver
url=jdbc:mysql://localhost:3306/empsys?useUnicode=true&characterEncoding=utf8
username=root
pass=root
```

2. 系统验证类Validator

此类的目的为验证系统中出现的数据格式。提供了对数据为空、数据长度、数据类型等的验证方法。具体操作代码如下：

```
package com.nciae.empsys.utils;
public class Validator {
    //字符串为空
    public static boolean isNoEmpty(String str) {
        if(str. isEmpty())
            return false;
        else
            return true ;
    }
    //判断字符串的长度是否大于指定长度
    public static boolean isLength(String str,int len) {
        if(str.length()>=len) {
            return true;
        }else {
            return false;
        }
    }
    //是否为数字整数
    public static boolean isIntNum(String str) {
    boolean flag=true;
    for(int i=0;i<str.length();i++) {
        char ch=str. charAt(i);
        if(!(ch>='0' &&ch<='9')) {
            break ;
        }
    }
    //区分是正常还是非正常
```

```java
      return flag;
}
//是否为浮点数
   public static boolean isFloat(String str) {
   if (str.indexOf(".")>0)  // 判断 "." 不在最前边；否则不继续
                            // 验证 "." 是否在最后一位
     if (str.indexOf(".")==str.lastIndexOf(".")&&
              str.indexOf(".")<str.length()){
       String ch=str.replace(".","");
       return isIntNum(ch);         }
   return false;
}
   //是否是手机电话号码
public static boolean isPhone(String str){
   boolean flag=true;
   if(isNoEmpty(str))
   {
     if((isIntNum(str)==true)&&(str.charAt(0)==1)&&(str.length()==11))
       flag=true;
     else
       flag=false;
   }
   else
     flag=false;
   return flag;
}
//是否是合格电子邮件
public static boolean isEmail(String str){
   for(int i=0;i<str.length();i++)
   {
     int intat=str.indexOf("@");
     int intpoint=str.indexOf(".");
     if((intat>0)&&(intpoint<str.length()-1)&&(intpoint>(intat+1)))
     {
       return true;
     }
   }
   String ch1=str.replace("@","");      // 除去 "@"
   String ch2=ch1.replace(".","");      // 除去 "."
   if(isIntNum(ch2)&&isEnglish(ch2))
   {
     return true;
   }
   return false;
}
//是否是英文字母
public static boolean isEnglish(String str){
   boolean flag=true;
   for(int i=0;i<str.length();i++)
   {
     char ch=str.charAt(i);
     if(!((ch>='a' && ch<='z')||(ch>='A' && ch<='Z')))//包括大小写
     {
       flag=false;
       break;
     }
   }
```

```
            return flag;
        }
    }
```

3. 信息提示对话框类CommonDialog

CommonDialog类提供对话框统一的信息提示模式，包括数据添加、删除、修改之前的信息提示，以及其他信息提示。具体操作代码如下：

```
package com.nciae.empsys.view;
import javax.swing.*;
public class CommonDialog {
    public static boolean deleteDialog(JInternalFrame inf){
        if(JOptionPane.showConfirmDialog(inf,"确认删除吗？ ","确认对话框",JOptionPane.
YES_NO_OPTION)==JOptionPane.YES_OPTION) {
            return true;
        }else
            return false;
    }
    public static boolean addDialog(JInternalFrame inf){
        if(JOptionPane.showConfirmDialog(inf,"确认添加吗？ ","确认对话框",JOptionPane.
YES_NO_OPTION)==JOptionPane.YES_OPTION) {
            return true;
        }else
            return false;
    }
    public static boolean updateDialog(JInternalFrame inf){
        if(JOptionPane.showConfirmDialog(inf,"确认修改吗？ ","确认对话框",JOptionPane.
YES_NO_OPTION)==JOptionPane.YES_OPTION)
            return true;
        else
            return false;
    }
    public static void comDialog(JFrame f){
        JOptionPane.showMessageDialog(f,"信息有误，请再确认！ ");
    }
}
```

20.3.2　业务操作类代码实现

扫一扫，看视频

1. 员工信息封装类Employee

Employee类针对数据库中的表进行封装和映射，数据库中的字段映射为类中的成员变量，在参数传递的过程中可以降低接口的复杂度，并且辅助收集界面的信息，提供数据的安全性，提高代码的编写效率。员工信息封装类的具体操作代码如下：

```
package com.nciae.empsys.table;
public class Employee {
    private int id;
    private String userName;
    private String pass;
    private int utype;
    private String uName;
    private String sex;
    private String politics;
```

```
      private String dept;
      private int age;
      private String birth;
      private String address;
      private String phone;
      private String per;
      private int state;
      private String mark;
  public int getId() {
      return id;
  }
  public void setId(int id) {  this.id = id;}
  public String getUserName() { return userName;  }
  public void setUserName(String userName) { this.userName= userName; }
  public String getPass() { return pass; }
  public void setPass(String pass) { this.pass = pass; }
  public int getUtype() { return utype; }
  public void setUtype(int utype) { this.utype = utype; }
  public String getuName() { return uName; }
  public void setuName(String uName) { this.uName = uName; }
  public String getSex() {  return sex; }
  public void setSex(String sex) {  this.sex = sex; }
  public String getPolitics() { return politics;  }
  public void setPolitics(String politics) {  this.politics = politics; }
  public String getDept() { return dept;  }
  public void setDept(String dept) { this.dept = dept; }
  public int getAge() { return age; }
  public void setAge(int age) { this.age = age; }
  public String getBirth() { return birth; }
  public void setBirth(String birth) {  this.birth = birth; }
  public String getAddress() {  return address; }
  public void setAddress(String address) { this.address = address; }
  public String getPhone() { return phone; }
  public void setPhone(String phone) { this.phone = phone; }
  public String getPer() {  return per; }
  public void setPer(String per) {  this.per = per; }
  public int getState() { return state; }
  public void setState(int state) { this.state = state; }
  public String getMark() {  return mark; }
  public void setMark(String mark) { this.mark = mark; }
}
```

2. 员工信息处理类HandleEmp

HandleEmp类用于封装针对员工信息进行的相关操作，具有较高的内聚性。具体操作代码如下：

```
package com.nciae.empsys.handle;
import java.sql.ResultSet;
import java.sql.SQLException;
import java.util.ArrayList;
import com.nciae.empsys.table.Employee;
import com.nciae.empsys.utils.JDBCUtils;
public class HandleEmp {                    //业务层MVC
    public boolean login(Employee e) {      //返回值是boolean型, 形式参数是Employee对象
                                            //员工对象

       //select查询
```

```java
    String sql="select * from base_employee where username='"+e.getName()+"'";
    ResultSet rs=JDBCUtils.executeRS(sql);
    try {
    if(rs.next()) {
      if(rs.getString("pass").equals(e.getPass()))
         return true;
      else
        return false;
    }else
      return false;
} catch (SQLException e1) {
    e1.printStackTrace();
    return false;
}
}
//insert
public boolean addEmp(Employee e) {
    String sql="insert into base_employee(username,pass,utype,uName
,sex,politics,dept,age,birth,address,phone,per,state,mark)values('"+e.
getuName()+"','"+e.getPass()+"',"+e.getUtype()+",'"+e.getName()+"','"+e.
getSex()+"','"+e.getPolitics()+"','"+e.getDept()+"',"+e.getAge()+",'"+e.
getBirth()+"','"+e.getAddress()+"','"+e.getPhone()+"','"+e.getPer()+"',"+e.
getState()+",'"+e.getMark()+"')";
    return JDBCUtils.executeDDL(sql);
}
//delete
public boolean deleteEmp(String id) {
    String sql="delete from base_employee where id="+id;
    return JDBCUtils.executeDDL(sql);
}
//update
public boolean updateEmp(Employee e) {
    String sql="update base_employee set username='"+e.
getUserName()+"',pass='"+e.getPass()+"',utype="+e.getUtype()+",uName='"+e.
getuName()+"',sex='"+e.getSex()+"',politics='"+e.getPolitics()+"',dept='"+e.
getDept()+"',age="+e.getAge()+",birth='"+e.getBirth()+"',address='"+e.
getAddress()+"',phone='"+e.getPhone()+"',per='"+e.getPer()+"',state="+e.
getState()+",mark='"+e.getMark()+"' where id="+e.getId();
    return JDBCUtils.executeDDL(sql);
}
public Employee selectByID(int id) {
    String sql="select * from base_employee where id="+id;
    ResultSet rs=JDBCUtils.executeRS(sql);
    try {
    if(rs.next()) {//将查询到的结果转换成对象
      Employee emp=new Employee();
      emp.setId(rs.getInt("id"));
      emp.setUserName(rs.getString("username"));
      emp.setPass(rs.getString("pass"));
      emp.setUtype(rs.getInt("utype"));
      emp.setuName(rs.getString("uName"));
      emp.setSex(rs.getString("sex"));
      emp.setPolitics(rs.getString("politics"));
      emp.setDept(rs.getString("dept"));
      emp.setAge(rs.getInt("age"));
      emp.setBirth(rs.getString("birth"));
      emp.setAddress(rs.getString("address"));
```

```java
        emp.setPhone(rs.getString("phone"));
        emp.setPer(rs.getString("per"));
        emp.setState(rs.getInt("state"));
        emp.setMark(rs.getString("mark"));
        return emp;
      }
      else
        return null;
    } catch (SQLException e) {
      e.printStackTrace();
      return null;
    }
  }
  public ArrayList<Employee> selectAll(){
    String sql="select * from base_employee";
    ArrayList<Employee> emplist=new ArrayList<Employee>();
    ResultSet rs=JDBCUtils.executeRS(sql);
    try {
      while(rs.next()) {                   //将查询到的结果转换成对象
        Employee emp=new Employee();//新建一个对象
        emp.setId(rs.getInt("id"));
        emp.setuName(rs.getString("username"));
        emp.setPass(rs.getString("pass"));
        emp.setUtype(rs.getInt("utype"));
        emp.setName(rs.getString("uName"));
        emp.setSex(rs.getString("sex"));
        emp.setPolitics(rs.getString("politics"));
        emp.setDept(rs.getString("dept"));
        emp.setAge(rs.getInt("age"));
        emp.setBirth(rs.getString("birth"));
        emp.setAddress(rs.getString("address"));
        emp.setPhone(rs.getString("phone"));
        emp.setPer(rs.getString("per"));
        emp.setState(rs.getInt("state"));
        emp.setMark(rs.getString("mark"));
        emplist.add(emp);
      }
      return emplist;
    } catch (SQLException e) {
      e.printStackTrace();
      return null;
    }
  }
  public ArrayList<Employee> selectByCon(Employee em){
    String sql="select * from base_employee where 1=1";
    if(!em.getuName().equals("")) {
      sql=sql+" and username like '%"+em.getuName()+"%'";
    }
    sql=sql+" and state="+em.getState();
    if(!em.getName().equals(""))
      sql=sql+" and uname like '%"+em.getName()+"%'";
    ArrayList<Employee> emplist=new ArrayList<Employee>();
    ResultSet rs=JDBCUtils.executeRS(sql);
    try {
      while(rs.next()) {                   //将查询到的结果转换成对象
        Employee emp=new Employee();//新建一个对象
        emp.setId(rs.getInt("id"));
```

```
            emp.setuName(rs.getString("username"));
            emp.setPass(rs.getString("pass"));
            emp.setUtype(rs.getInt("utype"));
            emp.setName(rs.getString("uName"));
            emp.setSex(rs.getString("sex"));
            emp.setPolitics(rs.getString("politics"));
            emp.setDept(rs.getString("dept"));
            emp.setAge(rs.getInt("age"));
            emp.setBirth(rs.getString("birth"));
            emp.setAddress(rs.getString("address"));
            emp.setPhone(rs.getString("phone"));
            emp.setPer(rs.getString("per"));
            emp.setState(rs.getInt("state"));
            emp.setMark(rs.getString("mark"));
            emplist.add(emp);
        }
        return emplist;
    } catch (SQLException e) {
        e.printStackTrace();
        return null;
        }
    }
}
```

20.3.3　界面操作类代码实现

1. 登录界面

登录界面为系统的第一个操作界面。界面使用JFrame窗体组件、JLabel组件、JTextField组件、JPasswordField组件及JButton组件进行设计和实现。具体参考界面如图20-4所示。

图 20-4　企业人事管理系统登录界面

具体操作代码如下。

```
package com.nciae.empsys.view;
import java.awt.*;
import javax.swing.*;
import com.nciae.empsys.handle.HandleEmp;
import com.nciae.empsys.table.Employee;
import com.nciae.empsys.utils.Validator;
import java.awt.event.*;
public class LoginFrame extends JFrame implements ActionListener{
    JButton btnlogin,btnexit;
    JTextField txtname;
    JPasswordField pfmima;
    public LoginFrame() {
     super("登录系统窗口");
     setLayout(new FlowLayout());
     this.add(new JLabel("用户名: "));
```

```
            txtname=new JTextField(20);
            this.add(txtname);
            this.add(new JLabel("密码: "));
            pfmima=new JPasswordField(20);
            this.add(pfmima);
            btnlogin=new JButton("登录");
            btnexit=new JButton("退出");
            btnlogin.addActionListener(this);
            btnexit.addActionListener(this);
            this.add(btnlogin);
            this.add(btnexit);
            setDefaultCloseOperation(JFrame.DISPOSE_ON_CLOSE);
            setSize(600,100);
            setVisible(true);
        }
    public void actionPerformed(ActionEvent e){
        if(e.getSource().equals(btnlogin)){
            HandleEmp h=new HandleEmp();
            Employee emp=new Employee();
            if(Validator.isNoEmpty(txtname.getText())&&
                        Validator.isLength(txtname.getText(), 6))
                emp.setName(txtname.getText());
            else{
                CommonDialog.comDialog(this);
                return;
            }
            if(Validator.isNoEmpty(pfmima.getText())&&
                        Validator.isLength(pfmima.getText(), 6))
                emp.setPass(pfmima.getText());
            else{
                CommonDialog.comDialog(this);
                return;
            }
            if(h.login(emp)){
                MainFrame m=new MainFrame();
                this.dispose();
            }
            else{
                txtname.setText("");
                pfmima.setText("");
            }
        }
        if(e.getSource().equals(btnexit)){
            this.dispose();
        }
    }
    public static void main (String[] args) {
        LoginFrame m=new LoginFrame();
    }
}
```

2. 主界面

登录成功显示主界面。主界面使用JFrame组件设计主窗体。使用JMenuBar组件、JMenu组件、JMenuItem组件设计界面菜单。使用JDesktopPane组件设计显示子窗体的容器，并设置窗体大小居中显示。具体参考界面如图20-5所示。

图 20-5　企业人事管理系统主界面

具体操作代码如下：

```java
package com.nciae.empsys.view;
import java.awt.*;
import javax.swing.*;
import java.awt.event.*;
public class MainFrame extends JFrame implements ActionListener, MouseListener{
    JDesktopPane desk=new JDesktopPane();
    JMenuBar jb=new JMenuBar();
    JToolBar tlb=new JToolBar();
    JMenu base=new JMenu("基本资料维护");
    JMenu tool=new JMenu("工具");
    JMenu help=new JMenu("帮助");
    JMenuItem user=new JMenuItem("员工信息管理");
    JMenuItem puser=new JMenuItem("员工信息管理");
    JButton buser=new JButton(new
            ImageIcon(Toolkit.getDefaultToolkit().getImage("qiye.gif")));
    JMenuItem chat=new JMenuItem("即时通信");
    JMenuItem pchat=new JMenuItem("即时通信");
    JMenuItem aboutme=new JMenuItem("关于我们");
    JMenuItem aboutsys=new JMenuItem("关于系统");
    Dimension dim=getToolkit().getScreenSize();
    JPopupMenu p=new JPopupMenu();
    public MainFrame() {
      super("登录系统窗口");
      base.add(user);
      tool.add(chat);
      user.addActionListener(this);
      puser.addActionListener(this);
      help.add(aboutme);
      help.add(aboutsys);
      jb.add(base);
      jb.add(tool);
      jb.add(help);
      this.setJMenuBar(jb);
        p.add(puser);
        p.add(pchat);
        desk.addMouseListener(this);
        this.setContentPane(desk);
        desk.setDragMode(JDesktopPane.OUTLINE_DRAG_MODE);
        this.setIconImage(Toolkit.getDefaultToolkit().getImage("qiye.gif"));
      setDefaultCloseOperation(JFrame.DISPOSE_ON_CLOSE);
      setSize((int)dim.getWidth(),(int)dim.getHeight()-30);
      setVisible(true);
    }
    public void actionPerformed(ActionEvent e){
        try{
```

```
        if(e.getSource().equals(user)||e.getSource().equals(puser)){
          UserInfoFrame s=new UserInfoFrame("维护员工基本资料",false,true,false,true);
            desk.add(s);
            s.pack();
            s.setBounds((int)dim.getWidth()/2-200,
                        (int)dim.getHeight()/2-200,700,600);
            s.setVisible(true);
            s.setSelected(true);
        }
      }catch(Exception ex){
        ex.printStackTrace();
      }
    }
  public void mouseClicked(MouseEvent m){
    if(m.getButton()==m.BUTTON3){
      p.show(this,m.getX(),m.getY());
    }
  }
  public void mousePressed(MouseEvent m){    }
  public void mouseReleased(MouseEvent m){     }
  public void mouseEntered(MouseEvent m){     }
  public void mouseExited(MouseEvent m){     }
}
```

3. 员工信息维护界面

此界面使用JInternalFrame内部窗体设计为子窗体。选择相应菜单项时在主窗体的JDesktopPane中显示。子窗体中使用JTable显示员工信息列表，并使用JTextField等常用组件收集和显示员工具体信息数据。具体参考界面如图20-6所示。

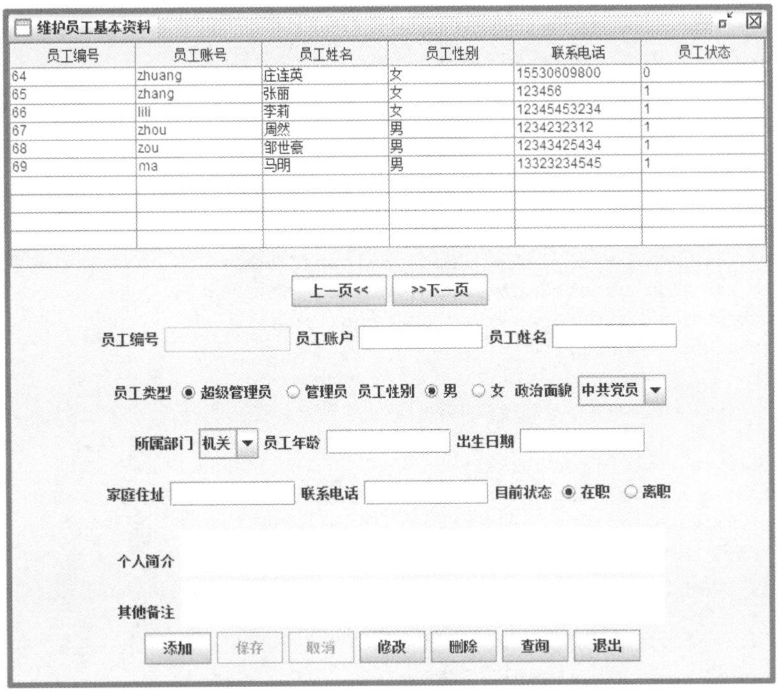

图 20-6　企业人事管理系统员工信息维护界面

具体操作代码如下：

```java
package com.nciae.empsys.view;
import java.awt.*;
import javax.swing.*;
import java.awt.event.*;
import javax.swing.table.*;
import com.nciae.empsys.handle.HandleEmp;
import com.nciae.empsys.table.Employee;
import java.sql.*;
import java.util.ArrayList;
public class UserInfoFrame extends JInternalFrame implements ActionListener{
    JScrollPane sp=new JScrollPane();
    JButton   btadd = new JButton("添加");
    JButton   btupdate = new JButton("修改");
    JButton   btdelete = new JButton("删除");
    JButton   btselect = new JButton("查询");
    JButton   btquit = new JButton("退出");
    JButton   btsave = new JButton("保存");
    JButton   btcanel = new JButton("取消");
    JButton   btp = new JButton("上一页<<");
    JButton   btn = new JButton(">>下一页");
    JTable TbUserInfo=new JTable();
     JTextField cno=new JTextField(10);
     JTextField cname=new JTextField(10);
     JTextField cuname=new JTextField(10);
     JRadioButton cutype1=new JRadioButton("超级管理员");
     JRadioButton cutype2=new JRadioButton("管理员");
     ButtonGroup bgtype=new ButtonGroup();
     JRadioButton csex1=new JRadioButton("男");
     JRadioButton csex2=new JRadioButton("女");
     ButtonGroup bgsex=new ButtonGroup();
     JComboBox cpolitics=new JComboBox();
     JComboBox cdept=new JComboBox();
     JTextField cage=new JTextField(10);
     JTextField cbirth=new JTextField(10);
     JTextField caddress=new JTextField(10);
     JTextField cphone=new JTextField(10);
     JTextArea cper=new JTextArea(3,40);
     JTextArea cmark=new JTextArea(3,40);
     JRadioButton cstate1=new JRadioButton("在职");
     JRadioButton cstate2=new JRadioButton("离职");
     ButtonGroup bgstate=new ButtonGroup();
     ResultSet rs=null;
     Object[][] tbvalue=null;
     private static int pagesize=10,page=0;
    public UserInfoFrame(String title,boolean resizable,boolean closable,boolean maximizable,boolean iconifical) {
        super(title,resizable,closable,maximizable,iconifical);
        showTable(0,null);
        JPanel p0=new JPanel();
          JPanel p1=new JPanel();
          JPanel p2=new JPanel();
          JPanel p3=new JPanel();
          JPanel p5=new JPanel();
          JPanel p6=new JPanel();
          JPanel p7=new JPanel();
```

```
JPanel p8=new JPanel();
JPanel p9=new JPanel();
JPanel p10=new JPanel();
JPanel p4=new JPanel(new GridLayout(8,1));
JLabel l1=new JLabel("员工编号");
JLabel l2=new JLabel("员工账户");
JLabel l4=new JLabel("员工姓名");
JLabel l5=new JLabel("员工类型");
JLabel l6=new JLabel("员工性别");
JLabel l7=new JLabel("政治面貌");
JLabel l8=new JLabel("所属部门");
JLabel l9=new JLabel("员工年龄");
JLabel l10=new JLabel("出生日期");
JLabel l11=new JLabel("家庭住址");
JLabel l12=new JLabel("个人简介");
JLabel l13=new JLabel("联系电话");
JLabel l14=new JLabel("目前状态");
JLabel l15=new JLabel("其他备注");
btadd.addActionListener(this);
btsave.addActionListener(this);
btcanel.addActionListener(this);
btdelete.addActionListener(this);
btupdate.addActionListener(this);
btselect.addActionListener(this);
btquit.addActionListener(this);
btp.addActionListener(this);
btn.addActionListener(this);
TbUserInfo.addMouseListener(new MouseAdapter() {
    public void mouseClicked(MouseEvent evt) {
        TbUserInfoMouseClicked(evt);
    }
});
p0.add(btp);//上一页
p0.add(btn);//下一页

p2.add(l1);//第一行组件
p2.add(cno);
p2.add(l2);
p2.add(cuname);
p2.add(l4);
p2.add(cname);

p3.add(l5);//第二行组件
cutype1.setSelected(true);
bgtype.add(cutype1);
bgtype.add(cutype2);
p3.add(cutype1);
p3.add(cutype2);

p3.add(l6);//第三行组件
csex1.setSelected(true);
bgsex.add(csex1);
bgsex.add(csex2);
p3.add(csex1);
p3.add(csex2);
p3.add(l7);
cpolitics.addItem("中共党员");
```

```
cpolitics.addItem("预备党员");
cpolitics.addItem("共青团员");
cpolitics.addItem("群众");
cpolitics.addItem("其他");
p3.add(cpolitics);

p5.add(l8);//第四行组件
cdept.addItem("机关");
cdept.addItem("财务");
cdept.addItem("研发");
p5.add(cdept);
p5.add(l9);
p5.add(cage);
p5.add(l10);
p5.add(cbirth);

p6.add(l11);//第五行组件
p6.add(caddress);

p6.add(l13);//第六行组件
p6.add(cphone);
p6.add(l14);
cstate1.setSelected(true);
bgstate.add(cstate1);
bgstate.add(cstate2);
p6.add(cstate1);
p6.add(cstate2);

p7.add(l12);//第七行组件
p7.add(cper);

p8.add(l15);//第八行组件
p8.add(cmark);

p1.add(btadd);//所有的操作按钮
btsave.setEnabled(false);
btcanel.setEnabled(false);
this.cno.setEditable(false);
p1.add(btsave);
p1.add(btcanel);
p1.add(btupdate);
p1.add(btdelete);
p1.add(btselect);
p1.add(btquit);

p4.add(p0);
p4.add(p2);
p4.add(p3);
p4.add(p5);
p4.add(p6);
p4.add(p7);
p4.add(p8);
p4.add(p1);
//设置JSprollPane的大小
sp.setPreferredSize(new Dimension(500, 200));
this.add(sp,BorderLayout.NORTH);
this.add(p4,BorderLayout.CENTER);
```

```
      }
    public void actionPerformed(ActionEvent e){
      // "查询" 按钮的操作流程
      if(e.getSource().equals(btselect)){
        HandleEmp h=new HandleEmp();
      Employee emp=new Employee();
      bindEmp(emp);
      showTable(0,emp);
      setBtn(true,true,true,false,false);
      }
      // "添加" 按钮的操作流程
      if(e.getSource().equals(btadd)){
        setBtn(false,false,false,true,true);
        this.cno.requestFocus();
      }
      // "保存" 按钮的操作流程
      if(e.getSource().equals(btsave)){
        if(CommonDialog.addDialog(this)){
          HandleEmp h=new HandleEmp();
          Employee emp=new Employee();
          bindEmp(emp);
          if(h.addEmp(emp)){
            JOptionPane.showMessageDialog(this,"添加成功! ");
            showTable(0,null);
            setBtn(true,true,true,false,false);
          }
        }
      }
      // "取消" 按钮的操作流程
      if(e.getSource().equals(btcanel)){
            setBtn(true,true,true,false,false);
      }
      // "上一页" 按钮的操作流程
      if(e.getSource().equals(btp)){
        page--;
        int s=page*pagesize;
            showTable(s,null);
            setBtn(true,true,true,false,false);
      }
      // "下一页" 按钮的操作流程
      if(e.getSource().equals(btn)){
        page++;
        int s=page*pagesize;
            showTable(s,null);
            setBtn(true,true,true,false,false);
      }
      // "删除" 按钮的操作流程
      if(e.getSource().equals(btdelete)){
        if(CommonDialog.deleteDialog(this)){
          try{
                HandleEmp h=new HandleEmp();
                if(h.deleteEmp(cno.getText())){
                  JOptionPane.showMessageDialog(this,"删除成功! ");
                  showTable(page*pagesize,null);
                  setBtn(true,true,true,false,false);
                }
                }catch(Exception ee){
```

```
                          }
            }
        }
      // "修改" 按钮的操作流程
      if(e.getSource().equals(btupdate)){
        if(CommonDialog.updateDialog(this)){
          HandleEmp h=new HandleEmp();
          Employee emp=new Employee();
          bindEmp(emp);
          if(h.updateEmp(emp)){
            JOptionPane.showMessageDialog(this,"修改成功！");
            showTable(0,null);
            setBtn(true,true,true,false,false);
          }
        }
      }
      // "退出" 按钮的操作流程
      if(e.getSource().equals(btquit)){
        this.dispose();
      }
    }
    //将界面收集到的数据存储到emp对象中
    private void bindEmp(Employee emp) {
      if(!cno.getText().equals(""))
        emp.setId(Integer.parseInt(cno.getText()));
      emp.setuName(cuname.getText());
emp.setPass("123456");
if(cutype1.isSelected())
  emp.setUtype(1);
else
  emp.setUtype(0);
emp.setName(cname.getText());
if(csex1.isSelected())
  emp.setSex("男");
else
  emp.setSex("女");
emp.setPolitics(cpolitics.getSelectedItem().toString());
emp.setDept(cdept.getSelectedItem().toString());
if(cage.getText()!=null&&!cage.getText().equals(""))
  emp.setAge(Integer.parseInt(cage.getText()));
emp.setBirth(cbirth.getText());
emp.setAddress(caddress.getText());
emp.setPhone(cphone.getText());
emp.setPer(cper.getText());
if(cstate1.isSelected())
  emp.setState(1);
else
  emp.setState(0);
emp.setMark(cmark.getText());
}
    //设置操作按钮的能用性效果
    private void setBtn(boolean add,boolean delete,boolean update,boolean save,
boolean canel){
      this.btadd.setEnabled(add);
      this.btdelete.setEnabled(delete);
      this.btupdate.setEnabled(update);
```

```java
            this.btsave.setEnabled(save);
            this.btcanel.setEnabled(canel);
            this.cno.setText("");
            this.cname.setText("");
            this.cphone.setText("");
            this.cuname.setText("");
        }
    //将数据库中的数据绑定到JTable中
    private void showTable(int s,Employee emp){
        HandleEmp h=new HandleEmp();
        ArrayList<Employee> list;
        if(emp!=null) list=h.selectByCon(emp);
        else    list=h.selectAll();
        tbvalue=new Object[pagesize][6];
    if(s<0) {
    JOptionPane.showMessageDialog(null, "已经是第一页了! ");
    return;
    }
    if(s>list.size()) {
    JOptionPane.showMessageDialog(null, "已经是最后一页了! ");
    return;
    }
        for(int i=s,j=0;i<s+pagesize;i++,j++){
            if(i<list.size()) {
                tbvalue[j][0]=list.get(i).getId();
                tbvalue[j][1]=list.get(i).getuName();
                tbvalue[j][2]=list.get(i).getName();
                tbvalue[j][3]=list.get(i).getSex();
                tbvalue[j][4]=list.get(i).getPhone();
                tbvalue[j][5]=list.get(i).getState();
            }
        }
        String[] tbtitle={
            "员工编号", "员工账号", "员工姓名", "员工性别", "联系电话", "目前状态"
            };
        TbUserInfo.setModel(new DefaultTableModel(tbvalue,tbtitle));
        sp.setViewportView(TbUserInfo);
    }
    //鼠标单击事件，显示弹出式菜单
    private void TbUserInfoMouseClicked(MouseEvent evt) {
        int row = TbUserInfo.getSelectedRow();
        this.cno.setText(TbUserInfo.getValueAt(row,0).toString());
        this.cuname.setText(TbUserInfo.getValueAt(row,1).toString());
        this.cname.setText(TbUserInfo.getValueAt(row,2).toString());
        if(TbUserInfo.getValueAt(row,3).toString().equals("男")) {
          this.csex1.setSelected(true);
        }else {
          this.csex2.setSelected(true);
        }
        this.cphone.setText(TbUserInfo.getValueAt(row,4).toString());
        if(TbUserInfo.getValueAt(row,5).toString().equals("1")) {
          this.cstate1.setSelected(true);
        }else {
          this.cstate2.setSelected(true);
        }
    }
}
```

20

企业人事管理系统

395

20.4 系统测试和打包

通过前面的介绍，读者对于数据库基础知识和JDBC API有了大概的了解。下面介绍使用JDBC进行应用程序开发的过程。

20.4.1 系统测试

扫一扫，看视频

编写应用程序时，因为是团队合作，进行图形界面设计的同时编写后台处理代码，因此在没有界面的情况下，需要在系统中添加驱动模块对处理代码进行测试，因此系统增加了Test类，该类没有具体的代码要求，只是在测试过程中起到程序执行入口的作用。系统开发完毕，打包前可以删除此类。

20.4.2 系统打包

扫一扫，看视频

系统在交付用户使用前，需要打包成JAR文件。JAR文件是Java程序的存档文件，可以使用ZIP格式将字节码文件和相关资源压缩到一个文件中，减少应用程序的体积，便于在网络发布和传播。本系统使用的开发环境为Eclipse，具体打包步骤如下：

（1）打包JAR文件需要编写JAR清单文件。用于配置JAR文件，清单文件内容包括主类名称、类路径等信息。在Eclipse的Package Explorer中，右击项目名称，选择New菜单下的File菜单项。在弹出的对话框中，填写文件名为MANIFEST.MF，单击Finish按钮，清单文件创建完毕。打开项目清单文件填写以下内容并保存。

```
Manifest-Version: 1.0
Main-Class: com.nciae.empsys.view.LoginFrame
SplashScreen-Image: res/splash.jpg
Class-Path: lib/mysql-connector-java-5.1.25-bin.jar
```

第1行：给出清单文件的版本。

第2行：主类名称。用于定义JAR文件运行的主类，本系统是登录窗体。

第3行：定义闪屏界面的图片资源，图片资源在res包下。

第4行：类路径。需要将第三方类库（MySQL驱动包）添加到该路径中。

需要注意的是，代码中"："与键值之间添加一个空格字符作为分隔符。Class-Path中如果有多个不同的类库，则需要使用空格隔开。

（2）在Package Explorer中的src文件夹上右击并选择Export命令，在弹出的对话框中选择JAR file，然后单击"下一步"按钮，在如图20-7所示的对话框中的JAR file后选择位置，并填写打包文件名称，单击Next按钮。

在显示的关于错误处理的对话框中，选择默认选项，并单击Next按钮，将显示如图20-8所示的对话框。此对话框中选中Use existing manifest from workspace单选按钮，并选择步骤（1）中填写的清单文件，单击Finish按钮，即可打包生成JAR文件。

（3）运行JAR文件。将项目中的lib文件夹复制到与JAR文件同一个文件夹下，在客户端Java环境安装正确的情况下，双击JAR文件即可运行项目。

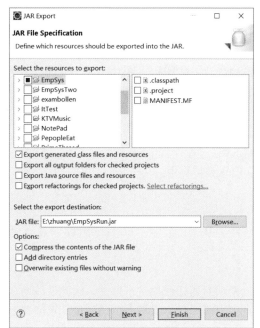

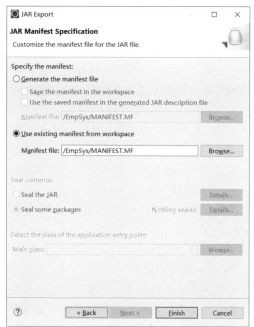

图 20-7　填写打包文件名称　　　　图 20-8　选择编辑好的清单文件

20.5　本章小结

本章介绍中小型企业人事管理系统的功能需求及非功能需求，按照超级管理员和普通管理员两种角色介绍系统的功能，利用计算机实现企业人事管理势在必行，是适应现代企业制度要求、推动企业管理走向科学化、规范化的必要条件。重点讲解了以下几个方面的内容。

1．功能需求描述

所有用户都需要登录；员工信息的添加、修改、删除和查询操作，是本系统的核心功能；员工信息包括编号、姓名、性别、政治面貌、部门、年龄、出生年月、家庭住址、联系电话、个人简历、状态和备注。

2．非功能需求描述

坚持图形用户界面设计原则，界面直观、对用户透明，界面设计统一，界面配色统一，操作流程都要遵循统一的标准。

3．系统目标

根据企业人事资源管理需求分析结果，指定系统目标：灵活的人机交互界面，操作友好简单；实现各种查询，如多条件查询、模糊查询；易于安装、维护和升级；系统运行稳定，安全可靠。

4．命名规范

首先要约定数据库的命名规范[基础信息表（base开头）和业务信息表（busses开头），以下划线（_）连接，具体表使用英文单词命名]，并进行数据库物理设计及数据库的创建和实现。

5．项目包层次结构设计

按照MVC的设计模式，共创建7个包存储不同的类和相关资源，所有包的前缀为com.nciae.empsys。Table用于封装表信息；Handle是与数据库操作和业务处理相关的类，用于实现封装数据库的添加、删除、修改和查询等操作（数据库操作和业务处理映射成成员方法）；Form用于存储系统中使用到的所有界面类（View）；Utils用于存储系统中使用到的工具类，如验证类、连接数据库类、控制界面显示位置的类等；Test用于存储系统在开发过程中使用到的中间测试类；Resource用于存储系统中使用到的各种资源，如图标、图片等；Properpties用于存储系统中使用到的属性文件，如存储数据库连接语句和SQL语句的属性文件。

6．实现企业员工信息维护核心功能

● 两个公共类：完成数据库操作类和系统验证类。

● 三个业务操作类：完成封装类、处理类和测试类。

● 三个界面操作类：登录界面、主界面和员工信息维护界面。

7．代码实现

按照MVC设计模式和系统设计结果进行代码的编写与单元测试；使用JFrame窗体组件、JLabel组件、JTextField组件、JPasswordField组件、JTable组件、JButton组件以及对话框组件等实现界面设计。

8．系统测试和打包

在没有界面的情况下，需要在系统中添加驱动模块对处理代码进行测试，因此系统增加了Test类，该类没有具体的代码要求，只是在测试过程中起到程序执行入口的作用。系统开发完毕，使用Eclipse开发环境将开发完成的项目打包成JAR文件，然后可以在目标主机中进行安装和部署。